高等职业教育园林园艺类专业系列教材

园林植物病虫害防治

主　编　李本鑫　张清丽

副主编　范文忠　崔琳霞　郑学云

参　编　马铁山　孙晓东　张　璐　张　凯

主　审　米志鹃　郑铁军

机械工业出版社

本书根据高等职业教育教学的要求,以项目驱动为导向,以典型工作过程为主线,将相关知识的学习贯穿在完成工作任务的过程中,通过具体的实施步骤完成预定的工作任务。体现工学结合的课程改革思路,突出实用性、针对性,使技能训练与生产实际"零距离"结合。

本书内容按照园林植物生产过程中病虫害防治的实际需要分为 6 个项目、32 个工作任务。具体内容有园林植物昆虫识别技术、园林植物病害识别技术、园林植物病虫害综合防治、园林植物害虫防治技术、园林植物病害防治技术、草坪病虫草害和外来生物防治技术。本书每个项目均设有项目说明、学习内容、教学目标、技能目标、完成项目所需材料及用具、达标检测和 PPT 课件,可供学生和教师参考及使用。

本书可作为高等职业院校、高等专科院校、成人高校、民办高校及本科院校举办的二级职业技术学院园林、园艺类相关专业的教学用书,也可作为社会从业人员的业务参考书及植保工、花卉工、绿化工等工种相关内容的培训用书。

图书在版编目(CIP)数据

园林植物病虫害防治/李本鑫,张清丽主编. —北京:机械工业出版社,2012.5(2025.2 重印)

高等职业教育园林园艺类 "十二五" 规划教材

ISBN 978-7-111-38137-2

Ⅰ.①园… Ⅱ.①李…②张… Ⅲ.①园林植物 – 病虫害防治 – 高等职业教育 – 教材 Ⅳ.①S436.8

中国版本图书馆 CIP 数据核字(2012)第 077583 号

机械工业出版社(北京市百万庄大街 22 号 邮政编码 100037)

策划编辑:覃密道 王靖辉 责任编辑:覃密道 王靖辉
版式设计:刘怡丹 责任校对:刘雅娜
封面设计:马精明 责任印制:常天培
固安县铭成印刷有限公司印刷
2025 年 2 月第 1 版第 7 次印刷
184mm×260mm · 25 印张 · 616 千字
标准书号:ISBN 978-7-111-38137-2
定价:59.00 元

电话服务   网络服务
客服电话:010-88361066   机 工 官 网:www.cmpbook.com
        010-88379833   机 工 官 博:weibo.com/cmp1952
        010-68326294   金 书 网:www.golden-book.com
封底无防伪标均为盗版   机工教育服务网:www.cmpedu.com

前　言

随着社会的不断进步，经济的不断发展，人们对生活环境质量的要求越来越高，特别是对园林绿化环境的要求更高。但是植物在栽培和养护过程中常常受到各种病、虫、草的危害，这已经成为园林绿化过程中不可忽视的问题。所以培养既懂得园林植物栽培技术，又懂得园林植物病虫害防治技术的实用型、技术型、应用型的人才是当今园林绿化事业的迫切要求。

"园林植物病虫害防治技术"是一门专业性、实践性很强的课程，也是园林专业的重要专业课。本教材根据高等职业教育项目式教学的基本要求，以培养技术应用能力为主线，以必须够用为原则，确定编写大纲和内容。在写法上突出项目和任务实践，图文并茂，注重直观。本课程以培养学生园林植物病虫害防治技术的职业能力为重点，课程内容与园林行业岗位需求和实际工作需要相结合，课程设计以学生为主体，以能力培养为目标，以完成项目任务为载体，体现基于工作过程为导向的课程开发与设计理念。

本书的主要特色有：

1) 每个项目下都有项目说明、学习内容、教学目标和技能目标来说明完成本项目所要达到的目的。每个工作任务都通过任务驱动式的五个具体步骤来实施，即：任务描述→任务咨询→任务实施→思考问题→知识链接。

2) 以园林植物病虫害综合防治技术的主要工作任务来驱动，以园林植物病虫害形态识别技术、园林植物病虫害调查技术、园林植物病虫害综合防治技术的典型工作过程为主线，将相关知识的讲解贯穿在完成工作任务的过程中，通过具体的实施步骤完成预定的工作任务。

3) 本书内容紧紧围绕高等职业教育教学的要求，体现工学结合的课程改革思路，突出实用性、针对性。教材体系、框架设计体现出了改革和创新。

4) 本书在从内容到形式上力求体现我国职业教育的特点，以专业服务和够用为原则，集中反映园林园艺类专业课程体系改革的最新成果。全书贯彻综合防治的理念，使学生学会用生态平衡及综合防治的观念去防治病虫害。

5) 本书根据高等职业教育培养高技术、高技能的"双高"人才培养目标和要求，以综合防治技术能力培养为主线，从培养学生对园林植物病虫害会诊断识别、会分析原因、会制订方案、会组织实施的植保"四会"能力出发而编写。

6) 在开放的、汇集、使用各种资源的平台上来培养学生实践动手能力和学生可持续发展能力。在学生毕业时得到两个证明学生能力和水平的证书，即学历证、职业资格证。

本书由李本鑫、张清丽任主编，由范文忠、崔琳霞、郑学云任副主编。具体编写分工如下：李本鑫编写绪论、项目1、项目6；张清丽编写项目2、项目3的任务1和任务3；郑学云和孙晓东编写项目3的任务2；马铁山编写项目4的任务1和任务2；张璐编写项目4的任务3；崔琳霞编写项目4的任务4和任务5；张凯编写项目5的任务1；范文忠编写项目5的任务2和任务3。每个项目下的项目说明、学习内容、教学目标、技能目标、完成项目所需材料及用具、学习小结、达标检测均由李本鑫编写。本书由米志娟和郑铁军任主审，提出了许多修改意见。本书在编写过程中，得到了许多高校同行的大力支持，并提出了许多宝贵意见，在此一并致谢！另外，书中许多插图均来源于参考文献，也对参考文献的作者表示衷心的感谢！

本教材配有电子教案，凡使用本书作为教材的教师可登录机械工业出版社教材服务网 www. cmpedu. com 下载。咨询邮箱：cmpgaozhi@ sina. com。咨询电话：010-88379375。

由于时间仓促和作者水平有限，书中定有许多不完善之处，敬请各位同行和读者在使用过程中，对书中的错误和不足之处进行批评指正。

编　者

目　录

绪　　论

园林植物是指人工栽培的适用于园林绿化和具有观赏价值的木本和草本植物。园林植物病虫害防治是研究园林植物病虫害发生规律及防治方法的一门学科。

园林植物在城镇绿化和风景名胜建设中占有重要地位，为了保证这些植物的正常生长、发育，有效地发挥其绿化效益，病虫害防治是不可缺少的环节。事先预防、及时发现、准确诊断、弄清病虫种类、进行科学防治是城市绿地植物、风景园林植物正常发挥效益的保证。

一、园林植物病虫害的特点

（一）园林植物病虫害复杂多样

我国的园林植物种类丰富，品种繁多，危害园林植物的病虫害也较复杂。1984 年的"全国园林植物病虫害、天敌资源普查及检疫对象研究"结果指出：我国园林植物，包括草木花卉、木本花卉、攀缘植物、肉质植物、地被植物、水生观赏植物和园林树木的病害有5500 多种，虫害有 8265 种，种类较多。

（二）易引起交叉感染

在各个风景区、公园、城市街道、庭院绿化中，为了达到绿树成荫、四季有花的效果，园林工作者将花、草、树木巧妙地搭配在一起种植，形成了一个个独特的园林景观，这些环境给园林植物病虫害的发生和交叉感染提供了条件。在北方园林中，常见的有桧柏、侧柏与梨树、苹果树、海棠树搭配在一起种植、松树与栎树混合种植、松树与芍药混合种植等，这往往给梨桧锈病、松栎锈病和松芍锈病的转主寄生和病害的流行创造了条件。介壳虫、粉虱、蚜虫和叶蝉等吸汁类害虫寄主范围广泛，可在园林植物中大量繁殖，同时还传播园林植物病毒等。

（三）防治技术要求高

园林植物在整个社会经济生产中占有重要地位，它的经济价值较高，有些名贵、稀有品种或艺术盆景的精品，每根枝条、每张叶片都有一定的造型艺术，因此对病虫害的防治技术要求较高，必须采用安全措施。当一些特殊价值的珍贵树种受到害虫危害后，需要尽全力进行抢救，如天坛公园、黄帝陵的古柏等。草药、木本油料、香料、水果等和人类的关系密切，除观赏外，部分还可食用，防治时采取的措施应对人体无害，在防治过程中应以低毒、无残留、不污染环境为主要目标。

二、课程学习目标

园林植物病虫害防治是园林专业的必修课程，它的主要内容包括害虫的识别和诊断、害虫的发生规律、害虫的防治技术等。

本课程的学习目标是使学生能够了解园林植物病虫害防治的基础知识和基本技能，掌握当地园林植物的食叶害虫、枝干害虫、吸汁害虫、地下害虫和叶花果病害、枝干病害、根部病害的发生发展规律及科学防治方法，从而在今后的园林工程设计、施工和养护管理过程中能够有的放矢，以避免、消除或减少病虫害对植物的危害，将病虫害控制在最低水平，保持优美的园林景观，充分发挥城镇园林的生态效益，改善城镇生态环境。

三、课程能力目标

本课程的能力目标是要求学生对当地园林植物主要病虫害能正确识别和诊断，能正确应用园林植物病虫害防治的基础知识，分析当地病虫害的发生发展规律，制订科学、合理的综合防治方案，并能有效地组织实施。从总体上讲，本课程以综合防治技术能力的培养为主线，使学生最终达到对园林植物病虫害会诊断识别、会分析原因、会制订防治方案、会组织方案实施的植保"四会"人才的培养目标。

四、课程学习建议

本课程具有较强的直观性和实践性，学习时必须重视基础理论知识的学习，观察、分析各类病虫害发生时的不同性状，掌握预防措施，找准施药种类及施药时机，积极参加园林植物病虫害防治的实践活动，不断提高防治园林植物病虫害的理论水平和操作技能。树立保护生态的病虫害防治观念，采取科学的园林植物病虫害防治措施，以维持城市生态系统的平衡，达到城市生态环境的可持续发展。

五、园林植物病虫害防治的发展

我国园林设计艺术虽然具有悠久的历史，但对园林病虫害的防治却是近几十年的事。1980 年以前的 50 多年中，我国少数学者对个别花卉和观赏树木的病虫害曾作过调查和初步研究。然而，大量而深入的研究工作是从 1980 年开始的，并且在这之后的短短 20 多年中有了迅速的发展。不但有从事园林植物病虫害防治的工作者，而且也有从事农作物和林木病虫害防治的工作者。人们最初多从花木病虫害的种类和危害程度的调查开始，根据生产需要，逐步对主要花木病虫害的发生规律和防治措施进行研究。

1984 年，国家城乡建设环境保护部门还开展了"全国园林植物病虫害、天敌资源普查及检疫对象研究"调查，组织了全国范围的调查研究工作。通过这次普查，初步摸清了我国园林植物病虫害的种类、分布及危害程度，园林植物害虫天敌的种类及概况，初步提出了我国园林植物病虫害检疫对象的建议，为今后进一步开展主要病虫害的防治研究奠定了基础。

目前，我国对园林植物生产危害较为严重的病虫害，都进行了不同程度的研究，基本掌握了有些病虫害的发生和流行规律，并提出了可行的防治措施。近 10 年来，有关花木病虫害专题研究报告日益增多。此外，还出版了许多与园林有关的草坪、观赏植物、绿化树木方面病虫害防治的书刊。

为了培养园林植物病虫害防治的专业人才和普及病虫害的知识，我国一些高等农林院校，将园林植物病虫害防治列为必修课，中等农林学校也开设了相应的课程。近年来，我国农林院校的植物保护和病虫害防治专业，先后增设了园林植物病虫害防治选修课和专题讲座。国家还在全国园林和林业干部及科技人员中举办培训班，普及有关园林植物病虫害防治的基本知识，在大、中城市的园林科学研究所和各大植物园设立园林植物病虫害研究室。有些农林研究机构以及农林院校的科技和教学人员，也将园林植物病虫害列入研究范围，各地市园林局有专门的园林植保技术人员。总之，我国已在病虫害防治、教学和研究各方面都有较大的发展，并建立了一系列较完善的体系。

对许多造成严重危害的病虫害，我国相关人员经过研究和生产实践，已掌握了其发生发展规律，有了较成熟的防治经验。而有些病虫害从防治上来讲，目前还缺乏理想的、经济有效的、安全可靠的综合防治措施。有些原来并不重要的病虫害，在新的条件下也可能暴发成灾。因此，病虫害仍是影响园林生产和城市绿化的严重问题。新的防治理论和综合防治措施的提出，还有待我们进一步探索和研究。

与一些国家比较，我国的园林植保事业还有很大差距。由于各个国家及城市的地理位置、气候条件、植物品种及结构各不相同，园林植物保护也各有特色。园林植物保护的原则是"从城市环境的整体观点出发，以预防为主，综合管理"，采取适合于城市特点的有效方法，互相协调，以达到控制害虫危害，保护和利用天敌，合理使用和逐步减少使用化学药剂，保护生态，科学种植，养护管理，选择栽培抗害虫品种，恢复生态平衡，加强植物检疫，开展人工防治，使害虫防治科学化的目的。根据上述原则才能最大限度地调动和利用各种有效生物对园林害虫的克制作用，尽量少用或不用难降解的化学药物，改用无公害的药剂，如激素、抗生素等，确保整个生态系统良性循环，最大限度地符合人类利益。

园林植物昆虫识别技术

【项目说明】

昆虫对园林植物的影响很大，当其危害轻时，会影响园林植物的观赏性和美感；当其危害严重时，会对园林植物造成毁灭性的打击。昆虫的种类繁多，形态千差万别，如果能够准确识别园林植物害虫，就能对虫害做到及时发现、事先预防。科学防治是城市绿地植物、风景园林植物正常发挥功能和效益的重要保证。

本项目共分8个任务来完成：昆虫外部形态识别技术，昆虫内部器官识别技术，昆虫生物学特性识别技术，昆虫生活习性识别技术，园林昆虫主要类群识别技术，昆虫标本采集、制作与保存技术，园林植物害虫调查技术，园林植物害虫预测预报技术。

【学习内容】

掌握昆虫的头部、胸部、腹部及附肢的特征；昆虫的繁殖、发育及变态类型；昆虫的主要习性与防治的关系；园林植物昆虫的种类；园林害虫调查统计与预测预报技术。了解昆虫的生理特征与防治的关系，环境条件对昆虫的影响。

【教学目标】

通过对昆虫形态特征的识别、生物学特性的了解、昆虫种群的特征等相关内容的学习，为正确识别昆虫、利用益虫和消灭害虫打下坚实基础。

【技能目标】

通过对昆虫的口器、触角、足和翅的类型的特征认知，对园林植物昆虫进行准确识别和分类。

【完成项目所需材料及用具】

材料： 蝗虫、蟋蟀、蝼蛄、蝶、蛾、天牛、瓢虫、蝉、步行甲、蝇、蛀、螳螂、蜜蜂、蝽象、蚜虫、蜘蛛、蜈蚣、马陆、虾等动物的实物或干制标本和浸渍标本，昆虫形态挂图，PPT等。

用具： 放大镜、解剖镜、解剖针、镊子、剪刀、毒瓶、蜡盘等。

任务1　昆虫外部形态识别技术

任务描述

全世界已知动物约150万种，其中昆虫就有100万种且其外部形态复杂多样。那么，什么是昆虫呢？昆虫在外部形态上又有什么样的共同特征呢？

本任务就是要从昆虫变化多端的外部形态中，找出它们共同的基本构造来作为识别昆虫种类的依据。完成此任务需要熟悉昆虫纲的特征；掌握昆虫的体躯分段情况，昆虫头、胸、腹及附肢的构造与特点；能对园林植物昆虫进行准确识别。

任务咨询

一、昆虫的分类

地球上动物种类繁多，其中昆虫是最大的动物类群。昆虫属于动物界，节肢动物门，昆虫纲的动物。昆虫通常是中小型到极微小的无脊椎生物，是节肢动物的主要成员之一。它们在希留利亚纪时期进化，而到石炭纪时期则出现有70cm翅距的大型蜻蜓。它们今日仍是相当兴盛的族群，已有超过120万种。昆虫有坚硬的起保护作用的外骨骼和六条有关节的步行足。地球上有不同种类的昆虫，它们包括甲虫、蟑螂、蚂蚁、蜂、蝴蝶、蜻蜓和豆娘等。

许多昆虫危害园林植物或寄生在人体、畜体上，如蝗虫、蚊、蝇等，称为害虫。有些昆虫可以"吃"害虫，如步行甲、食虫瓢甲、食蚜蝇、寄生蜂等，称为"天敌昆虫"。有些昆虫能帮助植物授粉，如蜜蜂、壁蜂；有些昆虫的虫体及其代谢物是工业、医药和生活原料，对人类有益，如斑蝥、家蚕、白蜡虫、五倍子蚜、紫胶蚧等，称为"益虫"。

二、昆虫纲的特征

1）成虫体躯明显地分为头部、胸部和腹部3个体段。

2）头部有口器和1对触角，通常还有复眼和单眼。

3）胸部有3对胸足，一般还有2对翅。

4）腹部多由9~11个体节组成，末端有外生殖器，有时还有1对尾须。

5）在生长发育过程中要经过一系列内部器官及外部形态上的变化，才能转变为成虫。

总结起来，昆虫的主要特征就是成虫的体躯分为头、胸、腹3段，胸部一般有2对翅，3对足。这是区别昆虫与其他动物类群的主要特征（见图1-1）。

昆虫虽种类繁多，但在它们的成虫阶段都具有共同的基本外部形态特征。了解昆虫的外部形态、结构特征是识别昆虫和治理害虫的基础。昆虫体躯由许多体节组成，相邻的体节间由节间膜连接，虫体可借此自由活动。成虫的身体分为头、胸、腹3段，各体段着生不同功能的附器、附肢。中、后胸及腹部1~8节的两侧有气门，是昆虫的呼吸器官在体外的开

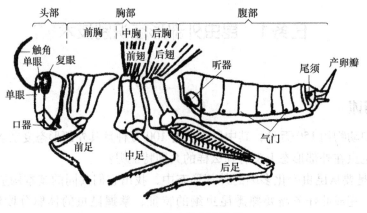

图 1-1 蝗虫体躯的构造

口。昆虫整体被一层坚硬的体壁所包围，故此昆虫也被称为"外骨骼"动物。昆虫由卵到成虫要经过变态。

三、昆虫的头部

头部是体躯最前面的一个体段，一般呈圆形或椭圆形。在头壳的形成过程中，由于体壁内陷，表面形成一些沟和缝，因此将头壳分成许多小区，每个小区都有一定的位置和名称，分别为：额、唇基、头顶、颊、后头。头部的附器有触角、复眼、单眼和口器。头部是昆虫的感觉和取食中心（见图 1-2）。

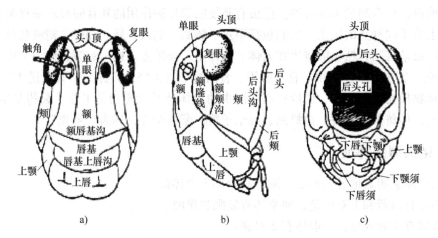

图 1-2 昆虫头部构造与分区
a）正视图 b）侧视图 a）后视图

（一）触角

昆虫除少数种类外，头部都有 1 对触角。一般着生于额两侧。

1. 基本构造

触角由许多节组成。基部第 1 节称为柄节，第 2 节称为梗节，梗节以后的各小节统称为鞭节。鞭节的形状和分节的多少，随昆虫种类而不同，因此触角是昆虫分类的重要依据。触角上有许多触觉器和嗅觉器，是信息接收和传递的主要器官，在昆虫觅食、求偶、产卵、避害等活动中起着重要的作用，少数还具有呼吸、抱握作用。可根据触角的类型、功能，识别昆虫和诱杀害虫（见图1-3）。

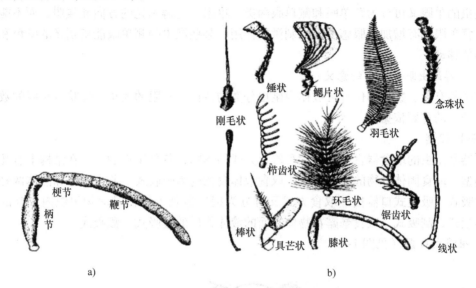

图1-3　昆虫触角的构造及类型
a）触角的基本构造　b）触角的类型

2. 类型

昆虫触角的形状因昆虫的种类和雌雄不同而多种多样。常见的有以下几种：

刚毛状：触角短，基部两节较粗，鞭节部分则细如刚毛，例如蝉和蜻蜓。

念珠状：鞭节由近似圆球形且大小相似的小节组成，像一串念珠，例如白蚁。

丝状（线状）：触角细长，除基部1～2小节稍大外，其余各节大小和形状相似，例如蝗虫和蟋蟀。

锯齿状：鞭节各节的端部向一边突出如锯齿，例如锯天牛。

栉齿状：鞭节各小节的一边向外突出成细枝状，形如梳子，例如毒蛾和樟蚕蛾。

羽毛状：鞭节各节向两边伸出细枝，形似羽毛，例如雄蚕蛾。

膝状：触角的柄节特长，梗节短小，鞭节和柄节弯成膝状，例如蜜蜂。

具芒状：触角短，鞭节仅为一节，上有一根刚毛或芒状构造，称为触角芒，例如蝇类。

环毛状：鞭节各节均生有一圈长毛，近基部的毛较长，例如库蚊。

球杆状或棒状：触角细长如杆，近端部数节逐渐膨大，例如白粉蝶。

锤状：与球杆状相似，但触角较短，末端数节显著膨大似锤，例如皮蠹甲。

鳃片状：触角末端数节延展成片状，状如鱼鳃，可以开合，例如棕色金龟子。

（二）眼

眼是昆虫的视觉器官，在昆虫的取食、栖息、繁殖、避敌、决定行动方向等各种活动中起着重要作用。昆虫的眼有单眼和复眼之分。

1. 复眼

昆虫的成虫和不全变态的若虫及稚虫一般都具有1对复眼。复眼位于头部的侧上方（颅侧区），大多数为圆形或卵圆形，也有的呈肾形（如天牛）。低等昆虫、穴居昆虫及寄生性昆虫的复眼常退化或消失。复眼是由若干个小眼组成的。

2. 单眼

昆虫的单眼又可分为背单眼和侧单眼两类。单眼只能辨别光的方向和强弱，而不能形成物像。背单眼具有增加复眼感受光线刺激的作用，某些昆虫的侧单眼能辨别光的颜色和近距离物体的移动。

3. 了解昆虫眼的类型的意义

单眼的有无、数目和位置常被作为昆虫分类的特征。复眼的大小、形状、小眼的数量也是昆虫分类的重要依据。

（三）口器

口器是昆虫的取食器官。因食性和取食方式的不同，各种昆虫的口器在结构上有几种不同的类型。取食固体食物的为咀嚼式，取食液体食物的为吸收式，兼食固体和液体两种食物的为嚼吸式。吸收式口器按其取食方式又可分为把口器刺入植物或动物组织内取食的刺吸式、锉吸式、刮吸式，吸食暴露在物体表面的液体物质的虹吸式、舐吸式。

1. 咀嚼式口器（见图1-4）

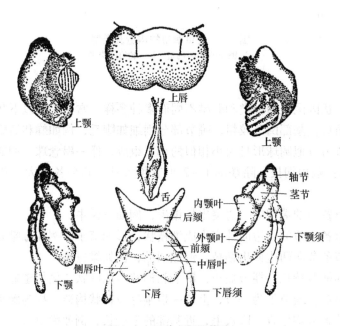

图1-4　咀嚼式口器构造

咀嚼式口器是昆虫最原始、最基本的口器类型。所有别的口器类型都是由咀嚼式口器演化而来，基本结构由上唇、上颚、下颚、下唇及舌5个部分组成。

上唇：上唇是悬接于唇基下缘的1个双层的薄片，能前后活动，有固定、推进食物的作用。外壁骨化强、厚；内壁为膜质，多毛，有感觉功能。

上颚：上颚位于上唇之后，是1对坚硬带齿的块状构造，两个上颚相对的一面基部为磨区，端部为切区，可以切断、撕裂和磨碎食物。

下颚：下颚位于上颚之后，左右成对，由轴节、茎节、内颚叶、外颚叶和下颚须构成，内、外颚叶用以割切和抱握食物，下颚须用来感触食物。

下唇：下唇位于下颚之后，与下颚构造相似，但左右合并为一，用以盛托食物和感觉食物的味道。

舌：舌位于口腔中央，是1块柔软的袋状结构，用来帮助搅拌和吞咽食物，舌基部有唾腺开口，唾液由此流出与食物混合，并有味觉作用。

危害特点：能使植物的组织和器官受到机械损伤而残缺不全。如造成植物叶片上的透明斑、缺刻、孔洞等。

2. 刺吸式口器（见图1-5）

刺吸式口器是昆虫用以吸食动、植物汁液的口器，如蚜虫、蝉、介壳虫、蝽象等的口器，是由咀嚼式口器演化而成的，其构造特点是：上唇短小呈三角形，上颚与下颚变成两对口针，互相嵌合形成两个管道；下唇延长成包藏和保护口针的喙。危害植物时是借助肌肉动作将口针刺入组织内，吸取汁液，而喙留在植物体外。

危害特点：受害植物通常无明显残缺、破损，而是有变色斑点、卷缩扭曲、肿瘤、枯萎等症状。该种口器昆虫在取食时能传播病毒，使植物遭受严重损失。

3. 虹吸式口器（见图1-6）

虹吸式口器是蛾、蝶类成虫特有的口器类型。上唇和上颚段发达，由左、右下颚的外颚叶特化成一条能卷曲也能伸展的喙，取食时可伸展吸吮花蜜。

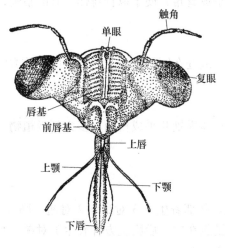

图1-5　刺吸式口器构造

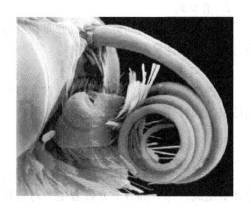

图1-6　虹吸式口器

4. 口器类型与防治

具有咀嚼式口器的昆虫危害植物的共同特点是造成植物各种形式的机械损伤，例如，取食叶片造成缺刻、孔洞，严重时将叶肉吃光，仅留网状叶脉，甚至全部被吃光。钻蛀性害虫常造成茎秆、果实等植物上留有隧道和孔洞等；有的钻入叶中潜食叶肉，形成迂回曲折的蛇形隧道；有的啃食叶肉和下表皮，留下上表皮，似开"天窗"；有的咬断幼苗的根或根茎，造成幼苗萎蔫枯死；还有吐丝卷叶、缀叶等。防治具有咀嚼式口器的害虫，通常使用胃毒剂和触杀剂。胃毒剂可喷洒在植物体表，或制成毒饵撒在这类害虫活动的地方，使其和食物一起被害虫食入消化道，引起害虫中毒死亡。

具有刺吸式口器的害虫对植物的危害，不仅仅是吸取植物的汁液，造成植物营养的丧失，从而使植物生长衰弱，更为严重的是它所分泌的唾液中含有毒素、抑制素或生长激素，使植物叶绿素被破坏而出现黄斑、变色，细胞分裂受到抑制而形成皱缩、卷曲，细胞增殖而出现虫瘿等。而且，蚜虫、叶蝉、木虱等还传播植物病毒，其传播的植物病害所造成的损失往往大于害虫本身所造成危害的损失。对于具有刺吸式口器的害虫防治，通常使用内吸性杀虫剂、触杀剂或熏蒸剂，而使用胃毒剂是没有效果的。

（四）头式

根据口器着生位置和指向的不同，将昆虫头部分成 3 种头式（见图 1-7）。

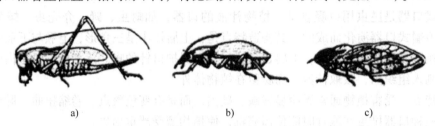

a)　　　　　　　　　　b)　　　　　　　　　　c)

图 1-7　昆虫的头式

a）下口式　b）前口式　c）后口式

1. 下口式

口器着生在头的下方，口器方向和身体纵轴几乎成直角，便于取食身体下方的猎物，多见于植食性昆虫，例如蝗虫。

2. 前口式

口器着生在头的前方，口器方向和身体纵轴平行或处在同一直线上，便于取食前方的食物，多为捕食性昆虫，如步行虫等。

3. 后口式

口器从头的腹面伸向身体的后方，口器方向和身体纵轴几乎成锐角，多为刺吸植物汁液的昆虫，如叶蝉、蚜虫等。

四、昆虫的胸部

胸部是昆虫的第 2 体段，以膜质颈与头部相连。胸部着生有 3 对足和 2 对翅。胸部由 3 个体节组成，每一胸节下方各着生 1 对胸足。多数昆虫在中、后胸上方各着生 1 对翅。足和翅都是昆虫的行动器官，所以胸部是昆虫的运动中心。

（一）基本构造

胸部由前胸、中胸和后胸 3 个体节组成。各胸节均具有 1 对足，分别称为前足、中足和后足。大多数昆虫在中、后胸上还各具有 1 对翅，分别称为前翅和后翅。胸节的发达程度与其上着生翅和足的发达程度有关。每一胸节都是由 4 块骨板构成，背面的称为背板，左右两侧的称为侧板，下面的称为腹板。骨板按其所在的胸节部位而命名，如前胸背板、中胸背板、后胸背板等名称。各胸板由若干骨片构成。这些骨片也各有名称，如盾片、小盾片等。

（二）胸足的结构和类型

1. 胸足的结构（见图 1-8）

胸足是胸部的附肢，着生于侧板和腹板之间。成虫的胸足一般分为 6 节，由基部向端部依次称为基节、转节、腿节、胫节、跗节和前跗节，它们的结构和特点如下：

基节：基节是胸足的第 1 节，通常与侧板的侧基突相接，形成关节窝，为牵动全足运动的关节构造。基节通常较短粗，多呈圆锥形。

　　转节：转节是足的第 2 节，一般较小，转节一般只有 1 节，只有少数种类，例如蜻蜓等的转节有 2 节。

　　腿节：腿节常为足中最强大的一节，末端同胫节以前后关节相接，腿节和胫节间可作较大范围活动，使胫节可以折贴于腿节之下。

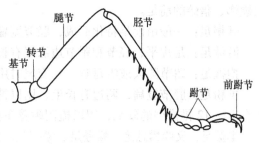

图 1-8　昆虫胸足的基本构造

　　胫节：胫节通常较细长，比腿节稍短，边缘常有成排的刺，末端常有可活动的距。

　　跗节：跗节通常较短小，成虫的跗节有 2～5 个亚节，各亚节间以膜相连，可以活动。有的昆虫，例如蝗虫等的跗节腹面有较柔软的垫状物，称为跗垫，可用于辅助行动。

　　前跗节：前跗节是足的最末一节，在一般昆虫中，前跗节退化而被两个侧爪取代。

　　全变态类昆虫的幼虫胸足的构造简单，跗节不分节，前跗节仅为 1 爪，节间膜较发达，节间通常只有单一的背关节。只有脉翅目、毛翅目等幼虫在腿节与胫节间有两个关节突。部分鞘翅目幼虫的胫节和跗节合并，称为胫跗节。

　　2. 胸足的类型（见图 1-9）

　　昆虫胸足的原始功能为行动器官，由于为了适应不同的生活环境和生活方式，演化成许多不同形态和功能的足。常见的类型有：

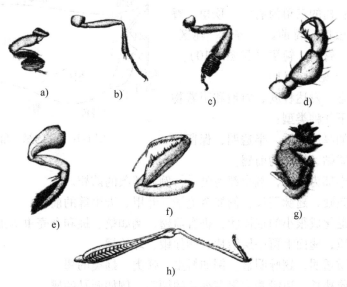

图 1-9　昆虫胸足的类型
　　a）抱握足　b）步行足　c）携粉足　d）攀援足　e）游泳足　f）捕捉足　g）开掘足　h）跳跃足

　　步行足：步行足是昆虫中最常见的一种足，各节较细长，无显著特化，适于行走，例如步行虫、蜌象的足。

　　跳跃足：一般由后足特化而成，腿节特别膨大，胫节细长，适于跳跃，例如蝗虫、跳甲的后足。

捕捉足：为前足特化而成，基节延长，腿节和胫节的相对面上有齿，形成捕捉结构，例如螳螂、猎蝽的前足。

开掘足：一般由前足特化而成，胫节宽扁有齿，适于掘土，例如蝼蛄的前足。

游泳足：足扁平，胫节和跗节边缘缀有长毛，用以划水，例如龙虱、划蝽的后足。

抱握足：跗节膨大成吸盘状，在交尾时用以抱握雌体，例如雄性龙虱的前足。

携粉足：胫节宽扁，两边有长毛，用以携带花粉，通称"花粉篮"。第一跗节很大，内面有 10～12 排横列的硬毛，用以梳刮附着在身体上的花粉，例如蜜蜂的后足。

攀援足：又叫攀悬足、攀登足、攀握足。攀援足各节较短较粗，胫节端部有 1 个指状突，与跗节及呈弯爪状的前跗节构成一个钳状构造，能牢牢夹住人、畜的毛发等，例如虱类的足。

了解昆虫足的构造和类型，对于识别害虫，了解它们的生活方式，以及在害虫防治和益虫利用上都有很大的实践意义。

（三）昆虫的翅

多数昆虫具有 2 对翅，少数昆虫只有 1 对翅，有的昆虫无翅。

1. 翅的构造

昆虫的翅由双层膜质表皮合成，其间分布硬化的气管。翅面在气管部位加厚形成翅脉，起加固作用。翅脉有纵脉和横脉两种，由基部伸到边缘的翅脉称为纵脉，连接两纵脉的短脉称为横脉。纵、横翅脉将翅面围成若干小区，称为翅室。翅室有开室和闭室之分。翅脉的分布形式（脉序）是识别昆虫科的依据之一。

一般昆虫的翅呈三角形，翅的三边为前缘、外缘、内缘；翅的三角为肩角、顶角、臀角；翅的四区为腋区、臀前区、臀区、轭区；翅的三褶为基褶、臀褶、轭褶（见图 1-10）。

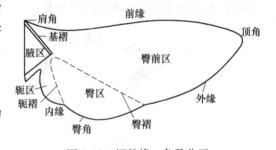

图 1-10　翅的缘、角及分区

2. 翅的类型（见图 1-11）

根据翅的形态、发达程度、质地和附着物等可将翅分为以下几种类型：

覆翅：翅质加厚成革质，半透明，保留翅脉，例如蝗虫、蝼蛄、蟋蟀的前翅。

半鞘翅：基半部为革质，端半部为膜质，例如蝽象的前翅。

鞘翅：角质坚硬，翅脉消失，例如金龟子、叶甲、天牛等的前翅。

棒翅：后翅退化成很小的棍棒状，仍有前翅，例如蚊、蝇和介壳虫雄虫的后翅。

鳞翅：翅膜质，翅面上覆一层鳞片，例如蛾、蝶的翅。

膜翅：翅膜质透明，翅脉明显，例如蚜虫、蜂类、蝇类的翅。

缨翅：翅膜质狭长，边缘着生很多细长的缨毛，例如蓟马的翅。

3. 翅的连锁

前翅发达而后翅不发达的昆虫，例如同翅目、鳞翅目、膜翅目的昆虫，在飞行时，后翅必须以某种构造挂连在前翅上，用前翅来带动后翅飞行，二者协同运动。将昆虫的前、后翅连锁成一体，以增进飞行效率的各种特殊构造称为翅的连锁。昆虫前、后翅之间的连锁方式主要有以下几种类型：

（1）翅抱型连锁　蝶类和一些蛾类（例如枯叶蛾等）的前、后翅之间虽无专门的连锁

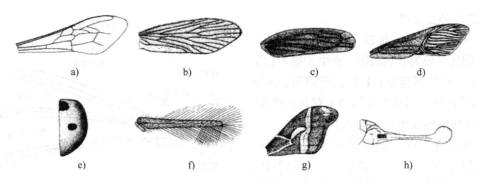

图 1-11　昆虫翅的类型
a) 膜翅　b) 毛翅　c) 覆翅　d) 半鞘翅
e) 鞘翅　f) 缨翅　g) 鳞翅　h) 棒翅

器，但其后翅肩角膨大，并且有短的肩脉突伸于前翅后缘之下，以使前、后翅在飞翔过程中紧密贴合且动作一致。这类连锁也称为膨肩连锁或贴合式连锁。

（2）翅轭型连锁　低等的蛾类，例如蝙蝠蛾科中的某些种类，前翅轭区的基部有一指状突起，称为翅轭，飞行时伸在后翅前缘的反面，前翅臀区的一部分叠盖在后翅上，将后翅夹住，以使前、后翅保持连接。

（3）翅缰型连锁　在后翅前缘基部有 1 根或几根强大刚毛，称为翅缰，在前翅反面翅脉上有 1 丛毛或鳞片，称为翅缰钩。飞翔时，翅缰插入翅缰钩内以连接前、后翅。大部分蛾类的翅属于此种连锁方式。

（4）翅钩型连锁　在后翅前缘中部生有 1 排向上及向后弯曲的小钩，称为翅钩，在前翅后缘有 1 条向下卷起的褶，飞行时，翅钩挂在卷褶上，以协调前、后翅的统一动作。膜翅目蜂类及部分同翅目昆虫的翅即属于此种连锁方式。

（5）翅褶型连锁　在前翅的后缘近中部有 1 个向下卷起的褶，在后翅的前缘有 1 段短而向上卷起的褶，飞翔时前、后翅的卷褶挂连在一起，使前、后翅动作一致。部分半翅目、同翅目昆虫等的翅即属于此种连锁方式。

五、昆虫的腹部

腹部是昆虫的第 3 体段，紧连于胸部之后，一般没有分节的附肢，里面包藏有各种内脏器官，端部着生有雌雄外生殖器和尾须。内脏器官在昆虫的新陈代谢中发挥着重要的作用，雌雄外生殖器主要承担了与生殖有关的交尾及产卵等活动，尾须在交尾及产卵过程中对外界环境进行感觉，所以腹部是昆虫新陈代谢和生殖的中心。

（一）基本构造

腹部一般呈长筒形或椭圆形，但在各类昆虫中常有很大的变化。成虫的腹部一般由 9 ~ 11 节组成，在 1 ~ 8 节两侧各有 1 对气门（气管在体表的开口）。腹部除末端有外生殖器和尾须外，一般无附肢。腹节的结构比胸节简单，有发达的背板和腹板，但没有像胸部那样发达的侧板，两侧只有膜质的侧膜。腹节可以互相套叠，后一腹节的前缘常套入前一腹节的后缘内，因此能伸缩，扭曲自如，并可膨大和缩小，有助于昆虫的呼吸、蜕皮、羽化、交配、产卵等活动。

（二）外生殖器

1. 雌性昆虫外生殖器（产卵器）

产卵器一般为管状结构，着生于第8和第9腹节上。产卵器包括：1对腹产卵瓣，由第8节附肢组成；1对内产卵瓣和1对背产卵瓣，均由第9腹节附肢组成（见图1-12）。

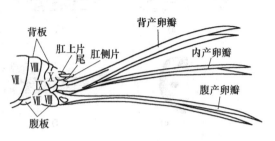

图1-12　雌性昆虫产卵器基本构造

根据昆虫产卵器的形状和构造的不同，不仅可以了解害虫的产卵方式和产卵习性，从而采取针对性的防治措施，同时还可作为昆虫重要的分类特征，以区分不同的目、科和种类。

2. 雄性昆虫外生殖器（交配器）

多数雄性昆虫的交配器由将精子输入雌体的阳具及交配时挟持雌体的1对抱握器两部分组成，但构造较为复杂而且多有变化。阳具包括1个阳茎和1对位于基部两侧的阳茎侧叶。阳茎多是单一的骨化管状构造，是有翅昆虫进行交配时插入雌体的器官。抱握器大多属于第9腹节的附肢。抱握器的形状有很多变化，常见的有宽叶状、钳状和钩状等。抱握器多见于蜉蝣目、脉翅目、长翅目、半翅目、鳞翅目和双翅目昆虫中。有些昆虫的抱握器十分发达，而有些种类则没有特化的抱握器。

各类昆虫的交配器构造复杂，种间差异也十分明显，但在同一类群或虫种内个体间比较稳定，了解昆虫的外生殖器，既是分辨雌雄昆虫的依据，也是昆虫分类的重要依据。

3. 尾须

尾须是由第11腹节附肢演化而成的1对须状外突物，存在于部分无翅亚纲和有翅亚纲中的蜉蝣目、蜻蜓目、直翅类及革翅目等较低等的昆虫中。尾须的形状变化较大，有的不分节，有的细长多节呈丝状，有的硬化成铗状。尾须上生有许多感觉毛，具有感觉作用。但在革翅目昆虫中，尾须骨化成的尾铗，具有防御敌害和帮助折叠后翅的功能。

六、昆虫的体壁

体壁是包在整个昆虫体躯（包括附肢）最外层的组织，它具有皮肤和骨骼两种功能，又称为外骨骼。

（一）体壁的功能

体壁构成昆虫的躯壳，可着生肌肉，保护内脏，防止水分蒸发以及微生物和其他有害物质的入侵，起保护性屏障作用。同时还是营养物质的储存库，色彩和斑纹的载体。此外，体壁可特化成各种感觉器官和腺体等，参与昆虫的生理活动。

（二）体壁的构造

体壁由里向外可分为：底膜、皮细胞层和表皮层（见图1-13）。

1. 底膜

底膜又称为基膜，皮细胞层下的一层薄膜。

2. 皮细胞层

皮细胞层是活细胞层，也称为真皮层，是连续的单细胞层，主要功能是控制昆虫的蜕皮

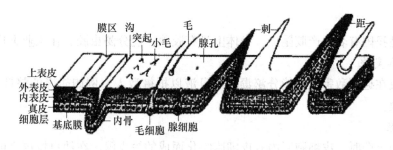

图1-13　昆虫体壁构造及其附属物

作用；分泌表皮层；组成昆虫体躯的外骨骼以及外长物；分泌蜕皮液，在蜕皮过程中消化旧的内表皮，并吸收其产物、合成新表皮物质；修补伤口；分泌绛色细胞等。

3. 表皮层

表皮层是构造最复杂的一层，自外向内可区分为上表皮、外表皮和内表皮3层，其内贯穿许多孔道。

（1）上表皮　由护蜡层、蜡层和角质精层组成，有的昆虫在蜡层和角质精层中间还有1个多元酚层，此层具有不透性。

（2）外表皮　主要成分是几丁质、鞣化蛋白及脂类化合物，使昆虫体壁具有坚韧性。

（3）内表皮　无色柔软，含有几丁质—蛋白质复合体，还有弹性蛋白，使昆虫体壁具有曲折延展性。

（三）昆虫体壁的外长物

昆虫体壁的外长物分为细胞性外长物和非细胞性外长物。

1. 细胞性外长物

细胞性外长物指有皮细胞参与形成的外长物。单细胞性外长物：由一个皮细胞形成，周围被一个由皮细胞转化成的膜原细胞包围，而且延伸到体壁表面，在刚毛的基部形成毛窝膜，因此，刚毛能自由活动（刚毛、鳞片、毒毛和感觉毛）。多细胞性外长物：刺和距。体壁向外突出成中空的刺状物，基部固定在体壁上不能活动的称为刺；基部周围以膜质部分和体壁相连，可以活动的称为距。

2. 非细胞性外长物

非细胞性外长物指没有皮细胞参与，仅由表皮层外突形成的外长物（小毛、小刺和仅由外表皮形成的固毛等）。

（四）皮细胞腺

昆虫体壁的皮细胞，一般都有一定的分泌作用。有些昆虫某些部位的皮细胞特化为某种腺体，按照腺体的分泌物和功能可分为以下几种：

1. 涎腺

涎腺为一对多细胞腺体，位于头内或伸至中胸，能分泌涎液湿润和消化食物。

2. 丝腺

鳞翅目幼虫的丝腺由涎腺特化而来，能分泌丝质，如家蚕、柞蚕等。

3. 蜡腺

在同翅目昆虫中，不少种类具有蜡腺，几乎分布于全身各部分。

4. 胶腺

紫胶虫是我国有名的产胶昆虫，身体上具有胶腺，能分泌虫胶，在工业上用途广泛。

5. 毒腺和臭腺

有些昆虫在遇到敌害时，能分泌毒液或臭液以抵御敌人，例如胡蜂的螫针，内连毒腺，可以蜇刺外敌。

6. 蜕皮腺

昆虫在幼虫期时，皮细胞层内有皮细胞特化而成的蜕皮腺。在幼虫蜕皮之前，此腺体因受到前胸腺分泌蜕皮激素的激化，致使腺体膨大并分泌蜕皮液，其中含有蛋白分解酶，能使大部分内表皮消化溶解，以便脱去旧表皮。

（五）体壁构造与害虫防治的关系

昆虫体壁上的刚毛、鳞片、毛、刺等及上表皮的蜡层、护蜡层都影响杀虫剂在昆虫体表的黏着和展布，因而在药液中加适量的洗衣粉可提高杀虫效果。既具有高度脂溶性又有一定水溶性的杀虫剂能顺利通过亲脂性的上表皮和亲水性的内、外表皮而表现出良好的杀虫效果。在储粮中加入惰性粉可磨损害虫的上表皮，使其失水死亡。同一种昆虫的低龄期时的体壁比老龄期的薄，抗药性弱。刚蜕皮时，外表皮尚未形成，药剂比较容易透入体内。所以通过破坏体壁的结构，提高物理化学防治的效果；通过了解昆虫体壁外长物的功能及其分泌物的性质，进行害虫控制和昆虫资源的开发与利用。例如国内外根据某些昆虫分泌物的性质，进行人工提取、分析和合成，广泛地应用于害虫的防治和生产开发领域。

 任务实施

一、昆虫体躯构造观察

取 1 只活蝗虫放在毒瓶内熏一下然后放在蜡盘内，观察蝗虫的身体分为几大段。每段各由多少节组成。然后观察头部的构造特点，触角、口器、复眼、单眼的着生位置和形状。观察胸部的基本构造，足和翅的形状与特点。观察腹部的基本结构，节与节之间的节间膜，听器、尾须、外生殖器的着生位置、形状和数目。

二、昆虫头式观察

取蝗虫、步行甲、蝉分别观察它们的口器在头部的着生位置有何不同，口器的方向和身体纵轴是什么关系？说明是何种头式。

三、咀嚼式口器观察

取 1 只蝗虫，先用镊子分别取下蝗虫的上唇、上颚、下唇、下颚、舌，然后放在显微镜下观察，掌握各部分的特征。

四、刺吸式口器观察

取 1 只蝉，用镊子将蝉的头取下放在显微镜下观察，可见紧贴在下唇基部的一块三角形的小骨片即为上唇；然后用镊子将下唇自基部轻轻拉下来可见上下颚组成的口针。

五、虹吸式口器观察

取 1 只菜粉蝶的成虫，用镊子将头部下方一条细长而卷曲成如钟表发条状的吸管取出，即为虹吸式口器。

六、触角的观察

在放大镜下观察蜜蜂触角的基本构造，区别出柄节、梗节、鞭节，然后观察蝗虫、蝉、白蚁、叩头甲、绿豆象、雄蛾、蝶类、瓢虫、金龟子、蜜蜂、雄蚊、家蝇的触角各属于哪种类型。

七、足的观察

取蝗虫的中足放在放大镜下，观察足的基节、转节、腿节、胫节、跗节、前跗节的构造，然后再对比观察蝗虫的后足、螳螂的前足、雄龙虱的前足和后足、蜜蜂的后足，看各节有什么变化，各属于什么类型。

八、翅的观察

取 1 只蝗虫，先用镊子将前翅去掉，再将后翅展开，观察翅脉的走向、三边三角的特征，再对比观察蝗虫、金龟子、蝽象的前翅，蝉、蝴蝶、蜜蜂、蓟马的前、后翅，蝇类的后翅。通过观察比较不同的翅的质地、形状。

 思考问题

1. 如何根据昆虫的外部形态来理解昆虫的种类为什么如此之多，数量如此之大，分布如此之广？

2. 如何根据昆虫的头式来大致判断它们是益虫还是害虫？

3. 如何根据昆虫口器的不同类型来推断它们加害植物后植物的被害状，以及如何选择药物来防治？

4. 如何根据昆虫足的不同类型来推断它们的生活环境和行为习性？

 **知识链接**

一、节肢动物门的特征

1）体躯分节，体躯由一系列体节组成。

2）整个体躯最外面有 1 层含几丁质的外骨骼。

3）有些体节上生有成对的分节附肢。

4）体腔即为血腔，循环器官——背血管位于身体的背面（以大动脉开口于头腔，内管式血液循环）。

5) 中枢神经系统位于身体腹面（由一系列成对的神经节组成，脑位于头内消化道的背面，腹神经索位于消化道的腹面）。

二、昆虫与其他节肢动物的区别

在节肢动物门中，除昆虫纲外，还有七个比较重要的纲，它们除缺少翅外，与昆虫纲的主要区别特征如下：

1. 有爪纲

陆生，用气管呼吸；头上有 1 对触角；体躯分节不明显，而且附肢（足）不分节，无翅，代表种为栉蚕。

2. 蛛形纲

陆生，用气管或肺叶呼吸，体躯分为头胸部和腹部两个体段；头部不明显，无触角；有 4 对行动足，无翅。常见的如蜘蛛、蝎子、蜱、螨等。

3. 甲壳纲

体躯分为头胸部和腹部两个体段；有 2 对触角；至少有 5 对行动足，附肢大多为 2 支式；无翅。常见的有虾、蟹、水蚤等。

4. 唇足纲

体躯分为头部和胴部（胸部＋腹部）两个体段；有 1 对触角；每一体节有 1 对行动足，第 1 对足特化成颚状的毒爪，无翅。常见的如蜈蚣、钱串子等。

5. 重足纲

与唇足纲颇为相似，故也有将此纲与唇足纲合称为多足纲（Myriapoda）的。与唇足纲的主要区别是，其体节除前部 3～4 节及末端 1～2 节外，其余各节均由 2 节合并而成，所以多数体节具有 2 对行动足。常见的如马陆等。

6. 结合纲

本纲也与唇足纲相似，但第 1 对足不特化成颚状的毒爪，生殖孔位于体躯的第 4 节上。此外，每一体节上通常还有 1 对刺突和 1 对能翻缩的泡，这与昆虫纲的双尾目极为相似。

7. 寡足纲

体躯有 11 节或 12 节，部分体节背面愈合，第 3～9 节各有 1 对足，其初龄幼虫为 3 对足。

任务 2　昆虫内部器官识别技术

任务描述

通过上一个任务的观察，我们已经了解了昆虫的外部形态特征，可是昆虫的内部结构究竟是什么样的呢？昆虫都有哪些内部器官呢？

昆虫的生命活动和行为与内部器官的生理功能关系十分密切，如果能通过对昆虫的解剖进一步了解昆虫的消化、呼吸、生殖、神经等内部器官的特性，掌握其生理功能与害虫防治的关系，就能为我们科学制订害虫的防治方案打下坚实的基础。

 **任务咨询**

一、昆虫的体腔

体壁包围着整个体躯，体躯里面形成一个相通的体腔，所有的内部器官都位于这个体腔内。由于昆虫的背血管是开口的，血液循环是开放式的，体腔中存在着血液，各器官都直接浸没在血液中，这不同于脊椎动物的体腔，所以这样的体腔称为血腔（所有的节肢动物都具有血腔）。昆虫体腔的中央有消化道通过，与消化道相连的还有专司排泄的马氏管；消化道的上方是主要的循环器官，即背血管；消化道下方是腹神经索。呼吸系统是由相互连接的纵向和横向的气管组成，以气门开口于体外，并有许多分支伸达各种组织和细胞中。生殖系统位于腹部消化道两侧上方，以生殖孔开口于体外。此外，昆虫的体壁内部和内部器官上着生许多肌肉，专司昆虫的运动和内脏的活动（见图1-14）。

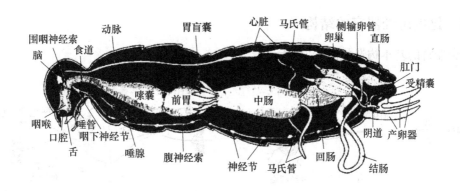

图1-14 昆虫纵剖面示意图

二、昆虫消化器官的结构

昆虫的消化器官是一条从口腔到肛门的纵贯体腔中央的管道，包括前肠、中肠、后肠3部分。

咀嚼式口器昆虫的前肠，由口腔、咽喉、食道、嗉囊和前胃等部分组成，具有磨碎和储存食物的功能。中肠又称为胃，是昆虫消化和吸收食物的主要部分。后肠由结肠、回肠和小肠组成，主要功能是回收水分、无机盐并排泄废物。咀嚼式口器的昆虫，取食固体食物，中肠结构比较简单，常呈均匀、粗壮的管状。

吸收式口器昆虫取食动植物的汁液，中肠演化成细长的管道，某些种类的昆虫，如蚜虫、介壳虫等，中肠变得特别细长，特化成滤室结构，这也是大多数同翅目昆虫消化道的特殊结构，通常由中肠的后端与后肠的前端相连。它可以使过多的水分、糖分及其他物质直接排入后肠，使蛋白质等主要营养物质浓缩并利于消化吸收。消化道具有滤室的昆虫，如蚜类、蚧类和粉虱等，其排泄物黏滞、含糖，成为寄生真菌的营养基质，会导致植物煤污病的发生。

三、昆虫呼吸器官的结构

昆虫的呼吸器官是由一系列相对固定排列的气管组成。气管是富有弹性的管子，分布在体内各组织的细胞间和细胞内，在体壁的开口为"气门"。气门可以开闭，以调节气体的出入，同时具有调控体内水分的功能。

昆虫的呼吸作用通常是靠空气的扩散和虫体的收缩来保证氧气的供给和二氧化碳的排出，以促进新陈代谢的正常进行。某些能远距离迁飞的昆虫，气管具有局部膨大的气囊，通过气囊的收缩，加速空气的流通量和增加浮力。因此空气中的毒气也随着空气进入虫体，使其中毒死亡，这就是熏蒸杀虫剂应用的基本原理。毒气进入虫体与气门的关闭情况极密切。因此在使用熏蒸剂时，必须考虑到影响呼吸强弱和气门开或关的各种因素。

昆虫的气门一般都是疏水性的，水分不会侵入气门，但油类物质却极易进入。乳油剂的杀虫作用，除了直接穿透体壁外，大量的是由气门进入虫体。因此，乳油剂是应用广泛且杀虫效果好的杀虫剂。此外，如肥皂水、面糊水等，可以机械地将气门堵塞，使昆虫窒息而死。

四、昆虫神经器官的结构

神经器官的基本构造如图1-15所示。

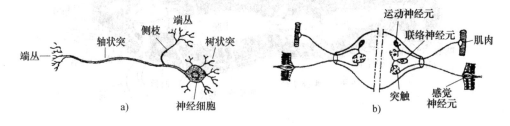

图1-15 神经元及神经反射弧示意图
a）神经元 b）反射弧

昆虫的神经器官的基本单位是神经元。神经元包括神经细胞体和神经纤维两大部分。由神经细胞伸出的主枝称为"轴状突"，轴状突上的分枝称为"侧枝"，轴状突和侧枝端部的分枝称为"端丛"，由神经细胞体直接伸出的神经纤维称为"树状突"。无数的神经元的集合构成"神经节"。

昆虫机体的一切行为和机能的信号传递，完全靠神经系统的传递介质：乙酰胆碱和乙酰胆碱酯酶，一旦介质的活性受到抑制或降低，昆虫有机体的生命活动就会受到威胁或者死亡。很多高效杀虫剂都是神经毒剂。

五、昆虫生殖器官的构造

（一）生殖器官的构造

大多数的昆虫都雌雄分体。雌性昆虫的内生殖器官主要由卵巢、输卵管、受精囊、附腺和阴道组成；雄性昆虫的内生殖器官由睾丸、输精管、储精囊、射精管、阴茎组成（见图1-16）。

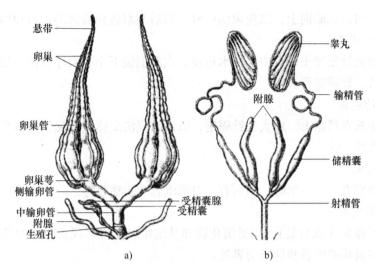

图 1-16 昆虫的生殖器官
a）雌性昆虫生殖器官 b）雄性昆虫生殖器官

（二）昆虫的交配和受精

激发两性昆虫性行为的因素有昆虫性信息素、雄性昆虫群舞和鸣叫、雌性昆虫特殊的色彩和气味等。昆虫的两性交配和受精是两个不同的概念，交配和受精过程也不是同时完成的。交配是指雌雄两性的交合；受精则指精子和卵子有机会结合成受精卵的过程。昆虫受精通常发生于交配以后，产卵以前。当雄性昆虫的精子射入雌性昆虫阴道或交尾囊后，经机械作用或化学刺激而储于受精囊内，到排卵时受精囊内精子溢出，与卵结合成受精卵排出体外。

六、循环系统

循环系统的主要器官为背血管（主要搏动器，推动血液循环）。昆虫的循环系统属于开放式，血液循环于体腔内，浸浴着所有的组织与器官。昆虫循环系统的主要功能是运送营养物质和激素到相应的组织与器官或作用部位，并将代谢产物输送到其他组织或排泄器官，维持正常代谢活动，对外物侵入产生免疫反应等。

七、排泄系统

排泄系统主要包括马氏管、脂肪体。马氏管一般着生在消化道的中、后肠分界处，脂肪体包围在内脏器官的周围。昆虫排泄器官的主要功能是排弃代谢废物，维持体内盐类和水分的平衡，保持体内环境的稳定。

 任务实施

一、解剖并观察昆虫内部器官的相对位置

取 1 只蝗虫，剪掉足、翅，用剪刀从腹部末端开始，沿气门上线剪至头顶，剪下背壁。

注意在解剖时，剪刀尖略向上，以免损伤内脏。然后观察各种器官的位置和形状。

1. 背血管的观察

将剪下的蝗虫背壁置于蜡盘中，加水淹没，在解剖镜下小心去掉肌肉，观察其内壁上的一条黄白色直管，即背血管。

2. 消化道的观察

将蝗虫体躯放在蜡盘上，用大头针固定，以清水浸没虫体，可见消化道是位于虫体中央的一条粗细不等的直管。

3. 生殖器官的观察

在消化道背面有 1 对生殖腺，侧面有 1 对侧输管、中输管等。

4. 马氏管的观察

用镊子取下卵巢（或精巢），可见消化道和其他组织上许多浅黄色细丝状长管——马氏管，此管着生在消化道中肠和后肠交界处。

5. 腹神经索的观察

用镊子将消化道移走，可见虫体腹壁上有 1 条不太清晰的白色（或粉红色）的细丝，用镊子轻轻将腹膈揭去，即可清晰见到分节的腹神经索。

二、观察家蚕体躯横切面

观察家蚕幼虫体躯横切面玻片：消化道位于中央；背血管位于消化道背面、背膈上方、背血窦中央的 1 条直管；腹神经索位于消化道腹面、腹膈的下方、腹血窦的中央；呼吸系统以气门开口于体壁两侧，气管分布于体内各器官和组织上。

三、解剖并观察呼吸系统形状及位置

取 1 只家蚕幼虫，用剪刀沿中线剪开，用大头针将两侧体壁固定于蜡盘中，加清水浸没虫体，进行观察。在体腔内有许多褐色的树枝状分支的细管，即为呼吸系统的气管，注意观察这些气管与气门的联系。

四、消化系统的观察

1. 咀嚼式口器的消化系统

取 1 只蝗虫，剪去翅和足，从虫体两侧由尾部到头部剪开，揭去背板，掰开头部，将消化道取出，置于蜡盘中，用水淹没，在镜下观察：蝗虫的消化道较粗大，从前至后依次为前肠（口腔、咽喉、食道、嗉囊、前胃）、中肠（胃盲囊）、后肠（回肠、结肠、直肠、肛门），观察各部分的外形和构造。马氏管数目很多（棉蝗有 250 多条），几乎分布于整个消化道上，用镊子轻轻拨动马氏管，观察其着生处及丛生情况。

2. 刺吸式口器的消化系统

取 1 只蚱蝉，将背壁去掉，置于蜡盘中，在解剖镜下进行观察：将消化道周围的腺体和脂肪体等移除，观察其消化道在体腔的位置；解剖观察滤室，注意滤室是如何形成的；解剖观察消化道的各个组成部分，注意其形状及构造特点；注意马氏管是从滤室通过的，共有几条，着生在何位置。

五、循环系统的观察

取 1 只活蜚蠊，沿体躯两侧剪开，用镊子将其置于盛有生理盐水的蜡盘中，掀去背壁，使背壁的腹面向上，在镜下观察，可见在头、胸部内是较短的一段动脉直管，心脏包括许多连续的心室，每个心室略膨大，心室腹面的两侧附有三角形排列的翼肌，并可见到背血管下的一层背膈。

六、蝗虫神经系统的观察

取 1 只蝗虫，剪去足和翅，并用剪刀在复眼四周剪 1 圈，将头壳剪多个裂口，再用镊子将复眼外壁和头壳撕去，最后把头部固定在蜡盘内加水淹没，在镜下小心地撕去肌肉，以便观察脑的组成。用剪刀从蝗虫的腹部末端沿背中线剪至前胸前缘，再由剪口处把体壁分开，固定于蜡盘内，用镊子除去生殖器官，加入清水置于镜下进行观察：首先可见到食道上面包围着围咽神经，将食道剪断并揪上去，或轻轻地拉掉食道和其他部分消化道，用剪刀将幕骨桥的中间部分剪去，则可见一条白色的咽下神经节，上有 3 对神经分别通向上颚、下颚及下唇。

七、内分泌腺体的观察

将家蚕幼虫自背中线剪开，用剪刀平剪头部，然后用针斜插固定于蜡盘内，在镜下仔细地移除消化道两侧的丝腺和脂肪体、肌肉等，再用水冲洗干净，然后观察。

1. 前胸腺的观察

找到家蚕幼虫前胸气门的位置，可见到由前胸气门向体内伸出的气管丛，用镊子小心除去气管丛，在前胸气门的气管丛基部，靠近体壁处，即可看到透明、膜状的前胸腺。

2. 心侧体和咽侧体

用剪刀从家蚕幼虫头顶剪开，沿蜕裂线主干剪至口器上方，将头部和胸部打开，固定于蜡盘中，用水淹没，在解剖镜下用镊子剔除头部肌肉，当露出脑后，在脑后方消化道两侧仔细寻找，可见到 2 对近似球状的腺体，前方的 1 对为心侧体，后方的 1 对为咽侧体。

八、蝗虫生殖系统的观察

1. 雌蝗虫的生殖系统

取雌蝗虫 1 只，剪去翅和足，用剪刀自背中线剪开，用针将两侧体壁固定于蜡盘中，加水后在解剖镜下解剖观察。在镜下首先看见的是位于体腔中央的消化道，其背侧面有 1 对卵巢和 1 对弯向消化道腹面的侧输卵管。

2. 雄蝗虫的生殖系统

用解剖雌蝗的方法解剖 1 只雄蝗虫，在镜下观察：观察精巢与雌蝗虫卵巢形状和位置的异同；仔细寻找输精管，观察时，需将腹末端的外生殖器剪破并掰开，才能见到短小、白色的射精管；在射精管和输精管的连接处有 1 对与许多附腺盘结在一起的储精囊。

思考问题

1. 昆虫内部器官的构造特点有哪些？
2. 如何根据昆虫的各内部器官的特点进行防治？
3. 如何根据昆虫内部器官的特点选用农药？

 **知识链接**

一、昆虫的消化、吸收与防治

昆虫对糖、蛋白质、脂肪等大分子的物质，在相应酶的作用下，分解成小分子的可溶性物质，且吸收利用这些小分子物质的过程，称为消化吸收。这个过程必须在稳定的酸碱度下进行，不同种类昆虫中肠的酸碱度各不相同。例如蝗虫、金龟子等，中肠液偏酸性，用具碱性的砷酸钙农药远比用具酸性的砷酸铝农药的毒性作用大；而多数蛾、蝶类幼虫中肠液偏碱性，敌百虫农药在碱液中可生成毒性更强的敌敌畏；苏云金杆菌等微生物农药在虫体内产生的伴孢晶体，在碱性消化液中能形成毒蛋白，通过肠壁细胞进入体腔，导致昆虫发生败血病而死亡。同一种昆虫的不同虫态、不同龄期，其中肠的酸碱度常有变化。因此，了解昆虫消化器官的构造、功能和消化液的酸碱度对虫害综合防治和选择用药具有重要的意义。

二、昆虫呼吸系统与防治的关系

昆虫的呼吸作用与药剂熏蒸防治的关系十分密切。因为在一定的温度范围内，温度与昆虫的活动，例如呼吸的快慢、气门开放的频率成正相关。当昆虫呼吸加快或气门开放频率增加时，熏蒸药剂进入虫体的量相应也增多，所以，高温情况下熏蒸效果良好。

对大部分昆虫来讲，气体交换的强度与体内二氧化碳积累的多少有关。如果二氧化碳在体内积累量增多，可刺激呼吸作用增强，促使气门开闭频次增加。因此，在仓库熏蒸害虫时，空气中加入少量二氧化碳使昆虫呼吸作用增强，便于有毒气体大量进入昆虫体内而提高熏蒸效果。由于昆虫气门的疏水性和亲油性，油剂可以堵塞气门，使其窒息死亡。

三、神经器官与防治的关系

昆虫的神经器官是昆虫生命活动的支配系统。昆虫通过神经器官，接受外界条件的刺激，再经神经器官的调节支配，对外界刺激做出相应的反应活动。这种反应活动是神经冲动传导的结果。由于神经元与神经元上的端丛的联系处有"突触"，突触间并未直接相连，故其冲动的传导是通过乙酰胆碱来完成的。当一个冲动传导完成后，乙酰胆碱很快被神经细胞表面的乙酰胆碱酯酶水解为胆碱和乙酸，同时产生新的乙酰胆碱，使冲动传导连续进行。如果乙酰胆碱酯酶的活性受到某些有机磷类或氨基甲酸酯类神经性杀虫剂的抑制，就会引起乙酰胆碱在突触间聚集，害虫就会因无休止的神经冲动而致死。

四、生殖器官与害虫防治的关系

了解昆虫生殖器官的构造及交配受精的特征，对于害虫防治和测报，具有重要的实用价值和科学意义。

（一）利用性诱法防治害虫

许多两性昆虫是通过性信息素招引异性交配。例如，许多鳞翅目昆虫的雌体腹末端有香气腺，可引雄虫进行性行为。红铃虫的性诱法防治，在我国广大棉区被广泛应用。某些雄蝶，翅面具有特殊的发香鳞，可招引雌蝶前来交配。人们正在用先进科学的手段来模拟天然性信息素的结构成分，进行人工合成，并成功地应用于生产中。

（二）利用绝育法防治害虫

对于一生只有一次交配的昆虫，利用辐射或化学不育的方法破坏雄虫的生殖器官，使其不能产生正常活动的精子，但个体仍保持交配竞争的能力，雌虫与这种雄虫交配后产下的卵，不能孵出幼体，致使害虫种群密度受到控制。国外利用昆虫绝育法一举控制羊鼻蝇的危害，翻开了现代生物防治史上的新篇章。

由于昆虫激素对人、畜及野生动物无直接毒性，同时无害于天敌种群的增殖，不污染环境，不易诱发害虫产生抗药性，在害虫防治方面有着广阔的前景，被誉为第三代农药。在持续植保领域有着广泛前途。

（三）进行害虫预测预报

解剖观察昆虫卵巢发育的级别及抱卵量，可以预测害虫的发生期和发生量，同时分析害虫的虫源性质及迁飞路线，为准确及时地防治害虫奠定了科学依据。

五、昆虫的激素与防治的关系

由分泌器官分泌的活性物质，能支配和协调昆虫体的生理功能，这种活性物质称为激素，可分为内激素和外激素。

（一）内激素

内激素是昆虫分泌在体内的激素，用以调节昆虫的发育和变态的进程。

1. 保幼激素

在昆虫幼虫期有阻止未成熟的幼虫发生变态的作用，到幼虫化蛹和羽化时，保幼激素消失才能完成化蛹和羽化过程。所以利用保幼激素可抑制虫体成熟。

2. 蜕皮激素

蜕皮激素为幼虫蜕皮及化蛹和羽化为成虫时所必需的激素，并可控制生长和分化，例如虫卵发育、胚胎形成和打破滞育等。

3. 脑激素

脑激素具有调节保幼激素和蜕皮激素的作用。

（二）外激素

昆虫分泌到体外的挥发性物质，是一种昆虫对同种个体发出的化学信号，故又称信号激素和信息激素。

1. 性外激素

性外激素或称为性引诱剂，通常是由雌性腹部末端的腺体所分泌，在空气中挥发。雄性昆虫的触角上的感觉器官受到性外激素刺激后即产生感应，在长距离（1km以内）可以找到雌性，进行交配。

2. 结集外激素

例如瓢虫可由雌虫或雄虫分泌结集外激素，同时影响雌雄两性的行为，可以吸引昆虫大量集结。

3. 追迹外激素

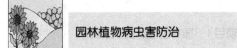

追迹外激素或称为标记信息激素。例如，南方白蚁中公蚁的腹腺能分泌这种激素以标志路线，指示食物来源。在防治地下白蚁时可利用。

4. 告警外激素

例如蚜虫受到捕食性天敌袭击时，可从腹管排出小水滴，这是一种告警激素，附近蚜虫嗅到气味就能迅速逃避或从取食处掉落。

任务3　昆虫生物学特性识别技术

任务描述

昆虫的生物学特性，包括昆虫的繁殖、发育、变态以及从卵开始到成虫死亡的世代和生活年史等方面的内容。通过对昆虫生命特性的了解，我们可以找出它们生命活动中的薄弱环节，对园林植物有害的昆虫，我们可以通过改变环境条件予以控制；对益虫，则可以找出人工保护、繁殖和利用的途径。

任务咨询

一、昆虫的繁殖方式

绝大多数昆虫为雌雄异体，雌雄同体者为数甚少。雌雄异体的昆虫，主要是两性生殖。此外还有若干特殊的生殖方式，如孤雌生殖、多胚生殖、胎生和幼体生殖等。

（一）两性生殖

昆虫的绝大多数种类进行两性生殖和卵生。这种生殖方式的特点是，昆虫必须经过雌雄两性交配，卵受精后产出体外发育成新个体。

（二）孤雌生殖

孤雌生殖也称为单性生殖。这种生殖方式的特点是，卵不经过受精也能发育成正常的新个体。一般又可以分为以下3种类型：

1. 偶发性孤雌生殖

偶发性孤雌生殖是指某些昆虫在正常情况下进行两性生殖，但雌成虫偶尔产出的未受精卵也能发育成新个体的现象。常见的如东亚飞蝗、家蚕、一些毒蛾和枯叶蛾等，都能进行偶发性孤雌生殖。

2. 经常性孤雌生殖

经常性孤雌生殖也称为永久性孤雌生殖。其特点是，雌成虫产下的卵有受精卵和未受精卵两种，前者发育成雌虫，后者发育成雄虫，例如膜翅目的蜜蜂和小蜂总科的一些种类。

3. 周期性孤雌生殖

周期性孤雌生殖也称为循环性孤雌生殖。这种生殖方式的特点是，昆虫通常在进行1次或多次孤雌生殖后，再进行1次两性生殖。这种以两性生殖与孤雌生殖随季节变化交替进行的方式繁殖后代的现象，又称为异态交替或世代交替。

（三）多胚生殖

一个卵细胞可产生两个或多个胚胎，每个胚胎又能发育成正常新个体的生殖方式。这种现象多见于膜翅目一些寄生蜂类。

（四）胎生

多数昆虫为卵生，但一些昆虫的胚胎发育是在母体内完成的，由母体所产出来的不是卵而是幼体，这种生殖方式称为胎生。

（五）幼体生殖

少数昆虫在幼虫期就能进行生殖，称为幼体生殖。

多数昆虫完全或基本上以某1种生殖方式繁殖，但有的昆虫兼有2种以上生殖方式，例如蜜蜂、蚜虫等。

二、昆虫的发育与变态

（一）昆虫的发育

昆虫的个体发育是指由卵发育到成虫的全过程。在这个过程中，包括胚前发育期、胚胎发育期和胚后发育期3个连续的阶段。

1. 胚前发育期

胚前发育期是指生殖细胞在母体内形成，以及完成授精和受精的过程。

2. 胚胎发育期

胚胎发育期是指从受精卵内的合子开始卵裂，至发育为幼虫为止的过程，其中又有卵生、胎生和多胚生育等几种类型。

3. 胚后发育期

胚后发育期是指从幼虫孵化后到成虫性成熟的整个发育过程。

（二）昆虫的变态

昆虫自卵中孵出后，在胚后发育过程中，要经过一系列外部形态和内部组织器官等方面的变化才能转变为成虫，这种现象称为变态。昆虫在进化过程中，随着成虫与幼虫体态的分化、翅的获得，以及幼虫期幼虫对生活环境的特殊适应和其他生物学特性的分化，形成了各种不同的变态类型，与园林植物关系密切的昆虫变态类型主要有不完全变态、完全变态、复变态。

1. 不完全变态（见图 1-17）

不完全变态是有翅亚纲外生翅类（除蜉蝣目外）的各目昆虫具有的变态类型。其特点是（胚后发育）个体发育过程中经过卵期、若虫期和成虫期3个虫期。幼虫期的翅在体外发育。这类昆虫的幼虫期和成虫期在外部形态和生活习性上大体相似，不同之处是翅未发育完全、生殖器官尚未成熟。

2. 完全变态（见图 1-18）

完全变态是有翅亚纲内生翅类的各目昆虫具有的变态类型，例如鞘翅目、鳞翅目、膜翅目、双翅目等。其特点是个体发育过程中经过卵期、幼虫期、蛹和成虫期4个发育阶段。幼虫在化蛹蜕皮时，各器官芽形成的构造同时翻出体外，因此蛹已具备有待羽化时伸展的成虫外部构造。完全变态的幼虫不仅外部形态和内部器官与成虫很不相同，而且生活习性和活动行为也有很大差别，例如蛾、蝶类和甲虫类昆虫，均属于完全变态。

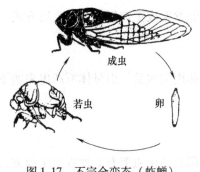

图 1-17 不完全变态（蚱蝉）

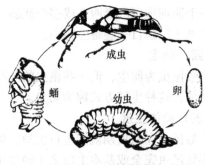

图 1-18 完全变态

3. 复变态

有些完全变态昆虫的幼虫期各龄之间的生活方式不同，在体形上也发生了明显的分化，这种变化比一般完全变态更为复杂，特称为复变态。鞘翅目的芫菁科是该类变态的典型例子。芫菁的幼虫取食蝗虫卵，第 1 龄幼虫有发达的胸足，行动灵活，主要为了搜寻蝗卵，称为"三爪幼虫"或蛃型幼虫。当它钻入蝗虫卵囊内取食后，再蜕皮即变为体壁柔软、胸足不是很发达、行动迟缓的蛴螬型幼虫。经过若干龄后深入土中，蜕皮变成胸足退化、体壁坚硬的伪蛹型幼虫（拟蛹），并以此虫态越冬，翌年化蛹并羽化为成虫。

三、昆虫个体发育各阶段的特点

（一）卵期

卵自产下到孵化出幼虫（若虫）之前的这段时间（天数）叫卵期，也叫卵历期。了解害虫卵的形状、产卵方式及产卵场所，对识别、调查及虫情估计等方面都有十分重要的意义。例如摘除卵块、剪除天幕毛虫的产卵枝条，都是控制害虫的有效措施。

1. 卵的基本构造

卵实际上是一个大型细胞，昆虫的卵外包有一层起保护作用的卵壳，卵壳下面为一层薄的卵黄膜，其内为原生质和卵黄。卵的前端有 1 个或若干个贯通卵壳的小孔，称为卵孔，是精子进入卵内的通道，因而也称为精孔或受精孔。在卵孔附近区域，常有放射状、菊花状等刻纹，可作为鉴别不同昆虫卵的依据之一。

卵壳有保护卵和防止卵内水分过量蒸发的作用，杀卵剂的效果与卵壳的构造有密切关系。雌虫产卵时，其内生殖器官的附腺分泌由鞣化蛋白组成的黏胶层附着于卵壳外面，卵孔也为之封闭。黏胶层可以阻止杀卵剂的侵入。

2. 卵的类型与大小（见图 1-19）

昆虫卵的形状也是多种多样的，常见的为圆形和椭圆形，此外还有馒头形、半圆形、扁圆形、近圆形、桶形等。草蛉类的卵有一丝状卵柄，蜉蝣的卵上有多条细丝，蟓的卵还具有卵盖。有些昆虫在卵壳表面有各种各样的脊纹，或呈放射状（例如一些夜蛾的卵），或在纵脊之间还有横脊（例如菜粉蝶的卵），以增加卵壳的硬度。

昆虫卵的大小因种间差异而相差很大，较大者如蝗卵，长 6～7mm，而葡萄根瘤蚜的卵

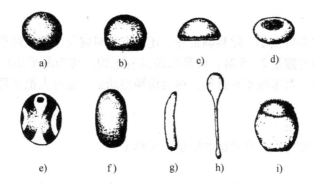

图 1-19　昆虫卵的类型

a）圆形　b）馒头形　c）半圆形　d）扁圆形　e）近圆形
f）椭圆形　g）长卵圆形　h）具柄形　i）桶形

则很小，长度仅为 0.02 ~ 0.03mm。卵的颜色初产时一般为乳白色，此外还有浅黄色、黄色、浅绿色、浅红色、褐色等，至接近孵化时，通常颜色变深。

3. 产卵方式

昆虫的产卵方式多种多样，有单个分散产的，有许多卵粒聚集排列在一起形成各种形状卵块的。有的将卵产在物体表面，有的产在隐蔽的场所，甚至是寄主组织内。

4. 孵化

昆虫胚胎发育到一定时期，幼虫或若虫冲破卵壳而出的现象，称为孵化。初孵化的幼虫，体壁的外表皮尚未形成，身体柔软、色浅，抗药能力差。随即吸入空气或水（水生昆虫）使体壁伸展。一些夜蛾、天蛾等的初孵幼虫，常有取食卵壳的习性。有些种类在幼虫孵化后，并不马上开始取食活动，而常常停息在卵壳上或其附近静止不动。此期间还可继续利用包在中肠内的胚胎发育的残余卵黄物质。

（二）幼虫（若虫）期

昆虫自卵孵化为幼虫再到变为蛹（或成虫）之前的整个发育阶段，称为幼虫期。幼虫期的时间长短与昆虫种类和环境有关。

幼虫孵出后不久即开始取食，有的种类幼虫先食卵壳。幼虫取食生长到一定阶段，必须蜕去旧表皮才能继续生长，这种现象称为蜕皮。相邻两次蜕皮之间所经历的时间称为龄期。

昆虫蜕皮的次数和龄期的长短因昆虫种类和环境条件而异。幼虫（若虫）在 2、3 龄前，活动范围小，取食很少，抗药能力很差；生长后期，食量骤增，常暴食成灾，而且抗药能力增强。所以，防治幼虫应在低龄阶段。

完全变态昆虫的幼虫，其构造、形态、体色、生活方式与成虫截然不同。幼虫按足的多少可分为多足型、寡足型、无足型（见图 1-20）3 种类型。

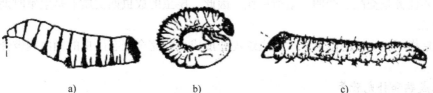

图 1-20　幼虫的类型

a）无足型　b）寡足型　c）多足型

1. 多足型

多足型幼虫的主要特点是，除具胸足外，还具有数对腹足。例如鳞翅目和膜翅目的叶蜂类幼虫。鳞翅目幼虫有腹足 2~5 对，腹足末端具有趾钩，称为蠋型幼虫；而膜翅目叶蜂类幼虫的腹足多于 5 对，其末端不具趾钩，称为伪蠋型幼虫，也有人把多足型幼虫通称为蠋型幼虫。

2. 寡足型

寡足型幼虫的主要特点是有发达的胸足，无腹足。

3. 无足型

无足型幼虫的特点是既无胸足，又无腹足。一般认为，此类幼虫是由寡足型或多足型幼虫由于长期生活于容易获得营养的环境中，行动的附肢逐渐消失而形成的。

不完全变态昆虫的若虫，其形态与成虫相似，有复眼，幼龄无翅，大龄体外有翅芽，腹部无足，口器与成虫相同，只是体型较小，生殖器未成熟。

（三）蛹期

蛹是完全变态类昆虫在胚后发育过程中，由幼虫转变为成虫时，必须经过的一个特有的静止虫态。蛹的生命活动虽然是相对静止的，但其内部却进行着将幼虫器官改造为成虫器官的剧烈变化。

1. 前蛹和蛹

末龄幼虫蜕皮化蛹前停止取食，为了安全化蛹，常寻找适宜的化蛹场所，有的吐丝作茧，有的建造土室等。随后，幼虫身体缩短，体色变浅或消失，不再活动，此时称为前蛹。在前蛹期内，幼虫表皮已部分脱离，成虫的翅和附肢等已翻出体外，只是被末龄幼虫表皮包围和掩盖。待脱去末龄幼虫表皮后，翅和附肢即显露于体外，这一过程称为化蛹。自末龄幼虫蜕去表皮起至变为成虫时止所经历的时间，称为蛹期。

蛹的抗逆力一般都比较强，且多有保护物或隐藏于隐蔽场所，所以许多种类的昆虫常以蛹的虫态躲过不良环境或季节，如越冬等。

2. 蛹的类型

蛹期是完全变态昆虫特有的发育阶段，是幼虫转变为成虫的过渡时期。按其附器的暴露和活动情况，可将蛹分为 3 个类型，即离蛹、被蛹、围蛹（见图 1-21）。

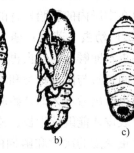

图 1-21　蛹的类型
a）被蛹　b）离蛹　c）围蛹

（四）成虫期

成虫从羽化开始直至死亡所经历的时间，称为成虫期。成虫期是昆虫个体发育的最后阶段，其主要任务是交配、产卵、繁衍后代。因此，昆虫的成虫期实质上是生殖时期。

1. 羽化

羽化是指不完全变态昆虫末龄若虫蜕皮变成成虫或完全变态昆虫的蛹由蛹破壳变为成虫的行为。

2. 性成熟和补充营养

某些昆虫在羽化后，性器官已经成熟，不再需要取食即可交尾、产卵。这类成虫口器往往退化，寿命很短，对植物危害不大，例如一些蛾、蝶类。大多数昆虫羽化为成虫时，性器官还未成熟，需要继续取食，才能达到性成熟，这类昆虫的成虫有的对植物仍能造成危害，而这种成虫性成熟不可缺少的营养物质，称为补充营养，例如蝗虫、蟓类、叶蝉等。了解昆虫对补充营养的要求，可作为预测预报和设置诱集器等重要的依据。

3. 交配与产卵

成虫性成熟后即交配和产卵。从羽化到第一次产卵所间隔的时间称为产卵前期。由第一次产卵到产卵终止的时间，称为产卵期。

产卵量：一般每只害虫的雌虫可产卵数十粒到数百粒，很多蛾类的每只雌虫可产卵千粒以上。

4. 性二型和多型现象

多数昆虫，其成虫的雌雄个体，在体形上比较相似，仅外生殖器等第一性征不同。但也有少数昆虫，其雌雄个体除第一性征不同外，在体形、色泽以及生活行为等第二性征方面也存在着差异，称为性二型，例如小地老虎等蛾类。也有的昆虫在同一时期、同性别中，存在着两种或两种以上的个体类型，称为多型现象，例如飞虱等。

多型现象常有不同的成因。在鳞翅目昆虫中往往是因为季节变化而出现不同的类型，这种现象称为季节变型。例如，黄蛱蝶有夏型和秋型之分，夏型色泽较深而鲜明，翅缘的缺刻较钝圆。在凤蝶科的种类中，季节变型的现象更为普遍。

了解昆虫的多型现象，不仅可以帮助我们正确区分昆虫的种类和性别，同时对昆虫数量的预测预报，以及防治害虫、保护和利用益虫等都有重要的意义。

5. 生殖力

昆虫的生殖力，在不同种类间有很大的差异。但总的来说，昆虫的生殖力是相当强的。昆虫生殖力的强弱既取决于种的遗传性，也受生态因素的影响。事实上，只有在最适宜的生态环境条件下，才能实现其最大的生殖力。例如，棉蚜的胎生雌蚜，一生可胎生若蚜60只左右，而卵生雌蚜只产4~8粒卵；东亚飞蝗平均产6个卵块，每个卵块平均约有70粒卵；黏虫一般产卵500~600粒，当蜜源充足和生态条件适宜时，产卵量可高达1800多粒；白蚁的生殖力极强，一只蚁后每分钟可产卵60粒，一生能产5亿粒卵。

防治害虫成虫时，应当在产卵前期进行。成虫产完卵后，多数种类很快死亡，雌虫的寿命一般较雄虫长。"社会性"昆虫的成虫有照顾子代的习性，它们的寿命较一般昆虫长得多。

 任务实施

一、昆虫变态类型观察

取蝗虫、蟓虫的生活史标本，先观察蝗虫的若虫和成虫在外部形态上、生活习性上有什么不同之处，再观察蟓虫的幼虫和成虫在外部形态上、生活习性上有什么不同之处。

二、卵的观察

取东亚飞蝗、螳螂、大青叶蝉、梨星毛虫、草蛉、菜白蝶、玉米螟、球坚蚧、天幕毛虫、菜粉蝶、椿象、天蛾、红铃虫等昆虫的卵块，在放大镜下观察卵的形状、颜色、大小；卵粒的排列情况及有无保护物等。

三、幼虫（若虫）的观察

取叶蜂、小地老虎、芫菁、步行甲、金龟子、瓢虫、象甲、叩头虫、蝇类等昆虫幼虫的标本和活体。

1）在显微镜下观察叶蜂幼虫的示范玻片标本，可见其胸足和其他附肢都只是一些简单的突起，腹部不分节或分节不完全，口器发育不全，很像一个发育不完全的胚胎。这样的幼虫为原足型幼虫。

2）观察小地老虎，可见其体壁柔软，没有特化的胸部和腹部，头部有侧单眼、触角和咀嚼式口器，胸部有 3 对胸足，腹部分节明显并具有 2～10 对腹足。再观察叶蜂幼虫可见其有 6～10 对腹足，没有趾钩。若有腹足减少的情况，则从第 8 腹节起向前减少。这类幼虫为多足型幼虫。

3）观察金龟子的幼虫（蛴螬），可见其具有发达的胸足，没有腹足，体形肥胖且柔软，弯曲呈"C"形，行动迟缓，此类幼虫为蛴螬式。观察瓢虫的幼虫可见其体较短，略呈纺锤形，前口式，胸足发达，善于爬行，有发达的感觉器官，此类幼虫为蛃式。

4）观察家蝇幼虫，可见其特点是体躯上无任何附肢、头部退化，完全缩入胸内，仅见口钩外露。

四、蛹的观察

1）观察金龟子的蛹，看其附肢和翅是否紧贴在蛹体上，能否活动；看其腹节能否自由活动。若附肢和翅不贴附于蛹体上，可活动，腹节也可活动，此类蛹称为离蛹。

2）观察蝶蛾的蛹，可见其特点是附肢和翅紧贴在蛹体上，不能活动，腹部多数体节因为化蛹时分泌黏液，硬化后在外面形成一层硬膜，也不能活动。

3）观察蝇类所特有围蛹，可见其第 3 龄和第 4 龄幼虫蜕硬化成蛹壳，内有离蛹。

五、成虫的对比观察

1. 性二型现象观察

对比观察介壳虫、蚊子、锹形甲、蝉、蟋蟀、螽斯、蛾蝶等昆虫的雌雄个体，看它们除了第一性征不同外，在第二性征上还有什么不同。

通过观察可知，介壳虫雄虫有翅而雌虫无翅；蚊子的雄虫触角发达，羽毛状，雌虫则为环毛状；锹形甲雄虫的上颚比雌虫发达得多；蝉、蟋蟀和螽斯的雄虫有发声的构造，而雌虫则常无；蛾蝶雌虫与雄虫的翅，在色泽、花纹上也不相同。

2. 性多型现象观察

对比观察蜜蜂、蚂蚁、白蚁，看它们在外部形态、翅膀的有无和长短方面各有什么不同。

通过观察可知，蜜蜂中有的雌性个体中有蜂王和失去生殖能力而担负采蜜、筑巢等职责的工蜂。蚂蚁的类型更多，主要有有翅和无翅的蚁后，有翅和无翅的雄蚁，还有工蚁、兵蚁等。在同一群体的白蚁中，常可见到 6 种主要类型，即 3 种雌性生殖型：长翅型、辅助生殖的短翅型和无翅型；专门负责交配的雄蚁；两种无生殖能力的类型：工蚁和兵蚁。

 思考问题

1. 常见昆虫的生殖方式有哪些？为什么蚜虫能在很短时间内聚集大量个体？
2. 昆虫在生长发育过程中为什么要蜕皮？怎样根据蜕皮次数来知道昆虫的虫龄？
3. 昆虫在成虫期主要进行哪些活动？怎样利用昆虫的补充营养进行害虫防治？
4. 昆虫的变态类型有哪些？说出常见昆虫的变态方式。
5. 昆虫成虫期为什么要补充营养？怎么利用这个特性防治害虫？
6. 昆虫的蛹有哪些类型？怎么区分？

 知识链接

一、昆虫的世代

昆虫的卵或若虫，从离开母体发育到成虫性成熟并能产生后代为止的个体发育史，称为一个世代，简称为一代或一化。一个世代通常包括卵、幼虫、蛹及成虫等虫态，习惯上常以卵或幼体产离母体作为世代的起点。

昆虫一年发生的代数多是受种的遗传性所决定的。一年发生一代的昆虫，称为一化性昆虫，例如大地老虎、大豆食心虫、天幕毛虫、梨茎蜂、舞毒蛾等。一年发生两代及以上的昆虫，称为多化性昆虫，例如东亚飞蝗、二化螟一年发生两代。也有一些昆虫需两年或多年才能完成1代。

二、昆虫的年生活史

昆虫的生活史又称为生活周期，是指昆虫个体发育的全过程。农业昆虫常考虑在一年中昆虫的个体发育过程，称为年生活史或生活年史。年生活史是指昆虫从越冬虫态（卵、幼虫、蛹或成虫）开始活动（越冬后复苏）起，至翌年越冬结束止的全过程。

一年发生一代的昆虫，其年生活史与世代的含义是相同的。一年发生多代的昆虫，其年生活史就包括几个世代。多年发生一代的昆虫，其生活史需多年完成，而年生活史则只包括部分虫态的生长发育过程。一些多化性昆虫，其年生活史较为复杂，例如棉蚜等完成其年生活史需要世代间的寄主交替、越冬寄主和夏季寄主、和生殖方式的交替、有性生殖和无性生殖，从而形成了年生活史的世代交替现象。

世代重叠：一年内发生多代的昆虫因发生期参差不齐，成虫的羽化期和产卵时间长，出现了第一代和后几代混合发生的现象。

局部世代：由于昆虫生长发育期不齐，到最后时代时，一部分停止发育，一部分继续发育转化为下一代，称为局部世代。例如棉铃虫在山东、河北、河南等地一年发生四代，以蛹越冬，但有少部分第四代蛹当年羽化为成虫，并产卵发育为幼虫，然而由于气温降低而死亡，形成不完整的第五代。多化性昆虫越冬的一代常称为越冬代。

任务4 昆虫生活习性识别技术

任务描述

昆虫的习性，包括昆虫的活动及行为，是种和种群的生物学特性。不同的昆虫有不同的习性，全面了解和掌握它们的习性，有利于进行昆虫的调查、预测和防治。

**任务咨询**

一、休眠和滞育

昆虫在不良环境条件下（如高温、低温、一定的日照等）暂时停止活动，呈静止或昏迷状态，以安全度过不良环境，这种停育现象是物种得以保存的一种重要的适应性。这一现象呈季节性的周期发生，即所谓的越冬或冬眠、冬蛰和越夏或夏眠、夏蛰。从生理上看，昆虫的停育又可区分为休眠和滞育两种状态。

（一）休眠

休眠是指昆虫在个体发育过程中，因受不良环境条件的影响，常出现形态变化上和生理机能上的相对静止状态，这种现象叫休眠。当不良环境条件消除时，便可恢复生长发育。例如，温带或寒温带地区秋冬季节时的气温下降、食物枯熟，或热带地区的高温干旱季节，都可以引起一些昆虫的休眠。具有休眠特性的昆虫，有的需在一定的虫态下休眠，有的则在任何虫态下都可休眠。

（二）滞育

滞育是昆虫长期适应不良环境而形成的种的遗传性。在自然情况下，当不良环境到来之前，某些昆虫在生理上已经有所准备，即已停止生长发育，即使给予最适宜的环境也不能解除。一旦进入滞育必须经过一定时间的物理或化学的刺激，才能解除。滞育性越冬和越夏的昆虫一般有固定的滞育虫态。滞育一般又可区分为专性滞育和兼性滞育两种类型。

1. 专性滞育

专性滞育又称为确定性滞育，属于这种滞育类型的昆虫为严格的一年发生一代的昆虫，滞育虫态固定，世代固定。不论当时外界环境条件如何，按期进入滞育，这已成为种的巩固的遗传性。例如，舞毒蛾一年发生一代，在每年6月下旬至7月上旬产卵，此时尽管环境条件是适宜的，但也不再进行生长发育，即以卵进入越冬状态。

2. 兼性滞育

兼性滞育又称为任意性滞育。这种滞育类型的昆虫为多化性昆虫，滞育的虫态一般固定，世代不固定。当时的不良环境对滞育具有诱导作用，但其种的遗传性有一定的可塑性。例如，棉蚜在华北地区以卵滞育越冬，在长江流域下游地区以卵和无翅胎生雌蚜越冬，而在华南地区则可终年胎生繁殖。

了解昆虫越冬或越夏是属于休眠类型还是滞育类型，对分析昆虫的世代、种群数量动态，以及对害虫的预测预报、益虫的繁殖等都有重要的实践意义。

二、昆虫活动的昼夜节律

　　绝大多数昆虫的活动，例如交配、取食和飞翔，甚至孵化、羽化等都与白天和黑夜密切相关，其活动期、休止期常随昼夜的交替而呈现具有一定节奏的变化规律，这种现象称为昼夜节律，即与自然界中昼夜变化规律相吻合的节律。这些都是种的特性，是对物种有利的生存和繁育的生活习性。根据昆虫昼夜活动节律，可将昆虫分为：日出性昆虫，例如蝶类、蜻蜓、步甲和虎甲等，它们均在白天活动；夜出性昆虫，例如小地老虎等绝大多数蛾类，它们均在夜间活动；昼夜活动的昆虫，例如某些天蛾、大蚕蛾和蚂蚁等，它们白天黑夜均可活动。有的还把弱光下活动的昆虫称为弱光性昆虫，例如蚊子等常在黄昏或黎明时活动。

　　由于大自然中昼夜的长短是随季节而变化的，所以很多昆虫的活动节律也表现出明显的季节性。多化性昆虫，各世代对昼夜变化的反应也不相同，明显地表现在其迁移、滞育、交配、生殖等方面。

三、昆虫的食性

　　不同种类的昆虫，取食食物的种类和范围不同，同种昆虫的不同虫态也不会完全一样，甚至差异很大。昆虫在长期演化过程中，对食物形成的一定选择性，称为食性。

（一）根据昆虫取食对象的不同分类

1. 植食性昆虫

　　植食性昆虫以植物的各部分为食料，这类昆虫约占昆虫总数的40%~50%，如黏虫、菜蛾等农业害虫均属于此类。

2. 肉食性昆虫

　　肉食性昆虫是以其他动物为食料，又可分为捕食性昆虫和寄生性昆虫两类，例如七星瓢虫、草蛉、寄生蜂、寄生蝇等，它们在害虫生物防治上有着重要的意义。

3. 腐食性昆虫

　　腐食性昆虫是以动物的尸体、粪便或腐败植物为食料，例如埋葬虫、果蝇等。

4. 杂食性昆虫

　　杂食性昆虫兼食动物、植物等，例如蜚蠊。

（二）根据昆虫所取食食物范围的广狭分类

1. 单食性昆虫

　　单食性昆虫以某一种植物为食料，例如三化螟只取食水稻，豌豆象只取食豌豆等。

2. 寡食性昆虫

　　寡食性昆虫以1个科或少数近缘科植物为食料，例如菜粉蝶取食十字花科植物，棉大卷叶螟取食锦葵科植物等。

3. 多食性昆虫

　　多食性昆虫以多个科的植物为食料，例如地老虎可取食禾本科、豆科、十字花科、锦葵科等各科植物。

四、昆虫的趋性

趋性是指昆虫对外界刺激（如光、温度、湿度和某些化学物质等）所产生的趋向或背向行为活动。趋向活动称为正趋性，背向活动称为负趋性。昆虫的趋性主要有趋光性、趋化性、趋温性、趋湿性等。

（一）趋光性

趋光性是指昆虫对光的刺激所产生的趋向或背向活动。趋向光源的反应，称为正趋光性；背向光源的反应，称为负趋光性。多数夜间活动的昆虫，对灯光表现为正趋性，特别是对黑光灯的趋性尤强。

（二）趋化性

趋化性是昆虫对一些化学物质的刺激所表现出的反应，其正、负趋化性通常与觅食、求偶、避敌、寻找产卵场所等有关。例如有些夜蛾，对糖、醋、酒混合液发出的气味有正趋性；菜粉蝶喜趋向在含有芥子油的十字花科植物上产卵。

（三）趋温性、趋湿性

趋温性和趋湿性是指昆虫对温度或湿度刺激所表现出的定向活动。

五、昆虫的群集性

同种昆虫的大量个体高密度地聚集在一起生活的习性，称为群集性。许多昆虫具有群集习性，但各种昆虫群集的方式有所不同，可分为临时性群集和永久性群集两种类型。

（一）暂时性群集

暂时性群集是指昆虫仅在某一虫态或某一阶段内群集生活，过后分散。例如天幕毛虫、一些毒蛾、刺蛾、叶蜂等的低龄幼虫群集生活，老龄后即分散生活。

（二）永久性群集

永久性群集是指昆虫终生都群集生活在一起。这种现象往往出现在昆虫的整个生育期，一旦形成群集后，很久不会分散，趋向于群居型生活。例如东亚飞蝗卵孵化后，蝗蝻可聚集成群，集体行动或迁移，蝗蝻变为成虫后仍不分散，往往成群远距离迁飞。

六、昆虫的扩散和迁飞

（一）扩散

扩散是指昆虫个体经常的或偶然的、小范围内的分散或集中活动，也称为蔓延、传播或分散等。昆虫的扩散一般可分为如下几种类型。

1. 完全靠外部因素传播

完全靠外部因素传播指由风力、水力、动物或人类活动引起的被动扩散活动。许多鳞翅目幼虫可吐丝下垂并靠风力传播，例如斜纹夜蛾、螟蛾等 1 龄幼虫，从卵块孵化后常先群集，以后再吐丝下垂，靠风力传播扩散。

2. 由虫源地（株）向外扩散

有些昆虫或其某一世代有明显的虫源中心，常称之为"虫源地（株）"。

3. 由于趋性所引起的分散或集中

例如，一些鳞翅目成虫有取食花蜜的习性，白天常分散到各种蜜源植物上取食，而后又飞到适宜产卵的场所产卵。

（二）迁飞

迁飞或称迁移，是指一种昆虫成群地从一个发生地长距离地转移到另一个发生地的现象，这是一种在进化过程中长期为适应环境而形成的遗传特性，是一种种群行为。

七、昆虫的假死和隐蔽

（一）假死

假死是指昆虫受到某种刺激而突然停止活动、佯装死亡的现象。例如金龟子、象甲、叶甲、瓢虫和蝽象的成虫以及黏虫的幼虫，当受到突然的刺激时，身体蜷缩，静止不动或从原栖息处突然跌落下来呈"死亡"状，稍后又恢复常态而离去。假死是许多鞘翅目成虫和鳞翅目幼虫的防御方式，因为许多天敌通常不取食死亡的猎物，所以假死是这些昆虫躲避敌害的有效方式。

（二）隐蔽

隐蔽是指昆虫为了躲避敌害、保护自己而将自己隐藏起来的现象，包括拟态、保护色和伪装。

1. 拟态

拟态是一种动物在外形、姿态、颜色、斑纹或行为等方面"模仿"其他种生物或非生命物体，以躲避敌害、保护自己的现象。

2. 保护色

保护色或称为隐藏色，是指一些昆虫的体色与其背景色非常相似，从而躲过捕食性动物的视线而获得保护自己的效果，这种与背景相似的体色称为保护色。例如菜粉蝶蛹的颜色因化蛹场所的背景颜色的不同而有差异，在青色甘蓝叶上的蛹常为绿色或蓝绿色，而在灰褐色篱笆或土墙上的蛹多呈褐色。而另一些昆虫的体色断裂成几部分镶嵌在背景色中，起躲避捕食性天敌的作用，这种保护色又叫混隐色，例如一些生活于树干上的蛾类，其体色常断裂成碎块，镶嵌在树皮与裂缝的背景色中。

3. 伪装

伪装是指昆虫利用环境中的物体伪装自己的现象。伪装多见于同翅目、半翅目、脉翅目、鞘翅目、鳞翅目等昆虫的幼期。例如沫蝉的若虫利用泡沫隐藏自己；一些叶甲的幼虫将蜕黏在体背或腹末等。

 任务实施

一、昆虫趋性观察与认知

观察地老虎、草地螟等昆虫，看它们是否有趋向光源的习性。再看它们是否喜欢糖、醋、酒的混合物。

二、昆虫食性观察

观察黏虫、棉铃虫、麦蚜、瓢虫、草蛉、各种寄生蜂、苍蝇、蟑螂等昆虫，看它们都喜欢吃什么。

三、昆虫假死性观察

观察甲虫，看它们受到突然震动时，是否立即呈麻痹状态，从树上掉到地下。

四、昆虫群集性和迁飞性观察

观察刚孵化的东亚飞蝗、天幕毛虫等昆虫是否群集在一起。观察黏虫、小地老虎等昆虫的迁飞性。

五、昆虫保护色和拟态的观察

观察蚂蚱身体的颜色和草地的绿色的是否同。在草叶枯黄后再看蚂蚱的颜色是否随之改变成与枯草一样的枯黄色。再观察尺蛾的幼虫、枯叶蝶的成虫、竹节虫等昆虫与所生活的环境是有何共同之处。观察食蚜蝇的外形与蜜蜂是否相像。

 思考问题

1. 昆虫有哪些食性？怎么利用昆虫的食性来防治害虫？
2. 怎样利用昆虫的趋性诱杀害虫？
3. 昆虫的保护色对它们有什么帮助？
4. 怎样利用昆虫的假死来防治害虫？
5. 怎样利用昆虫的群集性和迁飞性防治害虫？
6. 能否利用昆虫的主要习性制订害虫综合防治方案？

 **知识链接**

环境条件对昆虫的影响

一、气候条件对昆虫的影响

气候因素主要包括温度、湿度和降雨、光照、气流（风）、气压等。这些因素在自然界中常相互影响并共同作用于昆虫。气候因素可直接影响昆虫的生长、发育、繁殖、存活、分布、行为和种群数量动态等，也能通过对昆虫的寄主（食物）、天敌等的作用而间接影响昆虫。

（一）温度对昆虫的影响

温度是太阳辐射能的一种表现形式，是表示物体冷热程度的物理量。温度不仅能直接影响昆虫的代谢率，而且还对昆虫的分布、活动、生长、发育、生殖、遗传、生存和行为等起着重要作用，同时也能通过影响昆虫取食的植物或其他寄主，对昆虫起间接作用。

（二）湿度和降水对昆虫的影响

湿度实质上就是与水有关的一个物理量。水分是昆虫维持生命活动的介质，同时水也是影响昆虫种群数量动态变化的重要环境因素。不同种类的昆虫和同种昆虫的不同发育阶段，都有其一定的适湿范围，高湿或低湿对其生长发育，特别是对其繁殖和存活影响较大。同时，湿度和降水还可通过昆虫的天敌和食物间接地对昆虫产生影响。

（三）温、湿度对昆虫的综合影响

在自然界中温度和湿度总是同时存在、相互影响、综合起作用的。而昆虫对温度和湿度的要求也是综合的，不同温、湿度的组合，对昆虫的孵化、幼虫的存活、成虫羽化、产卵及发育历期均有不同程度的影响。在害虫的预测预报中，常用温湿系数（或温雨系数）、气候图（或生物气候图）来表示温度和湿度对昆虫的综合影响。对同一种昆虫来说，适宜的温度范围，可因湿度条件的不同而发生改变，反之亦然。

（四）光对昆虫的影响

在自然界中，光和热是太阳辐射到地球上的两种热能状态。昆虫可以从太阳的辐射中直接吸收热能。植物通过光合作用制造养分，供给植食性昆虫食物，因此昆虫也可从太阳辐射中，间接获得能量。所以光是生态系统中能量的主要来源。此外，光的波长、强度和光周期对昆虫的趋性、滞育、行为等也有重要的影响。

生物钟是生物由于长期受地球自转和公转引起的昼夜和季节变化的影响，而产生的为能适应这些环境周期变化的时间节律。昆虫的生命活动如趋光性、体色的变化、迁移、取食、孵化、羽化、交配等，也都表现出一定的时间节律，并构成种的生物学特性，这称为昆虫钟。

二、土壤环境对昆虫的影响

土壤与昆虫的关系十分密切，它既能通过生长的植物对昆虫产生间接的影响，又是一些昆虫生活的场所。土壤内环境与地上环境虽然密切相关，但也有其特殊性，是一种特殊的生态环境。土壤的温度、湿度（含水量）、机械组成、化学性质、生物组成，以及人类的农事活动等综合地对昆虫产生作用。

（一）土壤温度对昆虫的影响

土壤的热量主要来源于太阳辐射，所以土壤温度随气温的高低而发生变化，白昼土表接受太阳辐射，土壤温度升高；夜晚气温低，土表散热，土壤温度下降。土层越深，土壤温度变化越小，在地下1m深处，昼夜温度几乎没有变化。土壤温度在一年中的变化，也是表层大于深层。

（二）土壤湿度对昆虫的影响

土壤湿度包括土壤含水量和土壤空隙间的空气湿度，其主要取决于降水量和灌溉。土壤里的空气经常处于高湿度状态，因而多数土壤昆虫一般不会因湿度过低而死亡。但土壤含水量对昆虫生长发育的影响则是相当大的，因为许多昆虫的卵和蛹在土壤内需吸收环境水分，才能完成其发育阶段。例如棕色鳃金龟卵在土壤含水量为5%时，全部干缩死亡；在土壤含水量为10%时，部分干缩死亡；在土壤含水量为15%～35%时，均能孵化；但在土壤含水量达30%以上（土壤已成浆状）时，孵化的幼虫则不能存活。

（三）土壤理化性质对昆虫的影响

土壤理化性质主要包括土壤成分、通气性、团粒结构、土壤的酸碱度、含盐量等，对昆虫的种类和数量都有很大影响。

（四）土壤有机物对昆虫的影响

土壤中生物的种类和数量十分丰富，其中动物的数量之多，也是十分惊人的。生活在土壤内的昆虫，有的以植物的根系为食料，有的以土壤中的腐殖质为食料。所以在施肥的土壤中，昆虫密度比没有施肥的大，特别是施有机肥料的更大，这显然与其食料及土壤温湿度等的改变有关。

任务5 园林昆虫主要类群识别技术

任务描述

自然界中昆虫种类很多，已定名的有100多万种，还有许多种类尚待人们去认识。如此众多的种类，必须有科学的分类系统，才能对它们进行正确的识别、分类和利用。昆虫分类是研究昆虫科学的基础，是认识昆虫的一种基本方法。根据昆虫的形态特征、生理学、生态学、生物学等特征，通过分析、比较、归纳、综合的方法，将自然界种类繁多的昆虫分门别类，尽可能客观地反映出昆虫历史演化过程，类群间的亲缘关系及种间形态、习性等方面的差异。昆虫分类可以帮助我们增加识别昆虫的能力，便于进一步研究昆虫，保护和利用益虫以及控制害虫。

昆虫纲中与园林植物关系密切的目有直翅目、半翅目、同翅目、缨翅目、鞘翅目、鳞翅目、膜翅目、双翅目、脉翅目等翅目。

任务咨询

一、昆虫分类与命名

（一）昆虫的分类

昆虫的分类系统由界、门、纲、目、科、属、种7个基本阶梯所组成。种是分类的基本单位。为了更好地反映物种间的亲缘关系，在上述的分类等级后加设亚纲、亚目、总科、亚科、亚属、亚种等。现以东亚飞蝗为例说明昆虫分类阶梯顺序：

界　动物界 Animalia

　门　节肢动物门 Arthropoda

　　纲　昆虫纲 Insect

　　　亚纲　有翅亚纲 Pterygota

　　　　目　直翅目 Orthoptera

　　　　　亚目　蝗亚目 Locustodea

　　　　　　总科　蝗总科 Locustoidea

　　　　　　　科　蝗科 Locustidae

　　　　　　　　属　飞蝗属 Locusta

　　　　　　　　　种　飞蝗 Locusta migratoria L.

　　　　　　　　　　亚种　东亚飞蝗 Locusta migratoria manilensis Meyen

（二）昆虫命名法

1. 双名法

一种昆虫的种名（种的学名）由两个拉丁词构成，第 1 个词为属名，第 2 个为种名，即"双名"。例如菜粉蝶（Pieris rapae L.）。分类学著作中，学名后面还常常加上定名人的姓，但定名人的姓氏不包括在双名内。

2. 三名法

1 个亚种的学名由 3 个词组成，即属名 + 种名 + 亚种名，即在种名之后再加上 1 个亚种名，就构成了"三名"。例如东亚飞蝗 ［Locusta migratoria manilensis（Meyen）］。

属名的第 1 个字母须大写，其余字母小写，种名和亚种名全部小写；定名人用正体，第 1 个字母大写，其余字母小写。有时，定名人前后加括号，表示种的属级组合发生了变动。种名在同一篇文章中再次出现时，属名可以缩写。

（三）检索表的编制和应用

在进行昆虫分类工作时，通常要使用检索表来鉴定昆虫的种类和区别不同等级分类阶元的所属地位。它的编制是用对比分析和综合归纳的方法，从不同种类的昆虫中，选定比较重要的稳定的特征，做成简短的文字条文排列而成。因此，检索表的编制和运用是昆虫分类工作重要的基础。常用的检索表为双项式。

二、园林昆虫主要类群认知

昆虫分类的依据主要有形态学特征、生物学和生态学特征、地理学特征、生理学和生物化学特征、细胞学特征、分子生物学特征。根据目前的分类科学水平，主要采用的是形态学特征。分亚纲和目时所应用的主要特征是翅的有无、形状、对数、质地，口器的类型，触角、足、腹部附肢的有无及形态。根据国内多数学者的意见将昆虫分为 33 目，现将与园林植物关系密切的主要"目、科"特征概述如下：

（一）直翅目

直翅目昆虫体中至大型，触角多为丝状，口器为咀嚼式，头式为下口式。前翅覆翅革质，后翅膜质透明。多数种类后足腿节发达，为跳跃足，有些种类前足为开掘足。雌虫产卵器发达，形式多样，腹部具听器。成虫、若虫多为植食性，不完全变态。重要的科有蝗科、蟋蟀科、蝼蛄科、螽斯科（见图 1-22）。

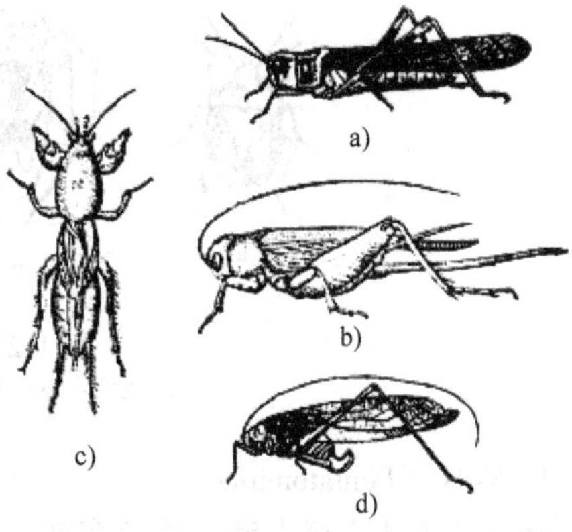

1. 蝗科（Locustidae）

蝗科属蝗亚目，俗称蝗虫或蚂蚱。体粗壮，触角比体短，为丝状或剑状，覆翅。雄虫能以后足腿节摩擦前翅发音。听器位于第 1 腹节两侧，后足为跳跃足。产卵器粗短。本科包括许多重要的园林害虫，例如东亚飞蝗、中华稻蝗、短额负蝗等。

图 1-22 直翅目常见科代表
a）蝗科 b）蟋蟀科 c）蝼蛄科 d）螽斯科

2. 蝼蛄科（Gryllotalpidae）

蝼蛄科属螽斯亚目。触角比体短，头与体轴近乎平行，听器位于前足胫节内侧，退化为缝状，前足为开掘足。前翅短，后翅长，纵折伸过腹末端如尾状，尾须长。产卵器不发达，不外露。蝼蛄科昆虫为杂食性的地下害虫，不仅咬食种子、嫩茎、树苗，而且在土中挖掘隧道，使植物吊根死亡，造成缺苗断垄。例如华北蝼蛄、东方蝼蛄等。

3. 蟋蟀科（Gryllidae）

蟋蟀科属螽斯亚目。体粗壮，色暗，触角比体长，端部尖细，听器在前足胫节两侧。雄虫发音器在前翅近基部，尾须长而多毛。产卵器发达，为针状或长矛状。多数一年一代，以卵越冬。喜穴居土中、石块下或树上，夜出活动。夏、秋两季为成虫盛发期，雄虫昼夜发出鸣声。蟋蟀科昆虫危害各种植物幼苗，或取食根、叶、种子等，例如花生大蟋蟀、姬蟋蟀、黄脸油葫芦等。

4. 螽斯科（Tettigoniidae）

螽斯科属螽斯亚目。触角比体长，听器位于前足胫节基部，雄虫能发音。产卵器特别发达，为刀状或剑状，尾须短小。翅发达，也有无翅与短翅的种类，多为绿色。螽斯科昆虫一般为植食性昆虫，少数为肉食性昆虫，常产卵于植物组织之间，危害植物枝条，例如日本螽斯、绿露螽斯等。

（二）半翅目

半翅目昆虫通称为"蝽"。体小至中型，略扁平。口器为刺吸式，自头的前端伸出，不用时贴在头胸的腹面。触角多为丝状，3~5节。前翅为半鞘翅，基部为角质或革质，端部为膜质；后翅为膜翅，静止时前翅平覆体背。前胸背板发达，中胸有三角形小盾片。很多半翅目的种类有臭腺，多开口于腹面后足基节旁，属于不完全变态。半翅目昆虫多数为植食性昆虫，少数为肉食性昆虫，例如猎蝽、小花蝽等。与植物关系密切的半翅目昆虫有蝽科、长蝽科、盲蝽科、缘蝽科、猎蝽科、花蝽科等（见图1-23）。

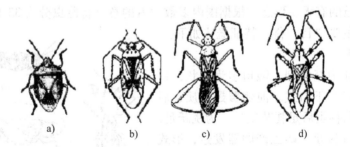

图1-23 半翅目常见科代表
a）蝽科 b）盲蝽科 c）缘蝽科 d）猎蝽科

1. 蝽科（Pentatomidae）

蝽科昆虫体小至大型，体色多变。头小，为三角形，触角多为5节，喙为4节，有单眼。中胸小盾片发达，为三角形。蝽科昆虫多为植食性昆虫，少数为肉食性昆虫。常见的有稻绿蝽、菜蝽等。

2. 盲蝽科（Miridae）

盲蝽科昆虫体多小型，略瘦长，无单眼。前翅分为革区、楔区、爪区和膜区。触角及喙均为4节。产卵器发达，为镰刀状，常产卵于植物组织中。盲蝽科昆虫多数为植食性昆虫，例如绿盲蝽、烟草盲蝽，少数为肉食性昆虫，例如食蚜黑盲蝽。

3. 缘蝽科（Coreidae）

缘蝽科昆虫体中至大型，多狭长，两侧缘略平行；常为褐色或绿色。触角为4节，生在喙基部与复眼连线之上。中胸小盾片小，为三角形，不超过爪区长度；足较长，有些后足腿节粗大。缘蝽科昆虫全为植食性昆虫。常见的有针缘蝽、粟小缘蝽。

4. 猎蝽科（Reduviidae）

猎蝽科昆虫体小至中型。头狭长，眼后部细缩如颈状。喙为3节，坚硬弯曲且不紧贴于腹面。触角为4节，有单眼，前足为捕捉足。猎蝽科昆虫全为肉食性昆虫，例如黄刺蝽、白带猎蝽。

5. 花蝽科（Anthocoridae）

花蝽科昆虫体微小或小型。有单眼，喙有3～4节。前翅膜区有1～2条不甚明显的翅脉。花蝽科昆虫常栖于地面、花丛、叶片或树皮下，多捕食蓟马、粉虱、介壳虫类、蚜虫及螨类，例如东亚小花蝽、南方小花蝽。

6. 网蝽科（Tingidae）

网蝽科昆虫的俗名为军配虫、白纱娘，体小而扁。前胸背板中央常向上突出成一罩状。头顶、前胸背板及前翅具网状花纹。网蝽科昆虫为植食性害虫，危害林木和野生植物。

7. 长蝽科（Lygaeidae）

长蝽科昆虫体小至中型，有单眼，前翅无楔片，有4～5条不明显的纵脉。长蝽科昆虫多数为植食性昆虫，少数为捕食性昆虫，多见于低矮植物、苔藓、石头下、枯枝落叶中。

8. 红蝽科（Pyrrhocoridae）

红蝽科昆虫体为中型，体色为红色或黑色。喙有4节，不弯曲。前翅膜区基部有2～3个基室，由此发出多条纵脉；前翅革区通常有两个黑斑。红蝽科昆虫为植食性昆虫，危害锦葵科、柑橘、葡萄等，生活在地表或植物上，危害园林植物。

（三）同翅目

同翅目昆虫体小至大型。口器为刺吸式，自头的后方伸出。触角为刚毛状或丝状。前翅质地均匀，为膜质或革质，静止时呈屋脊状覆于体背，后翅为膜质，少数种类如雌蚧无翅。同翅目昆虫多为两性生殖，有的进行孤雌生殖，不完全变态，为植食性昆虫。有些种类在刺吸植物汁液的同时能传播植物病毒，例如叶蝉。同翅目昆虫中与园林植物关系密切的有叶蝉科、飞虱科、粉虱科、蚜科等（见图1-24）。

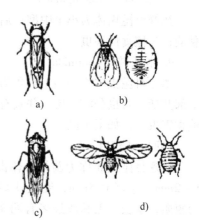

图1-24　同翅目常见科代表
a）叶蝉科　b）粉虱科
c）飞虱科　d）蚜科

1. 叶蝉科（Cicadellidae）

叶蝉科昆虫体为小型，较细长，青紫色。头部较圆，不窄于胸部。触角为刚毛状，着生于两复眼间。前翅为革质且不透明，后翅为膜质。后足发达，善跳跃，有横走习性，胫节下方有两排刺。常见的有大青叶蝉、棉叶蝉、黑尾叶蝉等。

2. 飞虱科（Delphacidae）

飞虱科昆虫体为小型，头部窄于胸。触角为锥状，生于两复眼之下。前胸背板呈衣领形，中胸背板呈三角形。前翅为膜质。后足胫节末端有两个刺和一个能活动的距。常见的有稻褐飞虱、白背飞虱等。

3. 粉虱科（Aleyrodidae）

粉虱科昆虫体为小型，纤弱，触角呈线状，有7节，体翅均被有蜡粉。前翅仅有两条纵脉并呈交叉状，后翅只有1条直脉。若虫、成虫腹末端的背面有管状孔，这是本科显著特征，渐变态。常见种类有温室粉虱、黑刺粉虱等。

4. 蚜科（Aphididae）

蚜科昆虫体为小型。触角为丝状，较长，通常有6节，很少有5节，第1节和第2节短粗，其余各节细长，从末节中部起突然变细。蚜科昆虫分为无翅和有翅两种类型，翅为膜质，透明，前翅大，后翅小，前翅有翅痣。腹部第6节或第7节背面两侧生有腹管，腹末端有突起的尾片，常有世代交替。春季和夏季为孤雌生殖，秋季和冬季为两性生殖。常见的有棉蚜、大豆蚜等。

5. 蝉科（Cicadidae）

蝉科昆虫体为中至大型，触角为刚毛状，有3个单眼，腹部第1节腹面具发音器或听器，产卵器发达。蝉科成虫产卵于幼嫩的枝梢上，幼虫食根。蝉科昆虫生活史长，有的长达十几年，其若虫被菌类寄生可为中药，蝉蜕也可入药。

6. 蜡蝉科（Fulgoridae）

蜡蝉科昆虫体为中至大型，体色美丽，头圆或伸长似象鼻状。前翅端区脉多分叉，横脉多呈网状；后翅臀区翅脉也呈网状。蜡蝉科昆虫的多数种类可分泌蜡质，故称为蜡蝉。

7. 蛾蜡蝉科（Flatidae）

蛾蜡蝉科昆虫属于中形蛾状种类，头比前胸阔。前翅前缘横脉多分叉，爪片脉纹上多颗粒状突起。蛾蜡蝉科昆虫为植食性昆虫，多为害虫，青蛾蜡蝉是园林植物上的常见种类。

8. 沫蝉科（Cercopidae）

沫蝉科昆虫体为小至中型；后足胫节中部有1~2个粗刺，端部有一群刺。若虫能分泌黏液；为植食性害虫。

9. 木虱科（Chermidae）

木虱科昆虫体为小型，触角为丝状且端部分叉。翅脉简单无横脉，前翅R、M、Cu脉在基部共柄。若虫分泌蜡质，并具有群集性。木虱科昆虫以成虫越冬。有些种类是重要的园林植物害虫，例如梨木虱

（四）缨翅目

缨翅目昆虫通称为蓟马，体微小型，细长，仅1~2mm，小者0.5mm，锉吸式口器。前、后翅均为膜质，狭长，无脉或最多有两条纵脉，翅缘着生长而整齐的缨毛。足短小，末端膨大呈泡状。不完全变态。缨翅目昆虫多数为植食性昆虫，少数为捕食蚜虫、螨类等。与园林植物关系密切的有蓟马科和管蓟马科（见图1-25）。

1. 蓟马科（Thripidae）

蓟马科昆虫属锥尾亚目，翅狭而端部尖锐。触

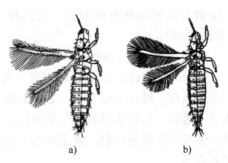

图1-25 缨翅目常见科代表
a）蓟马科（烟蓟马）
b）管蓟马科（稻管蓟马）

角为 6 ~ 8 节，末端 1 ~ 2 节形成端刺。雌虫腹部末端呈圆锥形，从侧面看刺状产卵器，其尖端向下弯曲。常见的有稻蓟马、烟蓟马等。

2. 管蓟马科（Phlaeothripldae）

管蓟马科昆虫属管尾亚目，体为暗褐色或黑色。翅表面光滑无毛，前翅无翅脉，翅为白色、烟煤色或有斑纹，触角有 8 节。腹部末节呈管状，生有较长刺毛，无产卵器。常见的有中华蓟马、稻管蓟马。

（五）鞘翅目

鞘翅目昆虫通称为甲虫，是昆虫纲中最大的目。体为小至大型，体壁坚硬。成虫前翅为鞘翅，静止时平覆体背，后翅为膜质且折叠于鞘翅下，少数种类的后翅退化。前胸背板发达且有小盾片，口器为咀嚼式。触角形状多变，有丝状、锯齿状、锤状、膝状或鳃叶状等。复眼发达，一般无单眼。多数成虫有趋光性和假死现象，全变态，幼虫属寡足型或无足型，蛹为离蛹。本目包括很多园林植物的害虫和益虫，例如肉食性的步甲科、虎甲科等（见图 1-26），多食亚目中植食性的金龟子科、叩头甲科、天牛科、叶甲科、瓢甲科、象甲科、豆象科、芫菁科等（见图 1-27）。

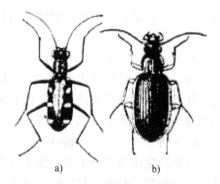

图 1-26　肉食亚目常见科代表
a）虎甲科（中华虎甲）
b）步甲科（皱鞘步甲）

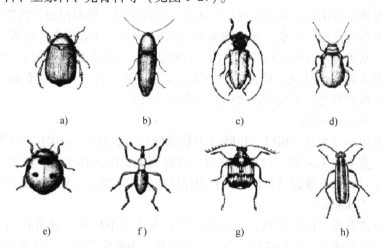

图 1-27　多食亚目常见科代表
a）金龟子科　b）叩头甲科　c）天牛科　d）叶甲科
e）瓢甲科　f）象甲科　g）豆象科　h）芫菁科

1. 步甲科（Carabidae）

步甲科昆虫体小至大型，黑褐、黑色或古铜色，具金属光泽，少绒毛。头比前胸狭，触角着生于上颚基部与复眼之间，两触角间距大于上唇宽度，步行足。鞘翅上多刻点或颗粒，后翅退化，不能飞行，例如金星步甲、短鞘步甲等。

2. 虎甲科（Cicindelidae）

虎甲科昆虫体小至中型，多绒毛，有鲜艳的色斑和金属光泽。头比胸部略宽，复眼突出。触角着生于上颚基部的额区，两触角间距大于上唇宽度，例如中华虎甲、杂色虎甲等。

3. 金龟子科（Scarabaeidae）

金龟子科昆虫体小至大型，较粗壮，多呈绿色、褐色、蓝色。触角为鳃叶状，少毛，通常有 10 节。前足胫节端部宽扁具齿，适于开掘；后足着生位置接近中足而远离腹末，腹末端常外露。成虫有假死性。幼虫体柔软多皱，向腹面弯曲呈"C"形，称为蛴螬。

4. 叩头甲科（Elateridae）

叩头甲科昆虫体小至中型，灰褐色或黑褐色，狭长，末端尖削，略扁。触角为锯齿状、线状或栉齿状。前胸背板发达，后缘两侧有刺突；前胸腹板中间有一个齿突，前胸能上下活动，似叩头。幼虫体细长，坚硬，呈黄褐色，生活于地下，是主要的地下害虫之一，例如沟金针虫、细胸金针虫等。

5. 天牛科（Cerambycidae）

天牛科昆虫体中至大型，狭长。触角为鞭状，有 11 节，与体等长甚至超过体长。幼虫为长圆筒形，乳白色或浅黄色。前胸大而扁平，足小或无足。幼虫蛀食树干、枝条及根部，例如锯天牛、麻天牛、桑天牛等。

6. 叶甲科（Chrysomelidae）

叶甲科昆虫体小至中型，圆形或椭圆形，具金属光泽，俗称为金花虫。触角短于身体之半，多为丝状。幼虫胸足发达，体上具肉质刺或瘤状突起。成虫与幼虫均危害植物叶片，幼虫中还有潜叶、蛀茎及咬根的种类，例如杨树叶甲、麻叶甲、黄条跳甲等。

7. 瓢甲科（Coccinellidae）

瓢甲科昆虫体小至中型，体背隆起呈半球形，腹面平坦，外形似扣放圆瓢。鞘翅上常有红色、黄色、黑色等色斑。头小，部分隐藏在前胸背板下。触角短小，棒状，11 节，生于两复眼的前方。幼虫身体有深或鲜明的颜色，行动活泼，体被有枝刺或带毛的瘤突，柔软不分枝。多数种类为肉食性昆虫，成虫体表光滑，无毛，有光泽，例如异色瓢虫、七星瓢虫等；植食性成虫体背有毛，无光泽，例如二十八星瓢虫等。

8. 象甲科（Curculionidae）

象甲科昆虫体小至大型，粗糙，色暗（少数鲜艳）。头部前端向前延伸成象鼻状。口器很小，咀嚼式，着生在头端部。触角为膝状，端部膨大。幼虫体柔软，肥而弯曲，头部发达，无足。成虫和幼虫均危害植物，成虫有假死性，例如米象、小象甲、竹象甲等。

9. 芫菁科（Meloidae）

芫菁科昆虫体形长，体壁柔软，头大而活动，头式为下口式。触角有 11 节，为线状，雄虫触角中间有几节膨大。前胸狭长，鞘翅末端分开，不能完全切合，复变态。成虫为植食性昆虫，幼虫以蝗卵为食。芫菁血液中含有名叫"斑蝥素"的有毒物质，可作药用。

10. 小蠹科（Scolytidae）

小蠹科昆虫体小，体长很少超过 9mm，圆筒形，色暗。触角短而成锤状。头部被前胸背板所覆盖，前胸背板大，常长于体长的 1/3，与鞘翅等宽。前足胫节外缘具成列小齿。成虫和幼虫蛀食树皮和木质部，构成各种图案的坑道系统。小蠹科昆虫为主要的园林植物害虫，其中部分种类为主要的检疫性害虫。

11. 吉丁甲科（Buprestidae）

吉丁甲科昆虫体色鲜艳，多具金属光泽。前胸背板后侧角较钝，与鞘翅紧密相接；前胸腹板突且扁平，嵌入中胸腹板的凹沟内，不能动。吉丁甲科昆虫为植食性昆虫，幼虫（串皮虫）在树木形成层中，串成曲折的隧道取食危害。吉丁甲科昆虫多为果树和林木害虫。

（六）鳞翅目

鳞翅目昆虫通称为蛾、蝶类。体小至大型，大小常以翅展表示。成虫体、翅密生鳞片，并由其组成各种颜色和斑纹。前翅大，后翅小，少数种类雌虫无翅。触角呈丝状、栉齿状、羽毛状、棍棒状等。复眼大且发达，有2个单眼或无单眼。成虫口器为虹吸式，不用时呈发条状卷曲在头下方。完全变态。幼虫体呈圆柱形，柔软，属多足型，咀嚼式口器。蛹为被蛹，腹末端有刺突。本目成虫一般不危害植物，幼虫多为植食性昆虫，会食叶、卷叶、潜叶及钻蛀茎、根、果实等。鳞翅目昆虫按其触角类型、活动习性及静止时翅的状态分为锤角亚目和异角亚目。

1. **锤角亚目（Rhopalocera）**

锤角亚目昆虫通称为蝴蝶。触角端部膨大成棒状或锤状。前后翅无特殊连接构造，飞翔时后翅肩区贴着在前翅下。白天活动，静息时双翅竖立在背面或不时扇动，翅色鲜艳，卵散产（见图1-28）。

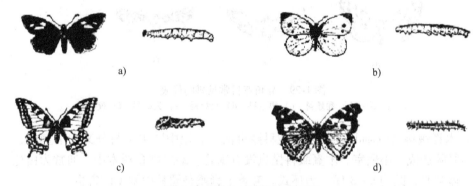

图1-28 锤角亚目常见科代表
a）弄蝶科 b）粉蝶科 c）凤蝶科 d）蛱蝶科

（1）粉蝶科（Pieridae） 粉蝶科昆虫体中型，多为白色、黄色或橙色，并带有黑色或红色斑纹。前翅呈三角形，后翅呈卵圆形。触角为锤状。幼虫为绿色或黄色，圆筒形，多皱纹，表面有许多绒毛和毛瘤，例如菜粉蝶、斑粉蝶、东方粉蝶等。

（2）凤蝶科（Papilionidae） 凤蝶科昆虫体中至大型，颜色鲜艳，底色为黄色或绿色，带有黑色斑纹，或底色为黑色且带有蓝色、绿色、红色等色斑。前翅呈三角形，后翅外缘呈波状，臀角常有尾突。触角为棒状，由基部向上逐渐变粗。幼虫体色深暗，光滑无毛，前胸背板中央有一臭丫腺，为红色或黄色，受惊扰时翻出体外，例如玉带凤蝶、柑橘凤蝶等。

（3）弄蝶科（Hesperiidae） 弄蝶科昆虫体小至中型，粗壮多毛。触角末端呈钩状。前、后翅脉各自分离，无共柄现象。成虫有性二型和季节变型现象，飞行迅速，喜欢在山花烂漫的环境中活动。幼虫常吐丝缀叶作苞，并在苞内食叶危害。

（4）灰蝶科（Lycaenidae） 灰蝶科昆虫体小而纤细美丽，有灰色、蓝色、绿色等颜色，并具有金属光泽。触角有白色的环。后翅常具有纤细的燕尾，但无翅脉深入。成虫有性二型现象，飞行能力较强，飞行速度较缓慢。幼虫为蛞蝓型，多危害豆科植物，少数为肉食性昆虫，捕食介壳虫及同翅目昆虫。

（5）蛱蝶科（Nymphalidae） 蛱蝶科昆虫体中至大型，大多数种类颜色鲜艳，翅表具有各种艳丽的色斑。触角锤部特别大，前足退化。前翅 R 脉为 5 支，中室多不封闭或者被一条不明显的小脉所封闭。成虫有性二型现象，飞行速度很快。

（6）眼蝶科（Satyridae）　眼蝶科昆虫体小至中型，体色多暗淡。翅表具眼斑，反面比正面更清晰；前翅基部有 1~3 脉，特别膨大。成虫喜欢在阴凉的竹林、树林内飞翔，飞翔能力强。幼虫多危害禾本科植物。

2. 异角亚目（Heterocera）

异角亚目昆虫通称为蛾类。触角形状各异，但不成棒状或锤状。飞行时，前、后翅通过翅缰连接。昼伏夜出，有趋光性，静息时翅平放在身上或斜放在身上成屋脊状。卵散产或块产，蛹外常有茧（见图 1-29）。

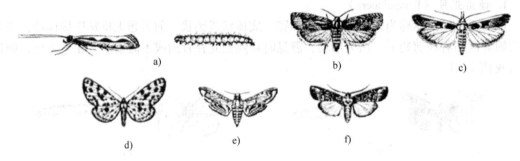

图 1-29　异角亚目常见科的代表
a）菜蛾科　b）卷蛾科　c）螟蛾科　d）尺蛾科　e）天蛾科　f）夜蛾科

（1）木蠹蛾科（Cossidae）　木蠹蛾科昆虫前、后翅中脉主干与分叉在中室内，完全发达；前翅胫脉造成一小翅室。木蠹蛾科昆虫没有喙管。幼虫蛀食树木中，通常为白色、黄色或红色。体肥胖，趾钩 2~3 序，为环式。芳香木蠹蛾是园林中常见的害虫。

（2）豹蠹蛾科（Zeuzeridae）　豹蠹蛾科昆虫特征同木蠹蛾科，但后翅 Rs 与 M_1 分离极远，下唇须极短。幼虫钻蛀树干，代表种类为咖啡豹蠹蛾。

（3）辉蛾科（Hieroxestidae）　辉蛾科昆虫为小型或微小型蛾。头顶的鳞片平滑倒伏，触角为纤毛状，喙短小。翅为披针形，前翅的脉有些退化，后翅的缘毛极长。足基节平扁而光滑，后足胫节多长毛束。腹部较扁。辉蛾科中最常见的危害园林植物的种类是蔗扁蛾。

（4）蓑蛾科（Psychidae）　蓑蛾科昆虫体小型至中型，雌雄异型。雄性触角为双栉齿状，具翅，翅面被有稀疏鳞毛和鳞片，斑纹少，中室内有分支的 M 脉主干，M_2 和 M_3 脉共柄；雌虫通常无翅，幼虫状，触角、口器和足有不同程度退化，羽化后仍留在巢袋内交尾和产卵。幼虫能营造可携带的巢袋，不同种类幼虫可营造不同形态的巢袋。幼虫老熟后，将巢袋固定于小枝上，封口，并在其内化蛹。蓑蛾科为主要的食叶性害虫。

（5）菜蛾科（Plutellidae）　菜蛾科昆虫头上的毛粗糙；下唇须短、前伸。前翅为披针形，端部不尖；后翅不呈菜刀状，外缘不凹入，后翅 M_1 与 M_2 共柄。幼虫行动敏捷，常取食植物叶肉。菜蛾科昆虫为十字花科主要害虫。

（6）卷蛾科（Tortricidae）　卷蛾科昆虫体小至中型；前翅肩区发达，前缘有褶，昆虫休息时翅形呈吊钟状；前翅前缘无黑白相间的横纹；后翅 Cu 脉上无毛。幼虫可卷叶、潜叶、蛀茎、致瘿。卷蛾科中的许多种类是园林主要害虫，苹果卷叶蛾 Laspeyresia pomonella（L.）为重要的检疫对象。

（7）刺蛾科（Limacodidae）　刺蛾科昆虫体小到中型，短粗，通常色彩鲜艳，鳞毛蓬松。头部被有稠密的鳞片。翅短宽，三角形，顶角钝；后翅宽圆，与前翅等宽或略窄。幼虫短粗，体有带螯毛的毛瘤或枝刺，在石灰质茧中化蛹。刺蛾科昆虫多为林木害虫。

（8）螟蛾科（Pyralididae）　螟蛾科昆虫体细长，小至中型；下唇须前伸。前翅无副室；后翅 Sc + R1 与 Rs 在中室前缘平行，或在中室中部有一段愈合，或中室外部愈合或接近。幼虫一般蛀茎、缀叶、潜入植株内部；成虫有趋化性、趋光性，部分有迁飞性。螟蛾科中的很多种类为果树和园林植物的主要害虫。

（9）透翅蛾科（Aegeriidae）　透翅蛾科昆虫体狭长，蜂状，白天活动。触角为纺锤状。翅狭长，除边缘及翅脉外，翅的大部分透明，没有鳞片。幼虫钻蛀在木本植物枝条或茎内。趾钩单序二横带。透翅蛾科昆虫为农林业害虫，主要的种类为葡萄透翅蛾。

（七）膜翅目

膜翅目昆虫包括蜂和蚁，除一部分为植食性昆虫外，大部分是捕食性和寄生性昆虫，很多是有益的种类。膜翅目昆虫体小至大型，口器为咀嚼式或咀吸式，复眼发达，触角为膝状、丝状或锤状等。前、后翅均为膜质且不被鳞片。雌虫产卵器发达，有的变成螯刺，全变态。幼虫类型不一；离蛹，有的有茧。依据成虫胸腹部连接处是否缢缩成腰状，分为广腰亚目与细腰亚目。与植物关系密切的膜翅目昆虫种类有叶蜂、茎蜂、姬蜂、茧蜂、小蜂、胡蜂、赤眼蜂等科。

1. 广腰亚目（Symphyta）（见图1-30）
腹部很宽且连接在胸部，足的转节均为2节，翅脉较多，后翅至少有3个翅室。产卵器为锯状或管状，常不外露。口器为咀嚼式，幼虫为多足型，全为植食性昆虫。

（1）叶蜂科（Tenthredinidae）　叶蜂科昆虫体小至中型，粗壮。前足胫节有两个端距，触角为丝状或棒状、前胸背板深凹。前翅有粗短翅痣，产卵器为扁锯状。

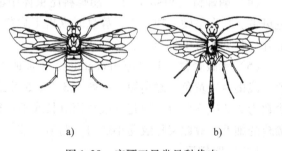

图1-30　广腰亚目常见科代表
a）叶蜂科　b）茎蜂科

幼虫体光滑多皱，腹足为6~8对，无趾钩，例如小麦叶蜂、日本菜叶蜂等。

（2）茎蜂科（Cephidae）　茎蜂科昆虫体小至中型，细长，触角为丝状，前足胫节有一个端距。前胸背板后缘平直，前翅翅痣狭长。幼虫为白色，无足，例如梨茎蜂等。

2. 细腰亚目（Apocrita）（见图1-31）
细腰亚目昆虫的胸、腹部连接处收缩成细腰状或延长为柄状，口器为咀嚼式或嚼吸式，产卵器外露于腹部末端，多数为寄生性或捕食性益虫。

（1）姬蜂科（Ichneumonidae）　姬蜂科昆虫体小至大型。触角为丝状，16节以上。产卵器外露，卵多产在鳞翅目、鞘翅目幼虫和蛹体内，例如黄带姬蜂、拟瘦姬蜂等。

（2）茧蜂科（Braconidae）　茧蜂科昆虫体小至中型，触角为线状。产卵于鳞翅目幼虫体内，幼虫老熟时常爬出寄主体外，结黄白色小茧并化蛹，产卵器外露，例如麦芽茧蜂、松毛虫绒茧蜂等。

（3）小蜂科（Chalcididae）　小蜂科昆虫体微小至小型，长0.2~7mm。头胸部常有黑色或褐色粗点，如黄色或橙色的斑纹。头横阔，复眼大，触角为膝状。前翅脉仅有1条，后

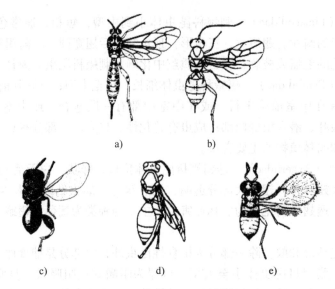

图 1-31 细腰亚目常见科代表
a) 姬蜂科　b) 茧蜂科　c) 小蜂科　d) 胡蜂科　e) 赤眼蜂科

足腿节膨大，多寄生于鳞翅目、双翅目、鞘翅目、同翅目幼虫蛹内，例如广大腿小蜂等。

（4）胡蜂科（Vespidae）　胡蜂科昆虫体中型到大型，光滑无毛，色呈黄红色，有黑褐色斑带。颚齿坚硬，翅狭长，静息时纵折于胸背。成虫常捕食多种鳞翅目幼虫或取食果汁和嫩叶。常见的有中华胡蜂、长脚胡蜂等。

（5）赤眼蜂科（Trichogrammatidae）　赤眼蜂科昆虫体型微小，长 0.3 ~ 1.0mm，呈黑色、浅褐色或黄色。触角短，一般有 3 节、5 节或 8 节，索节不超过 2 节，棒节通常为 3 节，少数为 2 节或不分节。前翅宽或狭而具长缘毛；翅脉呈弓形，痣脉弯；翅面上布有不整齐且稀疏的细毛，故此又称纹翅小蜂科，跗节 3 节。

（八）双翅目

双翅目昆虫包括蚊、蝇、虻等多种昆虫。体小至中型。前翅 1 对，为膜质，脉纹简单；后翅特化为平衡棒。口器为刺吸式或舐吸式；复眼发达；触角有芒状、念珠状、丝状；全变态。幼虫为蛆式，无足。多数为围蛹，少数为被蛹。依据触角形状、数目和芒的有无，可将此目分为长角亚目、短角亚目和芒角亚目。双翅目昆虫中与植物关系密切的有瘿蚊科、食虫虻科、种（花）蝇科、潜蝇科，食蚜蝇科、寄蝇科（见图 1-32）。

1. 长角亚目（Nematocera）

长角亚目昆虫通称蚊类。成虫触角很长，有 6 ~ 40 节，线状或念珠状，无触角芒，口器为刺吸式，身体纤细脆弱。幼虫除瘿蚊外，都有明显骨化的头部。

瘿蚊科（Cecidomyiidae）：瘿蚊科昆虫体小似蚊。复眼发达或左右愈合。触角呈念珠状，每节有一处或两处膨大，生有普通或放射状细毛。前翅仅有 3 ~ 5 条纵脉，基部仅有 1 个翅室。足细长。幼虫呈纺锤形，前胸腹板上有剑骨片，前端分叉。例如，稻瘿蚊、麦红吸浆虫等。

2. 短角亚目（Brachycera）

短角亚目昆虫通称虻类。成虫触角短，不长于胸部，3 节，具有分节或不分节的端芒。

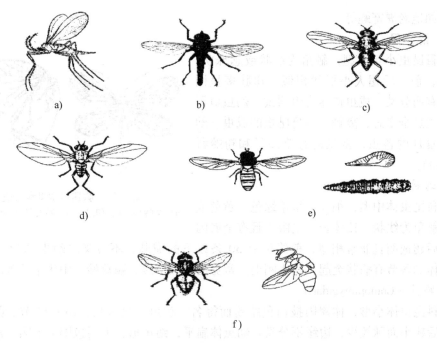

图 1-32　双翅目常见科代表
a）瘿蚊科　b）食虫虻科　c）种（花）蝇科　d）潜蝇科　e）食蚜蝇科　f）寄蝇科

下颚须为 1 节或 2 节，不下垂。翅有中室，肘室在翅缘前收缩或封闭。幼虫为半头型，上腭可上下活动；蛹多为裸蛹，成虫羽化时，由蛹背面直裂。

食虫虻科（Aslidae）：食虫虻科昆虫体小至大型，体粗壮多毛或鬃。头宽，有细颈，能活动。头顶有两个复眼且下凹，复眼发达，单眼 3 个。触角 3 节，末节有端刺。口器细长而坚硬，适于刺吸猎物。翅大而长。足细长多刺。雄虫有明显的下生殖板，雌虫有尖的伪产卵器。幼虫呈长圆筒形，头部尖，分节明显，胸部每节有 1 对侧鬃，多生活于土中，成虫飞行速度快，禽食小虫。常见的有中华盗虻。

3. 芒角亚目（Cyclorrhapha）

芒角亚目昆虫通称为蝇类。触角短，通常为 3 节，第 3 节膨大背面有触角芒。成虫口器为舐吸式，幼虫的为刮吸式。幼虫为蛆式，无头。

（1）种（花）蝇科（Anthomyiidae）　种（花）蝇科昆虫体小至中型，体色为黄色或黑灰色，细长多毛。成虫活泼，复眼大，翅脉全是直的，中胸背板有一横沟将其分割为前后两块。幼虫为蛆式，圆柱形，后端平截，例如种蝇、葱蝇等。

（2）潜蝇科（Agromyzidae）　潜蝇科昆虫体小或微小型，呈浅黑色或浅黄色。翅宽大，前缘近基部 1/3 处有折断，有臀室。腹部扁平，触角芒裸或具刚毛。幼虫为蛆式，潜食叶肉，并形成隧道。

（3）食蚜蝇科（Syrphidae）　食蚜蝇科昆虫体小至中型，形似蜜蜂，头大，体常有黄白相间的横斑。前翅外缘有和边缘平行的伪脉。成虫活泼，飞翔时能在空中静止不动而又突然前进。成虫产卵于蚜虫各虫态附近，幼虫捕食蚜虫，例如黑带食蚜蝇、细腰食蚜蝇等。

（4）寄蝇科（Tachinidae）　寄蝇科昆虫体小至中型，体粗多毛，呈暗灰色或黑色，有褐色斑纹。触角芒光滑或有短毛。幼虫为蛆式，多寄生于鳞翅目、直翅目、鞘翅目幼虫和蛹体内，例如地老虎寄蝇等。

（九）脉翅目

脉翅目昆虫小至大型，触角为线状或念珠状。翅为膜质，前、后翅大小形状相似，翅脉多呈网状，边缘有两分叉。成虫口器为咀嚼式，幼虫口器为双刺吸式。全变态，离蛹。本目昆虫的成虫、幼虫都是捕食性的益虫，常见的有草蛉科和粉蛉科（见图1-33）。

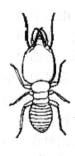

图1-33 脉翅目常见科代表
a）草蛉科（丽草蛉）　b）粉蛉科（中华粉蛉）

1. 草蛉科（Chrysopidae）

草蛉科昆虫体中型，细长，呈草绿色、黄色或灰白色。触角为线状，比体长。复眼大且有金属闪光。前、后翅透明且非常相似，前缘区有30条以下的横脉，不分叉。幼虫称为"蚜狮"，纺锤形，体侧各节有瘤状突起，丛生刚毛。常见的有大草蛉、丽草蛉、中华草蛉等。

2. 粉蛉科（Coniopterygidae）

粉蛉科昆虫体小型，体翅因披白色蜡粉而得名。触角为念珠状，16～43节。前、后翅相似，但后翅小而脉纹少，边缘不分叉。幼虫体扁平，纺锤形，上唇包围上下颚。常见的有彩色异粉蛉、中华粉蛉等。

（十）等翅目

等翅目昆虫通称为白蚁，体小至中型，一般较柔弱。头式为前口式，口器为咀嚼式，触角为念珠形；在有些类群中，头部的额的中央有一腺口（称为囟）。在一个群体中，有长翅型、短翅型和无翅型之分。长翅型等翅目昆虫有2对形状和翅脉均相似的翅（见图1-34）。

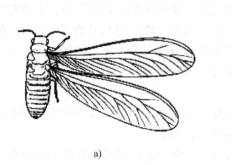

图1-34 白蚁
a）成虫　b）兵蚁

白蚁是典型的社会性巢居昆虫，在绝大多数种类中，一个种群内一般具有3种以上形态和功能均不同的型（称为品级）：繁殖蚁、兵蚁和工蚁。等翅目中黑翅大白蚁和家白蚁等是危害园林植物的种类。

1. 鼻白蚁科（Rhinotermitidae）

鼻白蚁科昆虫头部有囟。兵蚁的前胸背板扁平，窄于头。有翅成虫一般有单眼，触角为13～23节，前翅鳞显然大于后翅鳞，跗节为4节，尾须为2节。鼻白蚁科昆虫为土木栖昆虫，危害植物、建筑物等。

2. 白蚁科（Termitidae）

白蚁科昆虫头部有囟。成虫一般有单眼；前翅鳞略大于后翅鳞，两者距离仍远。兵蚁前胸背板的前中部隆起，跗节为4节，尾须为1～2节。白蚁科昆虫以土栖为主，危害植物、建筑物等。

 任务实施

一、直翅目昆虫特征观察

观察蝗虫、蝼蛄、螽斯、蟋蟀标本，注意它们的触角类型、口器类型、前胸背板的形状、前翅类型、后翅翅形、足的类型、跗节数目、产卵器的形状、听器的有无及位置、尾须的长短等。

二、半翅目昆虫特征观察

取蝽类标本，观察半翅目昆虫的特征：头式、喙的分节、触角类型、复眼及单眼的位置和形状；前翅革质部分分区和膜质翅脉特征；臭腺孔的有无、位置及形状等。

三、同翅目昆虫特征观察

以蚱蝉或叶蝉、蚜虫等成虫标本为材料，观察同翅目昆虫特征：注意头式、喙分节及伸出位置、触角类型、前胸背板的形状及大小、中胸盾片的形状、翅的质地、产卵器等。

四、缨翅目昆虫特征观察

取蓟马成虫，观察缨翅目昆虫特征：注意口器类型，前、后翅形状及有无缨毛，跗节特征，腹节数目等。

五、鞘翅目昆虫特征观察

取步甲科、金龟子科昆虫标本观察：前翅的质地，口器、触角类型，前胸背板背侧缝的有无，第一腹板有无被后足基节窝分隔，跗节数的变化等。

六、鳞翅目昆虫特征观察

取蛾蝶类标本观察：口器、触角类型，翅的质地及被覆物，翅面上的斑纹与线条，翅脉的变化，翅的连锁方式。

七、膜翅目昆虫特征观察

取蜂、蚁标本观察：翅的质地，前、后翅的连锁方式，口器类型，并胸腹节，产卵器是否外露，后翅的基室数目。

八、双翅目昆虫特征观察

取蚊、蝇、虻标本观察：复眼的大小，触角、口器的类型，平衡棒的形状。

九、脉翅目昆虫特征观察

取草蛉标本观察：头式，口器，翅类型，比较两对翅的形状、大小和脉相。

十、等翅目昆虫特征观察

取白蚁标本观察：体色，头部的额腺，触角类型，具翅型白蚁的前翅和后翅的大小、形状、翅脉的区别，翅基部的肩缝，翅鳞，兵蚁的前胸背板形状等。

 思考问题

1. 昆虫是根据哪些特征进行分类的？
2. 与园林植物关系密切的昆虫种类有哪些？
3. 哪些常见昆虫是肉食性的，哪些是植食性的？
4. 能否说出各目中的害虫和益虫？
5. 请列表说明与园林植物关系密切的昆虫的特征。

 **知识链接**

生物因素对昆虫的影响

生物因素是指环境中的所有生物，由于其生命活动，而对某种生物（某种昆虫）所产生的直接和间接影响，以及该种生物（昆虫）个体间的相互影响。其中食物和天敌是生物因素中的两个最为重要的因素。

一、生物因素对昆虫影响的特点

生物因素与昆虫的生长发育、繁殖、存活、行为等关系密切，制约着昆虫种群的数量动态。与非生物因素相比较，生物因素对昆虫的影响有以下特点：

（一）生物因素对昆虫的影响是不均匀的

在一般情况下，生物因素只影响昆虫的某些个体，例如在同一生存环境内，昆虫获得食料的个体是不均衡的；只有在极个别的情况下，昆虫种群的全部个体才能被其天敌所捕食或寄生。

（二）生物因素对昆虫的影响与昆虫种群数量有关

例如在一定空间范围内，寄主越多，昆虫越容易找到食物，即种间竞争小；特别是昆虫天敌受昆虫种群数量多少的影响很大。

（三）生物因素对昆虫的影响则是相互的

例如某种昆虫的天敌数量增多，其种群数量即随之下降；昆虫种群数量下降，势必造成其天敌的食物不足，天敌数量也随之下降，而又导致该种昆虫种群数量的增多。非生物因素一般只是单方面对昆虫产生影响。

（四）非生物因素可通过生物因素对某种昆虫产生间接影响

生物因素对某种昆虫来讲虽是一种环境因素，但它又受非生物因素的影响。

二、食物因素对昆虫的影响

食物是一种营养性环境因素，食物的质量和数量影响昆虫的分布、生长、发育、存活和繁殖，从而影响昆虫种群密度。昆虫对食物的适应，可引起食性分化和种型分化。食物联系是表达生物种间关系的基础。

（一）食物对昆虫生长发育、繁殖和存活的影响

各种昆虫都有其适宜的食物。虽然杂食性和多食性的昆虫可取食多种食物，但它们仍都有各自的最嗜食的植物或动物种类。昆虫取食嗜食的食物，其发育、生长快，死亡率低，繁殖力高。取食同一种植物的不同器官，对昆虫的发育历期、成活率、性比、繁殖力等都有明显的影响。

研究食性和食物因素对植食性昆虫的影响，在园林生产上有重要的意义，可以据此预测引进新的花卉后，可能发生的害虫优势种类；可以根据害虫食性的最适范围，改进耕作制度和选用抗虫品种等，以创造不利于害虫的生存条件。

（二）植物的抗虫性

植物抗虫性是指同种植物在某种害虫危害较严重的情况下，某些品种或植株具有的能避免受害、耐害或虽受害而有补偿能力的特性。在田间与其他种植物或品种相比，受害轻或损失小的植物或品种称为抗虫性植物或抗虫性品种。针对某种害虫选育和种植抗虫性品种，是害虫综合防治中的一项重要措施。

三、天敌因素对昆虫的影响

昆虫在生长发育过程中，常由于其他生物的捕食或寄生而死亡，这些生物称为昆虫的天敌。昆虫的天敌主要包括致病微生物、天敌昆虫和食虫动物3类，它们是影响昆虫种群数量变动的重要因素。

任务6 昆虫标本采集、制作与保存技术

 任务描述

昆虫是动物界中种类最多、数量最大、分布最广的一个动物类群，与人类关系密切。而采集、制作及保存昆虫标本是从事昆虫研究的基本技术。由于自然界中各种昆虫的生活方式和生活环境各异，其活动能力和行为千差万别，有的昆虫形态也常模拟环境，因而必须有丰富的生物学知识和有关的采集知识，才能采得完好的标本。采集和制作大量标本后，还必须有科学的保管方法，使标本经久不坏。而初学者往往因为缺乏经验，以致无法发现虫踪，或者没有目标的滥捕；有时因为标本保存方法不当，只得将标本舍弃；或者采集时没有记录，以致标本变得毫无价值。

昆虫标本是进行调查研究、鉴定昆虫的依据，需要经常采集、制作标本并妥善保存，为防治工作做准备。本任务将通过采集和制作昆虫标本，学习昆虫的采集方法和标本制作技术；学会自己动手制作一些常用的采集和制作标本的工具；为教学和指导昆虫课外小组活动逐步积累昆虫标本，使学生认识一些常见的昆虫。

任务咨询

一、昆虫标本的采集

（一）常用的采集用具

1. 捕虫网（见图1-35）

捕虫网由网框、网袋和网柄3部分组成，用于采集善于飞翔和跳跃的昆虫，例如蛾、蝶、蜂和蟋蟀等。对于飞行速度快的昆虫，用捕虫网迎头捕捉，并顺势将网袋甩到网圈上，随后抖动网袋，使昆虫集中在底部后，连网一起放入毒瓶，待昆虫被毒死后再取去分装、保存。要想捕捉栖息于草丛或灌木丛的昆虫，可持网边走边扫，并可在网底活动开口处套1个塑料管，便可直接将虫集于管中。

2. 毒瓶（见图1-36）

毒瓶专门用来毒杀成虫，一般用封盖严密的磨口广口瓶等做成。最下层放氰化钾（KCN）或氰化钠（NaCN）（或用二氧乙醚、氯仿等代替），压实，上铺1层木屑，压实，每层厚5～10mm，最上面再加1层较薄的煅石膏粉，上铺1张吸水滤纸，压平实后，用毛笔蘸水均匀地涂布，使之固定。毒瓶在使用和放置时要注意清洁、防潮，瓶内吸水纸应经常更换。毒瓶在未使用时应塞紧瓶塞，以避免对人的毒害，同时也可延长毒瓶使用时间。毒瓶要妥善保存，破裂后就立即掘坑深埋。

3. 三角纸包

三角纸包用于临时保存蛾类、蝶类等昆虫的成虫，将坚韧的白色光面纸裁成长与宽的比例为3∶2的长方形纸片，叠制方法如图1-37所示。

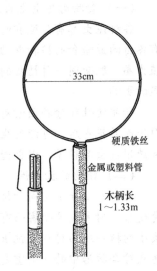

图1-35 捕虫网的构造

硬质铁丝
金属或塑料管
木柄长
1～1.33m

煅石膏粉
木屑
氰化钾

图1-36 毒瓶

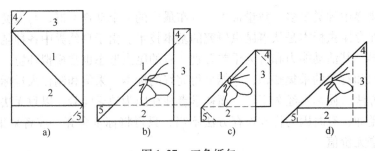

图1-37 三角纸包

a）叠前效果图　b）叠中效果图（一）　c）叠中效果图（二）　d）叠后效果图

4. 吸虫管

吸虫管用于采集蚜虫、红蜘蛛和蓟马等微小的昆虫（见图1-38）。

5. 活虫采集盒

活虫采集盒用于采装活虫。铁皮盒上装有透气金属纱和活动的盖孔（见图1-39）。

图1-38　吸虫管

图1-39　活虫采集盒

6. 指形管

昆虫采集中一般使用的是平底指形管，用来保存幼虫或小成虫（见图1-40）。

7. 采集箱（盒）

防压的标本和需要及时插针的标本，以及用三角纸包装的标本，需放在木制的采集箱（盒）内。

此外，昆虫采集还需要配备采集袋、诱虫灯、放大镜、修枝剪、镊子和记录本等用具。

图1-40　指形管

（二）采集注意事项

1）采集时应仔细搜索、认真观察，对具有"拟态"、假死、趋化性、趋光性的昆虫，可用振落法、诱集法采集昆虫标本。

2）采集时遇到的目标昆虫的成虫、卵、幼虫、蛹和植物的被害状，要全部采集。

3）昆虫的足、翅、触角极易损坏，要小心保护。

4）要及时做好采集记录，包括编号、采集日期、地点、采集人等。

5）要将当时的环境条件、寄主和昆虫的生活习性等记录下来。

二、昆虫标本的制作

（一）干制标本的制作

1. 制作用具

（1）昆虫针（见图1-41）　昆虫针为不锈钢针，型号分00、0、1、2、3、4、5，共7种。号越大越粗。

（2）还软器（见图1-42）　还软器是对于已干燥的标本进行软化的玻璃器皿，一般使用干燥器改装而成。使用时在干燥器底部铺一层湿沙，加少量苯酚以防止霉变；在瓷隔板上放置要还软的标本，加盖密封，一般用凡士林作为密封剂。几天后干燥的标本即可还软，此时可取出整姿、展翅。切勿将标本直接放在湿砂上，以免标本被苯酚腐蚀。

（3）三级台　制作标本时将昆虫针插入三级台的孔内，使昆虫、标签在针上的位置整齐划一（见图1-43）。

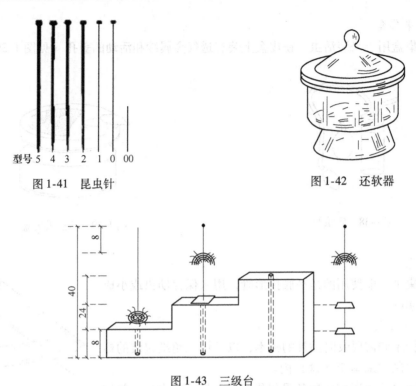

型号 5 4 3 2 1 0 00

图 1-41 昆虫针

图 1-42 还软器

图 1-43 三级台

（4）展翅板　展翅板用软木、泡沫塑料等制成，用来展开蛾、蝶等昆虫成虫的翅（见图 1-44）。

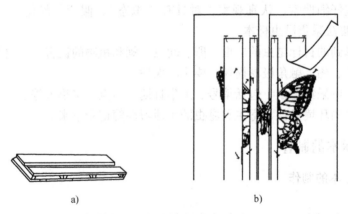

a)　　　　　　　　　　b)

图 1-44 展翅板
a) 未放标本　b) 已放标本

（5）三角台纸　将厚纸剪成底宽 3mm、高 12mm 的小三角，或剪成长 12mm、宽 4mm 的长方形纸片，用来粘放小型昆虫。

2. 制作方法

（1）针插标本　除幼虫、蛹和小型个体外，都可制成针插标本，装盒保存。插针时，依标本的大小选用适当的昆虫针，其中 3 号针应用较多。昆虫针在虫体上的插针位置是有规定的（见图 1-45），目的是一方面为了插得牢固，另一方面为了不破坏虫体的原本特征。

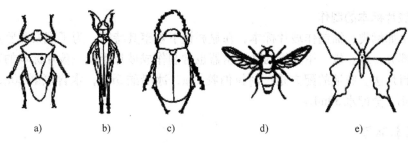

图 1-45　各种昆虫的插针部位
a）半翅目　b）直翅目　c）鞘翅目　d）双翅目　e）鳞翅目

（2）调整高度　插针后，用三级台调整虫体在针上的高度，其上部的留针长度是 8mm。甲虫、蝗虫、蝽象等昆虫，插针后需要进行整姿，使前足向前，中足向两侧，后足向后；短的触角伸向前方，长的触角伸向体背的两侧，使之保持自然姿态。以上都整好后用昆虫针固定，待干燥后即定形。

（3）展翅　蛾类、蝶类等昆虫，针插后还需要展翅。例如蛾类、蝶类展翅时，将虫体用针插在展翅板的槽内，虫体的背面与展翅板两侧面平，同时拉动左、右前翅，使左、右前翅的后缘在同一条直线上，用昆虫针固定住。再拨后翅，将前翅的后缘压住后翅的前缘，左右对称，充分展平。最后用玻璃片或纸条压住，用昆虫针固定。5～7 天后，昆虫即干燥、定形，可以取下。

（二）浸渍标本的制作

除蛾、蝶之外的、体软或微小的成虫和螨类，以及昆虫的卵、幼虫和蛹，均可以用保存液浸泡在指形管、标本瓶内，可以保存昆虫原有的体形和色泽。

（三）生活史标本的制作

通过生活史标本能够认识害虫的各个虫态，了解它的危害情况。制作时，先要收集或饲养昆虫，得到昆虫的各个虫态（卵、各龄幼虫、蛹、雌性和雄性成虫）、植物被害状、天敌等。成虫需要整姿或展翅，干后备用。各龄幼虫和蛹需保存在封口的指形管。最后将成虫标本、各龄幼虫标本和蛹标本等分别装入盒中，贴上标签既可（见图 1-46）。

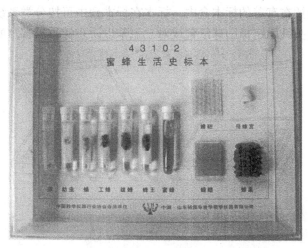

图 1-46　生活史标本

（四）玻片标本的制作

微小昆虫如螨类，需制作玻片标本，在显微镜下观察其特征。为了观察和鉴定昆虫身体的某些细微部分，蛾、蝶、甲虫等的外生殖器也常制作成玻片标本。玻片标本的制作一般采用阿拉伯胶封片法。胶液的配方是：阿拉伯胶 12g，冰醋酸 5mL，水含氯醛 20g，50% 葡萄糖水溶液 5mL，蒸馏水 30mL。

三、标本标签

暂时保存的、未经制作和未经鉴定的标本，应配有临时采集标签。标签上写明采集的时间、地点、寄主和采集人。制作后的标本应带有采集标签，例如针插标本，应将采集标签插在第 2 级的高度上。浸渍标本的临时标签，一般是在白色纸条上用铅笔注明时间、地点、寄主和采集人，并将标签直接浸入临时保存液中。玻片标本的标签贴在玻片上，注明时间、地点、寄主、采集人和制片人。

经过有关专家正式鉴定的标本，应在该标本之下附种名鉴定标签，插在昆虫针的下部。例如玻片标本，则将种名鉴定标签贴在玻片的另一端。

四、昆虫标本的保存

（一）临时保存

未制作标本的昆虫，可暂时保存。

1. 三角纸保存

标本要保持干燥，避免冲击和挤压，可包在三角纸包中，并放在三角纸包存放箱内，注意防虫、防鼠、防霉。

2. 在浸渍液中保存

装有保存液的标本瓶、试管、器皿等封盖要严密，如发现液体颜色有改变要换新液。

（二）长期保存

已制成的标本，可长期保存。保存工具要求规格整齐统一。

1. 标本盒（见图1-47）

针插标本，必须插在有盖的标本盒内。标本在标本盒中可按分类系统或寄主植物排列整齐。盒子的四角用大头针固定樟脑球纸包或对二氯苯以防止标本被害虫蛀食。

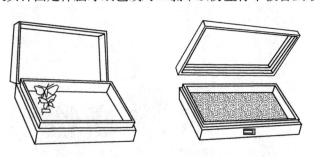

图1-47　昆虫标本盒

2. 标本柜

标本柜用来存放标本盒，以防止灰尘、日晒、虫蛀和菌类的侵害。放在标本柜的标本，每年都要全面检查2次，并用敌敌畏在柜内喷洒或用熏蒸剂熏蒸。如果标本发霉，应在柜中添加吸湿剂，并用二甲苯杀死真菌。浸渍标本最好按分类系统放置，长期保存的浸渍标本，应在浸渍液表面加1层液状石蜡，防止浸渍液挥发。

3. 玻片标本盒

玻片标本盒专供保存微小昆虫、翅脉、外生殖器等玻片标本，每个玻片应有标签，玻片盒外应有总标签。

 任务实施

一、昆虫的采集技术

（一）采集方法

采集昆虫可根据各种昆虫的习性选用网捕法、搜索法、诱集法、振落法等。

1. 网捕法

采集能飞善跳的昆虫种类时可以选择网捕。例如正在飞行的昆虫，可用捕网迎头捕捉或从旁掠取。当昆虫进网后迅速摆动网柄，将网袋下部连虫带网翻到网框上。取虫时，先用左手捏住网袋中部，空出右手来取毒瓶，左手帮助打开瓶盖，将毒瓶伸入网内把昆虫装进瓶内，小型蛾、蝶也可先隔网捏压其胸部，使之失去活动能力后，再放入毒瓶。又如采集生活于草丛或灌木丛中的昆虫，可用扫网法，即边走边扫捕。

2. 振落法

许多昆虫会假死，可通过摇动或敲打植物、树枝把它们振落下来，再捕捉。有些不假死的昆虫，经振动虽不落地，但由于飞动暴露了目标，可进行网捕。

3. 诱集法

利用昆虫的某种特殊趋性或生活习性来诱集昆虫，例如灯光诱集法、食物诱集法、潜所诱杀法、性诱法等。

4. 搜索法

认真观察地面、草丛中、植物体上、树上等位置，采用搜索法采集。

（二）采集时注意事项

1）采到标本后，要及时做好采集记录，记录内容包括编号、采集日期、采集地点、采集人等，也要记录当时的环境、昆虫寄主以及害虫生活习性等，还要注意记录当地的气象，例如气温、降水量、风力等。

2）应设法保持昆虫标本的完整，若有损坏，就会失去应用价值。昆虫的翅、足、触角及蛾的鳞片等部位极易破损，故应避免直接用手采集和整理。采集小型昆虫时应特别耐心细致。

3）重点采集植物的害虫和天敌昆虫。

4）每种昆虫都要采集一定数量的个体，尽量采全昆虫的各个虫态（卵、幼虫、蛹、成虫）。

二、昆虫标本的制作技术

(一) 昆虫干制标本的制作

1. 虫体针插

按昆虫体大小选用适当的昆虫针，夜蛾类一般用 3 号针；天蛾类等大型蛾类用 4 号针；叶蝉、盲蝽、小蛾类用 1 号或 2 号针。微小昆虫，用 10mm 的无头细微针。昆虫针插的部位因种类而异。甲虫从右翅基部内侧插入；半翅目从中胸小盾片中央垂直插入；鳞翅目、膜翅目及同翅目成虫从中胸中央插入；直翅目从前胸背板右面插入；双翅目从中胸中央偏右插入；小型蜂类可不插针，采用侧粘的方法，以免损坏其胸部特征。

2. 整姿

蝽、甲虫、蝗虫等昆虫针插以后，尽量保持其活虫时的姿态。需将触角和足进行整姿，使前足向前，后足向后，中足向左右。

3. 展翅

蝶类、蛾类和蜻蜓类昆虫需要展翅。按昆虫的大小选取昆虫针、按针插部位要求插入虫体，将虫体腹部向下插入展翅板的槽内，使展翅板的两边靠紧身体，用昆虫针将翅拨开并平铺在展翅板上。蜻蜓类要以后翅的两前缘成一直线为准；蝶类和蛾类以两前翅后缘成直线并与身体垂直为准；蝇类和蜂类以前翅顶角与头顶在一直线上，然后再拨后翅使左右对称为准。最后用玻璃片压住或用光滑纸条把前、后翅压住，用大头针固定，放在干燥通风处，待虫体干燥后，取下玻璃片或纸条，从展翅板上取下昆虫并插入盒内，制成针插盒装标本。

(二) 小型昆虫针插标本的制作

1. 杀死昆虫

要想制作形体完整，色彩和形态都栩栩如生的标本，常常需要用刚刚捕捉到的新鲜活虫，让其在短时间内迅速死亡，这时可用毒性大、击倒力强的杀虫剂，如三氯甲烷、四氯化碳等药剂来自制毒瓶或毒管。

2. 去除内脏

在制作标本前，必须先将昆虫的内脏取出，便于针插后能迅速干燥。但像蜻蜓中的豆娘那样身体极细的昆虫，则可不必去除内脏。解剖时，可用镊子直接从虫的颈部和前胸背连接膜处插入，取出各个脏器；或在腹部侧面沿背板和腹板的连接膜处剪开一个口子，然后用镊子取出脏器。接着用脱脂棉捏成一长条状的棉花栓，用镊子将其慢慢地塞入已掏空的昆虫腹腔内，保持虫体原来的体形。

3. 临时保存

昆虫被毒气杀死后，应尽早将其从毒瓶中取出，除去内脏后，放在预先制备好的棉花纸包内，以避免携带时使虫子遭到挤压而变形受损。

棉花纸包的纸，宜选用吸水性好的纸，将其剪成方块，大小根据虫体的大小而定，以恰好能包住虫体为度。脱脂棉可扯成约 0.5cm 厚、比纸稍小一点的小块，压平后放在纸片中间。最好再备一小张白纸附在脱脂棉上，作为临时标签，以记载采集的时间和地点等。准备就绪后，就可以将虫子的内脏取走，将其临时包裹在棉花纸包里面，防止其受到损坏变形。此种保存方法的保存期不宜过长，应为 1～2 天，注意及时将包打开，让其通气干燥，不使标本变质。

4. 还软

干燥变硬后的虫壳一般都会发脆，若不采取措施使其软化，很可能一碰就会碎成小片，所以在插针之前必须使其还软。还软的方式是：在玻璃还软缸或别的器皿底部加蒸馏水，加入几滴苯酚，在架空的架子上面放置虫子，加盖密闭 2～3 天后便可还软。若没有还软缸，也可直接将虫浸于温水中，用热气使其还软。

5. 针插

对于死后还未干燥变硬的或是还软后的昆虫，就是用上述的昆虫针将其固定起来的。使用哪号针，应根据虫体的大小来定。插针开始时，先将要制作的虫体放在三级台或桌缝上，再根据虫的大小，选用合适的昆虫针。昆虫针插直翅目昆虫前翅基部背中线稍右位置；半翅目昆虫插中胸小盾板中央偏右位置；双翅目昆虫插中胸偏右位置；鞘翅目昆虫插右鞘翅基部的翅缝边位置，不能插在小盾片上；鳞翅目、膜翅目和同翅目等昆虫插在中胸背板中央。

6. 整姿

完成针插后，还需根据该种昆虫最正确的姿势，对针插后的昆虫作局部调整，如翅膀的位置、虫足的弯曲度、触角的伸长方向等，使其完全与活昆虫具有相同的姿态。有些昆虫爱好者喜欢按自己所喜欢的姿态来固定昆虫，可以根据自己的要求，适当调整昆虫身躯、翅、腿或触角的姿势和位置。

7. 干燥

当插针和整姿之后，就可将昆虫放置到安全通风处干燥一段时间，这个阶段一般需 1～2 周，昆虫就可以完全干透。

8. 防腐和保存

最后一道程序就是在制成的昆虫标本上加放适量的防蛀、防霉药剂，然后插上标签。若标本的数量较多，则需分门别类将标本置入标本盒内，将其置于避光的干燥处保存。若需要制成昆虫生态景箱，还可将昆虫标本与经过干燥处理的植物、花草配置在同一个玻璃罩内，也可配置在其他艺术镜框中。

（三）昆虫浸渍标本的制作

凡身体柔软或细小昆虫的成虫、卵、幼虫、蛹等，可以用防腐性的浸渍液浸泡昆虫，并保存在玻璃瓶内。浸泡前应先使幼虫饥饿，排出粪便。可将昆虫浸泡在下列保存液中。

1. 酒精浸渍液

酒精浸渍液由 75% 的酒精，加上 0.5%～1% 的甘油制成，常用于浸渍螨类、叶蝉和蜘蛛等标本。

2. 5% 甲醛溶液（福尔马林）浸渍液

将 40% 甲醛（福尔马林）稀释成 5% 的甲醛溶液。再用 5mL 冰醋酸、5g 白糖、4mL 甲醛溶液、100mL 蒸馏水或冷开水配成冰醋酸、白糖及甲醛混合液。

3. 绿色幼虫浸渍液

将 10g 硫酸铜溶于 100mL 水中，煮沸后停火，投入幼虫。投入后的幼虫先有褪色现象，直到恢复绿色时，立即取出并用清水洗净，浸入 5% 甲醛溶液中保存。

4. 黄色幼虫浸渍液

黄色幼虫浸渍液由 3mL 氯仿、1mL 冰醋酸、6mL 无水酒精混合而成。先用此液浸渍幼虫 24h，然后移入 70% 酒精液中保存。

5. 红色幼虫浸渍液

红色幼虫浸渍液由 4mL 冰醋酸、4mL 甲醛溶液、20mL 甘油、100mL 蒸馏水配成。

（四）昆虫生活史标本制作

生活史标本是把昆虫一生发育顺序：卵、幼虫的各龄期（若虫）、蛹及成虫（雌成虫和雄成虫），还有植物被害状，装在一个标本盒内，并放上标签。

三、昆虫标本的保存方法

昆虫标本的保存主要是为了防止昆虫标本被虫蛀食，防止因阳光暴晒而退色，防灰尘、防鼠咬、防霉烂。制成的昆虫标本要放在阴凉干燥处，玻片标本、针插标本等必须放在有防虫药品的标本盒里，分类收藏在标本柜里。

 思考问题

1. 如何才能制作一套完整的生活史标本，请举例说明。
2. 如何制作一套精美的凤蝶成虫标本？
3. 要保持木蠹蛾幼虫固有的颜色，其标本该如何制作？
4. 采集昆虫时应注意什么？
5. 蛾类、蝶类昆虫的标本制作时应注意哪些问题？

 知识链接

一、昆虫的采集时间和地点

由于昆虫虫态多样，植物生长发育的时间相差很大，故各种昆虫的不同虫态发生时间也有很大的差异，但都和寄主植物的生长季节大致相符。在不同地区，由于气候条件有所差别，同种昆虫的发生期也不尽相同。因此，应掌握各地区昆虫的大量发生期，适时采集。例如，天幕毛虫，其幼虫应在每年的 4~6 月进行采集；而蛹在 6 月就应大量采集并及时处理后保存；若要得到成虫，可将蛹采集后置于养虫笼内，待成虫羽化后及时毒杀并制成标本；由于天幕毛虫一年一代，每年 7~8 月卵块陆续出现后便不再孵化，随时采集即可。

另外，采集昆虫还应掌握昆虫的生活习性。有些昆虫是日出性昆虫，应在白天采集，而有些是夜出性昆虫，应在黄昏或夜间采集。例如铜绿丽金龟在闷热的晚间大量活动，而黑绒金龟则在温暖无风的下午大量出土，并聚集在绿色植物上，极易捕捉。

采集环境有时也很重要，经常翻耕的田块地下害虫数量少，而果园、荒地虫量相对大，昆虫种类也相对丰富。

二、采集昆虫标本时应注意的问题

一件好的昆虫标本个体应完好无损，在鉴定昆虫种类时才能做到准确无误，因此在采集时应耐心细致，特别是在采集小型昆虫和易损坏的蝶类、蛾类昆虫时。

此外，昆虫的各个虫态及植物被害状都要采集到，这样才能对昆虫的形态特征和危害情况从整体上进行认识，特别是制作昆虫的生活史标本，不能缺少任何一个虫态及植物被害状，同时还应采集一定的数量，以便保证昆虫标本后期制作的质量和数量。

在采集昆虫时还应作简单的记录，如寄主植物的种类、植物被害状、采集时间、采集地点等，必要时可编号，以保证制作标本时标签内容的准确和完整。

三、昆虫标本的寄递

采集的昆虫标本，常需请人鉴定或用来互相交换，在不能亲自送达的情况下，就需通过邮局寄递。

1. 新鲜标本的寄递

刚采集的标本，可包在三角纸袋中，经初步干燥后，分层放于木盒，用脱脂棉隔开，再放些樟脑精，装箱邮寄。浸制标本一般不宜邮寄，如确需邮寄，应做好防碎、防漏措施。

2. 制作好的干燥标本的寄递

在寄递干燥标本时，可以连同插针标本盒一同邮寄，但要注意防止插针脱落或由于振动造成翅、足损坏。寄递前，可将针深插在泡沫塑料中，两侧将翅垫住，再用纸条压住，然后装箱邮寄。

3. 活虫寄递

为了避免有害昆虫的传播，一般是不允许寄递活虫的。活虫是国内外检疫对象，不准寄递。有特殊需要而寄递活虫时，应经检疫机构批准并征得邮局同意方可寄递。

任务7　园林植物害虫调查技术

任务描述

要想防治害虫，首先要对害虫的种类、发生情况和危害程度等进行实践调查，这是一项不可忽略的工作。通过实践调查，可以及时准确地掌握害虫的发生动态，同时还能积累资料，为制定防治规划和长期预测提供依据。也只有通过多方面的实践调查，才能对某些主要害虫做到认识其特点、了解其发生规律或习性，进而运用有效的方法防于未患，治于始发。

在进行害虫调查时，首先要明确调查任务、对象、目的及要求，然后根据害虫的特点和调查内容，确定适当的调查项目、方法和制定出记录表格，并且写出调查计划，做好调查前的准备工作。调查要有实事求是的态度，防止主观片面，要做到"一切结论产生于调查情况的末尾，而不是它的先头"，虚心向群众请教，如实地反映情况。总之，要有认真的态度，用科学的方法进行调查，对调查得来的材料进行正确的统计分析，使它能准确地反映客观实际。

任务咨询

一、园林害虫调查类型

（一）普查与专题调查

按调查范围和面积分，园林害虫调查可分为普查和专题调查。

1. 普查

普查就是在大面积地区进行的病虫害全面调查。

2. 专题调查

专题调查是对某一地区的某种病虫害进行深入细致的专门调查，是在普查的基础上进行的。

（二）踏查和样地调查

按调查方式的不同，园林害虫调查可分为踏查和样地调查。

1. 踏查

踏查又称为概括调查或路线调查，是指在较大范围内（地区、省、市、苗圃、花圃等）进行的调查，目的在于了解病虫害的种类、数量、分布、危害程度、危害面积、蔓延趋势和导致病虫害发生的一般原因。花圃、绿化区面积都较小，植物种类多，病虫害种类多，踏查路线可为 10～30m 或更大，视具体面积、地形等而定。

2. 样地调查

样地调查又称为标准地调查或详细调查。它是在踏查的基础上，对主要的、危害较重的病虫害种类设立样地并进行调查，目的在于调查病虫害危害程度、精确统计害虫数量，并对病虫害的发生环境因素做深入的分析研究。

在大面积调查病虫害时，不可能进行全面逐株的调查，只能从中抽取一部分用来代表或估算总的情况，这些被抽取的部分称为样地（标准地）。抽样要有代表性，应根据被调查原地的大小，按一定的抽样方式，选取一定数量的样地。$1m^2$ 为一个样地，样地面积一般要占调查总面积的 $0.1\%～0.5\%$，苗圃应适当增加。

对绿篱、行道树、多种花木配植的花坛等进行调查时，可采用线形调查或带状调查、随机选定样株调查或逐株调查。

二、调查内容

（一）发生和危害情况调查

普查一个地区在一定时间内害虫种类、发生时间、发生数量和危害程度等。对常发性或暴发性的害虫做专题调查时，还要调查其始发期、盛发期及盛末期的数量消长规律。若要调查研究某种害虫，还要详细调查该害虫的生活习性、发生特点、侵染循环、发生代数、寄主范围等。

（二）害虫、天敌发生规律的调查

专题调查某种害虫或天敌的寄主范围、发生世代、主要习性及不同农业生态条件下数量变化的情况，可为制订防治措施和保护利用天敌提供依据。

（三）越冬情况调查

专题调查害虫越冬场所、越冬基数、越冬虫态、病原物越冬方式等，可为制订防治计划和开展预测预报提供依据。

（四）防治效果调查

防治效果调查包括防治前与防治后病虫害发生程度的对比调查；防治区与不防治区的发生程度对比调查；在不同防治措施、时间、次数的条件下，病虫害发生程度的对比调查，为选择有效防治措施提供依据。

三、害虫在田间的分布规律与常用抽样方法及抽样单位

根据调查的目的、任务、内容和对象的不同，需采用不同的调查方法，所以要了解一下害虫的分布规律及抽样方法。

（一）害虫的田间分布类型（见图1-48）

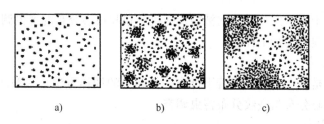

图1-48　害虫田间分布类型
a）随机分布　b）核心分布　c）嵌纹分布

1. 随机分布

害虫种群内个体间具有相对的独立性，不相互吸引或排斥，种群中的个体占据空间任何一点的概率相等，任何个体的存在不影响其他个体的分布。通常害虫在田间分布是稀疏的，每个个体之间的距离不等，但比较均匀。

2. 核心分布

害虫在田间不均匀地呈多个小集团核心分布。核心内为密集的，而核心间是随机的。

3. 嵌纹分布

嵌纹分布是极不均匀的分布，害虫在田间呈不规则的疏密相间状态，调查取样的个体在各取样单位中出现的机会不相等。

（二）常用抽样方法（见图1-49）

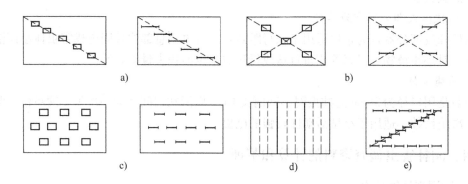

图1-49　常用抽样方法
a）单对角线式（面积或长度）　b）双对角线式或五点式（面积或长度）
c）棋盘式（面积或长度）　d）平行线或抽行式　e）"Z"字形

由于害虫在田间的分布类型不同，应采用适合反映分布型特点的抽样方法。一般按以下方法抽样：

1. 五点式抽样

五点式抽样适合于密集的或成行的植物及随机分布的害虫调查。

2. 对角线式抽样

对角线式抽样适合于密集的或成行的植物及随机分布的害虫调查。它又分为单对角线式抽样和双对角线式抽样两种。

3. 棋盘式抽样

棋盘式抽样适于密集的或成行的植物及随机分布和核心分布的害虫调查,一般选在面积不大的地块和试验地中进行抽样。

4. 平行线式抽样

平行线式抽样是指在田间,每若干行取一行调查的抽样方法,一般较短地块可用此法,适于成行植物及核心分布与嵌纹分布害虫调查。

5. "Z"字形抽样

"Z"字形抽样适于嵌纹分布害虫调查。

（三）抽样单位

抽样单位为抽样时样本的计量单位。有以下几种:

1. 长度单位

长度单位常用于密植植物上害虫密度或受害程度的调查,常以米为单位。

2. 面积单位

面积单位常用于调查地面或地下害虫,撒播、密生、矮小植物上的害虫或害虫密度较低情况下的虫量,一般以平方米为单位。

3. 体积单位

体积单位常用于调查地下害虫或蛀干害虫,常以立方米为单位。

4. 时间单位

时间单位用于调查活动性较大的昆虫,指在一定面积范围内观察单位时间内经过、起飞或捕获的虫数。

5. 以植株或部分器官为单位

以植株或部分器官为单位适用于株行距清楚,害虫栖息部位较固定或害虫体小而活泼的情况下。对矮小植物,以每株或每百株或折算成单位面积虫量来表示。

6. 网捕单位

一般是用口径为30cm的捕虫网,网柄长1m。以网在田间摆动一次为1网单位。常以百网为一次统计数,适用于小型活动性较强的昆虫。

四、园林害虫调查资料的计算和整理

（一）调查计算公式

1. 被害率

被害率主要反映害虫危害的普遍程度。根据不同的调查对象,采取不同的取样单位（见式1-1）。

$$被害率(\%) = \frac{发病(有虫)单位数}{调查单位数} \times 100\% \tag{1-1}$$

2. 虫口密度

虫口密度表示在一个单位内的虫口数量，通常折算为每亩[⊖]虫数（见式1-2）。

$$虫口密度(\%) = \frac{调查总虫数}{调查总单位数} \times 每亩单位数 \times 100\% \qquad (1-2)$$

虫口密度也可用百株虫数表示（见式1-3）。

$$虫口密度(\%) = \frac{调查总虫数}{调查总株数} \times 100\% \qquad (1-3)$$

（二）调查资料的整理

调查并取得大量资料以后，要注意去粗取精、综合分析，从中总结经验，进一步指导实践。为了使调查材料便于以后整理和分析，调查工作必须坚持按计划进行，调查记录要尽量精确、清楚，特殊情况要加以注明。调查中记录的资料，要妥善保存、注意积累，最好建立害虫档案，以便总结病虫害发生规律，指导预测预报和防治。

 任务实施

一、准备工作

调查之前要准备好被调查地区的历史资料、自然地理概括、经济状况；拟订调查计划，确定调查方法，设计调查用表，准备好调查所用仪器、工具；做好调查人员的技术培训等。

二、踏查

调查人员沿园路、人行道或自选路线，采用目测法边走边查，并尽可能涵盖调查地区的不同植物地块及有代表性的不同状况的地段。每条路线之间的距离一般在100～300m之间。踏查时应注意路线两侧30m范围内各项因子的变化，根据踏查所得资料，绘制主要病虫害分布草图并填写踏查记录表（见表1-1）。

表1-1 园林植物病虫害踏查记录表

调查日期									
调查地点									
绿地概况									
调查总面积									
受害面积									
卫生状况									
树种	被害面积	害虫种类	危害部位	危害程度	分布状态	寄主情况	天敌种类	数量及寄生率	备注

说明：

1）绿地概况包括花木组成、平均高度、平均直径、地形和地势等。

⊖ 1 亩 = 666.6 平方米

2) 分布状态分为单株分布（单株发生病虫害）、簇状分布（被害株 3～10 株成团）、团块状分布（被害株面积大小呈块状分布）、片状分布（被害面积达 50～100m² ）、大片分布（被害面积超过 100m² ）等。

3) 危害程度常分为轻微、中等、严重三级，分别用 " + "、" ++ "、" +++ " 符号表示（见表 1-2）。

表 1-2　危害程度划分标准表

标准　部位 ＼ 程度	轻微（+）	中等（++）	严重（+++）
叶部	树叶被害率在 30% 以下	树叶被害率为 31%～60%	树叶被害率在 61% 以上
树干、枝梢	树干、枝梢被害株率在 20% 以下	树干、枝梢被害株率为 21%～50%	树干、枝梢被害株率在 51% 以上
蛀干及主梢、根部	被害株率在 10% 以下	被害株率为 11%～20%	树干、枝梢被害株率在 21% 以上
种实	种实被害率在 10% 以下	种实被害率为 11%～20%	种实被害率在 21% 以上

三、地下害虫调查

在苗圃或绿化地播种、绿化以前，需进行地下害虫调查。抽样方式多采用对角线式或棋盘式。样坑大小为 0.5m×0.5m 或 1m×1m。按 0～5cm、5～10cm、15～30cm、30～45cm、45～60cm 等不同深度分别进行调查和记录（见表 1-3）

表 1-3　苗圃、绿地地下害虫调查表

调查日期	调查地点	土壤植被情况	样坑号	样坑深度	害虫名称	虫期	害虫数量	调查株数	被害株数	受害率（%）	备注

四、蛀干害虫调查

在发生蛀干害虫的绿地中，选有 50 株以上树的绿地作为样地，分别调查健康木、衰弱木、濒死木和枯立木各占的百分率。如有必要可从被害木中选 3～5 株伐倒，量其树高、胸径，从干基至树梢剥一条 10cm 宽的树皮，分别记录各部位出现的害虫种类。

虫口密度的统计，则在树干南北方向及上、中、下部和害虫居住部位的中央截取 20cm×50cm 的样方，查明害虫种类、数量、虫态，并统计每平方米和单株虫口密度（见表 1-4、表 1-5）。

表 1-4　蛀干害虫调查表

调查日期	调查地点	样地号	总株数	健康木		卫生状况	虫害木						害虫名称	备注
				株数	百分率(%)		衰弱木		濒死木		枯立木			
							株数	百分率(%)	株数	百分率(%)	株数	百分率(%)		

表 1-5　蛀干害虫危害程度调查表

样树号	样树情况			害虫名称	虫口密度（1000cm²）				其他
	树高	胸径	树龄		成虫	幼虫	蛹	虫道	

五、枝梢害虫调查

可选有 50 株以上树的绿地作为样方，按株统计主梢受害且侧梢健壮株数、主梢健壮且侧梢受害株数和主、侧枝都受害株数，从被害株中选出 5～10 株，查清虫种、虫口数、虫态和危害情况。对于虫体小、数量多、定居在嫩枝上的害虫，如蚜、蚧等，可在标准木的上、中、下部各选取样枝，截取 10cm 长的样枝段，查清虫口密度，最后求出平均每 10cm 长的样枝段的虫口密度（见表 1-6、表 1-7）。

表 1-6　枝梢害虫调查表（一）

调查日期	调查地点	样地号	调查株数	被害株数	被害率（%）	主梢健壮、侧梢受害株数	主、侧梢受害株数	主梢受害、侧梢健壮株数	名称及种类	备注

表 1-7　枝梢害虫调查表（二）

调查时间	调查地点	样地号	样株调查									备注
			样树号	树高	胸或根径	树龄	总梢数	被害梢数	被害率（%）	虫名	虫口密度	

六、食叶害虫调查

选有食叶害虫危害的绿地为样地，调查主要害虫种类、虫期、数量和危害情况等，样方面积可随机酌定。在样地内可逐株调查或采用对角线法，选样树 10～20 株进行调查。若样株矮小（一般不超过 2m），可统计全株害虫数量；若树木高大，不便于统计时，可分别于树冠上、中、下部及不同方位取样枝进行调查。落叶和表土层中的越冬幼虫和蛹、茧的虫口密度调查，可在样树下树冠较发达的一面投影范围内，设置 0.5m×2m 的样方，0.5m 一边靠树干，统计 20cm 土深内主要害虫虫口密度（见表 1-8）。

表 1-8　食叶害虫调查表

调查日期	调查地点	样地号	绿地概况	害虫名称及主要虫态	样树号	害虫数量						危害情况	备注
						健康	死亡	被寄生	其他	总计	虫口密度		

思考问题

1. 病虫分布类型的确定有什么窍门？
2. 如何根据病虫种类和作物种类来确定取样单位？
3. 调查地下害虫时如何选点取样？
4. 怎样才能对枝干害虫进行调查？调查应注意什么？

知识链接

一、园林植物害虫调查统计的原则

1. 具有明确的调查目的

要根据生产的实际需要确定调查目的。有了明确的目的之后，我们再决定调查内容，根据不同内容确定调查时间、地点，拟定调查项目和调查方法，设计合理的记录和统计表格。

2. 充分了解当地生产的实际情况

为了解决问题，我们要充分了解生产的实际情况：包括栽培品种、播种时间、施肥、灌溉及防治情况等。

3. 采取正确的取样方法。

4. 认真记载，准确统计。

二、害虫分布类型形成的相关因素

害虫形成不同空间格局分布类型的原因是多方面的，包括害虫的增殖（生殖）方式、活动习性和病虫害的传播方式、发生的阶段等，也和环境的均一性有关。了解病虫害本身的生物学特性，有助于初步判断它们的分布格局。如果病虫害来自田外，传入数量较小，无论是随气流还是种子传播，初始的分布情况都可能属于普瓦松分布。当病虫害经过一至几代增殖，每代传播范围较小或扩展速度较小，围绕初次发生的地点就可以形成一些发生中心，将会呈奈曼分布。其后，特别是在病虫害大量增殖以后，又可能逐步过渡为二项式分布。当大量的小麦条锈病夏孢子传入或蝗虫大量迁入时，也可能直接呈二项式分布。由于肥、水、土壤质地等成片、成条带的差异可能造成作物长势和抗病性存在差异，进而引发病原物侵染和害虫取食、产卵的差异，就会出现负二项式分布。

任务 8　园林植物害虫预测预报技术

任务描述

预测预报是同害虫作斗争时判断害虫发生情况、制订防治计划和指导防治的重要依据。预测预报工作的好坏，直接关系到害虫防治的效果，对保证园林植物健康成长具有重大作用。实践证明，搞好害虫预测预报，就可以做到防在关键上、治在要害处，达到投资用工少、收效大的作用。不同昆虫的危害特点不同，发生时期也千差万别，在防治中，一定要根据当地的实际情况进行预测预报。本任务的学习目的就是掌握预测预报的种类和内容，学会预测预报常用的方法。

任务咨询

一、预测预报的意义

园林植物害虫的发生发展具有一定规律性，认识和掌握其规律，就能够根据现在的变动情况推测未来的发展趋势，及时有效地防治害虫。害虫预测预报是实现"预防为主，综合治理"方针、正确组织指导防治工作的基础。

二、预测的内容

（一）发生时期的预测

防治害虫和消灭危害的关键在于掌握好防治的有利时机。害虫发生时期因地方不同而不同，即使是同种害虫、同一地区也常随每年气候条件而有所不同。所以对当地主要害虫进行预测，掌握其始发期、盛发期和终止期，对抓住有利防治时机和及时指导防治有着重要意义。

（二）发生数量的预测

害虫发生的数量是决定是否需要进行防治和判断危害程度、损失大小的依据。在掌握了发生数量之后，还要参考气候、栽培品种、天敌等因素，综合分析，注意数量变化的动态，及时采取措施，做到适时防治。

（三）分布预测

预测害虫可能的分布区域或害虫发生的面积，对迁飞性害虫和暴发性害虫的预测还包括其蔓延扩散的方向和范围。

（四）危害程度预测

危害程度预测内容包括在发生期预测和发生量预测的基础上结合的品种布局和生长发育特性，尤其是感虫植物品种的种植比重和易受害虫危害的生育期与害虫盛发期的吻合程度，同时结合气象资料的分析，预测其发生的轻重及危害程度。

三、预报的种类

预报分为定期预报、警报和通报。

（一）定期预报

定期预报一般分为短期、中期和长期3类。

1. 短期预报

短期预报是指预测近期内害虫发生的动态，例如对某种害虫的发生时间、数量以及危害情况等，并将预测结果在害虫发生的前几天或十几天内进行预报。

2. 中期预报

中期预报一般是根据近期内害虫发生的情况，结合气象预报、栽培条件、品种特性等综合分析，预测下一段时间的发生数量、危害程度和扩散动向等。预测的时间和范围依害虫种类而定。对于重点害虫在全面发生期，都应进行中期预测，一般在发生前一两个月进行。

3. 长期预报

长期预报一般是属于年度或季节性的预测。通常是在头一年年末或当年年初，根据历年害虫情况积累的资料，参照当年害虫发生有关的各项因素，例如植物品种、环境条件、存在数量以及其他有关地区前一时期害虫发生的情况等，来估计害虫发生的可能性及严重程度，供制订年度防治计划时参考。长期预测由于时间长、地区广，进行起来较复杂，需有较长时间的参考资料并积累较丰富的经验，同时对于害虫发生的规律要有较深刻地了解，一般在虫害发生前半年以上进行。

短期预报具有较强的现实意义，中、长期预报具有较强的指导意义。

（二）警报

警报属于紧急性质的预报，即当所预测的虫（病）情已达到防治指标时，要立即发出警报，及时组织开展防治工作。

（三）通报

通报内容包括一个市或地区害虫的发生和发展及防治动态。通报主要针对某些重要害虫，在进行预测分析之后，编写出害虫情报，印成书面材料，通报出去。其目的是让有关单位能事先了解到害虫发生情况和发生趋势，有更多的时间作好预防准备，为编订或修订防治计划和安排防治措施的参考依据。

四、园林植物害虫预测方法

（一）发生时期预测

发生时期预测主要是预测某种害虫某一虫态出现的始、盛、末期，以便确定防治的最佳时期。一个虫态在某一地区出现数量达 14% 的时间，称为始盛期；一个虫态出现数量达 50% 的时间，称为高峰期；一个虫态出现数量达 86% 的时间，称为盛末期。

这种方法常用于预测一些防治时间性强，而且受外界环境影响较大的害虫，例如钻蛀性、卷叶性害虫以及龄期越大越难防治的害虫。这种预测在生产上使用最广。害虫的发生期随每年气候的变化而变化，所以每年都要进行发生期预测。

（二）发生数量预测

发生数量预测又称为猖獗预测或大发生预测，主要预测害虫未来数量的消长变化情况，对指导防治数量变化较大的害虫极为重要。

（三）分布预测

发生区预测包括害虫发生地点、范围以及发生面积的预测，对于具有扩散迁移习性的害虫，还包括其迁移方向、距离、降落地点的预测。

（四）危害程度预测

危害程度预测是预测园林植物受害虫危害后，给园林植物生长和发育带来的损失程度。它是确定是否需要进行害虫防治的依据或指导防治的指标。

五、害虫预报

害虫预报是指将害虫预测结果按期填表并向上一级汇报。省、市、县园林有关部门，在接到基层测报组报送的预报资料后，应迅速研究，以便决定是否发布全省、市或县性的短期或长期预报（见表1-9）。

表1-9　园林植物虫情预报表

发报种类	预报虫种	害虫发育阶段	害虫分布地点	虫口密度				寄生率（%）	性比	繁殖能力	羽化率（%）	孵化率（%）	预报当旬的气象因子						对于虫情发展的分析	备注
				每平方米		每株							温度/℃			相对湿度（%）	阴晴天	风速	最多风向		
				最大	平均	最大	平均						最高	最低	平均						

发布预报单位：
预报主持人：
发至地点：

　　　　　　　　　　年　　月　　日

任务实施

一、准备工作

分别准备田间调查法和诱测法的工具。根据实习的要求，准备好相应的捕虫网、吸虫管、毒瓶、标本瓶、采集箱、采集盒、诱虫灯等采集工具，同时要准备好计数器、放大镜、记录本、记录笔等工具。

二、实地测报

1. 田间调查

在被调查田块内选择有代表性的作为样方，对刚一出现的某害虫的某一虫态进行定点取样，逐日或每隔2~3天调查一次，统计该虫态个体出现的数量及百分比。从而确定该虫害发生的始盛期、高峰期和盛末期。

2. 诱测法

利用害虫的趋性（趋光、趋化、趋色、产卵等）及其他习性，分别采用各种方法（灯诱、性诱、食饵、饵木等）进行诱测，逐日检查诱捕器中虫口数量，从而了解本地区虫害发生的始盛期、高峰期、盛末期。有了这些基本数据，就可推测以后各年各虫态或危害可能出现的日期。

3. 期距和历期的确定

通过调查法和诱测法得到的数据确定历期。

三、害虫预测

1. 发生时期预测

采用物候预测法和发育进度预测法两种方法进行发生时期预测。

2. 发生数量预测

主要采用发生基数预测法来预测发生数量。

3. 分布预测

主要用调查法预测。

4. 危害程度预测

主要利用危害程度预测公式计算。

四、害虫预报

在进行实际预测之后，为了及时反映虫情，指导群众不失时机地开展防治，应对预测预报结果加以综合分析，编写出害虫情报，通过广播、黑板报、印刷品和电话、电子邮件、电视等途径通报出去，指导用户及时开展防治。

思考问题

1. 是否能够正确准备工具。
2. 是否学会了害虫某虫态三个时期的调查方法。
3. 是否学会了历期和期距的计算方法。
4. 是否能够独立进行预测。
5. 期距预测法有哪些缺陷？
6. 作为一个植物保护工作者，在预测预报时应该注意哪些？

知识链接

一、历期预测法和期距预测法的区别

期距的长短，常因营养条件、气候条件等影响而发生一定的变化。利用期距法预测病虫害的发生，应依据各地历年观察的有关期距的平均数和置信区间。换句话说，期距是一个经验值。而历期是结合当地的气象条件因素计算得来的，其更准确。所以历期应用更广泛，但需要对当地气象条件做好监测。期距作为一个经验值，其应用起来更简便，但有一定的地域限制，不能生搬硬套，例如辽宁的期距值就不能用于河南的害虫预测。

二、预测预报中应注意的问题

1）合理确定调查样本。要根据该地区不同的地形特点、海拔高度、植物生育期、病虫害发生程度，选择有代表性的区域进行调查取样，每种类型田的每区域不得少于三块，做到精心调查，减少误差。同时通过每个区域的目测，使测报人员对该地区病虫害发生情况有一个初步了解，便于在计算调查数据的加权平均值时，做到心中有数。

2）注意搜集相关信息，包括气象条件，例如低温是否影响昆虫越冬；还有生活中的一些现象，例如灯下某害虫是否突然增多等。同时注意与周边地区的信息交流。

3）要具备实事求是，不怕吃苦的工作态度。要实际深入田间调查，及时了解田间发生的实际情况，看看实况和测报结果的差距，及时总结经验，为加强以后测报的准确性打好基础。

三、害虫情报的编写

在进行实际观测之后，应根据预测结果加以综合分析，编写出害虫情报，通过广播、黑板报、印刷品和电话、电子邮件等通报出去。

编写害虫情报的一般做法是：每次重点报1~2种主要害虫，先简单介绍它们的危害性和发生特点，然后报道近来害虫发生情况，并与过去（历年资料）对比，说明发生早晚和轻重，再结合气象、作物和天敌等条件进行分析，做出发生期或发生程度以及发生趋势的估计，最后提出有关防治时期和防治方法的建议。

学 习 小 结

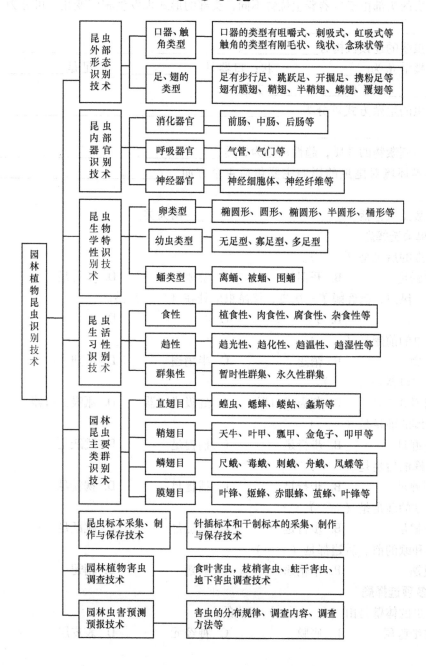

达标检测

一、名词解释

世代、年生活史、两性生殖、孤雌生殖、变态、不全变态、完全变态、休眠、滞育、羽化、化蛹、孵化、虫龄、龄期、生长蜕皮、补充营养、鳃叶状触角、具芒状触角、膝状触角、寡足型幼虫、无足型幼虫、多足型幼虫、鳞翅、半鞘翅、鞘翅、膜翅、捕捉足、跳跃足、携粉足、离蛹、围蛹、被蛹、脉序、寡食性、性二型、多食性、趋光性。

二、填空题

1. 昆虫的头部由于口器着生位置不同，头部的形式也发生相应变化，可分为3种头式：_____、_____、_____。

2. 昆虫翅的连锁机构有_____、_____、_____、_____。

3. 蝴蝶触角为_____状；口器是_____；足是_____；翅是_____；属于_____变态。

4. 昆虫的生殖方式可分为_____、_____、_____、_____。

5. 按照刺激物的性质，趋性可分为3类_____、_____、_____。

6. 外界环境对昆虫的影响主要包括4个方面_____、_____、_____、_____。

7. 天敌昆虫包括_____、_____两大类。

三、单项选择题

1. 蝗虫的后足是（　　）。
A. 跳跃足　　　　B. 开掘足　　　　C. 游泳足　　　　D. 步行足

2. 有一昆虫，已经蜕了三次皮，该昆虫应处在（　　）龄。
A. 2　　　　B. 3　　　　C. 4　　　　D. 5

3. 蝗虫的前翅是（　　）。
A. 膜翅　　　　B. 鞘翅　　　　C. 半鞘翅　　　　D. 覆翅

4. 蝉的口器是（　　）。
A. 咀嚼式口器　　B. 刺吸式口器　　C. 虹吸式口器　　D. 舐吸式口器

5. 螳螂的前足是（　　）。
A. 开掘足　　　　B. 步行足　　　　C. 捕捉足　　　　D. 跳跃足

6. 蜜蜂的后足是（　　）。
A. 开掘足　　　　B. 步行足　　　　C. 捕捉足　　　　D. 携粉足

7. 蝼蛄的前足是（　　）。
A. 开掘足　　　　B. 步行足　　　　C. 捕捉足　　　　D. 跳跃足

8. 蝶和蛾的前、后翅都是（　　）。
A. 膜翅　　　　B. 半鞘翅　　　　C. 鳞翅　　　　D. 鞘翅

四、多项选择题

1. 昆虫的体壁是由（　　）组成的。
A. 皮细胞层　　　B. 底膜　　　　C. 神经元　　　　D. 表皮层

2. 昆虫的触角可分为（　　　　　）。

A. 基节　　　　　　B. 柄节　　　　　　C. 梗节　　　　　　D. 鞭节

E. 跗节　　　　　　F. 胫节

3. 下列昆虫的幼虫属于寡足型幼虫的有（　　　　　）。

A. 金龟子　　　　　B. 叶蜂　　　　　　C. 蛾　　　　　　　D. 瓢虫

4. 昆虫触角的功能有（　　　　　）。

A. 味觉　　　　　　B. 听觉　　　　　　C. 嗅觉　　　　　　D. 触觉

5. 下列昆虫的幼虫属于无足型幼虫的有（　　　　）。

A. 蝇　　　　　　　B. 姬蜂　　　　　　C. 蛾　　　　　　　D. 瓢虫

6. 鞘翅目的代表昆虫有（　　　　）。

A. 天牛　　　　　　B. 瓢虫　　　　　　C. 金龟子　　　　　D. 步甲

7. 膜翅目的代表昆虫有（　　　　）。

A. 蜜蜂　　　　　　B. 蚂蚁　　　　　　C. 白蚁　　　　　　D. 家蝇

8. 双翅目的代表昆虫有（　　　　）。

A. 蚊　　　　　　　B. 蚂蚁　　　　　　C. 牛虻　　　　　　D. 家蝇

五、判断题

1. 昆虫完成胚胎发育后，即进入胚后发育阶段，它的特点是生长伴随着蜕皮和变态。
（　　　）

2. 有一昆虫，咀嚼式口器，鞘翅，前足为开掘足，该昆虫应属蝼蛄科昆虫。（　　　）

3. 所有昆虫都同时具有单眼和复眼。（　　　）

4. 背单眼为成虫全变态的幼虫所有。（　　　）

5. 侧单眼为成虫和全变态幼虫所有。（　　　）

6. 昆虫都具有三对胸足和两对翅。（　　　）

7. 有一昆虫，咀嚼式口器，覆翅，后足为跳跃足，产卵器剑状，该昆虫应属蝗科昆虫。
（　　　）

园林植物病害识别技术

【项目说明】

园林植物在生产栽培和养护管理过程中往往遭受多种病害的侵染，据统计，几乎每一种园林植物都有病害的发生。它的危害主要表现在导致园林植物生长发育不良或者出现坏死斑点，发生畸形、凋萎、腐烂等现象，降低花木的质量，使之失去观赏价值和绿化效果，严重时引起整株或整片植物的死亡，影响景观和造成重大的经济损失。只有对园林植物病害进行科学有效的防治，园林植物对环境的美化功能、生态功能才能得以充分体现，园林植物正常的生长发育才具有可靠保证。

本项目共分8个任务来完成：园林植物病害症状识别技术，非侵染性病害识别技术，真菌性病害识别技术，细菌、病毒等病害识别技术，园林植物病害诊断技术，病害标本采集、制作与保存技术，园林植物病害调查技术，园林植物病害预测预报技术。

【学习内容】

掌握园林植物病害的概念及症状类型；熟悉病原真菌、细菌、病毒、线虫和寄生性种子植物的基本形态、特点及症状表现；了解园林植物侵染性病害的发生、侵染过程和侵染循环，分析园林植物病害流行的条件以及如何诊断病害。

【教学目标】

通过对园林植物病害症状的观察与识别以及对病害的发生规律等相关内容的学习，为正确诊断园林植物常发生的病害打下基础。

【技能目标】

能识别各种园林植物病害的症状，准确诊断园林植物常见病害。

【完成项目所需材料及用具】

材料： 月季黑斑病、菊花褐斑病、菊花枯萎病、君子兰细菌性软腐病、白菜软腐病、葡萄霜霉病、苗木立枯病、草坪禾本科杂草黑穗病、贴梗海棠锈病、花木白绢病、杜鹃叶肿病、碧桃缩叶病等主要园林植物病害标本。

用具： 放大镜、显微镜、镊子、挑针、搪瓷盘等。

任务1 园林植物病害症状识别技术

任务描述

园林植物在生长发育及其产品储运过程中，常遭受不良环境的影响或有害生物的危害，这些影响及危害扰乱了园林植物新陈代谢的正常进行，造成其从生理机能到组织结构发生了一系列的变化和破坏，使产量降低，品质变劣，从而表现出各种不正常的现象，这些不正常的现象即为病害的症状。

本任务就是通过对植物发病以后在内部和外部显示的症状进行观察，然后根据症状类型对某些病害做出初步的诊断，确定它属于哪一类病害，它的病因是什么。对于复杂的症状变化，还要对症状进行全面的了解，对病害的发生过程进行分析，包括症状发展的过程、典型和非典型的症状以及由于寄主植物反应和环境条件不同对症状的影响等，结合资料，进一步鉴定它的病原物，对病害做出正确的诊断。

任务咨询

一、园林植物病害的定义

园林植物在生长发育过程中或种苗、球根、鲜切花和成株在储藏及运输过程中，由于病原物侵入或不适宜的环境因素的影响，生长发育受到抑制，正常生理代谢受到干扰，组织和器官受到破坏，导致叶、花、果等器官变色、畸形和腐烂，甚至全株死亡，从而降低产量及质量，造成经济损失，影响观赏价值和景色，这种现象被称为园林植物病害。

引起园林植物发生病害的原因称为病原。病害的发生过程是一个持续的过程，当园林植物受到病原物侵袭和不利的外界环境因素影响后，首先表现为不正常的生理功能失调，既而出现组织结构和外部形态的不正常的变化，使生长发育受到阻碍，这种逐渐加深和持续发展的过程，称为病理程序。因此，植物病害的发生必须经过一定的病理程序。根据这一特点，风折、雪压、动物咬伤及其他人为的机械损伤等因素，因无病理程序，故不应称为病害，而应称为伤害。

二、园林植物病害的症状

园林植物发病后，经过一定的病理程序，最后表现出的病态特征叫症状。症状按性质分为病状和病征。

（一）病状类型

1. 变色型

植物感病后，叶绿素不能正常形成或解体，因而叶片表现为浅绿色、黄色甚至白色。叶片的全面褪绿常称为黄化或白化。营养贫乏，例如缺氮、缺铁和光照不足可以引起植物黄化。在侵染性病害中，黄化是病毒病害和植原体病害的重要特征，例如翠菊黄化病。

叶绿素形成不均匀，叶片上出现深绿与浅绿相互间杂的现象称为花叶，有的褪绿部分形成环纹状或水纹状，也是病毒病害的一种症状类型，例如月季花叶病和郁金香碎色病。

2. 坏死型

坏死是细胞和组织死亡的现象。常见的有：

（1）腐烂 多肉而幼嫩的组织发病后容易腐烂，例如果实、块根等常发生软腐或湿腐。引起腐烂的原因是寄生物分泌的酶把植物细胞间的中胶层溶解了，使细胞离散并且死亡。含水较少或木质化组织则常发生干腐。根据腐烂症状发生部位，可分为花腐、果腐、茎腐、基腐、根腐和枝干皮部腐烂等。

（2）溃疡 多见于枝干的皮层，局部韧皮部坏死，病斑周围常被隆起的木栓化愈伤组织所包围而形成凹陷病斑，这种病斑即为溃疡。树干上多年生的大型溃疡，其周围的愈伤组织逐渐被破坏而又逐年生出新的，致使局部肿大，这种溃疡称为癌肿。小型溃疡有时称为干癌。溃疡是由真菌、细菌的侵染或机械损伤造成的。

（3）斑点 斑点是叶片、果实和种子等局部组织坏死的表现。斑点的颜色和形状很多，颜色有黄色、灰色、白色、褐色、黑色等；形状有多角形、圆形、不规则形等。有的叶斑周围形成木栓层后，中部组织枯焦脱落并形成穿孔。斑点主要由真菌及细菌寄生所致，冻害、烟害、药害等也产生斑点。

3. 萎蔫型

植物因病而表现的失水状态称为萎蔫。植物的萎蔫可以由各种原因引起，茎部的坏死和根部的腐烂都引起萎蔫。典型的萎蔫是指植物的根部或枝干部维管束组织感病，使水分的输导受到阻碍而致植株枯萎的现象。萎蔫是由真菌或细菌引起的，有时植株受到急性旱害时也会发生生理性枯萎。

4. 畸形

畸形是因细胞或组织过度生长或发育不足引起的。常见的有：

（1）丛生 植物的主、侧枝的顶芽受抑制，节间缩短，腋芽提早发育或不定芽大量生长，使新梢密集成笤帚状，此病通常称为丛枝病。病枝一般垂直于地面向上生长，枝条瘦弱，叶形变小。促使枝条丛生的原因很多，其中真菌和植原体的侵染是主要原因，有时也由生理机能失调所致。植物的根也会发生丛生现象，例如由细菌引起的毛根病，使须根大量增生如毛发状。

（2）瘿瘤 植物的根、茎、枝条的局部细胞增生而形成瘿瘤。有的由木质部膨大而成，例如松瘤锈病；有的由韧皮部膨大而成，例如柳杉瘿瘤病。瘿瘤主要是由真菌、细菌、线虫等侵染造成的，有时也由生理上的原因造成，例如有些行道树上的瘿瘤，就是因为在同一部位经过多次修剪后，由愈伤组织形成的。

（3）变形 变形是指受病器官肿大、皱缩，失去原来的形状，常见的是由外子囊菌和外担子菌引起的叶片和果实变形病，例如桃缩叶病。

（4）疮痂 叶片或果实上局部细胞增生并木栓化而形成的小突起称为疮痂，例如柑橘疮痂病。

（5）枝条带化 枝条带化是指枝条扁平肥大，一般是由病毒或生理原因引起的，例如油桐带化病或池杉带化病。

5. 流脂或流胶型

植物细胞分解为树脂或树胶流出的现象，常称为流脂病或流胶病。前者发生于针叶树，后者发生于阔叶树。流脂病或流胶病的病原很复杂，有侵染性的，也有非侵染性的，或为两类病原综合作用的结果。

（二）病征类型

病原物在病部形成的病征主要有5种类型。

1. 粉状物

粉状物直接产生于植物表面、表皮下或组织中，最后破裂而散出，包括锈粉、白粉、黑粉、白锈。

（1）锈粉　锈粉也称为锈状物，是指发病初期在病部表皮下形成的黄色、褐色或棕色病斑，破裂后散出的铁锈状粉末，为锈病特有的病征，例如菜豆锈病等。

（2）白粉　白粉是指在病株叶片正面生长的大量白色粉末状物质，在发病后期颜色加深，产生细小黑点，为白粉菌所致病害的特征，例如黄瓜白粉病、黄芦白粉病等。

（3）黑粉　黑粉是指在病部形成的菌瘿内产生的大量黑色粉末状物质，为黑粉菌所致病害的病征，例如禾谷类植物的黑粉病和黑穗病。

（4）白锈　白锈是指在孢部表皮下形成的白色疱状斑（多在叶片背面），破裂后散出的灰白色粉末状物质，为白锈菌所致病害的病征，例如十字花科植物白锈病。

2. 霉状物

霉状物是真菌的菌丝、各种孢子梗和孢子在植物表面构成的特征，其着生部位、颜色、质地、结构常因真菌种类不同而有差异，可分为3种类型。

（1）霜霉　霜霉多生于病叶背面，是指由气孔伸出的白色至紫灰色霉状物，为霜霉菌所致的病害的特征，例如黄瓜霜霉病、月季霜霉病等。

（2）绵霉　绵霉是指病部产生的大量的白色、疏松、棉絮状霉状物，为水霉菌、腐霉菌、疫霉菌和根霉菌等所致病害的特征，例如茄绵疫病、瓜果腐烂病等。

（3）霉层　霉层是指除霜霉和绵霉以外，产生在任何病部的霉状物。这些霉状物按照色泽的不同，分别称为灰霉、绿霉、黑霉、赤霉等。许多半知菌所致病害产生这类特征，例如柑橘青霉病、番茄灰霉病等。

3. 点状物

点状物是指在病部产生的形状、大小、色泽和排列方式各不相同的小颗粒状物质。它们大多呈暗褐色至褐色，针尖至米粒大小，为真菌的子囊壳、分生孢子器、分生孢子盘等所致病害的特征，例如苹果树腐烂病、各种植物炭疽病等。

4. 颗粒状物

颗粒状物是真菌菌丝体因变态形成的一种特殊结构，其形态大小差别较大，有的似鼠粪状，有的像菜子形，多数黑褐色，生于植株受害部位，例如十字花科蔬菜菌核病、莴苣菌核病等。

5. 脓状物

脓状物是细菌性病害发生时在病部溢出的含有细菌菌体的脓状黏液，一般呈露珠状或散布为菌液层；在气候干燥时，会形成菌膜或菌胶粒，例如黄瓜细菌性角斑病等。

症状是植物特征和病原特征在外界影响下相结合的反应。不同病害的症状（特别是病征）具有一定的特异性和稳定性。许多病害都是根据特有的症状命名的，例如丛矮病、花叶病、黑粉病、霜霉病等。因此，熟悉症状对诊断病害有重要意义。但是完全依靠症状诊断病害也有一定的局限性，因为许多病害常产生相似的症状，而且同一病害因植物品种、发育阶段、发病部位、环境条件不同，症状也会有较大差异。在这种情况下，必须借助其他方法才能诊断。

三、园林植物病害的类别

按照引起园林植物病害的病原不同，可将病害分为非侵染性病害和侵染性病害。

（一）非侵染性病害

非侵染性病害是由不适宜的环境因素持续作用引起的，不具有传染性，所以也称为非传染性病害或生理性病害。这类病害常常是由于营养元素缺乏，水分供应失调，气候因素以及有毒物质对大气、土壤和水体等的污染引起的。

（二）侵染性病害

侵染性病害是因园林植物受到病原生物的侵袭而引起的，具有传染性，所以又称为传染性病害。引起侵染性病害的病原物主要有真菌、细菌、病毒，此外还有线虫、寄生性螨类等。

非侵染性病害和侵染性病害往往互为因果关系。不适宜的环境因素引起园林植物发生非侵染性病害，削弱了植物对某些侵染性病害的抵抗力，同时也为许多病原物开辟了入侵途径，容易诱发侵染性病害，例如在氮肥过多、光照不足的条件下，月季常因组织幼嫩而容易发生白粉病。相反，侵染性病害也会削弱植物对外界的适应能力，例如月季感染黑斑病后，由于叶片大量早落，影响了新抽嫩梢的木质化，导致冬季易受冻害，引起枯梢。因此在确定病因时，要全面考察各种因素，细致分析，才能得出正确结论，为防治提供可靠依据。

四、植物病害的侵染过程

病原物与植物接触之后，引起病害发生的全部过程，叫做侵染程序，简称病程。病程一般可分为接触、侵入、潜育及发病4个时期。实际上病程是个连续的侵染过程。

（一）接触期

接触期是从病原物与植物接触开始，到病原物开始萌动为止。病害的发生首先是病原物接触寄主，还必须接触在病原物能够入侵的部位，这个适宜侵入的部位叫做感病点。接触期的长短因病原物种类不同而有差异。一般情况下，在适宜的环境条件下，从孢子接触到萌发侵入只需几个小时就可以完成。细菌从接触到侵入几乎是同时完成的，没有明显的接触期。

接触期能否顺利完成，受外界各种复杂因素的影响，例如大气温度、湿度、光照、叶面温湿度及渗出物等。只有克服了不利因素，病原物才能侵入到寄主体内。病毒、类病毒、类菌质体、类立克次氏体的接触和侵入是同时完成的。病原物同寄主植物接触并不一定都能导致侵染发生。但是，病原物同寄主植物感病部位接触是导致侵染的先决条件。阻止病原物同寄主植物部位接触可以防止或减少病害的发生。

（二）侵入期

侵入期是指病原物从开始萌发侵入寄主，到初步建立寄生关系的这一时期。病原物入侵植物的途径有 3 种。

1. 伤口侵入

伤口侵入途径包括病虫伤、机械伤和自然伤口等。病毒和植原体从微伤口侵入；寄生性较弱的细菌，例如棒杆菌、野杆菌、欧氏杆菌多从伤口侵入；许多兼性寄生真菌也从伤口侵入；内寄生植物线虫多从植物的伤口和裂口侵入。

2. 自然孔口侵入

有些真菌可以从气孔、皮孔、水孔和蜜腺等自然孔口侵入，例如锈菌的夏孢子、许多叶斑病的病原菌都是从气孔侵入的；寄生性较强的细菌，例如假单孢杆菌、黄单孢杆菌多是从自然孔口侵入；少数线虫也从自然孔口侵入。

3. 直接侵入

直接侵入是指病原物靠生长的机械压力或外生酶的分解能力而直接穿过植物的表皮或皮层组织。

不同病原物入侵途径不同，例如病毒只能通过新鲜的微细伤口侵入；细菌可通过伤口和自然孔口侵入；真菌可通过这三种途径侵入。

（三）潜育期

潜育期是指从病原物与寄主初步建立寄生关系到寄主病状表现出来的时期。这一阶段是植物和病原物相互斗争最尖锐的阶段，是寄生关系进一步建立与病原物持续繁殖时期，也是发病与否的决定性时期。当寄生关系建立之后，病原物即在植物体内作不同程度的扩展。很多病原物扩展范围只限于某些组织和器官，症状的表现仅限于这些部位，这种侵染叫做局部侵染，所致病害为点发性病害。有些病原物入侵之后在寄主全株扩展，因此这种侵染叫做系统侵染，所致病害为散发性病害。

（四）发病期

发病期是指从寄主开始表现症状到症状停止发展这一时期。这一阶段由于寄主受到病原物的干扰和破坏，在生理上、组织上发生一系列的病理变化，继而表现在形态上，病部呈现典型的症状。植物病害症状出现后，病原物仍有一段或长或短的扩展时期，例如叶斑和枝干溃疡病斑都有不同程度扩大，病毒在寄主体内增殖和运转，病原细菌在病部出现菌脓，病原真菌或迟或早都会在病部产生繁殖体和孢子。发病期标志着病原物生长发育达到了一定的阶段，并在植物受害部位产生新的繁殖体，它表明一个侵染过程完成，或下一个侵染过程再度开始。环境条件对症状表现有明显影响，特别是较高的湿度和适当的温度，有利于病征的产生和病害的流行。

五、植物病害的侵染循环

从前一个生长季节开始发病，到下一个生长季节再度发病的过程，叫做侵染循环（见图 2-1）。它包括病原物的越冬和越夏、病原物的传播、初侵染和再侵染 3 个环节，切断其中任何一个环节，都能达到防治病害的目的。侵染循环是研究植物病害发生和发展规律的基础，也是研究病害防治的中心问题，病害防治的提出就是以侵染循环的特点为依据的。

不同病害的侵染循环是不同的，有的一年只有一次侵染，例

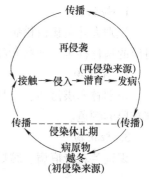

图 2-1　侵染循环模式图

如桃缩叶病、梨桧锈病等；有的一年发生多次侵染循环，例如月季黑斑病、各种白粉病、菊花斑枯病等。植物生长季节，由越冬或越夏的病原物引起的首次寄主发病叫做初侵染，由初侵染产生的病原物引起以后各次的侵染叫做再侵染。有些病害在一个生长季节内只有初侵染；有些病害在一个生长季节内可以发生多次再侵染，在田间逐步扩展蔓延，由少数中心病株发展到点片发病，进一步扩展蔓延导致普遍流行。

如果只有初侵染，在防治上应强调消灭越冬（或越夏）的病原物。对于有再侵染的病害，除了消灭越冬（或越夏）的病原物外，还要根据再侵染的次数多少，相应地增加防治次数，这样才能达到防治的目的。

 任务实施

一、病状观察

1. 斑点

识别葡萄霜霉病、月季黑斑病、菊花褐斑病等对应的病株标本，观察病斑的大小、病斑颜色等。

2. 腐烂

识别君子兰软腐病等对应的病株标本，观察各种腐烂病的特征，判断是干腐还是湿腐。

3. 枯萎

观察菊花枯萎病植株枯萎的特点，病株是否保持绿色。观察茎秆维管束的颜色和健康植株的区别。

4. 畸形

观察杜鹃叶肿病、碧桃缩叶病、毛毡病、果树根腐病、泡桐丛枝病等标本，分辨它们与健株有何不同。

5. 褪色、黄化、花叶

识别仙客来花叶病、苹果花叶病等对应的病株标本，观察病株叶片绿色是否浓淡不均，有无斑驳及斑驳的形状颜色。

二、病征观察

1. 粉状物

识别大叶黄杨白粉病、月季白粉病、草坪禾本科杂草黑穗病、白锈病、贴梗海棠锈病等对应的病株标本，观察病部有无粉状物及颜色如何。

2. 霉状物

识别林木煤污病、二月兰霜霉病、葡萄霜霉病、柑橘青霉病等对应的病株标本，观察病部霉层的颜色。

3. 粒状物

识别兰花炭疽病、腐烂病、白粉病等对应的病株标本，观察病部黑色小点、小颗粒。

4. 菌核与菌索

识别矢车菊菌核病、桂竹菌核病对应的病株标本，识别菌核的大小、颜色、形状等。

5. 脓状物

识别白菜软腐病等对应的病株标本，观察病部有无脓状黏液或黄褐色胶粒？

三、将观察结果填入下表（见表2-1）

表2-1　植物病状、病征观察结果

病状类型	特点	病害名称
坏死	1. 病斑 2. 腐烂 3. 枯萎	
增生型	1. 畸形 2. 簇生、丛枝	
抑制型	1. 矮化、畸形 2. 褪色、黄化 3. 花叶	

思考问题

1. 什么是园林植物病害？病害的类型有哪些？
2. 园林植物病害的发生过程是怎样的？
3. 园林植物病害的流行因素有哪些？
4. 病原物的越冬场所有哪些？

知识链接

一、病原物的寄生性

根据营养方式，可把自然界的生物分为两大类：自养生物和异养生物。绿色植物是典型的自养生物，它们能利用光合作用将无机物合成自身需要的有机物。绝大多数的微生物、少数种子植物及整个动物界都属于异养生物。异养生物获得营养的方式有两种：寄生和腐生。它们自身不能合成所需要的养料，必须从其他生物体上获得有机化合物作为养分。所有病原物都是异养生物，它们必须从寄主植物体中获取营养物质才能生存。病原物依赖于寄主植物并从中获得营养物质而生存的能力，称为寄生性。被获取养分的植物，叫做该病原物的寄主。不同病原物的寄生性有很大的差异，可以把病原物分为两种类型。

（一）专性寄生物

专性寄生物又叫严格寄生物、纯寄生物。这类病原物只能在活的寄主体上生活，寄主植物的细胞和组织死亡后，病原物也停止生长和发育，病原物的生活严格依赖于寄主。它们对营养的要求比较复杂，一般不能在人工培养基上生长，例如病毒、霜霉菌、白粉菌、锈菌等。

（二）非专性寄生物

非专性寄生物既能在寄主活组织上寄生，又能在死亡的病组织和人工培养基上生长。依据寄生能力的强弱，又分为三种情况：

1. 兼性寄生物

兼性寄生物一般以寄生生活为主，但在某一发育时期或在寄主死亡后，可在寄主残体上或土壤中继续腐生，多数病原物属于这一类，例如苹果褐斑病菌、青枯病菌等。

2. 兼性腐生物

兼性腐生物一般以腐生方式生活，在一定条件下也可进行寄生，但寄生性很弱，例如花木白绢病菌、腐烂病菌、丝核菌、镰刀病菌等，只有在不良条件下寄主受到一定损害后，才能发病，否则不能。

3. 专性腐生物

专性腐生物以各种无生命的有机质作为营养来源。专性腐生物一般不能引起植物病害，但可造成木材腐朽，例如木腐菌等。在园林建筑中，有些木结构建筑由于木腐菌侵染，严重时可造成建筑材料破损或部分倒塌。

二、病原物的致病性

病原物的致病性是指病原物引起病害的能力，它主要反映在病原物对寄主的破坏性上。一般寄生性很强的病原物，只具有较弱的致病力，它可以在寄主体内大量繁殖；寄生性弱的种类，往往致病力很强，常引起植物组织器官的急剧崩溃和死亡，而且是先毒害寄主细胞，然后在死亡的组织里生长蔓延。例如，一些弱寄生菌主要危害植物的死组织或受伤组织，或危害生长衰弱、生活力降低的植物，并且常分泌酶或毒素杀死寄主细胞和组织，然后从死组织中吸取养料，并不立即引起寄主细胞死亡，受害部分通常表现为褪色、畸形等。病原物的致病性仅仅是衡量病害是否严重的一个因素。病原物在寄主体内扩展的范围、寄生位置及延续时间等，也都影响病害的严重程度和经济损失。致病力是决定病害是否严重的唯一因素，病原物在植物体内的持久性、发育速度等都能影响它对寄主造成损失的大小。因此，致病力较低的病原物，同样也可以引起严重的病害。

三、植物的抗病性

（一）植物对病原侵染的反应

1. 抗病

病原物能侵染寄主，并能建立寄生关系。由于寄主的抗逆反应，病原被局限在很小的范围内，使寄主仅表现轻微症状。在这种情况下，病原繁殖受到抑制，对寄主的危害不大，这种现象叫做抗病。抗病有高抗、中抗之分。

2. 耐病

寄主植物遭受病原物侵染后，虽能发生较重的症状，但由于寄主自身的补偿作用，对其生长发育，特别是对植物的产量和品质影响较小，这种现象叫做耐病，也可称为耐害性。

3. 感病

寄主植物发病严重，对其生长发育、产量、品质影响很大，甚至引起局部或全株死亡，表现了病原物的极大破坏作用，这种现象叫做感病。感病有中感、高感之分。

4. 免疫

寄主把病原物排除在外，使病原物和寄主不能建立寄生关系，或已建立了寄生关系，由于寄主的抵抗作用，使侵入的病原物不能扩展或者死亡，在寄主上不表现任何症状，这种现象叫做免疫。

（二）植物抗病性的机制

1. 抗接触

抗接触是指植物感病期与病原物盛发期不一致时的状况，但实际上是植物避开了与病原物接触的机会，而不是真正的抗病。

2. 抗侵入

病原物能与寄主植物接触，但由于植物外部组织结构和性能上的机械特性，或是由于植物外渗物质的影响，使病原物不能完全侵入，此过程叫做抗侵入。植物表面角质层、蜡质层的厚度，气孔的多少、大小、结构、开张时间长短等，直接影响病原物的侵入。

3. 抗扩展

病原物侵入植物后，植物抵抗病原物繁殖，阻止病原物进一步扩展的特性叫做抗扩展。

（三）植物抗病性的分类

1. 垂直抗病性和水平抗病性

垂直抗病性是指寄主能高度抵抗病原物的某个或某几个生理小种。这种抗病性的机制对生理小种是专化的，一旦植物遇到致病力不同的新小种时，就会丧失抗病性而具有高度感病性。所以这类抗病性虽然容易选择，但一般不能持久。水平抗病性是指寄主能抵抗病原物的多数生理小种，一般表现为中度抗病。由于水平抗病性不存在生理小种对寄主的专化性，所以不会因小种致病性的变化而丧失抗病性。这种抗病性的机制，主要包括过敏反应以外的多种抗侵入、抗扩展的特性。因此，水平抗病性相当稳定、持久，但在育种过程中不易被选择而容易被丢掉。

2. 个体抗病性和群体抗病性

个体抗病性是指植物个体遭受病原物侵染表现出来的抗病性。群体抗病性是指植物群体在病害流行过程中显示的抗病性，即在田间发病后，能有效地推迟流行时间或降低流行速度，以减轻病害的严重程度。在自然界中，个体抗病性间虽仅有细微的差别，但作为群体，在生产中却有很大的实用价值。群体抗病性是以个体抗病性为基础的，却又包括更多的内容。

3. 阶段抗病性和生理年龄抗病性

植物在个体发育过程中，常因发育阶段的生理年龄不同，而导致抗病性有很大的差异。一般植物在幼苗期由于根部的吸收能力和光合作用能力差，细胞组织柔嫩，抗侵染能力弱，极易发生各种苗病。进入成株期，植物细胞组织及各部分器官日趋完善，同时，生命力旺盛，代谢作用活跃，从而抗病性下降。也有许多植物在阶段抗病性和生理年龄抗病性上具有自己的规律性，依病害种类不同而有所不同。针对植物不同阶段的抗病性差异，掌握病害发生规律，便可以通过改变耕作制度和完善栽培技术等途径，达到控制病害的目的。

四、植物病害的流行因素

植物病害在一定地区、一定时间内，普遍发生且严重危害植株的现象称为病害的流行。

病害流行的条件：有大量易于感病的寄主，有大量致病力强的病原物，有适合病害大量发生的环境条件。这3个条件缺一不可，而且必须同时存在。

（一）病原物方面

在一个生长季节，病原物的连续再侵染，使病原物迅速积累。感病植物的长期连作，转主寄主的存在，病株及病株残体不加清除或处理不当，均有利于病原物的大量积累。对于那些只有初侵染而无再侵染的病害，每年病害流行程度主要决定于病原物群体最初的数量。借气流传播的病原物比较容易造成病害的流行。从外地传入的新的病原物，由于栽培地区的寄主植物对它缺乏适应能力，从而表现出极强的侵染力，常造成病害的流行。园林植物种苗调运十分频繁，要十分警惕新病害的传入。对于本地的病原物，因发生变异等原因产生了新的生理小种，也常造成病害的流行。

（二）寄主植物方面

病害流行必须有大量的感病寄主存在。感病品种大面积连年种植可造成病害流行，这主要是因栽培管理不当或引进的植物品种不适应当地气候而引起的。在园林植物栽培上，如果品种搭配不当，也容易引起病害的大发生。在城市绿化中，例如将海棠与龙柏近距离配植，常造成锈病的流行。

（三）环境条件方面

环境条件同时作用于寄主植物和病原物，其不但影响病原物的生长、繁殖、侵染、传播和越冬，而且也影响植物的生长发育和抗病力。当环境条件有利于病原物生长而不利于寄主植物生长时，可导致病害的流行。在环境条件方面，最重要的是气象因素，例如温度、湿度、降水、光照等。多数植物病害在温暖多雨雾的天气易于流行。这些因素不仅对病原物的繁殖、侵入、扩展造成直接的影响，而且也影响到寄主植物的抗病性。此外，栽培条件、种植密度、水肥管理、土壤的理化性状和土壤微生物群落等，与局部地区病害的流行都有密切联系。

五、病原物的越冬（或越夏）场所

当寄主植物收获后或进入休眠阶段，病原物也将越冬或越夏，渡过寄主植物的中断期和休眠期，而成为下一个生长季节的初侵染来源。病原物越冬（或越夏）的场所往往比较集中，且处于相对静止状态，所以在防治上这是一个关键时期。病原物越冬（或越夏）的场所主要有以下几种：

（一）种苗及其他繁殖材料

真菌和细菌可附着在种实表面或潜伏在内部，成为苗期病害的来源。病毒和病菌原体可在种子、苗木、块根、鳞茎、球茎、接穗和砧木上越冬（或越夏）。例如百日菊黑斑病、百日菊细菌性叶斑病、瓜叶菊病毒病和天竺葵碎锦病毒病等，带病种子均可成为初侵染来源。带病的球茎、鳞茎、块根、插条等，成为初侵染来源更为常见。所以，播种前处理种子、苗木和其他繁殖材料，是防止病害发生和病区扩大的重要措施。

（二）田间病株

病原物可在多年生、两年生或一年生的寄主植物上越冬（或越夏）。多年生的病株不仅是当年的病原物来源，往往也是病原物休眠越冬（或越夏）的场所。由于园林植物栽种方式的多样化，使得有些植物病害周年发生。温室花卉病害，常是次年露地栽培花卉的重要侵染来源，例如病毒病、白粉病等。此外，病原物还可在野生寄主和转主寄主上越冬（或越夏），成为寄主中断期的来源。所以处理病株、清除野生寄主等都是消灭病原物的来源和防止发病的重要措施之一。

（三）病株残体

植物的病株残体包括寄主植物的枯枝、烂皮、落叶、落花、落果和死根等，它们都可成为次年初侵染的来源。绝大部分非专性寄主的真菌和细菌都能在病株残体上存活或以腐生方式生活一定时期，以越冬（或越夏），例如石榴叶斑病、合欢枯萎病、紫荆枯萎病等。这是因为病原物在病株残体中受到植物组织的保护，在一定程度上能抵抗外界不良环境，尤其是受土壤微生物的拮抗作用较小。同时病株残体还提供营养，作为病原物再形成繁殖体的能源。因此残体中病原物存活的时间长短，决定于残体分解的快慢。在农业防治中，清洁田园、处理病株残体是杜绝病菌来源的重要措施。

（四）土壤和粪肥

真菌的冬孢子、卵孢子、厚膜孢子、菌核，线虫的胞囊，菟丝子的种子等，都可在土壤中存活多年。有的以休眠体的形式保存于土壤中，有的以腐生的方式在土壤中存活。存活在土壤中的病原物分土壤寄居菌和土壤习居菌两类。有些病原物能在土壤中病残体上腐生和休眠，病残体分解腐烂后，它们就不能在土壤中存活，此种病原物称为土壤寄居菌。菌核病、白绢病、立枯病、枯萎病和黄萎病等土传病害的病菌，能在土壤中存活较长时间，是土壤习居菌。土壤干燥、温低，病原物容易保持休眠状态，存活的时间较长。因此，深耕翻土，合理轮作、间作，改变环境条件是消灭土壤中病原物的重要措施。

（五）传病介体

病毒的越冬（或越夏）涉及传毒介体。根据病毒在蚜虫和其他刺吸式口器昆虫介体上存在的部位及病毒的传染机制分为以下3种类型：

1. 口针型病毒

口针型病毒相当于非持久性病毒，这类病毒只存在于昆虫口针的前端，当蚜虫在寄主植物上刺探时可传毒。传毒的蚜虫蜕化后，或其口针前端经紫外线照射或甲醛溶液（福尔马林）处理后，就丧失了传毒能力。

2. 循回型病毒

循回型病毒相当于半持久性和部分持久性病毒。叶蝉、蚜虫、飞虱口针吸食获得的病毒，经过中肠和血液淋巴到达唾液腺，再经唾液的分泌传染病毒。病毒在昆虫体内有转移过程，要经过一定的潜育期才能传染，但不可能在介体内增殖。传毒介体蜕化后，或传毒口针经紫外线照射或甲醛溶液（福尔马林）处理后，都不会丧失传毒能力。

3. 增殖病毒

增殖病毒相当于部分持久性病毒，例如类菌原体等，既能在介体内长期存活，又能在介体内增殖，使介体成为病原的初侵染来源。

六、病原物的传播方式

病原物在休眠场所渡过寄主中断期，或在寄主体上完成一个病程产生新的繁殖体后，需要通过种种传播途径，转移到新的感病点继续危害。从病原物传播的动力来看，可分为以下两种：

（一）主动传播

主动传播是指病原物依靠自身的运动和扩展蔓延进行的传播。例如，真菌游动孢子和细菌均可借鞭毛在水中游动传播；有些真菌孢子可自动放射传播；真菌菌丝、菌索能在土壤中或寄主上生长蔓延；线虫可在土壤和寄主上蠕动传播；菟丝子通过茎蔓的生长而扩大传播范围等。这种传播方式有利于病原物主动接触寄主，但距离和范围有限，仅对病原物的传播起一定的辅助作用。

（二）被动传播

被动传播是通过媒介将病原物从越冬（或越夏）场所传播到田间，又将病株上的病原物向四周传播并使其蔓延，造成病害的发生和流行，这是最重要的传播方式。被动传播主要有以下几种：

1. 气流、风力传播

气流、风力传播是病原真菌传播的主要方式。真菌孢子数量多，体小质轻，容易随气流传播。风的传播速度很快，传播的距离很远，波及的面积很广，几乎所有真菌孢子都能通过风作远距离传播，常引起病害流行。有些真菌的子实体还有特殊的功能，能将孢子射到空中，借风传播。细菌虽不能借风力传播，但病残体可随风飘扬；病毒的媒介昆虫借气流作远距离迁移，故风力对这些病害起间接的传播作用。

2. 雨水传播

雨水传播是普遍存在的，但一般的传播距离较近。植物病原细菌和部分具有胶性孢子的真菌必须经过雨水溶解后，才能散出或随水滴的飞溅而传播，故雨露是这类病原物传播的必不可少的条件。特别是暴风雨更能使病原物在田间大范围的传播。雨水还可将病株上的病原物冲洗到病株下部或土壤，借雨滴的飞溅，把土壤表面的病原物传播到距地面较近的寄主组织上进行侵染。

对于雨水传播的病害，只要注意消灭当地病原物或防止病原物传播与侵染，即能取得较好的防治效果。

3. 昆虫及其他动物的传播

昆虫是传播病毒的主要媒介，与细菌的传播也有一定的关系。昆虫不仅造成寄主有伤口，还携带病原物，例如美人蕉花叶病、郁金香碎锦病的发生常与虫害发生有着密切的关系。病毒、类病毒、类菌原体和类立克次氏体的传播，与叶蝉、飞虱、蚜虫和木虱等刺吸式口器昆虫有密切的关系。这些媒介昆虫吸食病株汁液时，将病毒吸入体内，有的病毒还能在虫体内生活一段时期，甚至繁殖，再随昆虫传播到其他植株上去。

4. 人为传播

人类活动在病害的传播上也非常重要。病害通过人为的园林操作和种苗、接穗及其他繁殖材料的远距离调运而传播，例如某些潜伏在土壤中的病原物，在翻耕或抚育时常通过操作工具传播。许多病毒和植物病原体可以借嫁接、修剪而传播。松材的大量调运，加速了松材线虫病的扩展和蔓延。这种传播方式数量大、距离远，常为某些病害开辟了新区，使园林植物受到严重的损失。因此，严格实施植物检疫制度，防止远距离人为传播。

任务2　非侵染性病害识别技术

任务描述

园林植物正常的生长发育，要求有一定的外界环境条件。各种园林植物只有在适宜的环境条件下生长，才能发挥它的优良性状。当园林植物遇到恶劣的气候条件、不良的土壤条件或有害物质时，植物的代谢作用受到干扰，生理机能受到破坏，因此在外部形态上必然表现出症状来。

园林植物的非侵染性病害主要是由环境中不适合的化学或物理因素直接或间接引起的。化学因素主要包括营养元素的不足或过量，营养元素比例的失调，空气、水和土壤的各种污染，化学农药的药害等。物理因素主要包括气温、土温的过高、过低或骤然改变，土壤或空气水分过高、过低，光照强度或光周期的不正常变化等。识别非侵染性病害的关键是抓住症状的田间分布类型、生长期间环境因子的不正常变化、无侵染性、可恢复等特点。因此在诊断时，要全面考察各种因素，细致分析，才能得出正确结论，为防治非侵染性病害提供可靠的依据。

任务咨询

一、非侵染性病害认知

（一）非侵染性病害的概念

非侵染性病害是由不适宜的环境因素持续作用引起的，不具有传染性，所以也称为非传染性病害或生理性病害。这类病害常常是由于营养元素缺乏，水分供应失调，气候因素以及有毒物质对大气、土壤和水体等的污染引起的。

（二）非侵染病害的特点

1）病株在绿地的分布具有规律性，一般较均匀，往往是大面积成片发生，不先出现中心发病植株，没有从点到面扩展的过程

2）症状具有特异性。除了高温、日灼和药害等个别病原能引起局部病变外，病株常表现全株性发病，例如缺素症、水害等，株间不互相传染，病株只表现病状，无病征，症状类型有变色、枯死、落花落果、畸形和生长不良等。

3）病害的发生与环境条件、栽培管理措施有关，因此，要通过科学合理的园林栽培技术措施，改善环境条件，促使植物健壮生长。

二、营养失调

营养失调包括营养缺乏、各种营养间的比例失调或营养过量，这些因素可以诱使植物表现出各种病状。造成植物营养元素缺乏的原因有多种，一是土壤中缺乏营养元素；二是土壤中营养元素的比例不当，元素间的颉颃作用影响植物吸收；三是土壤的物理性质不适，例如温度过低，水分过小，pH过高或过低等都影响植物对营养元素的吸收。在大量施用化肥、农药的地块，在连作频繁的保护地栽培等情况下，土壤中大量元素与微量元素的不平衡日益突出，在这种土壤环境中生长的作用往往会表现出营养失调症状。土壤中某些营养元素含量过高对植物生长发育也是不利的，甚至造成严重伤害。

植物所必需的营养元素有氮、磷、钾、钙、镁和微量元素铁、硼、锰、锌、铜等十几种。缺乏这些元素时，就会出现缺素症；某种元素过多时，也会影响园林植物的正常生长发育。常见的缺素症有以下几种：

（一）缺氮的症状

氮是构成蛋白质的基本元素，氮还存在于各种化合物中，例如嘌呤和生物碱中。氮过量

时，叶为暗绿色，徒长，延迟成熟，茎叶变软弱，抗病力下降，易受害虫的危害。氮元素不够时，叶生长受阻、小而颜色浅、稀疏易落，影响光合作用的进行，从而使植株生长不良、矮小、分枝较少、结果少而小。在严重缺氮的情况下，往往出现生理病征，最终使植株死亡。

（二）缺磷的症状

磷是核酸及磷脂的组成成分，是植物高能磷酸键（ATP）的构成成分。磷过量时的症状是株高变矮，叶变肥厚，成熟提早，产量降低。缺磷时的症状是植株生长受抑制、矮小，叶片变成深绿色，灰暗无光泽，具有紫色素，然后枯死脱落。

（三）缺钾的症状

钾是植物营养三要素之一，是植物灰分中较多的元素，是有机物进行代谢的基础。钾在植物体内对碳水化合物的合成、转移和积累及蛋白质的合成有一定的促进作用。钾过量时易引起镁缺乏症。植物缺钾时的症状是叶片往往出现棕色斑点，产生不正常的斑纹，叶缘卷曲，最后焦枯似火烧。红壤土中一般含钾较少，通常易发生缺钾症。

（四）缺钙的症状

钙是细胞壁及胞间层的组成部分，并能调节植物体内细胞液的酸碱反应，与草酸结合成草酸钙，减少环境中酸的毒害作用，加强植物对氮、磷的吸收。同时在土壤中有一定的杀虫、杀菌功能。钙过量时易引起锰、铁、硼、锌缺乏症。植物缺钙时的症状是根系的生长受到抑制且多而短，细胞壁黏化，根尖细胞遭受破坏，以致根腐烂。种子在萌发时缺钙表现为，植株柔弱，幼叶尖端多呈现钩状，新生的叶片很快枯死。植物严重缺钙则不易开花。

（五）缺铁的症状

植物对铁的需求量虽小，但铁是植物生长发育中所必需的元素。它参与叶绿素的形成，并是构成许多氧化酶的必要元素，具有调节呼吸的作用。植物缺铁时，枝条上部嫩叶会首先受害，下部老叶仍保持绿色。轻微缺铁时，叶肉组织为浅绿色，叶脉保持绿色；严重缺铁时，嫩叶全部呈黄白色，并出现枯斑，逐渐焦枯脱落，此现象称为黄叶病。在我国北方偏碱性土壤中缺铁较为普遍。

（六）缺锰的症状

锰是植物体内氧化酶的辅酶基，它与植物光合作用及氧化作用有着密切关系。锰可抑制过多的铁毒害，又能增加土壤中硝态氮的含量。它在形成叶绿素及积累和转运植物体内糖分，起着重要的作用。缺锰时叶片先变苍白而略带灰色，后在叶尖处产生褐色斑点，并逐渐散布到叶片的其他部分，例如洋秋海棠缺锰时，顶部叶片叶脉间失绿，随后枯腐，并呈水渍状，老叶则呈现灰绿色。

（七）缺锌的症状

锌是植物细胞中碳酸酐酶的组成元素，它直接影响植物的呼吸作用，也是氧化还原过程中酶的催化剂，并影响植物生长刺激素的合成。在一定程度上，锌也是维生素的活化剂，对光合作用有促进作用。缺锌时，植物体内生长素将受到破坏，植株生长抑制，并产生病害。

（八）缺镁的症状

镁是叶绿素的主要构成元素，能调节原生质的物理化学状态。镁与钙有颉颃作用，钙过量产生毒害时，只要加入镁即可消除。植物缺镁主要会引起植物的缺绿病，或称黄化病、白化病。缺镁的植物常从植株下部叶片开始褪绿，出现黄化，然后逐渐向上部叶片蔓延。最初叶脉保持绿色，仅叶肉变黄色，不久下部叶片便褐枯而死，最终脱落。另外，镁缺乏还会使枝条细长且脆弱，根系长，但须根稀少，开花受到抑制，花色较苍白。

（九）缺硫的症状

硫是蛋白质的重要组成元素。缺硫会引起植物的缺绿病，但它与缺镁与缺铁的症状有别。缺硫时叶脉发黄，叶肉仍然保持绿色，从叶片基部开始出现红色枯斑。通常植株顶端幼叶受害较早，叶较厚，枝细长，呈木质化。

三、土壤水分失调

水是植物生长发育不可缺少的条件，植物正常的生理活动，都需要在体内水分饱和的状态下进行。水是原生质的组成成分，占植物鲜重的80%～90%，是植物生长发育不可缺少的条件。因此，土壤中水分不足或过多以及供应失调，都会对植物产生不良的影响。

（一）旱害的症状

在土壤干旱缺水的条件下，植物蒸腾作用消耗的水分多于根系吸收的水分，一切代谢作用衰弱，植物产生脱水现象，出现萎蔫。例如，印度橡胶树、梨、桃等植物缺水时，气孔关闭，二氧化碳进入细胞量减少，影响光合作用。茶树缺水时，蔗糖合成下降，水解作用增高。在花木苗期或幼株移栽定植后，以及一些草木花卉在严重干旱的条件下，往往会发生萎蔫或死亡。例如，杜鹃对干旱非常敏感，干旱会使其叶尖及叶缘变褐色、坏死。

（二）涝害的症状

土壤水分过多，往往发生水涝现象，会使植物根部呼吸受到阻碍，容易发生窒息造成根部腐烂。同时在缺氧的状态下，由于厌氧型细菌活跃，使土壤中一些有机物产生甲基化合物、醛和醇等有毒物质，毒害植物的根系，使之腐烂。根系受到损害后，便造成部分叶片发黄，花色变浅，花的香味减轻及落叶、落花，茎生长受阻，严重时植株死亡。水涝对根系的损害程度，常因植物的种类、土壤因子、涝害的时间等条件的不同而不同。一般草本花卉容易受到涝害。植物在幼苗期对水涝较敏感。木本植物中，悬铃木、合欢、女贞、青桐、板栗、核桃等树木易遭受涝害。女贞被水淹后，蒸腾作用立即减弱，12天后植株死亡。而枫杨、杨树、乌桕等对水涝有很强的耐性。

出现水分失调时，要根据实际情况适时适量灌水，注意及时排水。浇灌时尽量采用滴灌或沟灌，避免喷淋和大水漫灌。

四、温度不适

植物必须在适宜的温度范围内才能正常生长发育。温度过高或过低，超过了它们的适应能力，植物的代谢过程受到阻碍，组织受到伤害，严重时还会引起植物死亡。

高温常使花木的茎、叶、果实被灼伤。花灌木及树木的日灼常发生在树干的南面或西南面。日灼造成的伤口往往给蛀干害虫和树干病害打开方便之门。夏季苗圃中的高温常使土表温度过高，造成幼苗茎基腐病严重，例如银杏苗木茎基部受到灼伤后，病菌趁机而入，诱发银杏茎腐病。当气温超过32℃时，新栽植的铁杉、紫藤和绣球花等花木，容易受到高温伤害。高温使光合作用迅速下降，呼吸作用上升，消耗植物体内大部分碳水化合物，造成植物生长减退，伤害加强，植株枯死。

低温也会使植物受到伤害。低温对植物造成危害的原因是使植物细胞内含物结冰，从而引起细胞间隙脱水，或使细胞原生质受到破坏。通常，温度下降越快、结冰越迅速，对植物产生的危害越严重。

霜冻是常见的冻害。晚秋的早霜常使花木未木质化的枝梢及其他器官受到冻害。春天的晚霜易使幼芽、新叶和新梢冻死；花芽和花受害则引起落花，这对春季观赏花木危害甚大。而冬季的反常低温对一些常绿观赏植物及落叶灌木等充分木质化的组织造成冻害。这种现象多发生在树干中下部的南面和西南面，这主要是昼夜温差较大所致，例如毛白杨破腹病。

低温还能引起苗木冻拔害，尤以新栽植的苗木易受害，其原因是土壤中的水分结冰，冰柱体积不断增大，将表层土壤抬起，苗木便随着土壤的抬起而上升，当结冰融化时，表土下沉回复原状，苗木则不能随之复位，如果经数次冻拔，苗木则可被拔出而与土壤分离并遭受损害。这在我国南方和北方地势较高的山区时有发生。

五、光照不适

不同的园林植物对光照时间长短和强度大小的反应不同，应根据植物的习性加以养护。例如，月季、梅花、菊花和金橘等喜光植物，宜种植在向阳避风处。龟背竹、杜鹃和茶花等为耐阴植物，忌阳光直射，应给予良好的遮阴条件。中国兰花、广东万年青和海芋等为耐阴作物，忌阳光直射。

当植物正在旺盛生长时，光强度的突然改变和养分供应不足能引起落叶，尤其是室内植物，要有尽可能多的光照。此外，植物种植密度过大，会造成光照不足和通风不良，引起叶部、茎部病害的发生。

六、通风不良

无论是露地栽培还是温室栽培，植物栽培密度或花盆摆放密度都应合理。适宜的密度有利于通风、透气、透光，改善其生长环境条件，提高植物生长势，并造成不利于病菌生长的条件，减少病害发生。

若植株密度过大，不仅温室不通风，湿度过高，叶缘容易积水，还会使植株叶片相互摩擦出现伤口，尤其在昼夜温差大的时候，容易在花瓣上凝结露水，诱发霜霉病和灰霉病的发生。例如，蝴蝶兰喜欢通风干燥的条件，通风不良的园圃容易造成高温、高湿、闷热的环境，诱发其根部腐烂。

七、土壤酸碱度不适宜

许多园林植物对土壤酸碱度要求严格，若酸碱度不适宜则表现出各种缺素症，并诱发一些侵染性病害的发生。例如，我国南方多为酸性土壤，易缺磷、缺锌；北方多为石灰性土壤，容易发生缺镁性黄化病。因为微碱性环境利于病原菌生长发育，偏碱的砂壤土，樱花、月季、菊花根癌病容易发生；中性或碱性土壤，一品红根茎腐烂病、香豌豆根腐病的发病率较高。土壤酸碱度较低时，利于香石竹镰孢菌枯萎病的发生。

为使土壤保持适宜的酸碱度，确保植株健壮生长，灌溉用水也应加以注意。例如，杜鹃、山月桂以雨水或泉水浇灌较好，不宜采用含有盐碱的水。盆栽花卉如用自来水浇灌，最好在容器中存放几天后再用。

任务实施

一、缺素症观察

（一）缺氮症状观察

观察栀子缺氮时的症状，可见其叶片普遍黄化，植株生长发育受抑制。观察菊花缺氮时的症状，可见其叶片变小，呈灰绿色，下部老叶脱落，茎木质化，节间短，生长受抑制。观察月季缺氮时的症状，可见其叶片黄化，但不脱落，植株矮小，叶芽发育不良，花小且颜色浅等。

（二）缺磷症状观察

观察香石竹缺磷时的症状，可见其基部叶片变成棕色且死亡，茎纤细柔弱，节间短，花较小。观察月季缺磷时的症状，可见其老叶凋落，但不发黄，茎瘦弱，芽发育缓慢，根系较小，花的质量受到影响。

（三）缺钾症状观察

观察秋海棠缺钾时的症状，可见其叶缘焦枯乃至脱落。观察菊花缺钾时的症状，可见其叶片小，呈灰绿色，叶缘呈现典型的棕色，并逐渐向内扩展，发生一些斑点，终至脱落。观察香石竹缺钾时的症状，可见其植株基部叶片变成棕色且死亡，茎秆瘦弱，易罹病。观察月季缺钾时的症状，可见其叶片边缘呈棕色，有时呈紫色，茎瘦弱，花色变浅。

（四）缺钙症状观察

观察栀子缺钙的症状，可见其叶片黄化，顶芽及幼叶的尖端死亡，植株上部叶片的边缘及尖端产生明显的坏死区，叶面皱缩，根部受伤，植株的生长受到严重抑制，数十日内就可死亡。观察月季缺钙时的症状，可见其根系和植株顶部死亡，提早落叶。观察菊花缺钙的症状，可见其顶芽及顶部的一部分叶片死亡，有些叶片缺绿；根短粗，呈棕褐色，常腐烂，大部分根系通常在2~3周内死亡。

（五）缺铁症状观察

观察栀子缺铁时的症状，可见其幼叶先黄化，然后向下扩展到植株基部叶片，严重时全叶呈白色，由叶尖发展到叶缘，逐渐枯死，植株生长受抑制。菊花、山茶花、海棠花等多种花木缺铁时均发生相似症状。

（六）缺锰症状观察

观察菊花缺锰时的症状，可见其叶尖先表现出症状，叶脉间变成枯黄色，叶缘及叶尖向下卷曲，以致叶片几乎萎缩起来，花呈紫色。观察栀子缺锰时的症状，可见其植株上部叶片的叶脉黄化，但叶肉仍保持绿色，致使叶脉呈清晰的网状，随后会发生小型的棕色坏死斑点，以致叶片皱缩、畸形而脱落。

（七）缺锌症状观察

观察苹果树、桃树缺锌时的症状，可见其典型症状为新枝节间缩短，叶片小，簇生，结果量小，根系发育不良，这种病害称为小叶病。

（八）缺镁症状观察

观察金鱼草缺镁时的症状，可见其基部叶片黄化，随后叶片上出现白色斑点，叶缘及叶尖向下弯曲，叶柄及叶片皱缩、干焦并垂挂在茎上不脱落，花色变白。

（九）缺硫症状观察

观察一品红缺硫时的症状，可见其叶先呈浅暗绿色，后黄化，在叶片的基部产生枯死组织，这种枯死组织沿主脉向外扩展。观察八仙花缺硫时的症状，可见其幼叶呈浅绿色，植株生长受到严重抑制。

二、土壤水分失调症状观察

（一）旱害症状观察

观察小灌木和草坪草在土壤干旱缺水时的症状，可见长期处于干旱缺水状态下的植物的生长发育受到抑制，组织纤维化加强。较严重的干旱将引起植株矮小，叶片变小，叶尖、叶缘或叶脉间组织枯黄。这种现象常由基部叶片逐渐发展到顶梢，引起早期落叶、落花、落果、花芽分化减少。

（二）涝害症状观察

观察常见的木本和草本植物在土壤水分过多时的症状。受水长期浸泡的植物首先根部窒息，引起根部腐烂，然后叶片发黄，花色变浅，严重时植株死亡。

三、温度不适症状观察

（一）高温日灼症状观察

观察柑橘日烧病引起的症状，可见其树皮发生溃疡和皮焦，叶片和果实上产生白斑、灼环等。

（二）霜冻和低温冷害症状观察

观察露地栽培的花木受霜冻后的症状，可见其自叶尖或叶缘产生水渍状斑，有时叶脉间的组织也产生不规则的斑块，严重时全叶坏死，解冻后叶片变软下垂。

观察针叶树受冻害的症状，可见其叶先端枯死并呈红褐色；树木干部受到冻害，常因外围收缩大于内部而引起树干纵裂。

四、有毒物质对植物的伤害观察

（一）有害气体及烟尘对植物的伤害症状观察

观察被过量的二氧化硫、二氧化氮、三氧化硫、氯化氢和氟化物等有害气体及各种烟尘危害的花木所表现的症状，可见花木遭受伤害后，叶缘、叶尖枯死，叶脉间组织变褐，严重时叶片脱落，植物甚至死亡。

（二）农药、化肥、植物生长调节剂使用不当对植物的伤害症状观察

观察农药、化肥、植物生长调节剂浓度过大或使用条件不适宜对植物造成伤害后的花木，可见花木发生不同程度的药害或灼伤，叶片常产生斑点或枯焦脱落，特别是花卉柔嫩多汁部分最易受害。

思考问题

1. 园林植物生长发育过程中常缺少哪些元素？缺少后有什么症状？

2. 旱害和涝害各有什么特征？

3. 大气污染对植物有什么样的影响？

一、大气污染对园林植物的危害

自然界中存在着大量的有毒气体、尘埃、农药等污染物，对植物产生不良影响，严重时会引起植物死亡。大气污染物种类很多，主要有硫化物、氟化物、氮氧化物、臭氧、粉尘及带有各种金属元素的气体。

大气污染的危害是由多种因素决定的。首先取决于有害气体的浓度及其作用时持续的时间，同时也取决于污染物的种类、受害植物种类及不同发育时期、外界环境条件等。大气污染物除直接对植物生长有不良影响外，同时还降低植物的抗病力。

（一）大气污染危害的症状

植物受大气污染产生的危害分为急性危害、慢性危害及不可见危害3种。

1. 急性危害

急性危害主要危害叶片。最初叶面呈水渍状，叶缘或叶脉间皱缩，随后叶片干枯。多数植物叶片褪绿为象牙色，但也有些植物叶片变为褐色或红褐色。受害严重时，叶片逐渐枯萎脱落，造成植株死亡。

2. 慢性危害

慢性危害主要表现为叶片褪绿近似白色，这主要是叶片细胞中的叶绿素受破坏而引起的。

3. 不可见的危害

不可见危害是在浓度较低的大气污染物影响下，植物受到轻度的危害，生理代谢受到干扰及抑制。例如，光合作用受到影响，合成作用下降，酶系统的活性下降，细胞液酸化，使植物体内组织变性，细胞发生质壁分离，色素下沉。

（二）主要大气污染物及危害

1. 氰化物

氰化物危害的典型症状是受害植物叶片顶端和叶缘处出现灼烧现象。这种伤害引起的颜色变化因植物种类而异。在叶的受害组织与健康组织之间有一条明显的红棕色带。由于尚未成熟的叶片容易受氰化物危害，而常常使植物枝梢顶端枯死。

2. 氟化物

园林植物对氟化物很敏感，受污染后首先是叶尖产生灼烧现象，然后逐渐向下延伸。黄花品种更为敏感，很小剂量的氟化物即对花产生危害，因此，有些国家利用它作为环境监测的植物材料。玉簪受氟化物的危害症状表现为在叶尖和叶缘处产生半圆形浅棕褐色或乳黄色的坏死斑，受害组织与正常组织之间有一条棕褐色带，受害组织失水后即成一薄膜，并逐渐破裂脱落，使叶缘呈缺刻状。

3. 氮化物

轻微的氮化物污染即可引起叶缘和叶脉间坏死，叶片皱缩，随后叶面布满斑纹。金鱼草、欧洲夹竹桃、栀子花、木槿、球根秋海棠、蔷薇、翠菊等观赏花木对氮化物都很敏感。

4. 硫化物

硫化物是我国大气污染物中较为主要的污染物。植物对二氧化硫很敏感，当受到二氧化硫危害时，叶脉间出现不规则形失绿的坏死斑，但有时也呈红棕色或深褐色。二氧化硫的伤害一般是局部性的，多发生在叶缘、叶尖等部位的叶脉间，伤区周围的绿色组织仍可保持正常功能，但若受害严重，全叶枯死。百日草等植物对二氧化硫很敏感，受伤害时，叶片大部分坏死，花瓣前段边缘也产生坏死斑。针叶树受害时，常从针叶尖端开始，逐渐向下发展，呈红棕色或褐色坏死。美人蕉、香石竹、仙人掌、丁香、山茶以及桂花、广玉兰、桧柏等对二氧化硫有较强抗性。

5. 臭氧

臭氧对植物的危害普遍表现为植株褪绿。美洲五针松对臭氧很敏感。对臭氧有抗性的植物有百日草、一品红、草莓和黑胡桃等。植物栅栏组织层是臭氧危害最多的部位。臭氧会使叶片出现坏死和褪绿斑。

6. 氯化物

氯化物中的氯化氢对植物细胞杀伤力很强，能很快破坏叶绿素，使叶片产生褪色斑，严重时全叶漂白，枯卷，甚至脱落。伤斑多分布于叶脉间，但受害组织与正常组织间无明显界限。有些植物受氯化物危害后会出现其他颜色的伤斑，例如枫杨和绣球呈棕褐色，广玉兰呈棕红色，女贞、杜仲呈深灰褐色。一般未充分伸展的幼叶不易受氯化物的危害，而刚成熟已充分伸展的叶片最易受害，老叶次之。因此，植物受到氯化物危害后，枝条先端的幼叶仍然继续生长，这和氟化物的危害正相反。

各种植物对氯化物的敏感性存在较大差异。在园林植物中，水杉、枫杨、木棉、樟子松、紫椴等对氯化物敏感；银杏、紫藤、刺槐、丁香、黄杨、无花果、蒲葵、山桃等对氯化物抗性较强。

二、土壤污染对园林植物的危害

土壤中残留的农药、石油、有机酸、酚、氰化物及重金属（汞、铬、镉、铝、铜）等污染物，往往使植物根系生长受到抑制，影响水分吸收，同时使叶片褪绿，影响生理代谢，植物死亡。由于大气中二氧化硫等因素，造成雨水中的 pH 偏低，即酸雨，对植物也会产生严重的危害。

使用和喷洒高浓度的杀虫剂、杀菌剂或除草剂，可直接对植物的叶、花、果产生药害，形成各种枯斑或使全叶受害。农药在土壤中积累到一定浓度，可使植物根系受到毒害，影响植物生长，甚至造成植物死亡。

当然，种类繁多的园林植物对不同的污染因素忍受的程度是不同的，有的具有较强的抗毒害特性，有的则容易受毒害。因此，可选择抗性较强的花卉和树木进行绿化，用于改善环境。

任务3　真菌性病害识别技术

任务描述

观赏植物在正常的生长发育过程中易受致病物的危害，发生反常的病理变化，例如叶片产生黑斑、白粉或霉层等，影响观赏价值，甚至造成植株死亡。而此类病害多数由真菌引起，真菌病害是目前已知病害种类中最多的病害，约占病害种类总数的80%～90%，各类病害中以真菌病害的症状类型最多，其可以出现在植物的各个部位。

真菌种类繁多，分布广泛，在人类生活环境和田野中到处都有。可以侵染园林植物的真菌就有8000多种。真菌借风、雨、昆虫、土壤及人的活动等传播。在气候条件适宜时，孢子萌发形成芽管，通过园林植物的自然孔口（气孔、水孔、皮孔）、伤口侵入，也可从表皮直接侵入园林植物体内，从而引起园林植物发病。真菌性病害一般具有明显的特征，例如粉状物（白粉等）、霉状物（黑霉、灰霉、青霉、绿霉等）、锈状物、颗粒状物、丝状物、核状物等。

一、真菌的一般性状

真菌属于真菌界、真菌门。真菌在自然界中分布很广，空气、水、土壤中都存在。与人类有着密切关系，许多真菌，例如木耳、香菇是重要的食用菌，灵芝、茯苓、冬虫夏草可直接入药。但也有很多真菌可引起植物的病害，危害严重的有月季黑斑病和白粉病、芍药红斑病、菊花黑斑病、水仙大褐斑病、梨桧锈病和杨柳腐烂病。

真菌有真正的细胞结构，没有根、茎、叶的分化，不含叶绿素，不能进行光合作用，也没有维管束组织，有细胞壁和真正的细胞核，细胞壁由几丁质和半纤维素构成，所需营养物质全靠其他生物有机体供给，属于异养型生物。真菌的形态复杂，大多数真菌为多细胞，少数为单细胞，有营养体和繁殖体的分化。

（一）真菌的营养体

真菌典型的营养体为纤细多支的丝状体（见图2-2）。单根细丝称为菌丝，菌丝可不断生长分支，许多菌丝集聚在一起，称为菌丝体。菌丝通常无色透明。菌丝经旁侧分枝，顶端伸长，形成疏松的菌丝体。有些真菌的细胞质中含有各种色素，菌丝体就表现出不同的颜色，尤其老龄菌丝体。菌丝细胞内充满原生质，还有细胞核、油滴和液泡等内含物。低等真菌的菌丝无隔膜，称为无隔菌丝；高等真菌的菌丝有隔膜，称为有隔菌丝。菌丝体一般由孢子萌发而来，菌丝的顶端部分向前生长，它的每一部分都具有生长能力。菌丝的正常功能是摄取水分和养分，并不断生长发育。有些菌丝在植物细胞间扩展，形成各种形态的吸器，伸入寄生细胞内吸取营养（见图2-3）。

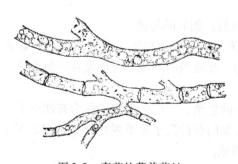

图2-2　真菌的营养菌丝

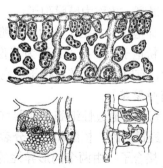

图2-3　真菌的三种吸器类型

因此，真菌侵入植物体内之后再使用保护性杀菌剂杀菌，就很难收到杀菌防病的效果。有很多病原菌能够以菌丝在寄主体内渡过严冬和酷暑，成为下一个生长季节发病的主要来源。有些真菌的菌丝可以形成根状分支，称为假根。假根使真菌的营养体固着在寄主体内，并吸取营养。有些真菌的菌丝在一定条件下发生变态，交织成各种形状的特殊结构，例如菌核、菌索、菌膜和子座，这些结构对真菌的繁殖、传播以及增强真菌对环境的抵抗力有很大作用。

（二）真菌的繁殖体

菌丝体发育到成熟阶段，一部分菌丝体分化成繁殖器官，其余部分仍然保持营养状态。真菌通常产生孢子来繁殖后代。它们的繁殖器官多数暴露在体外，便于传播。真菌的孢子相当于高等植物的种子，由单细胞或多细胞组成，构成简单、无胚的分化。孢子脱离母体后，遇到适宜条件，能靠本身储存的营养萌发成芽管。芽管吸收外界营养后，就可以长成新个体。真菌的繁殖方式分为无性繁殖和有性繁殖2种。

1. 无性繁殖

无性繁殖是不经过性器官的结合而产生孢子，这种孢子称为无性孢子，主要有以下几种（见图2-4）：

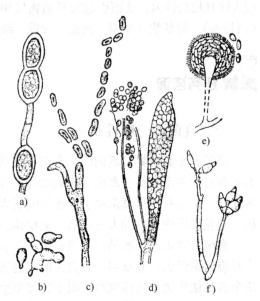

图2-4　真菌的无性孢子类型
a) 厚膜孢子　b) 芽孢子　c) 粉孢子
d) 游动孢子　e) 孢囊孢子　f) 分生孢子

（1）游动孢子　它是产生于游动孢子囊中的内生孢子。孢子囊呈球形、卵形或不规则形，从菌丝顶端长出，或着生于有特殊形状和分枝的孢囊梗上。孢子囊中的原生质裂成小块，每一小块变成球形、洋梨形或肾形，无细胞壁，这便形成具有1~2根鞭毛的游动孢子。

（2）孢囊孢子　孢囊孢子是产生于孢子囊中的内生孢子，没有鞭毛，不能游动，其形成步骤与游动孢子相同。孢子囊着生于孢子囊梗上，成熟时，囊壁破裂散出孢囊孢子。

（3）分生孢子　它是真菌产生的最普遍的一种无性孢子，着生在由菌丝分化而来呈各种形状的分生孢子囊梗上。

（4）厚膜孢子　有的真菌在不良的环境下，菌丝内的原生质收缩变为浓厚的一团原生质，外壁很厚，故称为厚膜孢子。

（5）芽孢子　芽孢子是由单细胞真菌发芽而成的，例如酵母菌。

（6）粉孢子　粉孢子又称为节孢子，是指由菌丝顶端细胞分隔、断裂而成的大致相等的菌丝段，有时也形成链状孢子。它们无休眠功能，在适当的环境下可以发育成新个体。

2. 有性繁殖

有性繁殖是通过性细胞或性器官的结合而进行的繁殖，所产生的孢子称为有性孢子。有性生殖要经过质配、核配和减数分裂3个阶段。常见的有性孢子有下列几种（见图2-5）：

（1）接合子　由两个同形异性的配子囊结合而成。

（2）卵孢子　鞭毛菌类产生的有性孢子是卵孢子，由较小的棍棒形雄器与较大的圆形

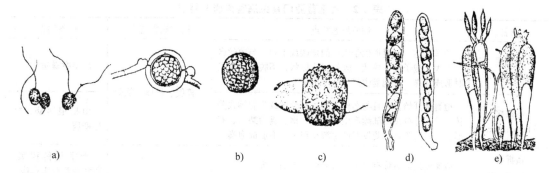

图 2-5　真菌的有性孢子类型

a）接合子　b）卵孢子　c）接合孢子　d）子囊孢子　e）担孢子

藏卵器结合形成的。

（3）接合孢子　结合菌类产生的有性孢子是结合孢子，由两个同形的配子囊结合形成。

（4）子囊孢子　子囊菌产生的有性孢子是子囊孢子，由两个异形的配子囊雄器和产囊体结合而成。一般在子囊内形成 8 个细胞核为单倍体的子囊孢子，形状为球形、圆桶形、棍棒形或线形等。

（5）担孢子　担子菌产生的有性孢子是担孢子，是由性别不同的单核的初生菌丝相结合而形成双核的次生菌丝。双核菌丝经过营养阶段后直接产生担子和担孢子，或先产生一种休眠孢子（冬孢子或厚垣孢子），再由休眠孢子萌发产生担子和担孢子。

二、真菌的命名方法及主要类群

（一）真菌的命名方法

关于真菌的命名，国际命名原则中规定一种真菌只能有一个名称，如果一种真菌的生活史中有有性阶段和无性阶段，应按有性阶段命名。而半知菌中的真菌，只知其无性阶段，因而命名都是根据无性阶段的特征而定。如果发现半知菌的有性阶段，正规的名称应该是有性阶段的名称。有性阶段不常出现的真菌，按其无性阶段的特征命名。

真菌的命名采用国际通用的双名法，前一个名称是属名（第一个字母要大写），后一个名称是种名，种名之后为定名人的姓氏（可以缩写），如有更改学名者，最初的定名人应加括号表示。

（二）真菌的主要类群

真菌的主要分类单元是按界、门、纲、目、科、属、种的阶梯进行分类的。种是分类的基本单位。真菌门分为 5 个亚门。

1. **鞭毛菌亚门（Mastigomycotina）**

营养体是单细胞或无隔膜的菌丝体。鞭毛菌亚门的无性繁殖是孢子囊内产生游动孢子来进行的。游动孢子囊着生在孢子囊梗或菌丝的顶端，少数在菌丝中间，有球形、棒形、洋梨形等，有的形状与营养体无显著区别。低等鞭毛菌的有性繁殖产生合子，较高等类型的产生卵孢子。鞭毛菌亚门主要根据游动孢子鞭毛的类型、数目和位置进行分类。

鞭毛菌亚门多数生于水中，少数为两栖和陆生，潮湿环境有利于其生长发育。一些鞭毛菌是园林植物病害的病原菌。鞭毛菌亚门常见病害病原及特点见表 2-2。

表 2-2 鞭毛菌亚门常见病害病原及特点

属名	病原形态特点	所致病害特点	代表病害
腐霉属 （Pythium）	菌丝发达。孢囊梗生于菌丝的顶端或中间，与菌丝区别不大。孢子囊为棒状、姜瓣状或球状，不脱落，萌发时形成泡囊，在泡囊中产生游动孢子	猝倒、根腐、腐烂	瓜果腐霉病
疫霉属 （Phytophthora）	孢囊梗开始分化且与菌丝不同，不分枝或为假轴式分枝，并于分枝顶端陆续产生孢子囊。孢子囊为梨形、卵形，成熟后脱落，萌发时产生游动孢子，不形成泡囊		山楂根腐病、牡丹疫病
霜霉属 （Peronospora）	孢囊梗顶部对称有二叉锐角分枝，末端尖细	病部产生白色或灰黑色霜霉状物	十字花科蔬菜、葱和菠菜等霜霉病
单轴霜霉属 （Plasmopara）	孢囊梗为单轴式分枝。分枝与主枝成直角，分枝末端较钝。孢子囊为卵形，有乳头状突起，萌发时产生游动孢子		菊花和月季等霜霉病
白锈菌属 （Albugo）	孢囊梗为棍棒状，粗短，不分枝，其上着生孢子囊，自上而下地陆续成熟	孢囊梗聚在寄主表皮下排成栅栏状，形成白色突起的脓包	牵牛花、二月菊花锈病

2. 接合菌亚门（Zygomycotina）

接合菌亚门有发达的菌丝体，菌丝多为无隔多核。无性繁殖时在孢子囊内产生孢囊孢子，有性繁殖时会产生接合孢子。接合菌亚门多为陆生的腐生菌，广泛分布于土壤、粪肥及其他无生命的有机物上，少数为弱寄生菌，侵染高等植物的果实、块根、块茎，能引起储藏器官的腐烂。接合菌亚门常见病害病原及特点见表 2-3。

表 2-3 接合菌亚门常见病害病原及特点

属名	病原形态特点	所致病害特点	代表病害
根霉属 （Rhizopus） （见图 2-6）	营养体为发达的无隔菌丝，具有匍匐枝和假根，孢囊梗的 2~3 根匍匐枝于假根相对应处长出，一般不分枝，直立或上部弯曲，顶端形成球形孢子囊	腐烂	瓜果蔬菜的腐烂病
毛霉属 （Mucor）	菌丝发达，无匍匐丝和假根，孢囊梗直接由菌丝产生，分枝或不分枝，顶端着生球形孢子囊。孢囊孢子为圆形或椭圆形		植物种实的腐烂病

3. 子囊菌亚门（Ascomycotina）

子囊菌亚门为真菌中形态复杂，种类较多的一个亚门。除酵母菌外，营养体均为有隔菌丝，而且可产生菌核、子座等组织。无性繁殖发达，可产生多种类型的分生孢子；有性繁殖产生子囊和子囊孢子。子囊呈棍棒形或圆桶形，少数呈圆形或椭圆形。每个子囊内通常有 8 个子囊孢子，但也有少于 8 个的，有些子囊是裸生的。大多数子囊菌在产生子囊的同时，下面的菌丝将子囊包围起来，形成一个包被，对子囊起保护作用，这样的子囊统称为子囊果（见图 2-7）。有的子囊果无孔口，叫闭囊壳，一般产生在寄主表面，成熟后裂开散出孢子，由

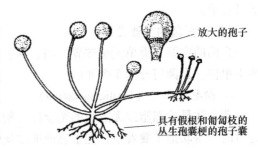

放大的孢子

具有假根和匍匐枝的丛生孢囊梗的孢子囊

图 2-6 根霉属

气流传播。有的子囊果呈瓶状，顶端有开口，叫子囊壳，常单个或多个聚生在子座中，成熟后孢子由孔口涌出，借风、雨、昆虫传播。有的子囊果呈盘状，子囊排列在盘状结构的上层，叫做子囊盘，其子囊孢子多数通过气流传播。很多子囊菌，在秋季开始性结合形成子囊果，在春季才形成子囊孢子。

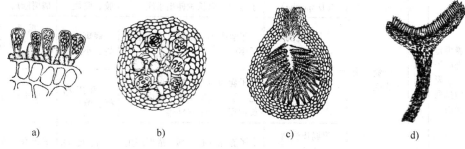

图2-7　子囊果类型

a）裸露的子囊果　b）闭囊壳　c）子囊壳　d）子囊盘

它们的有性繁殖一部分是在腐生状态下进行的。子囊菌亚门中的大部分种类为陆生，能引起很多园林植物病害。子囊菌亚门常见病害病原及特点见表2-4。

表2-4　子囊菌亚门常见病害病原及特点

纲		目		属		所致病害特点	代表病害
名称	形态特点	名称	形态特点	名称	形态特点		
半子囊菌纲	无子囊果，子囊裸生	外囊菌目	子囊以柄细胞方式形成	外囊菌属（Taphrina）（见图2-8）	子囊平行排列在寄主表面，呈栅栏状	皱缩、丛枝、肥肿	桃缩叶病、李袋果病
核菌纲	子囊果是闭囊壳或子囊壳，子囊规则地排列于子囊内	白粉病菌目	菌丝体发达，无色或浅褐色，多外寄生于寄主表面。菌丝体能产生吸器并伸入表皮细胞或皮下内吸取养分	叉丝壳属（Microsphaera）（见图2-9）	附属丝坚硬，顶部双分叉	病部表面通常有一层明显的白色粉状物，后期可出现许多黑色的小颗粒	栎树、榛树和栗树白粉病
				球针壳属（Phyllactinia）（见图2-10）	附属丝坚硬，基部膨大，顶端尖锐		梨树、柿树和核桃白粉病
				白粉菌属（Erysiphe）（见图2-11）	附属丝柔软，呈菌丝状		萝卜、菜豆和瓜类白粉病
				钩丝壳属（Uncinula）（见图2-12）	附属丝坚硬，顶端卷曲成钩状		葡萄、桑树和槐树白粉病
				单丝壳属（Sphaerotheca）（见图2-13）	附属丝似白粉菌属		瓜类、豆类和蔷薇白粉病
				叉丝单囊壳属（Podosphaera）（见图2-14）	附属丝似叉丝壳属		苹果、山楂白粉病

（续）

纲		目		属		所致病害特点	代表病害
名称	形态特点	名称	形态特点	名称	形态特点		
核菌纲	子囊果是闭囊壳或子囊壳，子囊规则地排列于子囊内	球壳目	子囊果是子囊壳	间座壳属（Diaporthe）	子座为黑色，子囊壳埋生于子座内，以长颈伸出子座	枯枝、流胶、腐烂	茄褐纹病、柑橘树脂病
				小丛壳属（Glomerella）	子囊壳小、壁薄，半埋生于子座内	病斑、腐烂、小黑点	瓜类、番茄、苹果、葡萄和柑橘炭疽病
				内座壳属（Endothia）	子囊为肉质，橘黄色或橘红色，子囊壳埋生于子座内，有长颈穿过子座并外露	树皮腐烂、溃烂	栗干枯病
				黑腐皮壳属（Valsa）（见图2-15）	子囊壳具有长颈，成群埋生于寄主组织中的子座基部	树皮腐烂、小黑点	苹果树、梨树腐烂病
腔菌纲	子囊果为子囊座，无性繁殖时会在子囊腔内产生子囊孢子，子囊均具有双层壁	多腔菌目	每个子囊腔内含有一个子囊	痂囊腔菌属（Elsinoe）	子囊座生在寄主组织内，子囊孢子具有3个横隔膜	增生、木栓化、病斑表面粗糙或有突起	葡萄黑痘病、柑橘疮痂病
		座囊菌目	每个子囊腔内含有多个子囊，子囊间无拟侧丝	球座菌属（Guignardia）	子囊座小，生于寄主表皮下，子囊孢子单胞	腐烂、干枯、斑点	葡萄黑腐病、葡萄房枯病
				球腔菌属（Mycosphaerella）	子囊座散生在寄主表皮内，子囊孢子有隔膜	裂蔓	瓜类蔓枯病
		格孢腔菌目	每个子囊内含有多个子囊，子囊间有拟侧丝	黑星菌属（Venturia）（见图2-16）	子囊座孔口周围有黑色、多隔的刚毛，子囊孢子双胞	黑色霉层、疮痂、龟裂	苹果、梨黑星病
				格孢腔菌属（Pleospora）	子囊座为球形或瓶形，光滑无刚毛。子囊孢子为卵圆形，多胞，砖格状	病斑	葱类叶枯病
盘菌纲	子囊果呈盘状，成熟时像杯或盘一样张开	星裂盘菌目	子囊盘在子座内发育	散斑壳属（Lophodermium）	子囊孢子单孢，周围有胶质鞘	病斑	松苗、杉苗落针病
		柔膜菌目	子囊盘不在子囊内发育	核盘菌属（Sclerotinia）	子囊盘为盘状或杯状，由菌核产生	腐烂	十字花科蔬菜菌核病
				链核盘菌属（Monilinia）	子囊盘为盘状或漏斗状，由假菌核上产生	腐烂	苹果、梨、桃褐腐病

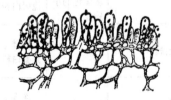

图2-8　外囊菌属

图2-9　叉丝壳属

图 2-10 球针壳属

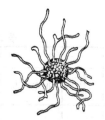

图 2-11 白粉菌属

图 2-12 钩丝壳属

图 2-13 单丝壳属

4. 担子菌亚门（Basidiomycotina）

担子菌亚门为真菌中最高等的一个类群，全部陆生。营养体为发育良好的有隔菌丝。多数担子菌的菌丝分为初生菌丝、次生菌丝和三生菌丝 3 种类型。初生菌丝由担孢子萌发产生，初期无隔多核，不久产生隔膜，且为单核有隔菌丝。

初生菌丝进行联合质配，使每个细胞有两个核，但不进行核配，常直接形成双核菌丝，此过程称为次生菌丝。次生菌丝在担子菌亚门生活史中占大部分时期，主要起营养功能。三生菌丝是组织化的双核菌丝，常集结成特殊形状的子实体，称为担子果。

图 2-14 叉丝单囊壳属

担子菌亚门常见病害病原及特点见表 2-5。

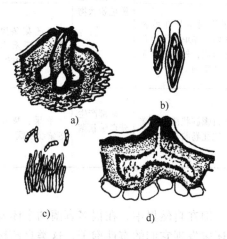

图 2-15 黑腐皮壳属
a）子座及子囊壳 b）子囊及子囊孢子
c）分生孢梗及分生孢子 d）分生孢子器

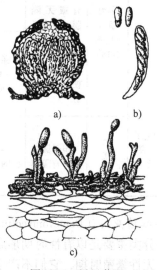

图 2-16 黑星菌属
a）子囊壳子 b）子囊及孢子
c）分生孢子及分生孢子梗

107

表 2-5　担子菌亚门常见病害病原及特点

纲		目		属		所致病害特点	代表病害
名称	形态特点	名称	形态特点	名称	形态特点		
冬孢菌纲	无担子果，在寄主上形成分散或成堆的冬孢子，担子自冬孢子上产生	锈菌目（见图2-17）	锈菌目全部为专性寄生菌。寄生于蕨类植物、裸子植物和被子植物上，引起植物锈病。菌丝体发达，寄生于寄主细胞间，以吸器穿入细胞内吸收营养。不形成担子果。生活史较复杂	栅锈菌属（Melampsora）	冬孢子侧面紧结成壳状	病部产生铁锈状物	垂柳锈病
				胶锈菌属（Gymnosporangium）	冬孢子柄长，遇水胶化，壁薄		苹果锈病
				柄锈菌属（Puccinia）	冬孢子柄短，不胶化，壁厚，隔膜处缢缩不深，不能分离		草坪禾本科杂草锈病、菊花锈病
				单胞锈菌属（Uromyces）	冬孢子有柄，夏孢子为单细胞型，顶端较厚		玫瑰、月季锈病
				多胞锈菌属（Phragmidium）	冬孢子有三个至多个细胞，表面光滑或有瘤状突起，柄基部膨大		菜豆、蚕豆锈病
				层锈菌属（Phakopsora）	冬孢子无柄，椭圆形，单细胞，在寄主表皮下排列成数层		枣树、葡萄锈病
		黑粉菌目（见图2-18）	冬孢子由次生菌丝间细胞形成，有或无隔膜。担孢子为侧生或顶生，数目不定，无小梗，不能弹射	黑粉菌属（Ustilago）（见图2-19）	厚垣孢子散生，萌发时产生着生担孢子的先菌丝。先菌丝也可以不产生担孢子而变为侵染菌丝	病部产生黑色粉状物	茭白黑粉病
				条黑粉菌属（Urocystis）（见图2-20）	孢子堆通常长在植物叶、茎内。厚垣孢子由几个细胞组成，外有一层无色的不孕细胞		银莲花条黑粉病、草坪禾本科杂草秆黑粉病
层菌纲	有担子果，开裂，不产生冬孢子	木耳目	担子圆柱形，有隔膜	卷担菌属（Helicobasidium）	担子自螺旋状菌丝顶端长出，往往卷曲	病部产生紫色绒状菌丝层	苹果、梨和桑等紫纹羽病

5. 半知菌亚门（Deuteromycotina）

真菌分类主要是以有性时期形态特征为依据的。但在自然界中，在很多真菌的个体发育中只发现无性繁殖时期，它们不产生有性孢子，或还未发现它们的有性孢子，这类真菌称为半知菌，并暂时将它们放在半知菌亚门。已经发现的有性繁殖时期，大多数属于子囊菌，极少数属于担子菌，个别属于接合菌。所以，半知菌与子囊菌有着密切的关系。

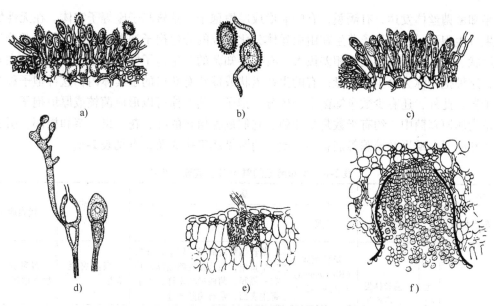

图 2-17 锈菌的各种孢子类型

a) 夏孢子堆和夏孢子 b) 夏孢子及其萌发 c) 冬孢子堆和冬孢子
d) 冬孢子及其萌发 e) 性孢子器和性孢子 f) 锈孢子腔和锈孢子

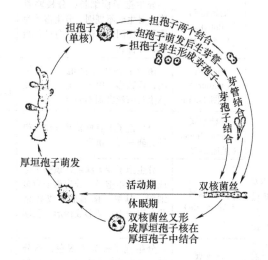

图 2-18 黑粉菌发育循环图

图 2-19 黑粉菌属

图 2-20 条黑粉菌属

109

半知菌菌丝体发达，有隔膜，有的能形成厚垣孢子、菌核和子座等子实体。在无性繁殖时产生分生孢子。分生孢子着生在由菌丝体分化形成的分生孢子梗上。分生孢子梗及分生孢子的形状、颜色和组成细胞数相差极大。有些半知菌的分生孢子梗和分生孢子直接生在寄主表面，这种孢子称为分生孢子盘；有的生在盘状或球状有孔口的子实体内，这种孢子称为分生孢子器。此外，还有少数半知菌不产生分生孢子，菌丝体可以形成菌核或厚垣孢子。

植物病原真菌中，约有半数是半知菌。它们危害植物的叶、花、果、茎和根部，引起局部坏死和腐烂、畸形及萎蔫等症状半知菌亚门常见病害病原及特点见表2-6。

表2-6　半知菌亚门常见病害病原及特点

纲		目		属		所致病害特点	代表病害
名称	形态特点	名称	形态特点	名称	形态特点		
丝孢纲	分生孢子不产生在分生孢子盘或分生孢子器内	无孢目	菌丝体发达，不产生分生孢子	丝核菌属（Rhizoctonia）（见图2-21）	菌丝细胞短而粗，褐色，分枝多呈直角，在分枝处略缢缩，并有一隔膜。菌核形状多样，生于寄主表面，常有菌丝相连	根茎腐烂、立枯	多种园林植物立枯病
				小菌核属（Sclerotium）（见图2-22）	产生较规则的圆形或扁圆形菌核，表面为褐色至黑色，内部为白色，菌核之间无菌丝相连	茎基和根部腐烂、猝倒	多种园林植物白绢病
		丝孢目	菌丝体发达，呈疏松棉絮状，分生孢子直接从菌丝上或分生孢子梗上产生	葡萄孢属（Botrytis）（见图2-23）	分生孢子梗细长，分枝略垂直，对生或不规则。分生孢子为圆形或椭圆形，聚生于分枝顶端成葡萄穗状	腐烂、病斑	菊花、仙客来灰霉病
				粉孢属（Oidium）（见图2-24）	菌丝表面生分生孢子，单细胞，椭圆形，串生。分生孢子梗丛生与菌丝区别不显著	寄主体表形成白色粉状物	瓜叶菊、月季白粉病
				轮枝孢属（Verticillium）（见图2-25）	分生孢子上有梗轮状分枝。孢子为卵圆形，单生	黄萎、枯死	茄黄萎病
				链格孢属（Alternaria）	分生孢子梗为深色，顶端单生或串生分生孢子。分生孢子为多细胞，具纵、横隔膜，成砖格状。孢子为长圆形或棒形，顶端尖细，串生	叶斑、腐烂、霉状物	香石竹叶斑病、圆柏叶枯病
				尾孢属（Cercospora）（见图2-26）	分生孢子梗为黑褐色，不分枝，顶端着生分生孢子。分生孢子呈线形，多细胞，有多个横隔膜	病斑	樱花、丁香褐斑病
				青霉属（Penicillium）	分生孢子梗顶端有帚状分枝，分枝顶端形成瓶状小梗，其上串生分生孢子。分生孢子为单细胞	腐烂、霉状物	柑橘绿霉病、青霉病
				黑星孢属（Fusicladium）	分生孢子梗短，暗褐色，有明显孢痕，典型分生孢子双细胞	叶斑、霉状物	苹果、梨黑星病
				褐孢霉属（Fulvia）	分生孢子梗和分生孢子为黑褐色，分生孢子分为单细胞型或双细胞型，形状和大小变化大	病斑、腐烂	番茄、茄子叶霉病

（续）

纲		目		属		所致病害特点	代表病害
名称	形态特点	名称	形态特点	名称	形态特点		
丝孢纲	分生孢子不产生在分生孢子盘或分生孢子器内	瘤座菌目	分生孢子座呈瘤状	镰刀菌属（Fusarium）	分生孢子有两种：大分生孢子为多胞型，细长，呈镰刀形；小分生孢子呈卵圆形，单细胞，着生在子座上，聚生呈粉红色	萎蔫、腐烂	香石竹等多种花木枯萎病
腔孢纲	分生孢子产生在分生孢子盘或分生孢子器内	球壳孢目	分生孢子产生在分生孢子器内	叶点霉属（Phyllosticta）	分生孢器具有孔口，埋生于寄主组织内，部分突出，或以孔口突破表皮外露。分生孢子梗短。孢子小，单细胞，无色，卵圆形至长椭圆形。寄生性强，主要寄生于植物叶片上	病斑	荷花斑枯病、桂花斑枯病
				壳针孢属（Septoria）	分生孢子器色暗，散生且近球形，生于病斑内，孔口露出。分生孢梗短。分生孢子无色，多胞，细长至线形	病斑	番茄斑枯病
				壳囊孢属（Cytospora）	分生孢子器集生在子座内。分生孢子小，腊肠状	腐烂	苹果树腐烂病
				茎点霉属（Phoma）	分生孢子器埋生或半埋生于寄主组织内。分生孢子梗短。分生孢子小，卵形，单胞	叶斑、茎枯、根腐	甘蓝黑茎病
				大茎点霉属（Macrophoma）	形态与茎点霉属相似，但分生孢子较大	叶斑、果腐	梨轮纹病
				拟茎点霉属（Phomopsis）	产生卵圆形和钩形两种分生孢子	腐烂、流胶、干枯	柑橘树流脂病
		黑盘孢目	分生孢子产生在分生孢子盘内	痂圆孢属（Sphaceloma）	分生孢子盘半埋于寄主组织内。分生孢子较小，单胞，无色	病斑、腐烂、疮痂、小黑点等	柑橘疮痂病菌
				刺盘孢属（Colletotrichum）	分生孢子盘有刚毛。孢子为单胞型，无色，圆形或圆柱状		樟树炭疽病
				盘圆孢属（Gloeosporuum）	分生孢子盘无刚毛。孢子为单胞型，无色，圆形或圆柱状		仙人掌炭疽病
				射线孢属（Actinonema）	分生孢子盘埋于角质层下，盘下有放射状分枝的菌丝，孢子为双细胞型		月季黑斑病
				盘多毛孢属（Pestalotia）	分生孢子为多胞型，两端细胞无色，中部细胞为褐色，顶端有2～3根刺毛		山楂灰斑病

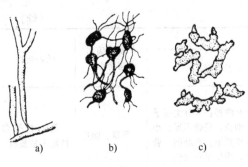

图 2-21　丝核菌属

a）菌丝分枝　b）菌核　c）菌核组织的细胞

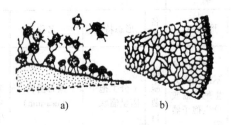

图 2-22　小菌核属

a）菌核　b）菌核部分切面

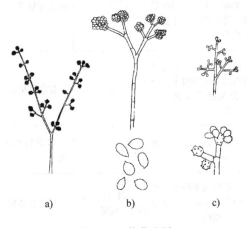

图 2-23　葡萄孢属

a）分生孢子梗和分生孢子　b）分生孢子

c）分生孢子梗上端膨大的顶部

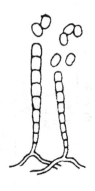

图 2-24　粉孢属

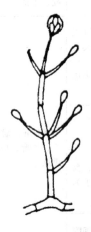

图 2-25　轮枝孢属

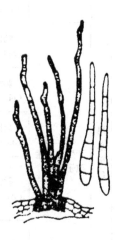

图 2-26　尾孢属

任务实施

一、玻片标本制作

取清洁载玻片，中央滴蒸馏水 1 滴，用挑针挑取少许瓜果腐霉病菌的白色棉毛状菌丝放入水滴中，用两支挑针轻轻拨开过于密集的菌丝，然后自水滴一侧用挑针支持，慢慢加盖玻片即成。注意加盖玻片不宜过快，以防形成大量气泡，影响观察或将欲观察的病原物冲溅到玻片外。

二、真菌的营养体观察

（一）菌丝观察

挑取晚疫病菌或腐霉病菌并制片，镜检无隔菌丝。挑取立枯丝核菌并制片，镜检有隔菌丝。观察各种病原真菌在平面和斜面培养基上形成的菌落，注意菌落大小、形状、厚薄、质地、颜色等形态特点。

（二）菌丝变态观察

1. 菌核

肉眼观察菌核病标本，比较菌核形状、大小、颜色。镜检菌核制片，注意比较表皮与内部组织细胞的排列特点。

2. 子座

镜检苹果树腐烂病菌所形成的子座制备片，注意子座形状，着生部位及内部繁殖体类别。

3. 根状菌索

肉眼观察林木上根状菌索的外部形状，注意和菌核比较，找出二者区别。

4. 吸器

镜检白粉病菌吸器制备片，注意吸器的形状及其形成的部位。

5. 假根

镜检根足霉菌制备片，注意假根与普通营养菌丝的区别。

三、真菌的繁殖体——孢子观察

（一）无性孢子观察

1. 游动孢子

制片并镜检绵霉和水霉的游动孢子囊和游动孢子。

2. 孢囊孢子

挑取黑根霉制片（或取制备片），镜检孢子囊梗、孢子囊和孢囊孢子，注意观察孢子囊的形态及其着生位置及孢囊孢子的形态、颜色和产生的数目。

3. 分生孢子

取苹果灰斑病制片，镜检分生孢子器和分生孢子，注意分生孢子的形状、色泽、细胞数目及着生情况。

4. 厚垣孢子

镜检厚垣孢子制备片。菌丝中或孢子中个别细胞膨大、细胞壁加厚的孢子即厚垣孢子。

（二）有性孢子观察

1. 卵孢子

镜检卵孢子制备片，注意卵孢子形状、大小、颜色，孢壁形态。

2. 接合孢子

镜检毛霉接合孢子制片，注意接合孢子的大小、形状、颜色及表现特点。

3. 子囊孢子

取山楂白粉病病叶，用解剖针将白粉上的小黑点（闭囊壳）仔细拨至载玻片上的水滴中，加盖玻片并轻轻压破闭囊壳，镜检闭囊壳、子囊、子囊孢子和附属丝的形态，特别注意子囊的数目和附属丝的特点。

4. 担孢子

镜检担孢子的形态，观察其特征。

四、真菌主要类群所致病害观察

（一）鞭毛菌所致病害观察

观察各种植物幼苗猝倒病、疫霉病、霜霉病等病害标本。注意菌丝有无分隔及卵孢子的形状、颜色等特征。

（二）接合菌所致病害观察

观察花卉球茎软腐病标本和新鲜健康标本，注意区别它们的症状。镜下观察接合孢子的形态特征。

（三）子囊菌所致病害观察

观察园林植物的白粉病、菌核病、烂皮病的标本，注意区别它们的症状。镜检各种子囊果，区分其形态。

（四）担子菌所致病害观察

观察草坪草黑粉病以及各种花木锈病的标本，注意区分它们的症状。镜检冬孢子的形状、大小、颜色。

（五）半知菌所致病害观察

观察灰霉病、炭疽病、花木白娟病等病害的标本，注意区别它们的症状。镜检分生孢子的大小、形状，区分分生孢子器和分生孢子盘。

 思考问题

1. 真菌无性繁殖和有性繁殖各产生哪些类型的孢子？
2. 真菌所致病害的典型症状有哪些？
3. 真菌的 5 个亚门的特征有哪些？
4. 真菌所致病害有哪些？

 **知识链接**

一、真菌的生活史

真菌从一种孢子开始，经过萌发、生长和发育，最后又产生同一种孢子的个体发育过程称为真菌的生活史。典型的生活史包括无性繁殖阶段和有性繁殖阶段。一般过程是有性孢子萌发形成菌丝体，菌丝体在适当的条件下产生无性孢子，无性孢子萌发产生芽管侵入寄主，然后继续生长形成新的菌丝体。在一个生长季节里无性孢子往往可以发生若干代，这是真菌的无性繁殖阶段。到生长的后期，在菌丝体上形成配子囊、配子或类似结构，经过性结合而产生有性孢子，即为真菌的有性繁殖阶段。有性孢子一年只发生一次，数量较少，抵抗不良环境能力强，常是休眠孢子。有性孢子休眠后，萌发且再产生菌丝体，从而完成真菌个体发育循环过程。

有些真菌只有无性繁殖阶段，极少进行有性繁殖，例如兰花炭疽病菌；有些真菌的生活史以有性繁殖为主，无性孢子很少产生；还有些真菌整个生活史中根本不形成任何孢子，生活过程全由菌丝来完成，例如引起苗木猝倒病的丝核菌。

一种菌体的生活史只在一种寄主上完成，称为单主寄生；同一种真菌在两种以上的寄主上才能完成生活史，称为转主寄生。

二、真菌的生理生态特性

（一）真菌的生理特性

真菌是异养生物，必须从外界吸取现成的糖类作为能源。真菌还需要氮及其他一些元素，如磷、钾、硫、镁、锌、铁等。

真菌可以人工培养。真菌通过菌丝吸收营养物质。有些真菌只能从寄主表皮组织获得养料，以吸器伸入寄主表皮细胞吸收养料，而大多数真菌则从寄主内部组织吸收养料。

根据吸收营养方式的不同，可将病原真菌分为4种类型，见表2-7。

表2-7 病原真菌类型及主要特点

类型	主 要 特 点	代表病害
专性寄生	病原真菌只能从活的有机体中吸取营养物质，不能在无生命的有机体和人工培养基上生长	白粉病、霜霉病
兼性寄生	病原真菌兼有寄生和腐生的能力。其中有些真菌主要营腐生生活，当环境条件改变时，也能营寄生生活，称为兼性寄生	苗木猝倒病的镰孢菌、松落针病菌
兼性腐生	一般以腐生方式生活，在一定条件下也可进行寄生，但寄生性很弱	丝核菌、镰刀病菌等
专性腐生	病原菌只能从无生命的有机物中吸取营养物质，不能侵害有生命的有机体	腐朽菌、煤污菌

（二）真菌的生态特性

真菌的生长和发育要求有一定的环境条件。当环境条件不适时，真菌可以发生某种适应性的变态。

1. 温度

温度是真菌生长发育的重要条件。大多数真菌生长发育的适宜温度为 20～25℃，在自然条件下，通常在生长季节进行无性繁殖，在生长季节末期，温度较低时进行有性繁殖。

2. 湿度

真菌是喜湿的生物，大多数真菌的孢子萌发时的相对湿度在90%以上，有的孢子甚至必须在水滴或水膜中才能萌发。多数真菌菌丝体的生长虽然也需高湿环境，但因高湿条件下氧的供给受限制，所以菌丝体的生长反而在相对湿度75%的条件下很好。温度和湿度的良好配合，有利于真菌的生长发育。

3. 光线

真菌菌丝体的生长一般不需要光线，在黑暗和散光条件下都能良好生长。真菌进入繁殖阶段时，有些菌种需要一定的光线，否则不能形成孢子，例如多数高等担子菌。

4. 酸碱度

一般适宜真菌生长繁殖的 pH 为 3~9，最适宜 pH 为 5.5~6.5，真菌的孢子一般在酸性条件下萌发较好。在自然条件下，酸碱度不是影响孢子萌发的决定因素。

真菌对环境条件的要求，会随着真菌种类和发育阶段的不同而有差异。真菌对外界环境各种因素也有逐步适应的能力，并不是一成不变的。

任务4　细菌、病毒等病害识别技术

任务描述

在植物病害的大家族中，由真菌侵染引起的病害种类最多，其次是由细菌、病毒、线虫等病原引起的病害，要有效地防治这些病害，就必须了解这些病害的特征，掌握正确的诊断和识别技术，才能做到对症下药。

细菌性病害是由细菌侵染所致的病害，如软腐病、溃疡病等。细菌性病害是影响我国园林生产的重要病害。全世界细菌性植物病害有 500 多种，我国主要的细菌性植物病害有60~70 种。细菌性病害常造成严重损失，所以为了提高植物的产量和品质，植物细菌病害的控制显得尤为重要。

病毒性病害是一类危害花卉植物的特殊病害，近几年有逐渐加重的趋势。由于其在症状特点、发生规律及防治措施等方面与一般病害差异较大，且病毒性病害对林木、蔬菜、花卉等植物危害相当普遍，而且非常严重，所以病毒性病害可称得上是植物病害中的顽症。目前，在园林植物生产上，虽然还没有找到有效的根治措施，但可以从生产实践中摸索和掌握发病的规律，采取一整套综合预防措施，加以控制。

任务咨询

一、细菌认知

细菌属原核生物界，细菌门。细菌为单细胞微生物，有细胞壁，无真正的细胞核。植物细菌病害分布很广,目前已知的植物细菌病害有300多种,我国发现的有70种左右。细菌病害主要见于被子植物,松柏等裸子植物上很少发现。

(一) 病原细菌的一般性状

1. 细菌的形态结构

细菌属于原核生物界,是单细胞的微小生物,其基本形状可分为球状、杆状和螺旋状三种。植物病原细菌全部都是杆状,两端略圆或尖细,一般宽约 $0.5 \sim 0.8\mu m$,长 $1 \sim 3\mu m$。细菌的结构较简单。细菌的外层是有一定韧性和强度的细胞壁。细胞壁外常围绕一层黏液状物质,其厚薄不等,其中比较厚而固定的黏质层称为夹膜。在细胞壁内是半透明的细胞膜,它的主要成分是水、蛋白质和类脂质、多糖等。绝大多数植物病原细菌不产生芽孢,但有一些细菌可以生成芽孢。芽孢对光、热、干燥及其他因素有很强的抵抗力,通常煮沸消毒不能杀死全部芽孢,必须采用高温、高压处理或间歇灭菌法才能杀灭芽孢。

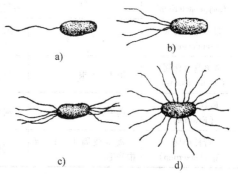

图 2-27 植物病原细菌的形态
a) 单极生 (一) b) 单极生 (二)
c) 两极生 d) 周生

大多数植物病原细菌都能游动,其体外生有丝状的鞭毛。鞭毛数通常为 $3 \sim 7$ 根,多数着生在菌体的一端或两端,称为极毛;少数着生在菌体四周,称为周毛(图 2-27)。细菌有无鞭毛和鞭毛的数目及着生位置是细菌分类的重要依据之一。

2. 细菌的繁殖

细菌的繁殖方式一般是裂殖,即细菌生长到一定限度时,细胞壁自菌体中部向内凹入,胞内物质重新分配为两部分,最后菌体从中间断裂,把原来的母细胞分裂成两个形式相似的子细胞。细菌的繁殖速度很快,一般 1h 分裂 1 次,在适宜的条件下有的只要 20min 就能分裂 1 次。

3. 细菌的生理特性

植物病原细菌都是非专性寄生菌,都能在培养基上生长繁殖。在固体培养基上可形成各种不同形状和颜色的菌落,通常以白色和黄色的圆形菌落较为居多,也有褐色和形状不规则的菌落。菌落的颜色和细菌产生的色素有关。细菌的色素若限于细胞内,则只有菌落有颜色;若分泌到细胞外,则培养基也变色。假单胞杆菌属中的植物病原细菌,有的可产生荧光性色素并分泌到培养基中。青枯病细菌在培养基上可产生大量褐色色素。大多数植物病原细菌是好气菌,少数是厌氧菌。细菌的适宜生长温度是 $26 \sim 30℃$,温度过高或过低都会使细菌生长发育受到抑制,细菌对高温比较敏感,一般致死温度是 $50 \sim 52℃$。

革兰氏染色反应是细菌的重要属性。细菌被结晶紫染色后,再用碘液处理,然后用酒精或丙酮冲洗,洗后不褪色是阳性反应,洗后褪色的是阴性反应。革兰氏染色能反映出细菌本质的差异,进行阳性反应的细菌的细胞壁较厚,为单层结构;进行阴性反应的细菌的细胞壁较薄,为双层结构。

(二) 细菌的主要类群

细菌的分类主要依据鞭毛的有无、数目及着生位置、革兰氏染色反应、培养性状、生化特性、致病性及寄生性等特点进行分类。目前多采用伯杰氏(D. H. Bergey)《细菌鉴定手册》中的分类系统进行分类，并将植物病原细菌分为 5 个属，不同属的特征及所致病害特点见表 2-8。

表 2-8　细菌不同属的特征及所致病害特点

名称	鞭毛	菌落特征	致病特点	代表病害
棒杆菌属（Corynebacterium）	无	圆形，光滑，隆起，多为灰白色	萎蔫、维管束变褐	菊花、大丽花青枯病
假单胞杆菌属（Pseudomonas）	极生，3~7 根	圆形，隆起，灰白色，有荧光反应	叶斑、腐烂和萎蔫	丁香疫病
黄单胞杆菌属（Xanthomonas）	极生，1 根	隆起，黄白色	叶斑、叶枯	桃细菌性穿孔病
欧氏杆菌属（Erwinia）	周生，多根鞭毛	圆形，隆起，灰白色	腐烂、萎蔫、叶斑	花卉与树木的软腐病
野杆菌属（Agrobacterium）	极生或周生，1~4 根鞭毛	圆形，隆起，灰白色	肿瘤、畸形	花卉与树木的根癌病

二、病毒认知

在高等植物中，目前已发现的病毒性病害已超过 700 多种。几乎每一种园林植物都有一至数种病毒性病害。病毒性病害轻则影响观赏，重则不能开花，品种逐年退化，甚至毁种，已对花卉构成极大的潜在威胁。有些病毒已成为影响我国花卉栽培、生产和外销的主要原因。据统计，花卉病毒已达 300 余种，树木病毒已达百余种。

（一）病毒的主要性状

病毒是一类极小的非细胞结构的专性寄生物，例如烟草花叶病毒，大小为 $15nm \times 280nm$，是最小杆状细菌宽度的 $1/20$。用电子显微镜放大数万倍至十多万倍观察到的病毒粒子的形态为杆状、球状、纤维状 3 种（见图 2-28）。

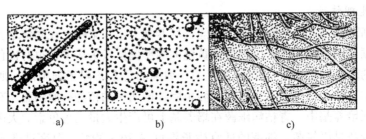

a)　　　　　　　　b)　　　　　　　　c)

图 2-28　植物病毒形态
a）杆状病毒　b）球状病毒　c）纤维状病毒

病毒粒子由核酸和蛋白质组成。植物病毒的核酸绝大多数为 RNA。病毒具有增殖、传染和遗传等特性。植物病毒能通过细菌不能通过的过滤微孔，故称为过滤性病毒。

植物病毒具有传染能力，如果把烟草花叶病病株汁液接种到无病烟草植株上，无病烟草植株会发生同样的烟草花叶病。植物病毒具有增殖能力，它采用的是核酸样板复制方式。当病毒侵入寄主体内后，提供遗传信息的核酸，改变了细胞的代谢作用，使细胞按照病毒的分子结构复制，并且产生大量的病毒核酸和蛋白质，一定量的核酸聚集在一起，外面加上蛋白质外壳，最后形成新的病毒颗粒（见图2-29）。

病毒在增殖的同时，也破坏了寄主正常的生理程序，从而使植物表现症状。

病毒只能在活的寄主体内寄生并产生危害，不能在人工培养基上生长。但它们的寄主范围却相当广泛，可包括不同科、属的植物。病毒对外界条件的影响有一定的稳定性，不同病毒对外界环境影响的稳定性不同，这种特性可作为鉴定病毒的依据之一，主要指标有：

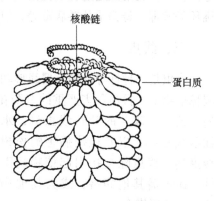

图 2-29　烟草花叶病毒

1. 体外保毒期

体外保毒期指带毒植物汁液在一定室温条件下保持传染性的期限。在 20～22℃ 室温条件下，体外保毒期最长，例如香石竹坏死斑病毒体外保毒期为 2～4 天，烟草花叶病毒体外保毒期为 30 天以上。

2. 稀释终点

带毒植物汁液加水稀释到一定程度时，便失去传毒能力，这个最大的加水倍数叫做稀释终点，例如菊花 D 病毒的稀释终点为 104，烟草花叶病毒的稀释终点为 106。

3. 失毒温度

失毒温度是指带毒植物汁液加热 10min，能使所含病毒失去致病力的最低温度，例如烟草花叶病毒的失毒温度为 93℃。

上述各种稳定性指标可作为鉴别病毒种类的重要依据。

（二）病毒的传播与侵染

病毒生活在寄主细胞内，无主动侵染的能力，多借外界动力和通过微伤口入侵，病毒的传播与侵染是同时完成的。传播途径主要有以下几方面：

1. 昆虫传播

传播园林植物的介体主要是昆虫，其次是线虫、螨类、真菌，还有菟丝子。昆虫介体中主要有蚜虫、叶蝉、飞虱、粉蚧、蓟马等。植物病毒对介体的专化性很强，通常由一种介体传染的病毒，另一种介体就不能传染。

2. 嫁接和无性繁殖材料传播

通过接穗和砧木可传播病毒。例如，蔷薇条纹病毒及牡丹曲叶病毒通过接穗和砧木使植物体带毒，经嫁接传播。菟丝子在病株上寄生后，又缠绕到其他植株上，并将病毒传到其他植株体内，使之感病。

由于病毒是系统侵染，被感染的植株各部位均含有病毒，用感染病毒的鳞茎、球茎、根系、插条繁殖，产生的新植株也可感染病毒。同时，病毒也可随着无性材料的栽培和贸易活动传到各地。

3. 病株及健株机械摩擦传播

病株与健株枝叶接触及相互摩擦，或人为地接触摩擦而产生轻微伤口，带有病毒的汁液从伤口流出从而传给健株。接触过病株的手、工具也能将病毒传染给健株。

4. 种子和花粉传播

有些病毒可进入种子和花粉中。据统计，迄今由种子传播的病毒已有 100 多种，有些带毒率很高，这些病毒可随种子的调运传播到外地。能以种子传播的病毒以花叶病毒、环斑病毒为多。仙客来能通过种子传播病毒，其带毒率高达82%左右。以花粉传播的植物病毒有桃环斑病毒、悬钩子丛矮病毒等，但花粉在自然界中的传毒作用不太重要。

三、线虫

线虫是一种低等动物，属线形动物门线虫纲，在自然界分布很广，种类多，少数寄生在园林植物上。目前危害严重的有菊花、仙客来、牡丹、月季等草本、木本花卉的根结线虫病，菊花、珠兰的叶枯线虫病，水仙茎线虫病，以及检疫病害的松树线虫病。线虫除直接引起植物病害外，还传播其他病害，成为其他病原物的传播媒介。

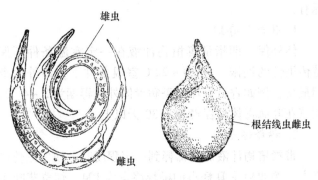

图 2-30　植物病原线虫的形态

（一）园林植物线虫的性状

线虫多为不分节的白色透明线形体，呈圆筒状，细长，两头稍尖（见图 2-30）。

线虫体长 0.5～1.0mm，宽0.03～0.05mm。大部分线虫两性异体，同形；少数雌雄异形。雌虫成熟后膨大成梨形或近球形，但在幼虫阶段仍呈线性。线虫体壁通常无色透明或为乳白色（见图 2-31）。

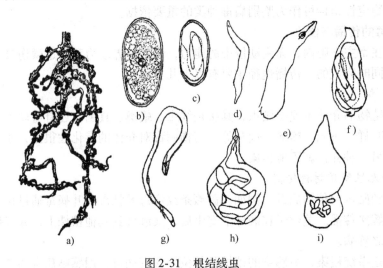

图 2-31　根结线虫
a）幼苗根部被害状　b）卵　c）卵内孕育的幼虫　d）性分化前的幼虫
e）成熟的雌虫　f）在幼虫包皮内成熟的雌虫　g）雄虫
h）含有卵的雌虫　i）产卵的雌虫

线虫通常分为头、颈、腹和尾 4 部分。头部有唇、口腔、吻针和侧器等器官；尾部有尾腺、肛门。肛门到口腔之间称为体部，体部中央为体腔。线虫体腔内有发达的消化器官和生殖器官。线虫的神经系统较简单，一般只在食道上有一神经环，而排泄器官只是虫体末端的一排泄孔，无呼吸系统和循环系统。在体壁和内部器官之间为假腔体，假体腔内充满体腔液。

（二）园林植物线虫的生活史

线虫的生活史分为卵、幼虫和成虫 3 个阶段。成熟的成虫交配后，雄虫即死亡，雌虫在土壤或植物组织内产卵。卵呈椭圆形，孵化后即成幼虫。幼虫阶段雌雄不易分辨，经 4 次蜕皮后发育为成虫，才可辨别雌雄。多数线虫在 3～4 周内完成整个生活史，一年可以繁殖几代。植物线虫大部分生活在土壤耕作层。适于线虫发育的温度为 20～30℃，适宜的土壤温度为 10～17℃。多数线虫在沙壤土中容易繁殖和侵染植物。

四、寄生性种子植物

在自然界中，有少数种子植物由于缺乏叶绿素或某种器官发生退化，不能自己制造营养，而成为异养生物，必须依靠其他植物维持生活，称为寄生性种子植物。寄生性种子植物都是双子叶植物，全世界有 2500 种以上，分属 12 个科。根据这类植物的寄生特点，可区分为不同类型。按寄生性分为全寄生和半寄生。全寄生，例如菟丝子、列当，无叶绿素，完全依靠寄主提供养分；半寄生，例如桑寄生、槲寄生，有叶绿素，可以制造营养，只是靠寄主提供水分和无机盐。按寄生部位分为茎寄生和根寄生。茎寄生，例如菟丝子、桑寄生、槲寄生，寄生于寄主的地上部；根寄生，例如列当、野菰，寄生于寄主的根部。

（一）桑寄生科寄生植物

桑寄生科寄生植物为常绿小灌木，有 27 属，多分布在热带和亚热带地区。我国已发现的约为 35 种，主要分布在长江流域以南，以西南和华南地区最为普遍，寄生于木本植物。

（二）菟丝子科寄生植物

菟丝子科寄生植物约有 170 种，广泛分布于世界暖温带地区。我国有 10 多种，各地均有分布。菟丝子为一年生攀缘草本植物，仅有菟丝子属，无根和叶，有些叶退化成鳞片状，茎为黄色丝状，无叶绿素，所需营养全从寄主体内夺取，所以称为全寄生。菟丝子花小，呈白色、黄色或粉红色，多半排列成球形花序，呈蒴果球形，内有种子 2～4 枚。种子很小，呈卵圆形，稍扁，种胚无子叶和胚根（见图 2-32）。

我国现有的 10 多种菟丝子中，以中国菟丝子（*Cuscuta chinensis* Lam.）和日本菟丝子（*C. japonica* Choisy）最为常见。中国菟丝子主要危害草本植物，以豆科植物为主，还寄生菊科、藜科等植物，

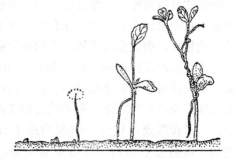

图 2-32　菟丝子的幼子萌发和侵害方式

常危害一串红、翠菊、两色金鸡菊、美女樱、长春花及扶桑等多种植物。日本菟丝子主要寄生在木本植物上，常危害杜鹃、六月雪、山茶花、木槿、紫丁香、榆叶梅、珊瑚树、银杏、垂柳、白杨等多种植物。

五、其他侵染性病原

（一）类病毒

类病毒是 1960 年以后发现的比病毒结构还简单，体更微小的一类新病原物。类病毒从结构上看，无蛋白质外壳，只有低分子量的核糖核酸。相对分子质量只有 1×10^5 左右，为

最简单病毒相对分子质量 1×10^6 的 1/10。类病毒进入寄主细胞内对寄主细胞破坏的特点与病毒基本相似。不同的是，大多数类病毒比病毒对热的稳定性高，对辐射不敏感，有的对氯仿和酚等有机溶剂也不敏感。类病毒在细胞核内同染色体结合在一起，通常使病株呈全株带毒状，不能用生长点切除法去毒。种子带毒率很高，通过无性繁殖材料、汁液接触、蚜虫或其他昆虫进行传播。

类病毒病害症状主要表现为植株矮化、叶片黄化、簇顶、畸形、坏死、裂皮、斑驳、皱缩。但寄主感染类病毒多为隐症带毒，许多带有类病毒的植物并不表现症状。从侵染到发病的潜育期很长，有的侵染植物后几个月，甚至第二代才可表现症状。常见的类病毒病害有酒花矮化病、菊花矮缩病、菊花褪绿斑驳病、鳄梨白斑病。

（二）类菌质体

类菌质体属于原核生物，为细菌门软球菌纲生物，是介于病毒和细菌之间的单细胞生物。类菌质体无细胞壁，表面只有一个 3 层的单位膜。细胞内含有脱氧核糖核酸、可溶性核糖核酸、可溶性蛋白质及代谢物等。类菌质体形态多样，大小各异，有圆形、椭圆形、螺旋形、不规则形等，直径为 $80 \sim 800\text{nm}$。类菌质体主要是以二均分裂、芽殖方式进行繁殖。它主要存在于植物韧皮部组织中和昆虫体内，通过嫁接、菟丝子、叶蝉、飞虱、木虱进行传播。类菌质体病害有绣球花绿变病、牡丹丛枝病、仙人掌丛枝病、丁香与紫罗兰绿变病、天竺葵丛枝病等。

类菌质体对抗生素，例如四环素、金霉素和土霉素比较敏感，可以用这些抗生素进行治疗，疗效一般为一年左右。类菌质体对青霉素抗性则很强。

（三）类立克次氏体

类立克次氏体属于原核生物，为细菌门裂殖菌纲，是介于病毒和细菌之间的单细胞生物。类立克次氏体细胞壁较厚，形态多变，通常为杆状、球状、纤维等。类立克次氏体以二均分裂式进行繁殖，是专性寄生物，不能在人工培养基上生长，能在昆虫体内繁殖，甚至可由虫卵将病原传给下一代。在自然情况下，它主要靠嫁接、叶蝉、木虱等昆虫介体传播，汁液不能传播。类立克次氏体病害的主要症状为叶片黄化、叶灼、稍枯、枯萎和萎缩等。

类立克次氏体存在于植物的韧皮部和木质部内。韧皮部的类立克次氏体为革兰氏阴性菌，对四环素和青霉素都敏感，造成的病害有柑橘黄龙病、柑橘青果病等。木质部的类立克次氏体分为革兰氏阴性菌和革兰氏阳性菌两类。革兰氏阴性菌的细胞壁不均匀，对四环素敏感，但对青霉素不敏感，引起的病害有杏叶灼病、葡萄皮尔斯病、苜蓿萎缩病等。革兰氏阳性菌的细胞壁平滑，对四环素和青霉素都不敏感，引起的病害只有甘蔗根癌病一种。对木质部的类立克次氏体病毒可用四环素进行治疗。

（四）壁虱

壁虱属于蛛形纲，蜱螨目，瘿螨科，又称为瘿螨。虫体微小，长 $0.1 \sim 0.3\text{mm}$，多呈蛆状，有两对足生于近头部处（见图 2-33a）。虫体可分为头胸部、腹部和喙 3 部分。卵呈

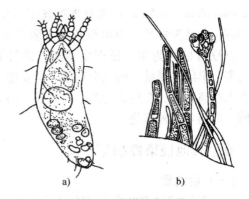

图 2-33　瘿螨及寄生藻
a）瘿螨成虫　b）头包藻的孢囊梗、孢子囊与直立的毛

球形，匿居在螨瘿中，肉眼不容易看到。

壁虱引起植物产生虫瘿、毛毡、疱瘿、丛生等各种畸形症状，还能引起器官变色。可危害香樟属、垂柳属、榆属、三角枫属、枫杨属、丁香属植物，还有海棠、柑橘、葡萄、荔枝等果树。壁虱不仅直接引起植物病害，还能传播病毒，例如叶刺瘿螨能传播玫瑰丛簇病毒，使植物叶畸形，嫩芽增生，生长受阻。

（五）藻类

在藻类植物中，有一些是引起植物病害的病原（见图2-33b），例如绿藻纲橘色藻类科的植物。

 任务实施

一、植物病原细菌革兰氏染色和形态观察

1. 涂片

在一片载玻片两端各滴一滴无菌蒸馏水备用。分别从鸢尾细菌性软腐病或白菜软腐病、马铃薯环腐病的菌落上挑取适量细菌，分别放入载玻片两端水滴中，用挑针搅匀涂薄。

2. 固定

将涂片在酒精灯火焰上方通过数次，使菌膜干燥固定。

3. 染色

在固定的菌膜上分别加1滴结晶紫液，染色1min，用水轻轻冲去多余的结晶紫液，用碘液冲去残水，再加1滴碘液染色1min，用水冲洗碘液，并用滤纸吸去多余水分，再滴加95%酒精脱色25~30s，用水冲洗酒精，然后用滤纸吸干后再用碱性品红复染0.5~1 min，用水冲洗复染剂，并用滤纸吸干。

4. 油镜镜检

细菌形态微小，必须用油镜观察。将制片依次先在低倍镜、高倍镜下找到并观察部位，然后在细菌涂面上滴少许香柏油，再慢慢地把油镜转下使其浸入油滴中，并在油镜镜头的一侧注视，使油镜轻触玻片，观察时用细准焦螺旋慢慢将油镜上提到观察物清晰为止。镜检完毕后，用擦镜纸沾少许二甲苯轻拭镜头，除净镜头上的香柏油。

二、植物病原线虫的观察

1. 小麦线虫的观察

若用小麦线虫病粒观察线虫形态，应提前将小麦病粒用清水浸泡至发软，观察时切开麦粒，挑取内容物装片并镜检。

2. 根结线虫的观察

若用根结线虫病观察线虫形态，应取病根外黄白色小颗粒物或剥开根结，挑取其中的线虫制片并镜检。

三、寄生性种子植物的观察

仔细比较菟丝子、列当、桑寄生、槲寄生或所给的寄生性种子植物标本，观察哪些仍具

绿色叶片，哪些叶片已完全退化，它们如何从寄主吸取营养。

 思考问题

1. 细菌性病害的症状特点及防治措施有哪些？
2. 病毒性病害的症状特点及防治措施有哪些？
3. 线虫危害的特点及防治措施有哪些？
4. 寄生性种子植物的危害及防治措施有哪些？

 知识链接

一、细菌病害的综合防治

（一）细菌病害的病状

1. 斑点型

斑点型症状主要发生在叶片、果实和嫩枝上。由于细菌侵染，引起植物局部组织坏死而形成斑点或叶枯。有的叶斑病后期，病斑中部坏死，病株组织脱落且形成穿孔。

2. 腐烂

植物幼嫩、多汁的组织被细菌侵染后，通常表现腐烂症状，常见的有花卉的鳞茎、球根和块根的软腐病。这类症状表现为组织解体，流出带有臭味的汁液。

3. 枯萎

细菌侵入寄主植物的维管束组织，在导管内扩展破坏输导组织，引起植株萎蔫。棒杆菌还能引起枯萎症状。

4. 畸形

有些细菌侵入植物后，引起根或枝干的局部组织过度生长形成肿瘤，或使新枝、须根丛生等。

（二）植物细菌病害的特点

1. 细菌侵入方式

植物病原细菌无直接穿透寄主表皮而入侵的能力，它主要通过气孔、皮孔、蜜腺等自然孔口和伤口侵入。假单胞杆菌属和黄单胞杆菌属的病原菌多从自然孔口侵入，也可以从伤口侵入。而棒状杆菌属、野杆菌属和欧氏杆菌属的病原菌则多从伤口侵入。

2. 细菌病害发病条件

细菌病害发病的最主要的条件是高湿度，所以只有在自然孔口内外充满水分时才能侵入寄主体内。植物病原细菌的田间传播主要是通过雨水的飞溅、灌溉水、昆虫和线虫等进行；有些细菌还可以通过农事操作传播，例如嫁接和切花的刀具等传播；有些则随着种子、球根、苗木等繁殖材料的调运而远距离传播，例如花木的根癌病就是由带病苗木远程传播的。百日草细菌性叶斑病由种子带菌传播，唐菖蒲疮痂病由球茎带菌传播。

3. 细菌的越冬

植物病原细菌无特殊的越冬结构，必须依附于感病植物。因此，感病植物是病原细菌越冬的重要场所。病株残体，种子、球根等繁殖材料，以及杂草等都是细菌越冬的场所，也是初侵染的重要来源。一般细菌在土壤内不能存活太久，当植物残体分解后，它们也渐趋死亡。一般高温、多雨，尤以暴风雨后湿度大，以及施用氮肥过多等环境因素，均有利于细菌病害的发生和流行。

（三）植物细菌病害的防治

1. 加强检疫，杜绝和消灭细菌来源

植物细菌病害的防治重点是消灭侵染来源。在地区之间，严格执行植物检疫措施，防止病区扩大。

2. 种苗消毒

选用无病种子、苗木、球根等繁殖材料，培养健康植株，或进行种苗、球根消毒处理，以消灭种苗所携带的病菌。

3. 消灭病残组织，减少伤口

注意苗圃、庭院及花坛、绿地的卫生，及时清除病株残体是防治植物细菌病害的重要途径。加强栽培管理，避免给植株造成伤口，及时保护伤口，防止细菌侵入。

4. 化学防治

利用抗生素防治植物细菌病害可以收到较好的效果。

5. 实行轮作

选育抗病品种是防治细菌性病害的重要措施。

二、病毒病害的综合防治措施

（一）病毒病害的病状

病毒在植物体内不断增殖，引起植物生理过程紊乱，破坏植物的正常生长发育，最终表现病害症状。植物病毒只有明显的病状而无病征，常见的有：

1. 叶片变色

叶片变色是由叶绿素受阻引起的，分花叶和黄化两种。花叶一般指全株叶片呈深浅绿色不匀，浓淡相嵌的现象，例如月季花叶病、大丽花花叶病及牡丹环斑病，并且还伴随花叶常发生凹凸不平的皱缩和变形。有些叶片黄化、白化、紫化，即叶片全部或部分均匀褪绿变色。

2. 组织坏死

寄主表现的枯斑或组织器官坏死，主要是寄主对病毒侵染过后的过敏性反应，例如苹果锈果病等。

3. 畸形

畸形指植物被病毒感染后，表现出各种反常的生长现象，例如卷叶、蕨叶、花器退化、矮化、癌肿、丛枝等。例如，仙客来病毒病害、番茄病毒病害等。

病毒引起的病状常因寄主、环境影响的不同而有变化。有些植物感病后，并不表现症状，称为带毒现象。有些病毒病害的病状在条件不适时可以消失，直到环境适宜时，病状才又重新表现出来，这种现象称为隐症。

（二）病毒病害的防治

病毒病害虽然多为系统侵染型病害，但不少病毒很难扩散到种子、根尖、茎尖等组织内，这为繁殖无毒种苗创造了条件。园林生产中可以通过培养茎、枝顶端的生长点组织来获得无毒苗木，这是从根本上防治病毒病害的最好办法。

病毒是细胞内寄生物，化学防治效果不好。目前生产上尚无对病毒有效的药剂，但发现有些药剂可减缓症状，例如金属盐类、磺胺酸、嘌呤、嘧啶、维生素、植物生长素和抗生素等，对一些植物病毒有钝化作用。随着科学技术的发展，化学防治也将会有很大的发展。

物理治疗包括热力、辐射能及超声波等。热力治疗是根据病毒的致死温度，对块根、块茎、插条等带毒材料进行处理，杀死病毒，使带毒材料脱毒，例如用50℃温水浸10min，可消灭桃黄化病毒。带有柑橘衰退病毒的柑橘苗木或接穗，用48～51℃湿热蒸汽处理45～60min，可获无毒繁殖材料和植株。

三、线虫的综合防治措施

（一）园林植物线虫的危害特点

根据取食习惯，常将线虫分为外寄生型和内寄生型两大类。外寄生型的线虫在植物体外生活，仅以吻针刺穿植物组织而取食，虫体不进入植物体内。内寄生型线虫则是进入植物组织内部取食。也有少数线虫先在体外寄生，然后再进入植物体内寄生。

线虫对植物的致病作用，不仅是用吻针刺伤寄主或虫体在植物组织内穿行而给寄主造成机械损伤，主要还有线虫食道线分泌的唾液，其中可能含有各种酶和其他致病物质，可以消化寄主细胞的内含物，引起寄主幼芽枯死、茎叶卷曲、组织坏死、腐烂畸形或刺激寄主细胞肿胀形成虫瘿等症状，例如郁金香、水仙、福禄考等茎线虫；珠兰、翠菊、菊花、大丽花等枯叶线虫。危害地下部分的线虫常使寄主根部功能遭到破坏，引起植物生长停滞早衰、色泽失常，例如仙客来、香石竹、凌霄、唐菖蒲、芍药、四季海棠、三色紫罗兰、牡丹、鸡冠花、栀子、月季、桂花等多种花木的根结线虫，大丽花、金鱼草、凤仙花等多种花木的孢囊线虫。

（二）园林植物线虫的传播

线虫体型微小，无发达的运动器官，体躯适于蠕动，无定向，呈波浪形，速度很慢，活动范围一般在30cm左右。远距离传播主要依靠种苗调运、肥料、农具及水流等途径。

（三）线虫病的防治

园林植物线虫病防治，主要以减少土壤、植物中线虫数量和减轻危害程度，保证各种花木健康生长为目的，主要采取以下基本措施：

1. 加强植物检疫

有些线虫病在国内虽有发生，但仅限于局部地区，例如菊花线虫病、珠兰叶线虫病、松材线虫病等。为了防止这些线虫病在国内扩大或由国外传入我国，在引种和调运花木、树苗的过程中，要加强植物检疫，严禁将带病种苗输出或输入无病区。

2. 轮作、间作和增施有机肥

植物寄生线虫主要在土壤中存活，土壤中的群体密度及组成随植物而不同。选用高抗性的花卉和树木与感病植物轮作或间作，可以收到较好的防治效果。施用有机肥能相对地抑制根结线虫、异皮线虫及短体线虫的侵染及繁殖。

3. 种植材料和土壤处理

园林植物的寄生线虫中，有些是在球茎、鳞茎、根和苗木中越冬或越夏的，并通过这些种植材料进行传播。应用热处理或化学药剂处理，可以将某些种植材料表面或内部的线虫杀死。用热水处理种植材料时，水温和时间必须以能充分杀死线虫，但又不伤害植物为宜。例如，水仙鳞茎在43.3℃的温水中处理15min，菊花休眠母株在48.0℃的温水中处理15min，芍药根在48.0℃水中处理30min，可分别杀死其中的茎线虫、叶枯线虫及根结线虫。用杀线虫剂药液浸泡种植材料，可防治根结线虫病，例如用丰索磷溶液浸泡唐菖蒲球茎，能杀死其中的南方根结线虫；用灭克磷溶液浸泡蔷薇根，能杀死北方根结线虫；将山茱萸的种苗浸泡在丰索磷溶液中15min，可杀死根部的南方根结线虫。在使用以上处理方法时，应谨慎，因为水温太热或在药剂中处理时间太长，都可影响植物生长。

四、寄生性种子植物病害的综合防治措施

1. 彻底清除寄生物的种子和植株

花卉和树木在播种前，应彻底清除混杂在种子中的菟丝子种子。一年生草本花卉的种植地，冬季要进行深耕，将菟丝子的种子深埋到土层中，使其不能发芽，以减少侵染源。生长季节中，在花圃、苗圃、花坛和绿地中若发现菟丝子，应及时清除，防止其蔓延。

2. 药剂防治

用五氯酚钠或"鲁保一号"生物制剂喷雾，可收到较好的效果。

3. 砍除被害枝

冬季桑寄生的果实尚未成熟，寄生植物多已落叶，这时容易识别桑寄生，也是进行防治的最好时机，将被害植物的枝条及桑寄生一并砍除即可。

任务5　园林植物病害诊断技术

任务描述

园林植物病害的种类非常多，而各种不同病害的发生规律和防治方法又不尽相同。只有正确诊断病害，才能及时有效地开展防治工作。每一种园林植物病害的症状都具有一定的、相对稳定的特征，我们能否根据这些固有的症状对园林植物病害进行正确诊断呢？

园林植物病害诊断是为了查明发病的原因，确定病原的种类，再根据病原特性和发展规律，对症下药，及时有效地防治病害。正确诊断和鉴定园林植物病害，是防治病害的基础。我们可以根据得病植物的特征、环境条件，经过调查分析，对植物病害作出准确诊断。植物病害种类繁多，防治方法各异，只有对病害作出肯定的、正确的诊断，才能确定出切实可行的防治措施。

任务咨询

一、植物病害的诊断步骤

植物病害的诊断，应根据发病植物的症状和病害的田间分布等进行全面的检查和仔细分析，对病害进行确诊，一般可按下列步骤进行：

（一）田间观察

田间观察即进行现场观察。观察病害在田间的分布规律，了解病株的分布状况、树种组成、发生面积，发病期间的气候条件、土壤性质、地形地势及栽培管理措施，以及往年的病害发生情况。如果为苗圃，还应询问前一年的苗木栽植种类及轮作情况，以作为病害诊断的参考。

（二）植物病害症状识别

植物病害症状对园林植物病害的诊断有其重要的意义，是诊断病害的重要依据。掌握各种病害的典型症状是迅速诊断病害的基础。症状一般可用肉眼或放大镜加以识别，方法简便易行。利用症状观察可以诊断多种病害，特别是各种常见病害和症状特征十分显著的病害，例如锈病、白粉病、霜霉病和寄生性种子植物病害等，通过症状观察就可以诊断。症状诊断具有实用价值和实践意义。

依据症状的特点，先区别是伤害还是病害，再区别是非侵染性病害还是侵染性病害。非侵染性病害没有病征，常成片发生。侵染性病害大多有明显的病征，通常零散分布。

但病害的症状并不是固定不变的。同一种病原在不同的寄主上，或在同一寄主的不同发育阶段，或处在不同的环境条件下，可能会表现不同的症状，此现象称为同原异症。例如，梨胶锈菌危害梨和海棠叶片产生叶斑，在松柏上使小枝肿胀并形成菌瘿；立枯丝核菌在幼苗木质化以前侵染，表现为猝倒症状，在幼苗木质化后侵染，表现为立枯症状。不同的病原物也可能引起相同的症状，此现象称为同症异原。例如，真菌、细菌，甚至霜害都能引起李属植物穿孔病；植原体、真菌和细菌都能引起园林植物的丛枝症状；缺素症、植原体和病毒病害等能引起园林植物黄化。因此，仅凭症状诊断病害，有时并不完全可靠，常常需要对发病现场进行系统、认真的调查和观察，进一步分析发病原因或鉴定病原物。

（三）病原物的室内鉴定

经过现场观察和症状观察，初步诊断为真菌病害的，可挑取、刮取或切取表生或埋藏在组织中的菌丝、孢子梗、孢子或子实体进行镜检。根据病原真菌的营养体、繁殖体的特征等，来决定该菌在分类上的地位。如果病征不明显，可放在保湿器中保湿 1~2 天后再进行镜检。细菌病害的病组织边缘常有细菌呈云雾状溢出。病原线虫和螨类，均可在显微镜下看清其形态。植原体、病毒等在光学显微镜下看不见，需在电子显微镜下才能观察清楚其形态，且一般需经汁液接种、嫁接试验、昆虫传毒等试验确定。某些病毒病害可以通过检查受病细胞内含体来确定。生理性病害虽然检查不到任何病原物，但可以通过镜检看到细胞形态和内部结构的变化。

如果显微镜检查诊断遇到腐生菌类和次生菌类的干扰，所观察的菌类还不能确定是否是真正的病原菌时，必须进一步使用人工诱发试验的手段。

（四）人工诱发试验

人工诱发是指在症状观察和显微镜检查时，可能在发病部位发现一些微生物，若不能断定是病原菌或是腐生菌，最好从发病组织中把病菌分离出来，人工接种到同种植物的健康植株上，以诱发病害发生。如果被接种的健康植株产生同样症状，并能再一次分离出相同的病菌，就能确定该菌为这种病害的病原菌。其步骤如下：

1）当发现植物病组织上经常出现的微生物时，应将它分离出来，并使其在人工培养基上生长。

2）将培养物进一步纯化，得到纯菌种。

3）将纯菌种接种到健康的寄主植物上，并给予适宜的发病条件，使其发病，观察它是否与原症状相同。

4）从接种发病的组织上再分离出这种微生物。

但人工诱发试验并不一定能够完全实行，因为有些病原物到现在还没找到人工培养的方法。接种试验也常常由于没有掌握接种方法或不了解病害发生的必要条件而不能成功。目前，对病毒和植原体还没有人工培养方法，一般用嫁接方法来证明它们的传染性。

二、非侵染性病害的诊断要点

（一）非侵染性病害的特点

1）病株在绿地的分布具有规律性，一般较均匀，往往是大面积成片发生，不先出现中心株，没有从点到面扩展的过程。

2）症状具有特异性，除了高温、日灼和药害等个别病原能引起局部病变外，病株常表现全株性发病，例如缺素症、水害等，株间不互相传染，病株只表现病状，无病征，病状类型有变色、枯死、落花落果、畸形和生长不良等。

3）病害的发生与环境条件、栽培管理措施有关，因此，要通过科学合理的园林栽培技术措施，改善环境条件，促使植物健壮生长。

（二）诊断方法

非侵染性病害一般通过观察绿地或圃地的环境条件、栽培管理等因素即可诊断。用放大镜仔细检查病部表面或表面消毒的病组织，再将病组织保温保湿，检查有无病征，必要时可分析园林植物所含的营养元素及土壤酸碱度、有毒物质等，还可以进行营养诊断和治疗试验，以明确病原。

1. 症状观察

对病株上发病部位，病部的形态大小、颜色、气味、质地、有无病征等外部症状，用肉眼和放大镜观察。非侵染性病害只有病状而无病征，必要时可切取病组织表面并将其消毒后，置于一定温度（25～28℃）条件下诱发，如果经1～2天仍无病征发生，可初步确定该病不是由真菌或细菌引起的病害，而属于非侵染性病害或病毒病害。

2. 显微镜检

将新鲜或剥离表皮的病组织切片加以染色处理。显微镜下检查无病原物及病毒所致的组织病变（包括内含体），即可提出非侵染性病害的可能性。

3. 环境分析

非侵染性病害由不适宜的环境引起，因此应注意对病害发生与地势、土质、肥料及与当年气象条件的关系，栽培管理措施、排灌、喷药是否适当，城市工厂"三废"是否引起植物中毒等，作分析研究，这样才能在复杂的环境因素中找出主要的致病因素。

4. 病原鉴定

确定非侵染性病害后，应进一步对非侵染性病害的病原进行鉴定。

（1）化学诊断 此法主要用于缺素症与盐碱害等。通常是对病株组织或土壤进行化学分析，测定其成分、含量，并与正常值相比，查明过多或过少的成分，确定病原。

（2）人工诱发 根据初步分析的可疑原因，人为提供类似发病条件，诱发病害，观察表现的症状是否相同。此法适于温度、湿度不适宜，元素过多或过少，药物中毒等害害。

（3）指示植物鉴定 这种方法适用于鉴定缺素症病原。当提出可疑因子后，可选择最容易缺乏该种元素、症状表现明显、稳定的植物，种植在疑为缺乏该种元素园林植物附近，观察其症状反应，借以鉴定园林植物是否患有该元素缺乏症。

（4）排除病因　采取治疗措施排除病因。例如缺素症，可采取在土壤中增施所缺元素或对病株喷洒、注射、灌根方法治疗。根腐病若是由于土壤水分过多引起的，可以开沟排水，降低地下水位以促进植物根系生长。如果病害减轻或恢复健康，说明病原诊断正确。

（三）注意事项

非侵染性病害的病株在群体间发生比较集中，发病面积大而且均匀，没有由点到面的扩展过程，发病时间比较一致，发病部位大致相同，例如日灼病都发生在果、枝干的向阳面。除日灼、药害是局部病害外，通常植株表现在全株性发病，例如缺素病、旱害、涝害等。

三、侵染性病害的诊断要点

（一）真菌病害的诊断要点

症状识别是鉴定真菌病害的有效方法。园林植物真菌所致的病害几乎包括了所有的病害症状类型。除具有明显的病状外，其主要标志是在被害部或迟或早都会出现病征，例如各种色泽的霉状物、粉状物、点状物、菌核、菌索及伞状物等。一般根据这些子实体的形态特征，可以直接鉴定出病菌的种类。如果病部尚未长出真菌的繁殖体，可用湿纱布或保湿器保湿1~2天，病征就会出现，再做进一步检查和鉴定。必要时需做人工接种试验。

（二）细菌病害的诊断要点

1. 肉眼检查

园林植物细菌性病害的病状有枯萎、穿孔、溃疡和癌肿等。其共同的特点是病状多表现为急性坏死型；病斑在初期呈水渍状，边缘常有褪绿的黄晕圈。病征方面，气候潮湿时，从病部的气孔、水孔、皮孔及伤口或枝条、根的切口处溢出黏稠状菌脓，干后呈胶粒状或胶膜状。

2. 镜检

镜检病组织切口处有无喷菌现象是确诊细菌病害最常用的方法，但少数肿瘤病害的组织中很少有喷菌现象出现。对于新病害或疑难病害，必须进行分离培养接种才能确定。

（三）病毒类病害的诊断要点

1. 病毒病害的特点

1）田间病株大多是分散、零星发生，无规律性，病株周围往往发现完全健康的植株。

2）有些病毒是接触传染的，在田间分布较集中。

3）有些病毒靠媒介昆虫传播，病株在田间的分布比较集中。若初侵染来源是野生寄主上的虫媒，在田边、沟边的植株发病比较严重，田中间的较轻。

4）病毒病害的发生往往与传毒虫媒活动有关。田间害虫发生越严重，病毒病害也越严重。

5）病毒病害往往随气候变化有隐症现象，但不能恢复正常状态。

2. 注意事项

花卉植物病毒几乎都属于系统性侵染病害，即当寄主植物感染病毒后或早或迟都会产生全株性病变和症状。病害的症状特点，对病害的诊断无疑是有很大的参考价值的。此外，在描述外部症状的同时还得注意环境条件、发病规律、传毒方式、寄主范围等特点，使对病害的诊断有个比较正确的结论。

3. 病毒病害野外观察与分析

野外观察对病害的诊断具有重要的意义。病毒病害在症状上容易与非侵染性病害，特别是缺素症、空气污染所引起的病害相混淆。病毒病害的植株在野外一般是分散分布的，发病株附近可以见到完全健康的植株；若初侵染来源是野生寄主上的昆虫，边缘植株发病较重，中间植株发病较轻。植株得病后往往不能恢复，而非侵染性病害多数为成片发病，这种病害通过增加营养和改善环境条件可以得到恢复。植物病毒病害的另一个特点是只有明显病状而无病征，这在诊断上有助于区别病毒和其他病原生物所引起的病害。病毒病害较少有腐烂、萎蔫的症状，大多数病毒病害症状为花叶、黄化、畸形。

病毒病害的诊断可根据以上特点观察比较，必要时可采用汁液摩擦接种、嫁接传染或昆虫传毒等接种试验，有的还可以用不带毒的菟丝子作桥梁传染，少数病害可用病株种子传染，以证实其传染性，并可确定病毒的种类。随着科学的发展，电子显微镜已成为一种综合的分析仪器，在植物病毒的诊断和鉴定中发挥着重要作用。

（四）植原体病害的特点

1. 症状初步诊断

由植原体引起的园林植物病害主要是丛枝和黄化病状，应注意与病毒病害区别。

2. 利用接种植物进行诊断

植原体病害可以由叶蝉等媒介昆虫、嫁接或菟丝子方法接种本种植物及长春花等指示植物，根据其所表现的不同症状进行病害诊断。

3. 电子显微镜观察

条件允许时，可进一步通过电子显微镜观察，确认植原体在植物韧皮部是否存在。

（五）线虫病害的特点

线虫多引起园林植物地下部分发病，受害植物大部分表现缓慢的衰退症状，很少有急性发病的，因此在发病初期不易被发现。通常表现的症状是病部产生根结、肿瘤、茎叶扭曲、畸形、叶尖干枯、须根丛生及生长衰弱现象，形似营养缺乏症状。此外，可将根结或肿瘤切开，挑出线虫制片或作成病组织切片进行镜检。有些线虫不产生根结，从病部也较难看到虫体，就需要采用漏斗分离法或叶片染色法检查，根据线虫的形态特征、寄主范围等确定分类地位。

 任务实施

一、非侵染性病害的诊断技术

1）田间观察，了解是否是环境条件、栽培管理等因素引起的症状。

2）用扩大镜仔细检查病部表面有无病征，非侵染病害没有病征。

3）最后分析植物所含营养元素及土壤酸碱度、有毒物质等的影响，必要时可进行营养诊断和治疗试验、温湿度等环境影响试验，以明确病原。

二、侵染性病害的诊断技术

（一）真菌性病害诊断

1）观察其发病部位的症状，看发病部位有没有各种霉状物、粉状物、锈状物、絮状物、小粒点状物等。

2）取各种病征所对应的发病部位在显微镜下"镜检"，鉴定病原物。

（二）细菌性病害诊断

1）看发病部位叶片上是否有叶斑、多角形病斑；根、茎、枝梢上有没有须根丛生、枯萎、软腐、肿瘤等。

2）看发病部位有没有透明的白色或浅黄色、红色的脓状液和胶质体黏附，这是细菌病害的基本特征，仅凭此点便可诊断是细菌病害。

3）看症状是否为急性坏死型的，有没有"中心病株"和"中心片块"。

（三）病毒性病害诊断

1）病毒病害只有病状没有病征。观察发病部位，要是没有真菌性病害一类的霉、粉、霜、锈、粒、点病征，也无细菌性病害一类的溢脓和胶状液，则有可能是病毒病害。

2）观察病状，看症状是否为全株性病变。病状要是有黄化、花叶、皱叶、卷叶、小叶、斑驳、畸形、全株矮化、叶片多厚、变小、枝叶丛生、萎蔫等现象可初步诊断为病毒病害。

（四）线虫性病害诊断

1）多数线虫性病害不具病征，只有病状。观察病株是否有根腐和全株枯萎两大病状，如果有可能进行下一步诊断。

2）先看须根上是否有念珠状虫瘿，如果有可切开根部看，若有乳白色至褐色梨形雌线虫，则可诊断为线虫病。

（五）植原体病害诊断

观察病株是否有萎缩、丛枝、枯萎、叶片黄化、扭曲、花变绿等症状，如果有则可用下面方法进一步诊断。

1. 电子显微镜观察

对病株组织或带毒媒介昆虫的唾腺组织制成的超薄切片进行镜检，检查有无类菌质体和类立克次氏体的存在。

2. 治疗试验

对受病组织施用四环素和青霉素。对青霉素抵抗能力强，而用四环素后病状消失或减轻的，病原物为类菌质体。施用四环素和青霉素之后症状都消失或减轻的，为类立克次氏体。

 思考问题

1. 植物病害诊断的方法有哪些？
2. 真菌性病害的特点与诊断要点有哪些？
3. 细菌性病害的诊断要点有哪些？

4. 病毒性病害的特点与诊断要点有哪些？

5. 寄生性种子植物的识别特征有哪些？

 **知识链接**

一、园林植物常见多发病的诊断

在一个区域或一个自然条件相同的地区内，某一种园林植物经常发生的病害，称为常见多发病。这类病害，一般都有较详细的病理记录。可采用观察寄主植物、症状特征与查阅前人研究资料相结合的方法进行诊断。

诊断程序是：识别寄主植物，准确鉴定出学名和中文名；详细观察和记载所见病例的症状特征；查阅一般地区性植物病理资料，例如园林植物保护手册、园林植物病虫害防治教材、园林植物病害名录、检索表、有关园林植物病害研究报告等，仔细核对寄主名称和症状特征；参考上述资料中记载的有关病例的地理分布范围；确定所见病例的性质、病害名称和病原物及其分类地位。

二、园林植物少见病害和新病害的诊断

（一）区分鉴定是非侵染性病害还是侵染性病害

非侵染性病害的症状主要有黄化、枯萎、斑点、落花、落果等，是由于受土壤、气候条件的影响或其他有毒物质的污染而发生的。其常常大面积同时发生，田间分布比较均匀，易受地形和地势的影响。这些病害不具传染性，也不表现病征，经过检验也不会发现病原物。

侵染性病害具有传染性，有明显的病征。在田间的分布一般是分散的，有明显的发病中心，常可在病株周围找到健株，在同株树上不是所有叶片都同样严重发病。

（二）鉴定病原种类

在侵染性病害中，一般真菌病害在病部常出现粉霉状物、小黑点等病征；细菌病害常出现水渍状、脓状物等病征。植原体、病毒、线虫、螨类等所引起的病害，虽无病征，但其症状比较特殊，容易区别。

此外，可用化学诊断方法来诊断植物的缺素病。通过分析植物组织和土壤中矿质元素（如氮、磷、钾、铁等）的含量，确定缺素的性质。然后用所缺元素盐类，采用喷洒、注射、灌注等方法进行治疗，观察植物是否恢复健康状态。

（三）显微镜镜检

在病死组织上出现的真菌，也并非都是真正的病原菌，因此还必须借助显微镜观察。即挑取、刮取或切取表生或埋藏在组织中的菌丝、孢子梗、孢子或子实体进行镜检。根据病菌的子实体、孢子梗、孢子的形状、颜色、大小等，来决定该菌的分类地位。如果病征不够明显，可放在保湿器中保湿 1~2 天后再镜检。如果是细菌，会从病组织边缘向外溢出；线虫和螨类也均可看清其形态。

（四）人工诱发试验

植原体、病毒等在光学显微镜下看不见，一般需经汁液接种、嫁接试验、昆虫传毒等试验确定。所查到的病原物，还需要进行分离培养和人工接种试验。如果诊断真菌病害时遇到腐生菌和次生菌类的干扰，显微镜镜检所观察到的菌类不能确定是否是真正的致病菌时，必

须使用人工诱发手段，即从病组织中分离出病原菌，人工接种到同种植物的健株上，以诱发病害，验证病原物。

任务6　病害标本采集、制作与保存技术

任务描述

园林植物病害标本是植物病害症状及其分布的最好实物性记载。有了植物病害标本才能进行病害的鉴定和有关病原的研究，保证防治工作正常进行。

不同的病害，发生在植物的不同部位，有的是在叶上，有的是在花上，有的是在果实上，有的是在根部，有的甚至是全株发生病害，发生部位不同时，在采集时一定要加以区分。标本采集时要有针对性地采集不同部位，保持症状的全面性。发生部位不同，在保存时也要加以区分，有干制标本，有浸渍标本。本任务就是要针对不同的病害种类，学会采用不同的方法采集、制作和保存病害标本。完成此任务需要熟悉病害的采集用具和采集方法；了解病害标本采集时应注意的问题。需要掌握不同病害标本的制作和保存方法。

任务咨询

一、病害标本的采集

（一）采集用具

1. 标本夹

标本夹同植物标本采集夹一样，是用来采集、翻晒和压制病害标本的用具，由2块对称的木条栅状板和1条细绳构成。

2. 标本纸

标本纸一般选用麻纸、草纸或旧报纸，主要用来吸收标本水分。

另外，还需要手锯、采集箱、修枝剪、手持放大镜、镊子、记录本和标签等。

（二）采集方法与要求

1）掌握适当的采集时期，症状要具有典型性，真菌病害应采用有子实体的作标本。新病害要有不同阶段的症状表现。采集时要将病部连同部分健康组织一起采下，以利于病害的诊断。

2）有转主寄生的病害要采集两种寄主上的症状。

3）每一种标本，只能有1种病害，不能有多种病害并存，以便正确鉴定和使用。

4）在采集标本时，应同时进行野外记录，包括寄主名称、环境条件、发病情况以及采集地点、日期、采集人等。

（三）采集注意事项

为保证标本的完整性，有利于标本的制作及鉴定，采集时应注意以下几点：

1）对于病菌孢子容易飞散脱落的标本，用塑料袋或光滑清洁的纸将病部包好，放入采集箱内。

2）柔软的肉质类标本、腐烂的果实标本必须用纸袋分装或用纸包好后，放入采集箱内，一定不要挤压。

3）体型较小或易碎的标本，例如种子、干枯的病叶等，采集后放入广口瓶或纸袋内。

4）适于干制的标本，应边采边压于标本夹中，尤其是容易干燥卷缩的标本，更应注意立即压制，否则叶片失水卷缩，无保存价值。

5）对于不太熟悉的寄主植物，应将花、叶及果实等一并采回，进行鉴定。

6）各种标本的采集应具有一定的份数（5份以上），以便于鉴定、保存和交换。

二、病害标本的制作

一般的植物病害标本主要有干制和浸渍两种制作方法。干制法简单、经济，应用最广；浸渍法可保存标本的原形和原色，特别是果实病害的标本，用浸渍法制作效果较好。此外，用切片法制作玻片标本，用以保存并建立原物档案。

（一）干制标本的制作

茎、叶等水分不多、较小的标本，可分层夹于标本夹内的吸水纸中压制。标本纸每层约3~4张，用于吸收标本中的水分。然后将标本夹捆紧放于室内通风干燥处。标本应尽快干燥，干燥越快，保持原色效果越好。在压制过程中，必须勤换纸、勤翻动，防止标本发霉变色，特别是在高温高湿天气下。通常在制作的前几天，要每天换纸1~2次，此时由于标本变软，应注意整理使其美观又便于观察，以后每2~3天换一次纸，直到全干时为止。较大枝干和坚果类病害标本以及高等担子菌的子实体，可直接晒干、烤干或风干。肉质多水的病害标本，应迅速晒干、烤干或放在30~45℃的烘箱内烘干。另外，对于某些容易变褐的叶片标本，可平放在阳光照射的热砂之中，使其迅速干燥，达到保持原色的目的。

（二）浸渍标本的制作

一些不适于干制的病害标本，例如伞菌子实体、幼苗和嫩枝叶等，为保存其原有色泽、形状、症状等，可放在装有浸渍液的标本瓶内。

（三）显微切片的制作

1. 载玻片和盖玻片的清洁

（1）铬酸洗涤液的配制（见表2-9）

表2-9　铬酸洗涤液的配制

	浓铬酸洗涤液	稀铬酸洗涤液
重铬酸钾	60g	60g
浓硫酸	460mL	60mL
水	300mL	1000mL

以温水溶解重铬酸钾，冷却后，缓缓加入浓硫酸，边加边搅拌，最后加入水即可。

（2）洗涤

1）污浊玻片。将载玻片及盖玻片用清水洗涤后，置浓铬酸钾洗涤液中浸数小时或在稀铬酸洗涤液中煮沸0.5h，然后取出用清水洗净，以脱脂的干净纱布擦干。如果玻片粘有油脂或加拿大胶，应先用肥皂水煮，并经清水冲净后，再按上法处理。

2）不太污浊的玻片。可用毛刷沾去污粉，在玻片上湿擦，然后用水冲净，以干净纱布擦干。为保持玻片的清洁，可将洗净的玻片保存在酸化的乙醇（95%的乙醇100mL加数滴浓盐酸）中，用时取出擦干或用火将乙醇烧去。

2. 制片的方法

病虫害标本在镜检前，必须制成显微切片。制作显微切片的方法很多，常见的有徒手切片法、石蜡切片法和刮涂法等。其中徒手切片法简单易行，简介如下：

（1）切片工具　剃刀、双面刀片或井式徒手切片机。

（2）被切材料准备　木质或较坚硬的材料，可修成长7～8cm，直径不小于1mm的材料，可直接拿在手里切；细小而较柔软的组织，需夹在胡萝卜、通草、马铃薯或向日葵茎髓之间切。

（3）切片方法　若徒手切片，刀口应从外向内，从左向右拉动；若使用井式徒手切片机，可将材料夹在持物中，装入井圈中夹住，左手握住机体，右手持剃刀切割，每切1片后，调节机上刻度使材料上升，再行切割。切下的薄片，为防止干燥，应放在盛有清水的培养皿中。

（4）染色　在染色皿中进行，常用番红-固绿二重色法和铁矾-苏木精染色法。

（5）制片　用挑针选取2～3个最薄的染色和不染色的切片放在载玻片中央的水滴中，盖上盖玻片，然后用显微镜观察。

对于表生的白粉、锈粉、霉层、霉污染等材料，可直接挑取或刮取病原物，置于载玻片中央的水滴中涂抹均匀，然后封片观察。此外，病原特征典型的切片，需长期保存时，可用甘油明胶作浮载剂，待水分蒸发后，再用加拿大胶封固，即可长期保存。

甘油明胶的配方是：先将1份明胶溶于6份水中，加热至35℃，溶化后加入7份甘油，然后每100mL甘油明胶中加入1g苯酚，搅拌均匀，趁热用纱布过滤即可。

三、病害标本的保存

（一）干制标本的保存

干燥后的标本经选择制作后，连同采集记录一并放入标本盒中或牛皮纸袋中，贴上鉴定标签，然后分类存放于标本橱中。

1. 纸制标本盒

盒底纸制，盒面嵌有玻璃。可将经过压制的标本用线或胶固定在盒内底部。盒外贴上标签。

2. 牛皮纸袋

先把标本缝在油光纸上并固定住，然后将其置于牛皮纸袋中，并在袋外贴上标签。

3. 标本柜

标本柜是用来保存标本盒、牛皮纸袋和玻片标本盒的。标本一般按寄主种类归类排列，也可按病原分类系统排列存放。

（二）浸渍标本的保存

将制好的浸渍标本瓶、缸等，贴好标签，直接放入专用标本柜内即可。

（三）玻片标本的保存

将玻片标本排列于玻片标本盒内，然后将标本盒分类存放于标本柜中。各类标本的保存要有专人负责，干制标本和浸渍标本必须分柜存放，定期检查，如果发现问题及时处理。标本室的环境应阴凉干燥，定期通风。标本室的玻璃要加深色防光窗帘，如果发现标本室有标本害虫应立即采取熏蒸措施。

 任务实施

一、病害标本的采集

（一）采集准备

植物病害标本是病害症状的最好描述，如果采集和整理得当，对病害的鉴定、病原的研究等都会起到很大的作用。因此，在病害标本采集前，应明确采集目的，准备好相应的采集用具。

标本夹：用以夹压各种含水分不多的枝、叶病害标本。一般长60cm，宽40cm，可用木板和铁丝制成。

标本纸：要求吸水力强，并应保持清洁干燥。

采集箱：在采集腐烂果实、木质根茎或怕压而在田间来不及制作的标本时用。

（二）标本采集

植物病害标本主要是有病的根、茎、叶、果实或全株，好的病害标本必须具有寄主各受害部位在不同时期的典型症状。真菌病害的病原具有有性繁殖和无性繁殖两个阶段，应在不同时期分别采集，许多真菌的子实体在枯死的枝叶上出现，因此要注意在枯枝落叶上采集。对于叶部病害标本，采集后立即放入有吸水纸的标本夹内；对于柔软多汁的果实或子实体，应采集新发病的幼果，并用纸包好放入标本采集箱中，避免孢子混杂影响鉴定；对于萎蔫的植株，要连根挖出，有时还要连根际的土壤一同采集；对于粗大的树枝和植株，可用刀或锯取其一部分带回；对于寄生性种子植物病害，应该连同寄主的枝叶和果实一起采集，以助鉴定病原和寄主。

（三）做好记录

采集过程中要有明确的记录，应该在现场记录并编号、挂标签，没有记录的标本就失去了它的意义。记录内容有寄主名称、采集日期与地点、采集者姓名、生态条件和土壤条件。

二、植物病害标本的制作

从田间采回的新鲜标本必须经过制作，才能应用和保存。对于典型病害症状最好是先摄影，以记录自然、真实的状况，然后按标本的性质和使用的目的制成各种类型的标本。

（一）干制标本的制作

干燥法制作标本简单而经济，标本还可以长期保存，应用最广。

1. 标本压制

对于含水量少的标本，例如禾本科、豆科植物的病叶、茎标本，应随采随压，以保持标本的原形；含水量多的标本，例如甘蓝、白菜、番茄等植物的叶片标本，应自然散失一些水分后，再进行压制；有些标本制作时可适当加工，例如标本的茎或枝条过粗的标本，或叶片过多的标本，应先将枝条劈去一半或去掉一部分叶再压，以防标本因受压不匀，或叶片重叠过多而变形。有些需全株采集的植物标本，一般是将标本的茎折成"N"字形后压制。压制标本时应附有临时标签，临时标签上只需记载寄主和编号即可。

2. 标本干燥

为了避免病叶类标本变形，并使植物组织上的水分易被标本纸吸收，一般每层标本放一层（3～4张）标本纸，每个标本夹的总厚度以10cm为宜。标本夹好后，要用细绳将标本夹扎紧，放到干燥通风处，使其尽快干燥，避免发霉变质。同时要注意勤换标本纸，一般在制作的前3～4天，每天换纸2次，以后每2～3天换1次，直到标本完全干燥为止。在第1次换纸时，由于标本经过初步干燥，已变软而容易铺展，可以对标本进行整理。

不准备做分离用的标本也可在烘箱或微波炉中迅速烘干。标本干燥越快，就越能保存原有色泽。干燥后的标本在移动时应十分小心，以防破碎。对于果穗、枝干等粗大标本，可在通风处自然干燥即可，注意不要使其受挤压，以免变形。

幼嫩多汁的标本，例如花及幼苗等，可夹于两层脱脂棉中压制；含水量高的可通过加温烘干。需要保绿的干制标本，可先将标本在2%～4%硫酸铜溶液中浸24h，再压制。

（二）浸渍标本制作法

多汁的病害标本，例如幼苗和嫩叶等，为了保存其原有的色泽、形状、症状特点，必须用浸渍法保存。

三、植物病害标本的保存

制成的标本，经过整理和登记，然后按一定的系统排列和保存。

（一）玻面纸盒保存

玻面纸盒以长宽为200mm×280mm，高15～30mm为宜，制作时纸盒中先铺一层棉花，棉花上放标本和标签，标签上注明寄主植物和寄生菌的名称，然后加玻盖。棉花中可加少许樟脑粉或其他药剂驱虫。

（二）干制标本纸上保存

根据标本的大小用重磅道林纸折成纸套，标本保存在纸套中，纸套中写明鉴定记录，或将鉴定记录的标签贴在纸套上。纸套用胶水或针固定在蜡叶标本纸上。标本纸的大小是280mm×340mm，也可用较小的标本纸粘贴。

（三）封套内包存

盛标本的纸套不是放在标本纸上，而是放在厚牛皮纸制成的封套中。纸套的大小约为140mm×200mm，封套的大小约为150mm×330mm。采集记录放在纸套中，而鉴定记录则贴在封套上。标本经过整理和鉴定后，在纸套、封套或纸盒上贴鉴定标签。鉴定标签如图2-34所示。

单位(标本室)名称
菌名：
寄主名：
产地：
采集者：
采集日期： 年 月 日
鉴定者：
标本室编号：

图2-34 鉴定标签

思考问题

1. 如何才能制作一套完整的干制病害标本？请举例说明。
2. 如何制作一套精美的果实病害浸渍标本？

 **知识链接**

采集病害标本应注意的问题

一、症状典型

要采集发病部位的典型症状，并尽可能采集到不同时期不同部位的症状，例如梨黑星病标本应包括带霉层和疮痂斑的叶片、畸形的幼果、龟裂的成熟果等，以及各种变异范围内的症状。

另外，同一标本上的症状应是同一种病害的，当多种病害混合发生时，更应进行仔细选择。若有数码相机则更好，可以真实记载和准确反映病害的症状特点。每种标本采集的份数不能太少，一般叶斑病的标本最少采集十几份。另外还应注意标本的完整性，不要损坏，以保证鉴定的准确性和标本制作时的质量。

二、病征完全

采集病害标本时，对于真菌和细菌性病害一定要采集有病征的标本，真菌病害以病部有子实体的为好，以便做进一步鉴定。对于子实体不很显著的发病叶片，可带回保湿，待其子实体长出后再进行鉴定和标本制作。对真菌性病害的标本，例如白粉病，因其子实体分为有性繁殖和无性繁殖两个阶段，应尽量在不同的适当时期分别采集。另外，有许多真菌的有性子实体常在地面的病残体上产生，采集时要注意观察。

三、避免混杂

采集时，对于容易混淆污染的标本，例如黑粉病标本和锈病标本，要分别用纸夹（包）好，以免鉴定时发生差错；对于容易干燥卷缩的标本，例如禾本科植物病害标本，应随采随压，或用湿布包好，防止变形；因发病而败坏的果实，可先用纸分别包好，然后放在标本箱中，以免标本损坏和沾污；其他不易损坏的标本，例如木质化的枝条、枝干等，可以暂时放在标本箱中，带回室内进行压制和整理。

四、采集记录

所有病害标本都应有记录，没有记录的标本会使鉴定和制作工作的难度加大。标本记录内容应包括：寄主名称、标本编号、采集地点、生态环境（坡地、平地、砂土、壤土等）、采集日期（年、月、日）、采集人姓名、病害危害情况（轻、重）等。标本应挂有标签，同一份标本在记录本和标签上的编号必须相符，以便查对。标本必须有寄主名称，这是鉴定病害的前提，如果寄主不明，鉴定时困难就很大。对于不熟悉的寄主，最好能采到花、叶和果实，对鉴定会有很大帮助。

任务7　园林植物病害调查技术

任务描述

　　想要准确的预测预报和防治病害，就要准确的调查。所以，在调查时我们要根据园林植物病害的田间分布特点、调查目的、生产的实际情况来采取正确的取样方法，并认真记录，准确统计。完成本任务，需要我们熟知园林植物病害田间分布类型、病害调查的内容、记录的方法以及数据资料的整理和计算方法。

　　植物病害的调查是植物病理学研究及病害防治的重要基础工作。其调查研究的方法，因病害的种类和调查目的的不同而异，可分为一般调查（普查）、专题调查和系统定期定点调查。调查应遵循以下原则：明确调查的目的、任务、对象及要求；拟订调查计划，确定调查方法；所获调查资料数据真实，且反映客观规律；了解与调查相关的情况。

**任务咨询**

一、调查的时间和次数

　　病害的调查以田间调查为主，根据调查的目的，选定适当的调查时间。一般来说，要想了解病害基本情况，多在病害盛发期进行调查，这样比较容易正确反映病害发生情况和获得有关发病因素的对比资料。对于重点病害的专题研究和预测预报等，则应根据需要分期进行，必要时，还应进行定点观察，以便掌握全面的系统资料。

二、选择取样

　　由于人力和时间的限制，不可能对所有田块逐一调查，需要从中抽取一定的样本作为代表，由局部推知全局。取样的好坏，直接关系到调查结果的可靠性，必须注意其代表性，使其能正确反映实际情况。

　　调查前首先要全面了解调查情况，根据调查目的，选择具有代表性的田块，例如水、旱地，不同茬口、品种、施肥水平等的地块，然后根据地形、田块大小、调查对象的特点和人力，确定每类代表田块的多少和大小。代表田块选择时，要注意根据调查目的突出重点，同时也要照顾一般管理水平和大面积的田块，尽量使它能够准确地反映实际情况。对于某些专题或预测预报的调查，有时也可以根据调查病害的规律，有意识地选择最易发生病害的田块进行调查，以节省人力和时间，并便于及时掌握病害动态。

　　代表田块确定以后，可根据病虫种类的特性、植物栽培方式、环境条件等进行田间选点取样进行调查。对田间分布均匀的病虫，一般常用棋盘式取样法和对角线随机取样法，即在田间按一定方式和距离选10个地方成5个点，不可随意按主观意愿定点，使样点较准确地代表全局。对一些分布不均匀的地块，则可根据其分布特点采用平行线取样法或"Z"字形取样法。棉红蜘蛛和一些昆虫传播的病毒病害在初发生时，常从地边向田内蔓延，用"Z"字形取样法取样效果较好。一般取样时，都要避免在田边取样，因为田边植株所处环境特殊，常不能代表一般情况，应离开田边 5~10m 开始取样。总之，取样方法是通过多年实践，不断修改形成的。对于某些重点病虫，各地应遵照统一规定进行，以利于调查结果的共同分析比较。

三、病害调查的记录方法

病害调查记录是调查中一项重要的工作，无论哪种内容的调查都应有记录。记录是分析情况、摸清问题和总结经验的依据。记录要准确、简要、具体，一般都采取表格形式。表格的内容、项目可根据调查目的和调查对象设计，对于预测预报等调查，最好按照统一规定，以便于积累资料和分析比较。

四、病害调查资料的计算和整理

（一）调查资料的计算

常用反映病害发生和危害程度的统计计算方法，是求各样调查数据的平均数和百分数，计算公式如下：

1. 被害率

被害率主要反映病害的危害普遍程度。根据不同的调查对象，采取不同的取样单位。发病率计算公式见式 2-1。

$$发病率（\%）= \frac{发病单位数}{调查单位数} \times 100\% \tag{2-1}$$

2. 病情指数和严重率

在植株局部被害情况下，各受害单位的受害程度是有差异的。因此，被害率就不能准确地反映出被害的程度，对于这一类病情的统计，可按照被害的严重程度分级，再求出病情指数或严重率（见式 2-2、式 2-3）。

$$病情指数（\%）= \frac{（各级叶数 \times 各级严重等级）的总和}{调查总叶数 \times 最严重的等级} \times 100\% \tag{2-2}$$

$$严重率（\%）= \frac{（各级严重率 \times 各级叶数）}{调查病叶数} \times 100\% \tag{2-3}$$

从病情指数和严重率的数值可以看出，它比发病率更能代表受害的程度。也可以用分级记录的方法，统计计算其严重率，用以更准确地反映受害程度。

3. 损失情况估计

除少数病害的危害所造成的损失很接近以外，一般病害的病情指数和被害率都不能完全说明损失程度。损失主要表现在产量或经济收益的减少。因此，病害造成的损失通常用生产水平相同的受害田和未受害田的产量或经济总产值的对比来计算，也可用防治区与不防治对照区的产量或经济总产值来对比计算（见式 2-4）。

$$损失率（\%）= \frac{未受害田平均产量或产值 - 受害田平均产量或产值}{未受害田平均产量或产值} \times 100\% \tag{2-4}$$

此外，也可根据历年资料中具体病害程度与产量的关系，通过实地调查获得的虫口密度和被害率等估计损失。

测定被害率和产量损失的关系是一件细致而复杂的工作，不仅不同的病害特性和造成损失的大小有关，病害发生的早晚，作物品种的抗、耐能力和栽培管理技术水平，都会影响损失的程度。在进行损失估计时，应做多方面的调查了解和全面分析，这样才能得出较可靠的结论。

（二）调查资料的整理

为了使调查材料便于以后的整理和分析，调查工作必须坚持按计划进行，调查记录要尽量精确、清楚，特殊情况要加以注明。调查记载的资料，要妥善保存、注意积累，最好建立病害档案，以便总结病害发生规律，指导测报和防治。

调查时，可从现场采集标本，按病情轻重排列、划分等级，也可参考已有的分级标准，酌情划分使用。有关病害的分级标准见表 2-10、表 2-11。

表 2-10　枝、叶、果病害分级标准

级别	代表值	分级标准
1	0	健康
2	1	调查总样本中 25% 以下的枝、叶、果感病
3	2	调查总样本中 25%～50% 的枝、叶、果感病
4	3	调查总样本中 50%～75% 的枝、叶、果感病
5	4	调查总样本中 75% 的以上枝、叶、果感病

表 2-11　树干病害分级标准

级别	代表值	分级标准
1	0	健康
2	1	病斑的横向长度占树干周长的 1/5 以下
3	2	病斑的横向长度占树干周长的 1/5～3/5
4	3	病斑的横向长度占树干周长的 3/5 以上
5	4	全部感病或死亡

 任务实施

一、选点取样

选择病害较多、发病盛期的某一地块。根据调查目的对该地块采用适合的方法取样（取样部位可以是整株、叶片、穗秆等），进行一般性调查，记录该地区植物病害种类、病害分布情况和发病程度等。由于任务有一定难度，工作量较大，将学生分为几个小组，每小组对一种病害进行调查，然后小组间进行调查结果的整理，得出该地区某些植物的发病总体情况，具体内容可根据当时、当地情况而定。

二、病害调查

（一）苗木病害调查

在苗床上设置大小为 $1m^2$ 的样方，样方数量以不少于被害面积的3%为宜。在样方上对苗木进行全部统计或对角线取样统计，分别记录健康、感病、枯死苗木的数量。同时记录圃地的各项因子，例如创建年份、位置、土壤、杂草种类及卫生状况等，并计算发病率（见表2-12）。

表2-12　苗木病害调查表

调查日期	调查地点	样方号	树种	病害名称	苗木状况和数量				发病率	死亡率	备注
					健康	感病	枯死	合计			

（二）枝干病害调查

在发生枝干病害的绿地中，选取不少于100株的树木做样本。调查时，除统计发病率外，还要计算病情指数（见表2-13）。

表2-13　枝干病害调查表

调查日期	调查地点	样方号	树种	病害名称	总株数	感病株数	发病率	病害分级					病情指数	备注
								1	2	3	4	5		

（三）叶部病害调查

按照病害的分布情况和被害情况，在样方中选取5%～10%的样株，每株调查100～200个叶片。被调查的叶片应从不同部位选取（见表2-14）。

表2-14　叶部病害调查表

调查日期	调查地点	样方号	树种	样树号	病害名称	总叶数	病叶数	发病率	病害分级					病情指数	备注
									1	2	3	4	5		

三、调查资料的计算与整理

（一）调查资料的计算

调查获得的一系列数据必须经过整理计算，才能大体说明病虫害的数量和造成的危害水平。

（二）调查资料的整理

1）鉴定病害名称和病原种类。

2）汇总统计调查资料，进一步分析病害大发生和病害流行的原因。

3）调查原始资料，进行调查资料的装订、归档，以及标本整理、制作和保存。

四、调查报告

（1）调查地区的概况　包括自然地理环境、社会经济情况、绿地情况、园林绿化生产和管理情况及园林植物病害情况等。

（2）调查成果的综述　包括主要花木的主要病害种类、危害程度和分布范围，主要病害的发生特点，主要病害分布区域，主要病害发生原因及分布规律，主要病害天敌资源情况以及园林植物检疫对象和疫区等。

（3）病害综合治理的措施和建议。

（4）附录　包括调查地区园林植物病害调查名录，天敌名录，主要病害发生面积汇总表，园林植物检疫对象所在疫区面积汇总表、主要病害分布图。

 思考问题

1. 能够正确辨别调查对象的分布类型。
2. 如何做到正确取样？
3. 如何正确选取取样单位？
4. 怎么才能独立制订调查表，展开调查并认真记载。

 **知识链接**

农作物病害的调查

农作物病害的调查可分为一般调查、重点调查和调查研究 3 种。

一、一般调查

当缺乏某地作物病害发生情况的资料时，应先作一般调查。调查的内容宽泛，有代表性，但不要求精确。为了节省人力和物力，一般性调查在作物病害发生的盛期调查 1～2 次，对其分布和发生程度进行初步了解。

在做一般性调查时要对各种作物病害的发生盛期有一定的了解，例如猝倒病应在植物的苗期进行调查，错过了农时便很难调查到。所以，应选择在作物的几个重要生育期，例如苗期、花期、结实期等进行集中调查，并同时调查多种作物病害的发生情况。调查内容可参考表 2-15。

表中的 1、2、...、10 等数字在实际调查时可改换为具体地块名称，重要病害的发生程度可粗略写明轻、中、重，对不常见的病害可简单地写有、无等字样。

表 2-15　农作物病害发生调查表

调查人：		调查地点：								年　月　日	
病害名称	作物和生育期	发 生 地 块									
		1	2	3	4	5	6	7	8	9	10

二、重点调查

在对一个地区的作物病害发生情况进行大致了解之后，对某些发生较为普遍或严重的病害可作进一步的调查。这次调查较前一次的次数要多，内容要详细和深入，例如病害分布、病害发病率、损失程度、环境影响、防治方法、防治效果等。对发病率、损失程度的计算要求比较准确（见表2-16）。在对病害的发生、分布、防治情况进行重点调查后，有时还要针对其中的某一问题进行调查研究，调查研究一定要深入，以进一步提高对病害的认识。

表2-16　农作物病害调查表

调查人：　　　　　　　　　　　　　　　　　　　　　　　　　　　　　年　月　日

调查地点：	
病害名称：	发病（被害）率：
田间分布情况：	
寄主植物名称：	品种：　　　　　　　　　种子来源：
土壤性质：	肥沃程度：　　　　　　　含水量：
栽培特点：	施肥情况：　　　　　　　灌、排水情况：
病害发生前温度和降雨：	病害盛发期温度和降雨：
防治方法：	防治效果：
群众经验：	
其他病害：	

三、调查研究

调查研究是指对病害的某一问题进行的深入调查，要求要定时、定点、定量调查。其强调数据的规范性和可比性，以便从中发现问题，不断提高对病虫害发生规律的认识水平。

任务8　园林植物病害预测预报技术

任务描述

园林植物病害预测预报是病害防治时判断病害发生情况、制订防治计划和指导防治的重要依据。病害预测预报工作的好坏，直接关系到病害防治的效果。实践证明，搞好病害预测预报，就可以做到防在关键上、治在要害处，会起到举一反三的作用。

不同的病害会有不同的规律，病原的传播途径各有不同，植物在发病过程中会受到不同因素的影响，所以预测预报方法也会各有不同，一定要根据当地的实际情况进行植物病害预测预报。本任务就是掌握园林植物病害预测预报的种类和内容，学会预测预报常用的方法，完成此任务需要熟悉不同病害的病原传播方式和环境对病害的影响。

任务咨询

一、病害的传播与预测预报

在园林植物预测预报过程中，要根据不同的传播方式选择不同的预测预报方法。病原物的传播有主动传播和被动传播两种。

（一）主动传播

主动传播指病原物依靠自身的活动传播，例如线虫的蠕动，真菌孢子的弹射，细菌的游动等，其传播的范围很小。

（二）被动传播

这种方式相对传播距离比较远，范围比较广，是传播的主要方式，在病害的蔓延扩展中起重要作用。其中有自然因素和人为因素，自然因素中以风、雨、昆虫和其他动物传播的作用最大；人为因素中以种苗和种子的调运、农事操作和农业机械的传播最为重要。

1. 气流传播

气流传播是病原物最常见的一种传播方式。气流传播的距离一般比较远，很多外来菌源都是靠气流传播的，例如白粉菌类、锈菌类。

2. 雨水传播

植物病原细菌和真菌中的黑盘孢目和球壳孢目的分生孢子多半都是由雨水传播的，在暴风雨的条件下，由于风的介入，往往能加大雨水传播的距离。在保护地内虽然没有雨水，但是凝集在塑料薄膜上的水滴以及植物叶片上的露水滴下时，也能够帮助病原物传播。

灌溉水在地面的流动能够携带病菌的孢子、菌核、病原线虫等移动，有助于多种病害的传播，多数根部病害即以此方式传播。

3. 生物介体

昆虫，特别是蚜虫、飞虱和叶蝉是病毒最重要的传播介体，植原体存在于植物韧皮部的筛管中，它的传播介体都是在筛管部位取食的昆虫。

线虫和螨类除了能够携带真菌的孢子和细菌造成病害传播外，它们还能够传播病毒。这些病毒所造成的危害常常超过线虫本身对植物所造成的损害。鸟类和哺乳动物的活动也能造成病害的传播，例如桑寄生的种子主要由鸟类传播。菟丝子在植物之间缠绕能够传播病毒，一些真菌也能传播病毒。

4. 土壤传播和肥料传播

土壤是植物病原物的重要的越冬和越夏场所，很多危害植物根部的兼性寄生物能在土壤中存活较长时间。在土壤中存活的病原物还可以通过自身的生长和移动接触健康植物，从而产生侵染，根部的外寄生线虫可以在土壤中靠自身的运动到达寄主植物的根部。

5. 人为因素

人们在引种、施肥和农事操作中，经常造成植物病害的传播。人为传播不像自然传播那样有一定的规律性，它是经常发生的，不受季节和地理因素的限制。

二、环境条件对病害预测预报的影响

环境条件中的温、湿、光和风都对病原物的生长和侵入及在植物体内的扩展具有重要的影响，其中湿度、温度影响最大。许多真菌孢子要在有水的情况下萌发率才能达到最大。因此，对于绝大多数气流传播的病原物，湿度越高对侵入越有利。但在土壤中情况正好相反，因为土壤湿度过高，会影响大多数病原物的呼吸，同时还会导致对病原物有颉颃作用的腐生菌大量繁殖。

温度除影响寄主植物外，主要影响病原物的萌发和侵入速度。真菌孢子一般适宜萌发温度为 20～25℃。而温度对植物的影响主要是表现在对植物新陈代谢的影响，间接影响病原物。其他条件影响不大，例如光照等，对大多数病原物影响不显著，但也有例外。

因此，在人工培养的过程中，环境条件，主要是温湿度的影响不可忽略，我们在植物病害预测预报过程中应多加注意。

三、病害预测预报的分类

常见植物病害预测预报按预测内容和预报量的不同可分为流行程度预测、发生期预测和损失预测等。流行程度预测是最常见的预测种类，预测结果可用具体的发病数量（发病率、严重度、病情指数等）作定量的表达，也可用流行级别作定性的表达。流行级别多分为大流行、中度流行（中度偏低、中等、中度偏重）、轻度流行和不流行。病害发生期预测是估计病害可能发生的时期。损失预测主要根据病害流行程度预测减产量。

按照预测的时限可分为长期预测、中期预测和短期预测。

四、病害主要预测方法

病害预测的方法因不同病害的流行规律而不同。病害预测的主要依据是：病原物的生物学特性，病害侵染过程和侵染循环的特点，病害发生前寄主的感病状态，病原物的数量，病害发生与环境条件的关系，当地的气象历史资料和当年的气象预报材料等。对这些情况掌握得准确，病害预测就可靠。目前，病害主要是根据病原物的数量和存在状况、寄主植物的感病性和发育状况，以及病害发生和流行所需的环境条件三个方面的调查和系统观察进行预测。病害预测的方法可分为两种，即数理统计预测法和试验生态生物学预测法。

（一）数理统计预测法

数理统计预测法指在多年试验、调查等实测数据的基础上，采用数理统计学回归分析的方法，找出影响病害流行的各主要因素，即寄主植物的感病性、病原物的数量和致病力、环境条件（特别是气温、湿度、土壤状况等）、管理措施等因素与病害流行程度之间的数量关系。在回归方程中，上述某个因素（或多个因素）为自变量，建立回归预测式后，输入自变量（调查数据）就可预测出病害发生情况。

（二）试验生态生物学预测法

这种预测法是运用生态学、生物学和物理学的方法，通过预测圃观察、绿地调查、孢子捕捉和人工培养等手段，来预测病害的发生期、发生量及危害程度的一种预测方法。此法较烦琐，但准确性较高，仍是目前病害预测的常用方法。

1. 预测圃观察

在某病害流行地区，栽植一定数量的感病植物或固定一块圃地，经常观察病害的发生发展情况，这就是预测圃观察。根据预测圃植物发病情况，可推测病害发生期，便于及时组织防治。

2. 绿地调查

绿地调查是指在绿地内选有代表性的地段进行定点、定株和定期调查，了解病害的发生情况，分析病害发生的条件。这样对病害未来发生情况做出准确的估计。

3. 孢子捕捉

季节性比较强并靠气流传播的病害，例如锈病、白粉病可用孢子捕捉法预测病害发生情况。做法是在病害发生前，用一定大小的玻片，涂上一层凡士林，放在容易捕捉孢子的地方，迎风放或平放于一定高度，定期取回做镜检计数，进行统计分析，这样就能推测病害发生时期和发生程度。

4. 人工培养

在病害发生前，将容易感病或可疑的有病部分进行保湿培养，逐日观察并记载发病情况，统计已显症状的发病组织所占样本总数的百分数，就可以预测在自然情况下病害可能发生的情况。针对不同的病害，其测报方法也有所不同，有些在病残体、种苗、土壤、粪肥等处越冬的病原物，常常需要进行组织加强培养，所以要针对不同的病原物，准备不同的培养基。

任务实施

一、准备工作

同时准备计算机、放大镜、记录本、笔等材料。

二、孢子捕捉培养器的安置

不同的孢子捕捉器安装安法不同，可以根据说明书具体实施。

三、病害测报实施

（一）根据菌量测报

菌量的测定可以通过以下几种方法：

1）对于细菌性病害，可以通过测定噬菌体激增的数量来预测细菌数量。

2）对于因种子表面带菌而引起的病害，可以通过检查种子表面带有的菌量，来预测次年田间发病率。

3）用孢子捕捉器捕捉空中孢子预测菌量。

（二）根据气象条件预测

多循环病害的流行受气象条件影响很大，而初侵染菌源不是限制因子，对当年发病的影响较小，因此，此种病害通常根据气象条件预测。有些单循环病害的流行程度也取决于初侵染期间的气象条件，可以利用气象因子预测。例如，利用相对湿度连续48h高于75%、气温不低于16℃的气象条件，可预测14~21天后田间将出现马铃薯晚疫病的中心病株。对于葡萄霜霉病菌，以气温 11~20℃，并有 6h 以上叶面结露时间为预测侵染的条件。

（三）根据菌量和气象条件进行预测

综合菌量和气象因子的流行学效应，可作为预测的依据。有时还把寄主植物在流行前期的发病数量作为菌量因子，用以预测后期的流行程度。例如，北方冬麦区小麦条锈病的春季流行通常依据秋苗发病程度、病菌越冬率和春季降水情况预测；南方小麦赤霉病流行程度主要根据越冬菌量和小麦扬花灌浆期气温、雨量和雨日数预测。在某些地区菌量的作用不重要，只根据气象条件预测。

（四）根据菌量、气象条件、栽培条件和寄主植物生育状况预测

有些病害的预测除应考虑菌量和气象因子外，还要考虑栽培条件、寄主植物的生育期和生育状况。例如，预测稻瘟病的流行，需注意氮肥施用期、施用量及其与有利气象条件的配合情况，若水稻叶片肥厚披垂且叶色浓绿，预示着稻瘟病可能流行；水稻纹枯病流行程度主要取决于栽植密度、氮肥用量和气象条件，可以做出流行程度因密度和施肥量不同的预测方式；油菜开花期是菌核病的易感阶段，预测菌核病流行多以花期降雨量、油菜生长势、油菜始花期迟早以及菌源数量（花朵带病率）作为预测因子。

（五）根据培养预测法预测

在病害没有发生前，将作物容易感病或疑为有病的部分放在适于发病条件下，进行培养观察，以提前掌握病害发生的始期。由于病菌的生长、发育和繁殖都要求较高的湿度，所以，通常是用保湿的方法进行培养。一般是在玻璃杯内放少量清水或湿沙，或在培养皿内放一层加水湿润的滤纸，然后把要观察的材料插在水或湿沙中，或平放在湿滤纸上，置于适宜温度下培养。逐日检查并记录发病情况，借以推测田间可能发病的情况。

（六）根据病圃观察法预测

在大田外，单独开辟出一块地，针对本地区危害严重的某些病害，种植一些感病品种和当地普遍栽培的品种作物，经常观察病害的发生情况。预测圃里的感病品种容易发病，由此可以较早地掌握病害开始发生的时期和条件，有利于及时指导大田普查。但必须注意与大田的隔离，防止菌原向大田蔓延，造成损失。预测圃内种植当地普遍栽培的品种，可以反映常栽品种的正常病情，了解病情发展的快慢，推断病害可能发生危害的程度，作为指导防治的依据。

 思考问题

1. 病害的传播方式有哪些？
2. 在预测预报时应该注意哪些问题？

 **知识链接**

新预测预报技术和手段的应用

一、可视预测预报技术

从 20 世纪 50 年代开展病害预测预报工作以来，直到 21 世纪初，病虫害预报一直沿用

"病虫情报"的方式进行发布，在当时的历史和农业生产条件下发挥了重要的作用，但是随着科学技术的飞速发展，以及农业生产形式的不断变化，尤其进入21世纪信息时代后，继续沿用"病虫害情报"的形式发布病虫害预报，很显然不适应当今社会的需要。发送"病虫情报"到区（县）、乡（镇）农业技术部门，再传达到农民这种形式，导致发送速度慢，传播范围窄，病虫害发生情况和防治技术不能直接、及时地被最终使用者（广大农民）所接受使用；以单一文字形式的"病虫情报"不能表现病虫危害的症状，病虫形态等，导致部分农民不能及时对症下药，其结果导致乱用药，防治成本增加，环境污染严重，农产品农药残留超标，直接危害广大人民的身体健康，为此必须对农作物病虫害预报手段进行改革，提高病虫害预报水平，更好地为广大农民服务。所以，随着电子技术的发展，可视病虫害测报应势而生，作物病虫害可视预报就是把农作物病虫害发生情况和防治关键技术制作成电视节目，应用电视这一最广泛的传播媒体向广大农民进行发送，使广大农民能及时、准确、直观接收到农作物病虫害发生和防治的信息，指导农民进行大面积的病虫害防治工作。

病虫害可视化预报节目按照片头、病虫形态特征和危害症状、病虫害发生情况、防治的关键技术、片尾5个方面的内容进行制作。对片头的制作要求是，按照美观、醒目，图、文、声、像并重的原则进行制作，长度在15s以内。病虫形态特征和危害症状是预报节目的主要内容之一，在病虫害预报节目的选材上，必须选择害虫各虫态典型的形态特征和植物各生育期典型的受害症状予以展示；在病害的预报节目选材上，必须选择发病初期症状、发病最严重的典型症状和病原菌形态特征予以充分展示。在制作上做到清晰、突出、标记醒目，对于肉眼不易识别的害虫和病害的病原菌，最好采用电子显微拍摄的照片或录像资料，使农民或技术人员很容易识别病虫形态特征。

在病虫害发生情况预报上，主要预报病虫害发生面积和发生程度，用病虫害发生分布图，以乡（镇）行政区划或按海拔高度预报病虫害发生区域。防治技术是病虫害可视化预报的核心内容，要及时、准确地预报病虫害的关键防治时期、防治病虫害的药剂种类、施药浓度、施药方法以及用药的注意事项，达到及时、准确、安全地指导农民进行大面积的病虫害防治工作。

病虫害可视化预报以直观、形象、生动的电视节目形式播出，充分利用了电视新闻媒体传播速度快、覆盖面广的优势，及时把农作物病虫害发生信息传递到千家万户，指导农户开展科学防治工作，提高农户农作物病虫害防治水平。

二、数理统计预测

病虫害的发生期、发生量和危害程度的变动与周围的物理环境条件（温度、雨量、土壤等）和生物环境（天敌、食物等）的变动密切相关。病虫害、天敌昆虫发生的一定数量特征与一定环境特征之间的相互关系，可用数理统计法进行定性或定量分析，据此发出数理统计预报。常用的方法有函数分析法、相似相关法等。

三、异地预测法

一些远距离迁飞性害虫和大面积流行性病害，其种源或菌源可随气流迁往异地。例如，黏虫、褐稻虱、稻纵卷叶螟等害虫是逐代呈季节性往返迁移的，其迁移的方向和降落区域的变动，又受随季风进退的气流和作物生长物候的季节变换制约。因此可根据发生区的残留虫量和发育进度，结合不同层次的天气形势以及迁入区的作物长势和分布，来预测害虫迁入的时间、数量、主要降落区域和可能的发生程度。对于植物病害，也可根据发生区的菌源量、气流方向以及作物抗病品种的布局和长势，来预先估计可能的发生区域、发生时间和流行程度，并可应用综合分析、预测模型和电算模拟等手段进行预测。

学 习 小 结

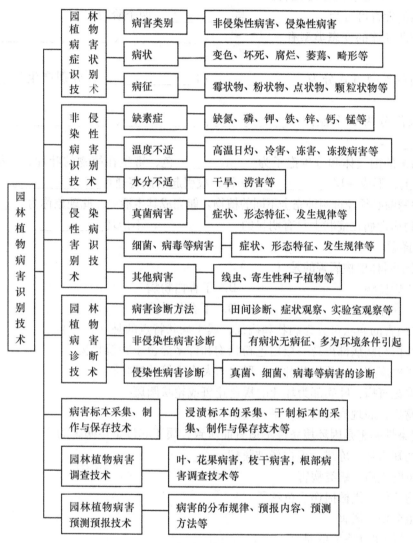

达 标 检 测

一、名词解释

损伤　寄主　非侵染性病原　病状　病征　菌丝体　无性繁殖　子实体　真菌的生活史　转主寄生　半知菌　寄生性　致病性　植物的抗病性　病程　系统侵染　侵染循环　植物病害流行

二、填空题

1. 生物性病原是指以园林植物为寄生对象的一些有害生物，主要有_____、_____、_____、植原体、类病毒、寄生性种子植物、线虫、寄生藻类、螨类等。

2. 凡是由生物因子引起的植物病害都能相互传染，有侵染过程，称为_____或_____，也称为寄生性病害。

3. 由非生物因子引起的植物病害都是没有传染性，没有侵染过程，称为_____或_____，也称为生理性病害。

4. 真菌的发育可分为_____与_____两个阶段。

5. 真菌菌丝体的变态类型有_____、_____、_____、_____。

6. 真菌的繁殖方式分为_____和_____，分别产生_____、_____。

7. 真菌门分为 5 个亚门：_____、_____、_____、_____和_____。

8. 白粉菌的菌丝体和分生孢子为_____色，寄生在植物的叶片、嫩梢、花器和果实和体表上，形成一层_____状物，故引起的病害通称_____。

9. 有的锈菌必须经过两种完全不同的植物才能完成其生活史，此现象称为_____。

10. 植物病毒病在症状上只有明显的_____，不出现_____。

三、选择题

1. 不属于园林植物病害的是（   ）。

A. 杨树烂皮病　　　　　　　　　B. 丁香白粉病

C. 郁金香碎色病　　　　　　　　D. 丁香花叶病

2. 植物病害的病状可分为病状和病征，属于病状特点的是（   ）。

A. 丁香白粉病病部出现一层白色粉状物和许多黑色小颗粒状物

B. 杨树根癌病，病部根茎肿大，形状为大小不等的瘤状物

C. 丁香花斑病，叶病部为坏死的褐色花斑或轮状圆斑

D. 果腐病，表现病部腐烂，果实畸形

3. 非侵染性病害是因环境条件不适宜而所致，属于非侵染性病害的是（   ）。

A. 植物缺素症、冻拔、毛白杨破腹病

B. 杨树腐烂病、螨类病害

C. 动物咬伤、机械损伤、菟丝子

D. 害虫刺伤，风害

4. 全为非浸染性病原的是（   ）。

A. 寄生性种子植物、线虫、土壤、营养

B. 气候因子、有害化学物质、土壤、营养等

C. 刺吸性害虫、螨类、有害化学物质

D. 虹吸式口器害虫、螨类、有害化学物质、气候因子

5. 真菌的繁殖方式为（   ）。

A. 裂殖　　　　B. 复制　　　　C. 二均分裂　　　　D. 无性和有性

6. 子囊菌有性繁殖阶段产生（   ）。

A. 游动孢子　　　B. 卵孢子　　　C. 孢囊孢子　　　　D. 子囊孢子

7. 子囊和孢子囊（   ）。

A．都属于同一亚门　　　　　　B．都可称为子实体

C．其内都形成无性孢子　　　　D．其内都形成有性孢子

8．菌丝体特化出的分生孢子梗顶端着生（　　　）。

A．孢囊孢子　　B．游动孢子　　C．子囊孢子　　　　D．分生孢子

四、问答题

1．园林植物侵染性病害是怎样发生的？如何理解病害三因素的关系？

2．园林植物病害的症状类型及特点是什么？

3．如何区分侵染性病害和非侵染性病害？

4．园林植物细菌病害的特点是什么？

5．简述园林植物侵染性病害的诊断方法。

6．什么是潜伏侵染？

7．比较各种病原物的侵入途径与方式？

8．病原物的越冬、越夏场所有哪些？

项目❸

园林植物病虫害综合防治

【项目说明】

危害园林植物的病、虫种类特别多，怎样才能利用一些有效而又较少污染环境的方法来防治病虫的危害呢？经过园林植保人的多年努力，总结出了病虫害的五大综合防治方法：植物检疫防治法、园林技术防治法、物理机械防治法、生物防治法、化学防治法。而其中应用最多的则是利用农药防治病虫害的化学防治法，所以本项目除了学习五大防治法外，还要重点学习农药的一些知识。

本项目共分3个任务：园林植物病虫害综合防治措施，农药性状观察与质量鉴别，常用农药的配制与使用技术。

【学习内容】

了解园林植物病虫害的综合防治措施。熟练掌握园林植物常发生病害、虫害的特征和防治方法。

【教学目标】

通过对园林植物病虫害防治方法的学习，了解植物检疫防治法、园林技术防治法、物理机械防治法、生物防治法、化学防治法及它们的特点。

【技能目标】

能利用所学知识制订园林植物病虫害的综合防治方案。

【完成项目所需材料及用具】

材料：常用农药、白糖、醋、酒等。

用具：常用施药机械、调查用表、计算器等。

任务1　园林植物病虫害综合防治措施

任务描述

园林植物病虫害的防治方法很多，各种方法各有其优点和局限性，单靠其中某一种措施往往不能达到防治的目的，有时还会引起一些不良反应。

园林植物病虫害综合治理是一个病虫害控制的系统工程，即从生态学观点出发，在整个园林植物生产、栽植及养护管理过程中，要有计划地应用和改善栽植养护技术，调节生态环境，预防病虫害的发生，降低发生程度，不使其超出危害标准的要求。园林植物病虫害综合防治就是要使自然防治和人为防治手段有机地结合起来，有意识地加强自然防治能力，主要利用植物检疫、园林技术防治、物理机械防治、生物防治、化学防治等方法来控制病虫的危害，并将它们有机地结合在一起而制订的一个综合性的防治方案。

任务咨询

一、植物检疫防治

植物检疫也叫法规防治，是指一个国家或地方政府颁布法令，设立专门机构，禁止或限制危险性病、虫、杂草等人为地传入或传出，或者传入后为限制其继续扩展所采取的一系列措施。植物检疫是防治病虫害的基本措施之一，也是实施"综合治理"措施的有力保证。

（一）生物入侵的危害

在自然情况下，病、虫、杂草等虽然可以通过气流等自然动力和自身活动扩散，不断扩大其分布范围，但这种能力是有限的，再加上有高山、海洋、沙漠等天然障碍的阻隔，病、虫、杂草的分布有一定的地域局限性。但是，一旦借助人为因素的传播，就可以附着在种实、苗木、接穗、插条及其植物产品上跨越这些天然屏障，由一个地区传到另一个地区或由一个国家传到另一个国家。当这些病菌、害虫及杂草离开了原产地到达一个新地区以后，原来制约病虫害发生发展的一些环境因素被打破，条件适宜时，就会迅速扩展蔓延，猖獗成灾。历史上这样的经验教训很多。葡萄根瘤蚜在 1860 年由美国传入法国，在这之后的 25 年中，就有 100000hm² 以上的葡萄园毁灭。美国白蛾 1922 年在加拿大被首次发现，随着运载工具由欧洲传播到亚洲，1979 年在我国辽宁省东部地区被发现，1982 年发现于山东荣成，1984 年在陕西武功猖獗成灾，造成大片园林及农作物被毁。又如，我国现有的菊花白锈病、樱花细菌性根癌病、松材线虫萎蔫病均由日本传入，使许多园林风景区蒙难。最近几年传入我国的美洲斑潜蝇、蔗扁蛾、薇甘菊也带来了严重灾难。

所以要对植物及其产品在引种运输、贸易过程中进行管理和控制，防止危险性有害生物在地区间或国家间传播蔓延。

（二）植物检疫的作用

1）植物检疫能阻止危险性生物随人类的活动在地区间或国际传播蔓延。随着社会经济的发展，植物引种和农产品贸易活动的增加，危险性的生物也会随之扩散蔓延，造成巨大的经济损失，甚至酿成灾难。

2）植物检疫不仅能阻止农产品携带危险性生物出境、入境，保证其安全性，还可指导农产品的安全生产以及与国际植物检疫组织的合作与谈判，使本国农产品出口道路畅通，以维护国家在农产品贸易中的利益。

3）另外，随着我国加入 WTO，国际经济贸易活动的不断深入，植物检疫工作更显其重要作用。

（三）植物检疫的对象和分类

1. 确定植物检疫对象的原则

确定植物检疫对象的原则：一是国内或当地尚未发现或局部已发现而正在消灭的有害生物；二是一旦传入对作物危害性大，使经济损失严重，目前尚无高效、简易防治方法的有害生物；三是繁殖力强、适应性广、难以根除的有害生物；四是可人为随种子、苗木、农产品及包装物等运输，作远程距离传播的有害生物。

2. 植物检疫的种类

植物检疫分对内检疫和对外检疫。对内检疫的主要任务是防止和消灭通过地区间的物资交换、调运种子、苗木及其他农产品贸易等而使危险性有害生物扩散蔓延，故又称为国内检疫。对外检疫是国家在港口、机场、车站和邮局等国际交通要道设立植物检疫机构，对进出口和过境应实施检疫的植物及其产品实施检疫和处理，防止危险性有害生物的传入和输出。

（四）植物检疫的方法

1. 检疫检验

检疫检验是由有关植物检疫机构根据报验的受验材料进行的抽样检验。除产地植物检疫采用产地检验（田间调查）外，其余各项植物检疫主要进行关卡抽样室内检验。

2. 检疫处理

检疫处理首先必须符合检疫法规的规定及检疫处理的各项管理办法、规定和标准。其次，所采取的处理措施是必不可少的，还应将处理所造成的损失降到最低水平。

在产地或隔离场圃发现检疫对象时，应由官方划定疫区和保护区，实施隔离和根除扑灭等控制措施。在关卡检验中发现检疫对象时，常采用退回或销毁货物、除害处理和异地转运等检疫处理措施。

调运植物检疫的检疫证书应由省植保（植检）站及其授权检疫机构签发。口岸植物检疫由口岸植物检疫机关根据检疫结果评定和签发"检疫放行通知单"或"检疫处理通知单"。

二、园林技术防治

园林技术防治是通过改进栽培技术措施，使环境条件不利于病虫害的发生，而有利于园林植物的生长发育，直接或间接地消灭或抑制病虫害的发生与危害。这种方法不需要额外的投资，而且还有预防作用，可长期控制病虫害，因而是最基本的防治方法。但这种方法也有一定的局限性，即病虫害大发生时必须依靠其他防治措施。

（一）选用抗性品种

培育抗病虫品种是预防病虫害的重要环节，不同花木品种对于病虫害的受害程度并不一致。目前已培育出菊花、香石竹、金鱼草等抗锈病的新品种，以及抗紫菀萎蔫病的翠菊品种等。

（二）苗圃地的选择及处理

一般应选择土质疏松、排水透气性好、腐殖质多的地段作为苗圃地。在栽植前进行深耕改土，土壤被耕翻后经过曝晒、土壤消毒，可杀灭其中的部分病虫害。消毒时，一般可将稀释50倍的甲醛稀释液，均匀洒在土壤内，再用塑料薄膜覆盖，约2周后取走覆盖物，将土壤翻动耙松后再进行播种或移植。用硫酸亚铁消毒时，可在播种或扦插前以2%~3%硫酸亚铁水溶液浇盆土或床土，这样可有效抑制幼苗猝倒病的发生。

（三）培育健苗

园林上许多病虫害是依靠种子、苗木及其他无性繁殖材料来传播的，因而通过一定的措施来培育无病虫的健壮种苗，可有效地控制该类病虫害的发生。

1. 无病虫圃地育苗

选取土壤疏松、排水良好、通风透光、无病虫危害的场所为育苗圃地。盆播育苗时应注意盆钵、基质的消毒，同时通过适时播种、合理轮作、整地施肥以及中耕除草等加强养护管理，使之苗齐、苗全、苗壮、无病虫危害。例如，菊花、香石竹等进行扦插育苗时，对基质及时消毒或更换新鲜基质，则可大大提高育苗的成活率。

2. 无病株采种

园林植物的许多病害是通过种苗传播的，例如仙客来病毒病、百日草白斑病都是由种子传播，菊花白锈病是由脚芽传播等。只有从健康母株上采种，才能得到无病种苗，避免或减轻该类病害的发生。

3. 组织脱毒育苗

园林植物中病毒病害发生普遍而且严重，许多种苗都带有病毒，利用组织技术进行脱毒处理，对于防治病毒病害十分有效，例如脱毒香石竹苗、脱毒兰花苗等已非常成功。

（四）栽培措施

1. 合理轮作、间作

连作往往会加重园林植物病害的发生，例如温室中香石竹多年连作，会加重镰刀菌枯萎病的发生，实行轮作可以减轻病害。轮作时间视具体病害而定。对于鸡冠花褐斑病，实行3年以上轮作即可有效防治。而对于孢囊线虫病，则需时间较长，一般情况下应实行3~4年以上轮作。轮作是古老而有效的防病措施，轮作植物必须为非寄主植物。通过轮作，使土壤中的病原物因找不到食物"饥饿"而死，从而降低病原物的数量。

2. 配置得当

建园时，为了保证景观的美化效果，往往是许多种植物搭配种植。这样便忽视了病虫害之间的相互传染，人为地造成某些病虫害的发生与流行，例如海棠与柏属树种、芍药与松属树种近距离栽植易造成海棠锈病及芍药锈病的大发生。因而在园林布景时，植物的配置不仅要考虑美化的效果，还应考虑病虫的危害问题。

3. 科学间作

每种病虫对树木、花草都有一定的选择性和转移性，因而在进行花卉育苗生产及花圃育苗时，要考虑到寄生植物与害虫的食性及病菌的寄主范围，尽量避免相同食料及相同寄主范围的园林植物混栽或间作。例如，黑松、油松等混栽将导致日本松干蚧害严重发生；多种花卉的混栽，会加重病毒病害的发生。

（五）管理措施

1. 加强肥水管理

合理的肥水管理不仅能使植物健壮地生长，而且能增强植物的抗病虫能力。观赏植物应使用充分腐熟且无异味的有机肥，以免污染环境，影响观赏。使用无机肥要注意氮、磷、钾等营养成分的配合，防止施肥过量或出现缺素症。

浇水方式、浇水量、浇水时间等都影响着病虫害的发生。喷灌和浇水等方式往往容易引起叶部病害的发生，最好采用沟灌、滴灌或沿盆钵边缘注浇等方式。浇水量要适宜，浇水过多易烂根，浇水过少则易使花木因缺水而生长不良，出现各种生理性病害或加重侵染性病害的发生。多雨季节要及时排水。浇水时间最好选择晴天的上午，以便及时地降低叶表湿度。

2. 改善环境条件

改善环境条件主要是指调节栽培地的温度和湿度，尤其是温室栽培植物，要经常通风换气、降低湿度，以减轻灰霉病、霜霉病等病害的发生。定植密度、盆花摆放密度要适宜，以利通风透光。冬季温室温度要适宜，不要忽冷忽热。否则，各种花木往往因生长环境欠佳，导致各种生理性病害及侵染性病害的发生。

3. 合理修剪

合理修剪、整枝不仅可以增强树势、使花叶并茂，还可以减少病虫危害。例如，对于天牛、透翅蛾等钻蛀性害虫以及袋蛾、刺蛾等食叶害虫，均可采用修剪虫枝等方法进行防治。对于介壳虫、粉虱等害虫，则通过修剪、整枝达到通风透光的目的，从而抑制此类害虫的危害。秋、冬季节结合修枝，剪去有病枝条，从而可减少来年病害的初侵染源，例如月季枝枯病、白粉病以及阔叶树腐烂病等。应及时清除园圃修剪下来的枝条。草坪的修剪高度、次数、时间也要合理。

4. 中耕除草

中耕除草不仅可以保持地力，减少土壤水分的蒸发，促进花木健壮生长，提高抗逆能力，还可以清除许多病虫的发源地和潜伏场所。例如，褐刺蛾、绿刺蛾、扁刺蛾、黄杨尺蛾、草履蚧等害虫的幼虫、蛹或卵生活在浅土层中，通过中耕，可使其暴露于土表，便于杀死。

5. 翻土培土

结合深耕施肥，可将表土或落叶层中的越冬病菌、害虫深翻入土。公园、绿地、苗圃等场所在冬季暂无花卉生长，最好深翻一次，这样便可将其深埋地下，翌年不再发生危害。此法对防治花卉菌核病等效果较好。

对公园树坛翻耕时要特别注意树冠下面和根颈部附近的土层，让覆土达到一定的厚度，使得病菌无法萌发，害虫无法孵化或羽化。

（六）球茎等器官的收获及收后管理

许多花卉以球茎、鳞茎等器官越冬，为了保障这些器官的健康储存，在收获前避免大量浇水，以防含水过多造成储藏腐烂；要在晴天收获，挖掘过程中要尽量避免造成伤口；挖出后要仔细检查，剔除有伤口、病虫及腐烂的器官，并在阳光下曝晒数日后方可收藏。窖要事先清扫消毒，通气晾晒。储藏期间要控制好温湿度，窖温一般在5℃左右，相对湿度宜在70%以下。有条件时，最好单个装入尼龙网袋，悬挂于窖顶储藏。

三、物理机械防治

利用各种简单的机械和各种物理因素来防治病虫害的方法称为物理机械防治法。这种方法既包括古老、简单的人工捕杀，也包括近代物理新技术的应用。

（一）捕杀法

利用人工或各种简单的机械捕捉或直接消灭害虫的方法称为捕杀法。人工捕杀适合于具有假死性、群集性或目标明显易于捕捉的害虫。例如，多数金龟子、象甲的成虫具有假死性，可在清晨或傍晚将其振落杀死。榆蓝叶甲的幼虫老熟时群集于树皮缝、树疤或树杈下方等处化蛹，此时可人工捕杀。冬季修剪时，可剪去黄刺蛾茧、蓑蛾袋囊、刮除毒蛾卵块等。物理机械防治的优点是不污染环境，不伤害天敌，不需要额外投资，便于开展群众性的防治，特别是在劳动力充足的条件下，更易实施；缺点是工效低，费工。

（二）阻隔法

人为设置各种障碍，以切断病虫害的侵害途径，这种方法称为阻隔法，也叫障碍物法。

1. 涂毒环、涂胶环

对有上、下树习性的幼虫可在树干上涂毒环或涂胶环，阻隔和触杀幼虫。胶环的配方通常有以下两种：

1）蓖麻油、松香、硬脂酸的比例为10:10:1。

2）豆油、松香、黄醋的比例为5:10:1。

2. 挖障碍沟

对不能飞翔只能靠爬行扩散的害虫，可在未受害区周围挖沟，害虫坠入沟中后予以消灭。对紫色根腐病等借助菌索蔓延传播的根部病害，在受害植株周围挖沟能阻隔病菌菌索的蔓延。障碍沟宽30cm，深40cm，两壁要光滑垂直。

3. 设障碍物

有的害虫雌成虫无翅，只能爬到树上产卵。对于这类害虫，可在其上树前在树干基部设置障碍物阻止其上树产卵。例如，在树干上绑塑料布或在干基周围培土堆，制成光滑的陡面。山东枣产区总结出人工防治枣尺蠖的经验："五步防线治步曲"，即"一涂、二挖、三绑、四撒、五堆"，可有效防治枣尺蠖上树。

4. 土壤覆盖薄膜或盖草

许多叶部病害的病原物是在病残体上越冬的，花木栽培地早春覆膜或盖草可大幅度地减少叶部病害的发生。干草不仅对病原物的传播起到了机械阻隔作用，而且覆膜后的土壤温度、湿度提高，加速了病残体的腐烂，减少了侵染来源。另外，干草腐烂后还可当肥料。

5. 纱网阻隔

对于温室保护地内栽培的花卉植物，可采用40~60目的纱网覆罩，不仅可以隔绝蚜虫、叶蝉、粉虱、蓟马等害虫，还能有效地减轻病毒病害的侵染。

此外，在目标植物周围种植高秆而且害虫喜食的植物，可以阻隔外来迁飞性害虫的危害。土表覆盖银灰色薄膜，可使有翅蚜远远躲避，从而保护园林植物免受蚜虫的危害，并减少蚜虫传毒的机会。

（三）诱杀法

利用害虫的趋性，人为设置器械或诱物来诱杀害虫的方法称为诱杀法。利用此法还可以预测害虫的发生动态。

1. 灯光诱杀

利用害虫对灯光的趋性，人为设置灯光来诱杀害虫的方法称为灯光诱杀法。目前生产上所用的光源主要是黑光灯，黑光灯是一种能辐射出360nm紫外线的低气压汞气灯。而大多数害虫的视觉神经对波长330~400nm的紫外线特别敏感，具有较强的趋光性，因而诱虫效果很好。黑光灯能诱集15目，100多科，几百种昆虫，其中多数是农林害虫。利用黑光灯诱虫，诱集面积大，成本低，能消灭大量虫源，降低下一代虫口密度。它还可用于开展预测预报和科学试验，进行害虫种类、分布和虫口密度的调查，为防治工作提供科学依据。

安置黑光灯时应以安全、经济、简便为原则。黑光灯诱虫一般在5～9月份进行。黑光灯要设置在空旷外，选择闷热、无风无雨、无月光的天气开灯，诱集效果较好。

2. 食物诱杀

（1）毒饵诱杀 利用害虫的趋化性，在其所喜欢的食物中掺入适量毒剂来诱杀害虫的方法叫毒饵诱杀。例如，对于蝼蛄、地老虎等地下害虫，可用麦麸、谷糠等作饵料，掺入适量敌百虫、锌硫磷等制成毒饵来诱杀。配方是饵料100份，毒剂1～2份，水适量。诱杀地老虎、梨小食心虫成虫时，常以糖、酒、醋作饵料，以敌百虫作毒剂来诱杀，配方是糖6份，酒1份，醋2～3份，水10份，加适量敌百虫。

（2）饵木诱杀 许多蛀干害虫，例如天牛、小蠹等喜欢在新伐倒树木上产卵繁殖，因而可在这些害虫的繁殖期，人为地放置一些木段，供其产卵，待其卵全部孵化后进行剥皮处理，消灭其中的害虫。

（3）植物诱杀 利用害虫对某些植物有特殊的嗜食习性，人为种植或采集此种植物诱集捕杀害虫的方法称为植物诱杀法。例如，在苗圃周围种植蓖麻，可使金龟子食后被麻醉，从而集中捕杀。

3. 潜所诱杀

利用害虫在某一时期喜欢某一特殊环境的习性，人为设置类似的环境来诱杀害虫的方法称为潜所诱杀。例如，在树干基部绑扎草把或麻布片，可引诱某些蛾类幼虫前来越冬；在苗圃内堆集新鲜杂草，能诱集地老虎幼虫潜伏草下，然后集中消灭。

4. 色板诱杀

将黄色黏胶板设置于花卉栽培区，可诱黏到大量有翅蚜、白粉虱、斑潜蝇等害虫，其中以在温室保护地内使用时效果较好。

（四）温度和湿度的应用

任何生物包括植物病原菌、害虫对温度都有一定的忍耐性，超过限度生物就会死亡。害虫和病菌对高温的忍受力都较差，因此，通过提高温度来杀死病原菌或害虫的方法称为温度处理法，简称热处理。在园林植物病虫害防治中，热处理有干热和湿热两种。

1. 种苗的热处理

有病虫的苗木可用热风处理，温度为35～40℃，处理时间为1～4周；也可用40～50℃的温水浸泡，浸泡时间为10～180min。例如，唐菖蒲球茎在55℃水中浸泡30min，可以防治镰刀菌干腐病；易感染根结线虫病的植物在45～65℃的温水中处理（先在30～35℃的水中预热30min）可防病，处理时间为0.5～2h，处理后的植株用凉水淋洗；用80℃热水浸泡刺槐种子30min后捞出，可杀死种子内小蜂的幼虫，不影响种子发芽率。

种苗热处理的关键是温度和时间的控制，一般对休眠器官处理比较安全。对有病虫的植物作热处理时，要事先进行试验。热处理时升温要缓慢，使之有个适应温热的过程。一般从25℃开始，每天升高2℃，6～7天后达到37℃左右的处理温度。

2. 土壤的热处理

现代温室土壤热处理采用热蒸汽（90～100℃），处理时间为30min。蒸汽处理可大幅度降低香石竹镰刀菌枯萎病、菊花枯萎病及地下害虫的发生程度。在发达国家，蒸汽热处理已成为常规管理。

利用太阳能对土壤进行热处理也是有效的防治措施。在 7～8 月份将土壤摊平做垄，垄为南北方向。浇水并覆盖塑料薄膜。在覆盖期间要保证有 10～15 天的晴天，耕层温度可高达 60～70℃，能基本上杀死土壤中的病原物。温室大棚中的土壤也可照此法处理。当夏季花木搬出温室后，将门窗全部关闭并在土壤表面覆膜，能较彻底地消灭温室中的病虫害。

（五）放射处理

近几年来，随着物理学的发展，生物物理也有了相应的发展。因此，应用新的物理学成就来防治病虫，也就具有愈加广阔的前景。原子能、超声波、紫外线、激光、高频电流等，正普遍应用于生物物理范畴，其中很多成果正在病虫害防治中得到应用。

1. 原子能的利用

原子能在昆虫方面的应用，除用于研究昆虫的生理效应、遗传性的改变以及示踪原子对昆虫毒理和生态方面的研究外，也可用来防治病虫害。例如，直接用 32.2 万伦琴⊖的钴 60 照射仓库害虫，可使害虫立即死亡，即使使用 6.44 万伦琴剂量，仍有杀虫效力，部分未能被杀死的害虫，虽可正常生活和产卵，但生殖能力受到了损害，所产的卵不能孵化。

2. 高频、高压电流的应用

通常我们所使用的是 50Hz 的低频电流。在无线电领域中，一般将 $3 \times 10^7 Hz$ 的电流称为高频率电流，$3 \times 10^7 Hz$ 以上的电流称为超高频电流。在高频率电场中，由于温度增高等原因，可使害虫迅速死亡。由于高频率电流产生在物质内部，而不是由外部传到内部，因此对消灭隐蔽危害的害虫极为方便。该法主要用于防治仓储害虫、土壤害虫等。

高压放电也可用来防治害虫。例如国外设计的一种机器，两电极之间可以形成 5cm 的火花，在火花的作用下，土壤表面的害虫在很短的时间内就可死亡。

3. 超声波的应用

超声波的应用是指利用振动在 20000 次/s 以上的声波所产生的机械动力或化学反应来杀死害虫，例如对水源的消毒灭菌、消灭植物体内部害虫等。也可利用超声波或微波引诱雄虫远离雌虫，从而阻止害虫的繁殖。

4. 光波的利用

一般黑光灯诱集的昆虫中有害虫也有益虫，近年根据昆虫复眼对各种光波具有很强鉴别力的特点，采用对波长有调节作用的"激光器"，将特定虫种诱入捕虫器中加以消灭。

四、生物防治

（一）生物防治的概念及其重要性

1. 生物防治的概念

利用生物控制有害生物种群数量的方法，称为生物防治。广义的生物防治包括控制有害生物的生物体及其产物。生物产物的含义很广泛，植物的抗害性、杀生性植物、激素、信息素、抗生素等都可认为是生物产物，因此均可列入生物防治的范畴。狭义的生物防治，只包括利用天敌控制有害生物。

⊖ 1 伦琴 = 2.58 × 10⁻⁴ 库伦/千克（1r = 2.58 × 10⁻⁴c/kg）

2. 生物防治的重要性

20世纪40年代，随着有机杀虫剂大规模应用于农业防治害虫，导致害虫产生抗药性，农药在环境和食物中残留以及次要害虫上升为主要害虫，这些问题成为全世界公认的、亟待解决的难题。此外，由于农药良莠不分，在杀死害虫的同时，也大量的杀伤自然界中害虫的天敌。生物防治的意义在于可以避免产生化学农药导致的弊端。另外，天敌对有害生物的控制作用持久，是一种不竭的自然资源，在利用过程中可就地取材、综合利用，降低成本。因此，生物防治已经成为一种实施可持续植保的重要措施。

但是，生物防治也存在着一定的局限性，它不能完全代替其他的防治方法，必须与其他的防治方法相结合，综合地应用于有害生物的治理中。

（二）植物虫害的生物防治

虫害生物防治主要包括有益动物治虫和微生物治虫。

1. 有益动物治虫

目前在生产实践中用于防治害虫的有益动物包括线虫、昆虫、蜘蛛、螨类以及脊椎动物。

（1）以线虫治虫　昆虫线虫是一类寄生于昆虫体内的微小动物，属线形动物门。能随水流运动寻找寄主昆虫，从昆虫的自然孔口或节间膜侵入昆虫体内，营寄生生活。昆虫线虫不仅直接寄生于害虫体内，而且可携带和传播对昆虫有致病作用的嗜虫杆菌，此杆菌可在虫体内产生毒素，杀死害虫。我国目前能够工厂化生产的（液体培养基培养）有斯氏线虫和格氏线虫，用于大面积防治的目标害虫有：桃小食心虫、小木蠹蛾、桑天牛等。

（2）以昆虫治虫　昆虫纲中以肉食为生的昆虫约有23万种，许多是园林植物害虫的重要天敌。捕食性和寄生性昆虫大都属于半翅目、脉翅目、鞘翅目、膜翅目及双翅目昆虫，其中后三个目特别重要。最常见的捕食性昆虫有蜻蜓、猎蝽、花蝽、草蛉、步甲、瓢虫、胡蜂、食虫虻、食蚜蝇等，其中又以瓢虫、草蛉、食蚜蝇等最为重要。寄生性昆虫种类则更加丰富。膜翅目的天敌种类统称为寄生蜂类，包括了姬蜂、茧蜂、小蜂等；双翅目的寄生性天敌种类统称为寄生蝇。在自然界中，每种植食性昆虫都可能被数十种乃至上百种天敌昆虫侵害，例如螟蛾，仅寄生蜂就有80种以上，天幕毛虫的天敌昆虫超过100种。

（3）其他动物治虫　其他动物治虫主要研究的是益鸟治虫、两栖动物治虫。我国有1000多种鸟类，其中吃昆虫的约占半数，它们绝大多数捕食害虫。比较重要的鸟类包括红脚隼、大杜鹃、啄木鸟、山雀和家燕等。它们捕食的害虫主要有蝗虫、螽斯、叶蝉、木虱、蝽象、吉丁虫、天牛、金龟子、蛾类幼虫、叶蜂、象甲和叶甲等。我国新疆等地利用人工建筑的鸟巢招引粉红椋鸟，防治草原蝗虫，取得了较好的效果。

两栖动物用于防治害虫的主要是蟾蜍、青蛙。取食的昆虫包括蝗虫、蝶类和蛾类的幼虫及成虫、叶甲、象甲、蝼蛄、金龟子、蚂蚁等。在水田中，保护蛙类有利于防治水稻害虫。

除上述两类动物外，我国还有利用鱼类防治害虫的报道。广东的沙田区养鸭除虫，新疆牧区养鸡灭蝗都取得了较好的防治效果。

2. 微生物治虫

自然界中有许多的微生物能使害虫致病。昆虫的致病微生物中多数对人畜无毒无害，不污染环境，待形成一定的制剂后，可像化学农药一样喷洒，所以常被称为微生物农药。已经在生产上应用的昆虫病原微生物包括真菌、细菌、病毒。

（1）真菌 昆虫的致病微生物中，由真菌致病的最多，约占60%以上。昆虫真菌病的共同特征是，当昆虫被真菌感染后，常出现食欲锐减、体态萎靡、皮肤颜色异常等现象。被真菌致死的昆虫，其尸体都硬化，外形干枯，所以一般把昆虫真菌病又称为硬化病或僵病。全世界目前已知的致病真菌有530多种，而已经用于防治害虫的有白僵菌、绿僵菌、拟青霉菌、多毛菌、赤座霉菌和虫霉菌。白僵菌和绿僵菌已形成规模生产。

使用病原真菌的成败常决定于空气的湿度，因为真菌分生孢子只能在高湿度条件下发芽，而在干燥的条件下，真菌孢子很快失去活力。紫外线下，昆虫致病真菌容易失活。因此在田间使用昆虫病原真菌时，傍晚至凌晨和有雨露时效果会好一些。

（2）细菌 昆虫细菌病害症状的显著特点是虫体发软，血液有臭味，故也称其为"败血病"。在已知的昆虫病原细菌中，作为微生物杀虫剂在农业生产中大量使用的主要是芽孢杆菌属的苏云金杆菌。

苏云金杆菌是从德国苏云金（地名）的地中海粉螟幼虫体中分离到的，现在已知的苏云金杆菌有32个变种。1957年在美国开始了苏云金杆菌的工厂化生产，受到各国的重视。

（3）病毒 对昆虫病原病毒的研究虽然较晚，但由于它的特殊性和重要性，所以发展很快。昆虫病毒的专化性极强，一般一种病毒只感染一种昆虫，只有极个别种类可感染几种近缘昆虫。感染昆虫的病毒不感染高等动物、植物及其他有益生物，因此使用时比较安全。由于昆虫病毒感染的昆虫专一，可以制成良好的选择性病毒杀虫剂，而这种杀虫剂对环境的干扰最小，这也是利用病毒治虫的最大优点所在。但昆虫病毒的杀虫范围太窄，这是其最大的缺点。山西省太行山区利用核多角体病毒，防治枣大尺蠖一举成功，翻开我国防治史上的重要篇章。

（三）植物病害的生物防治

植物病害的生物防治是通过直接或间接的一种或多种生物因素，削弱或减少病原物的接种体数量与活动，或者促进植物生长发育，从而达到减轻病害并提高产量和质量的目的。

1. 抗生菌的利用

利用抗生菌防治植物病害始于20世纪30年代，高潮期在20世纪50年代，主要以分离筛选颉颃菌为主，所防治的对象是土传病害，特别是种苗病害。其主要的施用方法是在一定的基物上培养活菌，用于处理植物种子或土壤，效果相当明显。

2. 重寄生物的利用

重寄生是一种寄生物被另一种寄生物所寄生的现象。利用重寄生物进行植物病害的控制是近年来病害生物防治采用的重要方法。

3. 抑制性土壤的利用

抑制性土壤又称为抑病土，其主要特点是，病原物引入后一般不能存活或繁殖，即使病原物可以存活并侵染，但感病后寄主受害很轻；或病原物在这种土壤中可以引起严重病害，但经过几年或几十年发病高峰之后病害减轻至微不足道的程度。

4. 根际微生物的利用

根际或根围土壤中细菌种类和数量高于远离根际的土壤，这种现象称为根际效应。它是植物共有特征，是植物生长过程中根的溢泌物质所形成的。溢泌物主要来自两个方面：一是地上叶部形成的光合产物，其中约20%的量以根渗出物形式进入土中；另一个是根尖脱落的衰老细胞或组织的降解物，主要有糖类、氨基酸类、脂肪酸、生长素、核酸和酶类，它们聚集在根的周围形成丰富的营养带，刺激细菌等微生物的大量繁殖。

（四）杂草的生物防治

作为园林生态系统中的初级生产者及食物网络中的重要链节，杂草与生态系统中的动物、植物、微生物有着密切的相生相克关系。杂草生物防治就是利用园林生态系统中对杂草有害的昆虫、微生物及动物，通过相生相克的关系，控制杂草的危害。杂草生物防治的主要作用在于：阻止杂草结实，减少土壤中的杂草种子的数量；降低杂草的萌发与出苗率，抑制杂草生长发育，将其群体控制在经济允许水平以下。

1. 以虫治草

以植食性昆虫防治杂草是研究最早、最多也最受重视的方法。以虫治草最成功的例子是，利用仙人掌蛾防治澳大利亚草原上的仙人掌。仙人掌是 1800 年从美洲作为花卉引入到澳大利亚的，到 1925 年，此仙人掌就扩散到 2400 万 hm^2 的优良牧场上，成为草害，严重地影响了放牧，并以每年 40 万 hm^2 的速度向其他草原蔓延。为控制仙人掌的危害和蔓延，澳大利亚从美洲的原产地引入了仙人掌蛾来防治仙人掌，取得了很好的效果。由此成功的范例，激起了以虫治草的研究浪潮，极大地推进了杂草生物防治的发展与推广。20 世纪 50 ～60 年代，利用昆虫防治杂草的研究更为广泛。空心莲子草是飘浮水面的多年生植物，其再生能力很强，极难防除。1960 年美国从阿根廷引进莲子草叶甲，在释放区基本控制了该草的危害。

我国杂草生物防治的研究起步较晚。紫茎泽兰是一种多年生恶性杂草，原产于墨西哥，生长速度极快，且对牲畜有毒。1984 年，中科院昆明分院在西藏的中尼边界地区发现了一种取食该杂草的泽兰实蝇，通过研究发现该虫食性单一，可以安全利用，并在云南释放，取得了较好的防治效果。原产于北美的豚草于 20 世纪 30 年代传入我国，在我国北方地区造成相当大的危害。1987 年，我国从加拿大等地引入豚草条纹叶甲，对该杂草起到了有效的控制作用。

2. 以菌治草

以菌治草就是利用真菌、放线菌、细菌、病毒等病原微生物或其代谢产物来控制杂草。目前世界范围内以菌治草取得成功的事例多是真菌治草，但随着杂草生物防治水平的提高，细菌和病毒在杂草生物防治中也将发挥一定的作用。

我国利用"鲁保一号"真菌防治菟丝子是以菌治草成功的例子之一。"鲁保一号"是一种毛盘孢真菌，从罹病的大豆菟丝子中分离出来。在菟丝子发生初期，每 $1hm^2$ 施用 8000 ～15000g，对菟丝子的防治效果达到 90% 以上。1972 ～1975 年，澳大利亚和美国从欧洲引入灯心草粉苞锈菌，控制当地小麦田及草场上杂草，也取得成功，以 $2g/hm^2$ 的剂量将该菌的孢子粉撒到长有灯心草粉苞苣的地中，两年后该锈菌的群体就可发展到足以控制该杂草种群危害的程度。

3. 以植物治草

自然界中，许多植物可通过其强大的竞争作用或通过向环境中释放某些有杀草作用的化感作用物，来遏制杂草的生长。

（五）生物防治的优点与局限性

生物防治的优点是对人、畜、植物安全，害虫不产生抗性，天敌来源广，且有长期抑制作用。但是，生物防治也存在着一定的局限性，防治时往往局限于某一虫期，作用慢、成本高，人工培养及使用技术要求比较严格。

五、化学防治

（一）化学防治的概念及其重要性

化学防治是指用化学手段控制有害生物数量的一种方法。化学防治的重要性主要体现在以下几个方面：第一，运用合理的化学防治法，对农业增产效果显著。第二，在当今世界各国都在提倡的 IPM 系统中，还缺乏很多有效、可靠的非化学控制法。例如，生产技术的作用常是有限的；抗性品种还不很普遍，对多数有害生物来讲抗性品种还不是很有效；有效的生物控制技术多数还处在试验阶段，有的虽然表现出很有希望，但实际效果有时还不稳定。第三，化学防治有其他防治措施所无法代替的优点。

概括起来，其优点有：

1）防治对象广。几乎所有植物病虫均可用化学农药防治。

2）防治效果快而高。既可在病虫发生前作为预防性措施，以避免或减少危害，又可在病虫发生之后作为急救措施，迅速消除病害，尤其对暴发性害虫，若施用得当，可收到立竿见影之效。

3）使用方法简便灵活。

4）化学农药可以工厂化生产，大量供应，适于机械化作业，成本低廉。

但上述优点是相对于其他防治措施而言的，在某种条件下有些优点甚至是其缺点。为此，在使用化学方法防治有害生物时，应趋利避害，扬长避短，使化学防治与其他防治方法相互协调，以达到控制有害生物的目的。

（二）化学防治的局限性

化学防治在有害生物综合防治中占有重要地位，但化学防治还有其局限性。

1. 引起病菌、害虫、杂草等产生抗药性

很多害虫一旦对农药产生抗性，则这种抗性很难消失。许多害虫和害螨对农药会发生交互抗性。

2. 杀害有益生物，破坏生态平衡

化学防治虽然能有效地控制有害生物的危害，但也杀伤了大量的有益生物，改变了生物群落结构，破坏了生态平衡，常会使一些原来不重要的病虫上升为主要病虫，还会使一些原来已被控制的重要害虫因抗药性的产生而形成害虫再猖獗的现象。

克服农药对有益生物不良影响的途径主要有：

1）使用选择性或内吸性的农药。

2）提倡使用有效低浓度，即使用农药的浓度只要求控制 80% 左右的有害生物即可。它的优点是既减少了用量，又降低了成本。特别是降低了农药的副作用，减少对有益生物的杀伤，减缓有害生物抗药性的产生以及降低农药对环境的污染。

3）选用合理的施药方法，因为不同的施药方法对天敌的影响很大。例如，用毒土法则比喷雾法对蜘蛛的伤害小；用内吸剂涂茎法比喷雾法对瓢虫等天敌安全得多。

4）选择适当的施药时期，因为施药时间不同对天敌的影响也不同。例如，在天敌的蛹期施药较为安全；对寄生蜂类应避开羽化期施药等。

3. 农药对生态环境的污染及人体健康的影响

农药不仅污染了大气、水体、土壤等生态环境，而且还通过生物富集，造成食品及人体的农药残留，严重地威胁着人体健康。为了使化学防治能在综合治理系统中充分发挥有效作用而又不造成环境污染，人们正在致力于研究与推广防止农药污染的措施，目前主要的预防技术有：

1）贯彻"预防为主，综合防治"的植保方针，最大限度地利用抗病虫品种和天敌的控制作用，把农药用量控制到最低限度。

2）开发研究高效、低毒、低残留及新型无公害的农药新品种。

3）改进农药剂型，提高制剂质量，减少农药使用量。

4）严格遵照农药残留标准，制订农药的安全间隔期。

5）认真宣传贯彻农药安全使用规定，普及农药与环境保护知识，最大限度地减少农药对环境的污染。

4. 化学防治成本上升

由于病虫草抗药性的增强，使农药的使用量、使用浓度和使用次增加，而防治效果往往很低，从而使化学防治的成本大幅度上升。

六、外科治疗

一些园林树木常受到枝干病虫害的侵袭，尤其是古树名木，由于历尽沧桑，病虫害的危害已经造成大大小小的树洞和创痕。进行外科手术治疗，即对损害树体实行镶补，可使树木健康的成长。常见的方法有：

（一）表层损伤的治疗

表皮损伤修补是指对树皮损伤面积直径在 10cm 以上的伤口的治疗。基本方法是用高分子化合物——聚硫密封剂封闭伤口。在封闭之前对树体上的伤疤进行清洗，并用 30 倍的硫酸铜溶液喷涂两次（间隔 30min），晾干后密封（气温 23 ± 2℃ 时密封效果好），最后用粘贴原树皮的方法进行外表装修。

（二）树洞的修补

首先对树洞进行清理、消毒，把树洞内积存的杂物全部清除，并刮除洞壁上的腐烂层，用 30 倍的硫酸铜溶液喷涂树洞消毒，30min 后再喷一次。若壁上有虫孔，可注射 50 倍氧化乐果等杀虫剂。树洞清理干净、消毒后，若树洞边材完好，采用假填充法修补，即在洞口上固定钢板网，其上铺 10～15cm 厚的 108 胶水泥砂浆（沙：水泥：108 胶：水 ＝4：2：0.5：1.25），外层用聚硫密封剂密封，再粘贴树皮。若树洞大，边材部分有损伤，则采用实心填充，即在树洞中央立硬杂木树桩或水泥柱做支撑物，在其周围固定填充物。填充物和洞壁之间的距离以 5cm 左右为宜，树洞灌入聚氨酯，把填充物和洞壁粘成一体，再用聚硫密封剂密封，最后粘贴树皮进行外表修饰。修饰的基本原则是随坡就势，因树作形，修旧如故。

（三）外部化学治疗

对于枝干病害可以采用外部化学手术治疗的方法，即先用刮皮刀将病部刮去，然后涂上保护剂或防水剂。常用的伤口保护剂是波尔多液。

七、施药机械

施用农药的机械称为植保机械，简称药械。

（一）药械的种类

药械的种类很多，从手持式小型喷雾器到拖拉机牵引或自走式大型喷雾机；从地面喷洒机到装在飞机上的航空喷洒装置，形式多种多样。

1）按施用的农药剂型和用途分类，可分为喷雾机、喷粉机、喷烟机、撒粒机、拌种机和土壤消毒机等。

2）按配套动力分类，可分为手动药械、畜力药械、小型动力药械、大型牵引或自走式药械、航空喷洒装置等。

3）按施液量多少分类，可分为常量喷雾、低量喷雾、微量（超低量）喷雾等。

4）按雾化方式分类，可分为液力喷雾机、气力喷雾机、热力喷雾机、离心喷雾机、静电喷雾机等。

现代药械发展的趋势是，提高喷洒作业质量、有效利用农药、保护生态环境、提高工效、改善人员劳动条件、提高机具使用可靠性和经济性。

（二）背负式手动喷雾器介绍（见图3-1）

背负式手动喷雾器是节药、安全、防渗漏的新型喷雾器之一，能喷洒农药、叶面肥和各种生长调节剂等。

1. 背负式手动喷雾器构造

背负式手动喷器由药液箱、泵筒、空气室、喷杆、喷头等部件和背带系统组成。

2. 背负式手动喷雾器工作原理

当摇动手柄时，连杆带动活塞杆和皮碗，在泵筒内做上下运动。当活塞杆和皮碗上行时，出水阀关闭，泵筒内皮碗下方的容积增大，形成真空，药液箱内的药液在大气压力的作用下，经吸水滤网，打开了进水球阀，涌入泵筒中。当手柄带动活塞杆和皮碗下行时，进水阀被关闭，泵筒内皮碗下方容积减少，压力增大，所储存的药液即打开出水球阀，进入空气室。由于活塞杆带动皮碗不断地作上下运动，使空气室内的药液

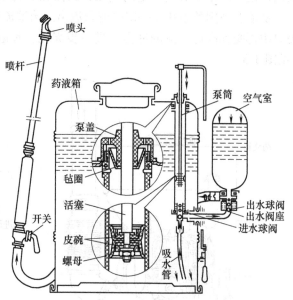

图3-1　工农—16型背负式手动喷雾器

不断增加，空气室内的空气被压缩，从而产生了一定的压力，这时如果打开开关，气室内的药液在压力的作用下，通过出水接头，压向胶管，流入喷杆，经喷孔喷出。

3. 手动喷雾器使用时应注意的问题

1）根据需要合理选择合适的喷头。喷头的类型有空心圆锥雾喷头和扇形雾喷头两种。选用时，应当根据喷雾作业的要求和植物的情况适当选择，避免始终使用一个喷头的现象。

2）注意控制喷杆的高度，防治雾滴飘失。

3）使用背负式喷雾器时不要过分弯腰作业，防止药液从桶盖处流出溅到操作者身上。

4）加注药液时不允许超过规定的药液高度。

5）手动加压时不要过分用力，防止将空气室打爆。

6）手动喷雾器长期不使用时，应当将皮碗活塞浸泡在机油内，以免其干缩硬化。

7）每天使用后，将手动喷雾器用清水洗净，残留的药液要稀释后就地喷完，不得将残留药液带回住地。

8）更换不同药液时，应当将手动喷雾器彻底清洗，避免不同的药液对植物产生药害。

（三）背负式喷雾喷粉机介绍

背负式喷雾喷粉机是一种多功能的机动药械，既能够喷雾也能够喷粉。它具有轻便、灵活、效率高等特点。

1. 背负式喷雾喷粉机的构造

背负式喷雾喷粉机主要由机架、离心风机、汽油机、汽油箱、药液箱和喷洒装置等部件组成（见图 3-2）。

2. 背负式喷雾喷粉机进行喷雾作业时的工作原理

离心机与汽油机输出轴直连，汽油机带动风机叶轮旋转，产生高速气流，其中大部分高速气流经风机出口流往喷管，而少量气流经进风阀门、进气塞、进气软管、滤网，流进药液箱内，使药液箱中形成一定的气压，药液在压力的作用下，经粉门、药液管、开关流到喷头，从喷嘴周围的小孔以一定的流量流出。药液流出时，先与喷嘴叶片相撞，初步雾化，在喷口中再受到高速气流的冲击，进一步雾化，弥散成细小雾粒，并随气流吹到很远的前方（见图 3-3）。

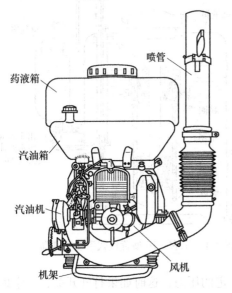

图 3-2 东方红—18 型喷雾喷粉机构造

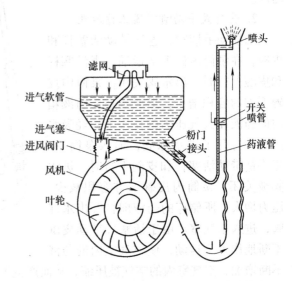

图 3-3 东方红—18 型喷雾喷粉机的喷雾作业

3. 喷雾作业时应注意的问题

1）正确选择喷洒部件，以适合喷洒农药和植物的需要。

2）机具作业前应先按汽油机有关操作方法，检查其油路系统和电路系统后再进行启动，确保汽油机工作正常。

3）作业前，先用清水试喷一次，保证各连接处无渗漏。加药不要太满，以免从过滤网出气口溢进风机壳里。药液必须洁净，以免堵塞喷嘴。加药后要盖紧药箱盖。

4）启动发动机，使之处于怠速运转。背起机具后，调整油门开关使汽油机稳定在额定转速，开启药液手把开关即可开始作业。

4. 背负式喷雾喷粉机进行喷粉作业时的工作原理

汽油机带动风机叶轮旋转，所产生的大部分高速气流经风机出口流往喷管，而少量气流经进风阀门进入吹粉管，然后由吹粉管上的小孔吹出，使药箱中的药粉松散，以粉气混合状态吹向粉门。在弯头的出粉口处喷管的高速气流形成了负压，将粉剂吸到弯头内。这时粉剂随从高速气流，通过喷管和喷粉头吹向植物（见图 3-4）。

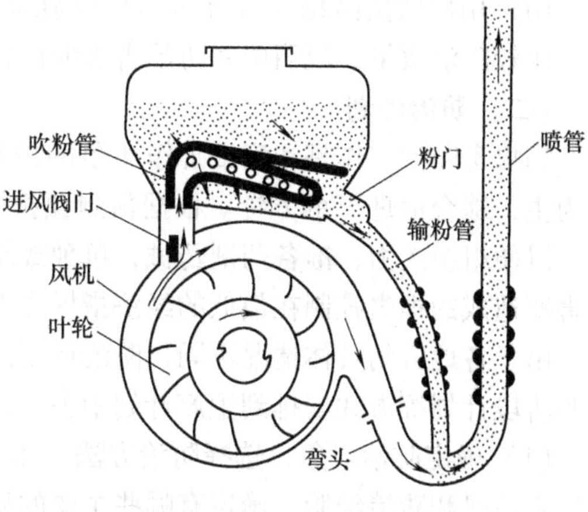

5. 喷粉作业时应注意的问题

1）关好粉门后加粉。粉剂应干燥无结块，不含有杂质。加粉后旋紧药箱盖。

2）启动发动机，使之处于怠速运转。背起机具后，调整油门开关使汽油机稳定在额定转速，然后调整粉门操纵手柄进行喷洒。

图 3-4　东方红—18 型喷雾喷粉机的喷粉作业

3）使用薄膜喷粉管进行喷粉时，应先将喷粉管从摇把绞车上放出，再加大油门，使薄膜喷粉管吹起来，然后调整粉门喷洒。为防止喷管末端存粉，前进中应抖动喷管。

6. 安全防护方面应注意的问题

1）作业时间不要过长，应以 3～4 人组成一组，轮流作业，避免操作人员长期处于药雾中吸不到新鲜空气。

2）操作人员必须戴口罩，并应经常换洗。作业时携带毛巾、肥皂，随时洗脸、洗手、漱口，擦洗着药处。

3）避免顶风作业，禁止喷管在作业者前方以八字形交叉方式喷洒。

4）发现操作人员有中毒症状时，应立即停止背机，并及时求医诊治。

5）背负式喷雾喷粉机是用汽油作燃料，应注意防火。

任务实施

（一）园林植物病虫害综合防治措施

1）调查当地某一检疫性病虫害的危害情况，并分析其侵入途径。

2）调查当地某一种植物的不同品种对同一种病害的感染程度。

3）调查组织培养苗与非组织培养苗病毒病害的感病率，说明苗木组织培养的优点。

4）调查当地的某一种植物在不同的栽培管理条件下某种病虫害的发生情况。

5）结合园林植物修剪，调查修剪前后植株上某种越冬昆虫的数量。

6）设黑光灯或高压电网诱虫，调查所诱的昆虫的种类、数量、食性等。

7）在食叶害虫下树前，在树干基部绑草帘诱集下树害虫。分别调查草帘内和树冠下土壤中该虫的数量，并与未绑草帘的树比较，说明潜所诱杀在防治害虫方面的作用。

8）自制黄板诱集蚜虫或自制糖醋液诱地老虎，统计所诱蚜虫、地老虎数量，说明在什么情况下设黄板、糖醋液效果好。

9）认识常见捕食性、寄生性天敌昆虫。调查相隔一定距离的两个绿化区内捕食性、寄生性天敌昆虫的种类、数量及害虫种类、数量，说明天敌昆虫在控制害虫方面的作用。

10）用白僵菌菌粉（或苏云金杆菌乳油）、敌百虫（或其他有机杀虫剂）防治食叶害虫，比较防治效果，说明两者防治害虫的优缺点。

（二）防治计划

病虫害防治工作是和病虫害作斗争的群众性工作。要把这一工作做好，必须贯彻"预防为主，综合治理"的方针。根据预测预报资料，结合当地具体情况，制订严格的防治计划，以便组织人力，准备药剂药械，单独或结合其他园林植物栽培措施及时地防治，把病虫危害所造成的损失控制在最低的经济指标之下。

由于各地区的具体情况不同，防治计划的内容和形式也不一致，可按年度计划、季节计划和阶段计划等方式安排到生产计划中去，计划的基本内容应包括以下几点：

（1）确定防治对象，选择防治方法　根据病虫害调查和预测预报资料以及历年来病虫害发生情况和防治经验，确定有哪些主要的病虫害，在何时发生最多，何时最易防治，用什么办法防治，多少时间可以完成。摸清情况后，确定防治指标，采取最经济有效措施进行防治。

（2）建立机构，组织力量　对病虫害防治工作，特别是大型的灭虫、治病活动应建立机构。说明需用劳力数量和来源，便于组织力量。

（3）准备药剂、药械及其他物资　事先应确定药剂种类和药械型号。准确估计数量，并与供销部门订立供应合同，以免无法临时采购，影响防治工作。储备或新购买的药剂，都应进行效果鉴定，以防失效，对已有的药械应进行检查和维修。

（4）技术培训　采取短期培训与现场指导相结合的办法，对参加防治人员介绍防治技术，开展学习与宣传活动。

（5）做出预算，拟定经费计划（见表3-1）。

表3-1　病虫防治经费计划表

防治时间	防治对象	防治地点	防治面积	防治方法	用药量					用工量				其他费用			经费总计	备注
					药剂名称	每亩用量	总用量	金额		劳力		工资		药械购置	药械维修	运输		
								单价	合计	每亩用工量	总用工量	平均工资	合计					

单位：　　　　　　　　　　　　　　　　　年　月　日

思考问题

1. 园林植物病虫害的综合治理有哪些重要环节？
2. 化学农药防治园林植物病虫害的优缺点各是什么？
3. 植物检疫的任务有哪些？
4. 利用天敌昆虫的主要途径有哪些？
5. 物理机械防治病虫害的方法有哪些？
6. 满足哪些条件才能被确定为植物检疫对象？

知识链接

一、综合防治的概念与特点

联合国粮农组织（FAO）有害生物综合治理专家小组对综合治理定义如下：病虫害综合治理是一种防治方案，它能控制病虫害的发生，避免相互矛盾，尽量发挥有机地调和作用，保持经济允许水平之下的防治体系。它有如下特点：

1）从生产全局和生态总体出发，以预防为主，强调利用自然界对病虫的控制因素，达到控制病虫发生的目的。

2）合理运用各种防治方法，使其相互协调，取长补短。它不是许多防治方法的机械拼凑和综合，而是在综合考虑各种因素的基础上确定最佳防治方案。综合治理并不排斥化学防治，但尽量避免杀伤天敌和污染环境。

3）综合治理并非以"消灭"病虫为准则，而是把病虫害造成的损失控制在经济允许水平之下。

4）综合治理并不是降低防治要求，而是把防治技术提高到安全、经济、简便、有效、环保的层面上。

二、综合治理的原则

在实行综合治理的过程中，主要遵从以下几个原则：

（一）生态学的原则

园林植物、病虫、天敌三者之间有的相互依存，有的相互制约。当它们共同生活在一个环境中时，它们的发生、消长、生存又与这个环境的状态关系极为密切。这些生物与环境共同构成一个生态系统。综合治理就是在育苗、移栽和养护管理过程中，通过有针对性地调节和操纵生态系统里某些组成部分，来创造一个有利于植物及病虫天敌生存，而不利于病虫滋生和发展的环境条件，从而预防或减少病虫的发生与危害。

（二）安全的原则

根据园林生态系统里各组成成分的运动规律和彼此之间的相互关系，既针对不同对象，又考虑整个生态系统当时和以后的影响，灵活、协调地选用一种或几种适合园林实际条件的有效技术和方法。

（三）保护环境，恢复和促进生态平衡，有利于自然控制的原则

园林植物病虫害综合治理并不排除化学农药的使用，而是要求从病虫、植物、天敌、环境之间的自然关系出发，科学地选择及合理地使用农药。在城市园林中应特别注意选择高效、无毒或低毒、污染轻、有选择性的农药，防止对人、畜造成毒害，减少对环境的污染，充分保护和利用天敌，逐步加强自然控制的各个因素，不断增强自然控制力。

（四）经济效益的原则

防治病虫的目的是为了控制病虫的危害，使其危害低到不足以造成经济损失的程度，因而经济允许水平是综合治理的一个重要概念。人们必须研究病虫的数量发展到何种程度，才能采取防治措施。

园林植物病虫害防治的定位既要满足当时当地某一植物群落和人们的需要，还要满足今后人与自然的和谐、生物多样性以及保持生态平衡和可持续发展的需要。要求做到有虫无害，自然调控；生物多样性，相互制约；人为介入，以生物因素为主，无碍生态环境，免受病虫危害。

三、综合治理的策略

（一）园林生态系统的整体观念

园林生态系统的观点是整个综合防治思想的核心。在一个耕作区域内，有非生物因子的自然环境，有各种植物、各种生物、各种园林技术活动等，这些多种因素构成了一个整体——园林生态系统。在整个园林生态系统中，各个组成部分都不是孤立的，而是相互依存、相互制约的。任何一个组成部分的变动，都会直接或间接影响整个园林生态系统的变动，从而影响病虫种群的消长，甚至引起病虫种类组成的变动。综合防治是从园林生态整体观点出发，明确主要防治对象的发生规律和防治关键，尽可能谋求综合协调，采用防治措施和兼治，持续降低病虫发生数量，力求达到全面控制数种病虫严重危害的目的，取得最佳效益。需要进一步认识的是病虫综合治理的生态学尺度要扩大，原有的行之有效的防治措施要巩固、提高，并需要不断地采用有发展前途的新措施。与此同时还要把视野扩大到区域层次或更高的层次上来。就园林生产而言，其涉及的是一个区域内的土地利用类型以及植被类型的合理镶嵌和多样化，这将在遏制病虫的猖獗发生及有益生物增殖上，提供良好的周围环境。

由此可以看出，21世纪的病虫治理必须融入园林的可持续发展和环境保护之中，要扩大病虫害综合治理的生态学尺度，要与其他学科交叉起来，尽量减少化学农药的施用，利用各种生态手段，最大限度地发挥自然控制因素的作用，使经济、社会和生态效益同步增长。

（二）充分发挥自然控制因素的作用

21世纪，人类面临着环境和资源问题的严重挑战。生物多样性受到严重破坏，不少地区环境状况在恶化，一些原有病虫害在回升，新病虫害在局部地区暴发，这使越来越多的人认识到"预防为主，综合防治"的植物保护方针的立足点需要加以巩固和提高，预防性的措施需要巩固和加强。可持续的植物保护既要考虑到防治对象和被保护对象，还需要考虑到环境保护和资源的再利用，要考虑到整个园林生态体系的相互关系，利用自然控制作用。例如，在田间，当寄主或猎物多时，寄生昆虫和捕食动物的营养就比较充足，此时，寄生昆虫或捕食动物就会大量繁殖，急剧增加种群数量。在寄生或捕食性动物数量增长后又会捕食大量的寄主或猎物，寄主或猎物的种群又因为天敌的控制而逐渐减少，随后，寄生昆虫与捕食动物数量也会因为食物减少和营养不良而减少。这种相互制约，使生态系统可以自我调节，使整个生态系统维持相对稳定。

有害生物的综合治理不排斥化学防治，而是要求按照病虫与作物、天敌、环境之间的自然关系进行化学防治。一切防治措施必须对人、畜、植物和有益生物安全或毒害小，尤其应用化学防治，必须科学合理地使用农药，达到有效防治病虫，保护天敌的目的，既保证当前安全毒害小，又能长期安全残毒少，符合环境保护原则。这些年来，各地为防治病虫害而用药的次数明显增加，这种现象必须及时被制止。目前，不少绿色食品基地已建立起来，绿色食品产地使用的病虫害防治措施是协调各类防治方法，合理利用化学农药的典范，各地区应因地制宜来提高综合治理水平。

（三）协调运用各种防治措施

协调的观点是讲究相辅相成，防治方法上多种多样。但任何一种方法并非万能，因此必须综合应用。有些防治措施的功能常相互矛盾，有的对一种病虫有效，而对另一种病虫不利。综合协调绝非是各种防治措施的机械相加，也不是越多越好，必须根据具体的农田生态系统，有针对性地选择必要的防治措施，达到辩证地结合运用，取长补短，相辅相成。需要进一步认识的是，要把病虫的综合治理纳入到农业持续发展的总方针之下。从事病虫害防治的部门需要与其他部门，例如农业生产、农业经济、环境保护部门综合协调，在保护环境、持续发展的共识之下，对主要的病虫害进行综合治理，即合理运用农业、化学、生物、物理的方法，以及其他有效的生态学手段，找出合理的配合方法。如果配套的措施协调，不仅能充分发挥每项措施应有的效果，而且还能在防治其他病虫害上发挥作用，收到协调防治的整体效果和最大的经济效益。

（四）经济阈值及防治指标

有害生物综合治理的最终目的不是彻底消灭危害植物的有害生物，而是使其种群密度维持在一定水平之下，即经济受害水平之下。在植物有害生物的综合治理中，通常要确立一些重要的有害生物的经济受害水平和经济阈值。

经济受害水平是指某种有害生物引起经济损失的最低种群密度。经济阈值是指为防止有害生物密度达到经济受害水平应进行防治的有害生物密度。当有害生物的种群达到经济阈值就必须进行防治，而如果密度达不到经济阈值则不必采取防治措施。因此，人们必须研究有害生物的数量发展到何种程度，才要采取防治措施，以阻止有害生物达到造成经济损失的程度，这就是防治指标。一般来说，防治任何一种有害生物都应讲究经济效益和经济阈值，即防治费用必须小于或等于因防治而获得的利益。它是根据防治费用与防治后所收获的价值是否相平衡，作为防治与否的经济指标，这里充满了经济的观点。需要进一步认识的是，人们所定义的有害生物与有益生物以及其他生物之间的协调进化是自然界中普遍存在的现象，应在满足人们长远物质需求的基础上，使自然界中大部分生物处于和谐共存的环境中。有了这种观点，其经济阈值的制订会更科学，更富于变化。

任务2 农药性状观察与质量鉴别

任务描述

农药是指用于防治与农林及其产品相关的害虫、害螨、病菌、杂草、线虫及害兽等危害和调节昆虫、植物生长的药剂、增效剂等。在学习过程中要掌握农药的种类、加工剂型和常用农药的使用方法。在生产实践中要安全合理使用农药，贯彻"预防为主，综合防治"的植保方针，积极开发与研制高效、低毒、低残留的农药新品种，特别是生物农药的研制与推广。总之，应运用现代技术最大限度地减少农药对环境的污染，为人类造福。

随着农药工业的发展，农药品种逐年增多，在农药储运及使用过程中，有时难免造成混杂、错乱。因此，怎样简单、快速识别农药是一个需要解决的实际问题。识别农药，可以从其色泽、气味、溶解性等物理性状，或者从农药的颜色反应、沉淀反应、火焰反应等化学方法进行区别。

任务咨询

一、农药的分类

农药的种类和品种繁多，国内生产的品种达几百种，剂型更多。为了做好农药商品的技术服务、经营管理以及做到使用上的方便，应对农药加以科学分类。农药商品分类的方法很多，常根据防治对象、作用方式及化学组成等分类。

根据防治对象不同，农药大致可分为杀虫剂、杀菌剂、杀螨剂、杀线虫剂、除草剂、杀鼠剂与植物生长调节剂等。

（一）杀虫剂

杀虫剂是用来防治农、林、卫生及储粮害虫的农药，按作用方式不同可分为以下几类：

1. 胃毒剂

胃毒剂是指通过害虫取食，经口腔和消化道引起昆虫中毒死亡的药剂，例如敌百虫等。

2. 触杀剂

触杀剂是指通过接触表皮渗入害虫体内并使之中毒死亡的药剂，例如异丙威等。

3. 熏蒸剂

熏蒸剂是指通过呼吸系统以毒气进入害虫体内并使之中毒死亡的药剂，例如溴甲烷等。

4. 内吸剂

内吸剂是指能被植物吸收，并随植物体液传导到植物各部或产生代谢物，在害虫取食植物汁液时能使之中毒死亡的药剂，例如乐果等。

5. 其他杀虫剂

忌避剂，例如驱蚊油、樟脑；拒食剂，例如拒食胺；黏捕剂，例如松脂合剂；绝育剂，例如噻替派、六磷胺等；引诱剂，例如糖醋液；昆虫生长调节剂，例如灭幼脲三号。这类杀虫剂本身并无多大毒性，而是以其特殊的性能作用于昆虫。一般将这些药剂称为特异性杀虫剂。

实际上杀虫剂的杀虫作用并不是完全单一的，多数杀虫剂往往兼具几种杀虫作用，例如敌敌畏具有触杀、胃毒、熏蒸三种作用，但以触杀作用为主。在选择使用农药时，应注意选用其主要的杀虫作用。

（二）杀菌剂

杀菌剂是用以预防或治疗植物真菌或细菌病害的药剂。按作用、原理可分为：

1. 保护剂

保护剂是在病原菌未侵入之前用来处理植物或植物所处的环境（例如土壤）的药剂，以保护植物免受危害，例如波尔多液等。

2. 治疗剂

治疗剂用来处理已侵入病菌或已发病的植物，使之不再继续受害，例如托布津等。按化学成分可分为无机铜制剂、无机硫制剂、有机硫制剂、有机磷杀菌剂、农用抗生素等。此外，杀菌剂又可分为内吸性杀菌剂和非内吸性杀菌剂两大类。内吸杀菌剂多具治疗及保护作用，而非内吸性杀菌剂多具有保护作用。

（三）杀螨剂

杀螨剂是用来防治植食性螨类的药剂，例如克螨特等。按作用方式看，其多归为触杀剂，但也有内吸作用。

（四）杀线虫剂

杀线虫剂是用来防治植物线虫病害的药剂，例如克线膦等。

（五）除草剂

除草剂是防除杂草和有害生物的药剂，按对植物作用的性质可分为：

1. 灭生性除草剂

灭生性除草剂是施用后能杀伤所有植物的药剂，例如草甘膦等。

2. 选择性除草剂

选择性除草剂是施用后有选择地毒杀某些种类的植物，而对另一些植物无毒或毒性很低的药剂，例如2,4-D丁酯可防除阔叶杂草，而对禾本科杂草无效等。

（六）杀鼠剂

杀鼠剂是指毒杀鼠类的药剂，主要是胃毒作用，分为无机杀鼠剂、有机合成杀鼠剂。

（七）植物生长调节剂

植物生长调节剂是用于调节植物生长发育的生物或化学制剂，包括人工合成的化合物和从生物中提取的天然植物激素。其主要成分有三类：植物生长激素类、细胞分裂素类和赤霉素类。

另外，农药按化学成分不同可分为：无机农药，即用矿物原料加工制成的农药，例如波尔多液等；有机农药，例如敌敌畏、乐期本、三唑酮等；植物性农药，即用天然植物制成的农药，例如烟草、鱼藤、除虫菊等；矿物性农药，例如石油乳剂；微生物农药，即用微生物或其代谢产物制成的农药，例如白僵菌、苏云金杆菌等。

二、农药的助剂与剂型

有机合成农药的生产分两个阶段，第一阶段为工厂合成的原药生产。合成的固体药剂叫原粉，液体药剂叫原油。第二阶段为加工剂型的生产。把原药加入辅助剂和填充剂分别制成粉剂和乳油等。

（一）农药的助剂

凡与农药原药混合后，能改善制剂理化性质，增加药效和扩大使用范围的物质称为农药辅助剂，种类有：

1）溶剂，例如苯、甲苯等。

2）填料，例如黏土、滑石粉、硅藻土等。

3）湿润剂，例如茶枯、纸浆废液及洗衣料等。

4）乳化剂，例如双甘油月桂酸钠、农乳100号等。

5）黏着剂，例如明胶、乳酪等。

（二）农药的剂型

常说的农药剂型就是指农药制剂的类型。化学农药主要剂型有粉剂、可湿性粉剂、乳油和颗粒剂等。

1. 粉剂

粉剂由原药和惰性稀释物（例如高岭土、滑石粉）按一定比例混合粉碎而成。我国粉剂的粒径指标为95%的粉粒能通过200目标准筛，平均粒径为30μm。粉剂中有效成分含量一般在10%以下。低浓度粉剂供常规喷粉用，高浓度粉剂供拌种、制作毒饵或土壤处理用。粉剂的优点是加工成本低，使用方便，不需用水。缺点是易因风吹雨淋而脱落，药效一般不如液体制剂强，易污染环境和对周围敏感作物产生药害，但可以通过添加黏着剂、抗漂移剂、稳定剂等改进其性能。使用粉剂防治时，宜在早晚有露水、无风或风力极其微弱时喷布。粉剂农药可向高浓度、混合剂或大粒粉剂和超微粒粉剂方向发展。

2. 可湿性粉剂

可湿性粉剂由原药和少量表面活性剂（湿润剂、分散剂、悬浮稳定剂等）以及载体（硅藻土、陶土）等经粉碎混合而成。我国目前的细度标准为99.5%粉粒通过200目标准筛，平均粒径为25μm，悬浮率为40%左右。可湿性粉剂的pH值、被水湿润时间、悬浮率等是其主要性能指标。可湿性粉剂的有效成分含量一般为25%～50%，主要供喷雾用，也可作灌根、泼浇使用。目前可湿性粉剂正向高浓度、高悬浮率方向发展。

3. 乳油

乳油是农药原药按有效成分比例溶解在有机溶剂（例如苯、二甲苯等）中，再加入一定量的乳化剂配制成的透明均相的液体。乳油加水稀释可自行乳化形成不透明的乳浊液。乳化性是其重要的物理性能，一般要求加水乳化后至少保持2h内稳定。乳油中农药的有效成分含量高，一般为40%～50%，最高达80%，使用时稀释倍数也较高。乳油因含有表面活性很强的乳化剂，所以它的湿润性、展着性、黏着性、渗透性和持效期都优于同等浓度的粉剂和可湿性粉剂。乳油主要供喷雾使用，也可用于涂茎（内吸药剂）、拌种、浸种和泼浇等。

4. 颗粒剂

颗粒剂是由农药原药、载体和其辅助剂制成的粒状固体制剂。颗粒大小以过30～60号筛目为宜，直径在50～300μm之间。颗粒剂的制备方法较多，常采用包衣法。颗粒剂具有持效期长、使用方便、对环境污染小、对益虫和天敌安全等优点。颗粒剂可供根施、穴施、与种子混播、土壤处理或撒入心叶用。

5. 烟雾剂

烟雾剂由原药加燃料、氧化剂、消燃剂、引芯制成。点燃后燃烧均匀，成烟率高，无明火，原药受热气化，再遇冷凝结成微粒飘浮于空间。烟雾剂多用于温室大棚、林地及仓库病虫害防治。

6. 水剂

水剂为水溶性固体农药制成的粉末状物，可兑水使用。水剂成本低，但不宜久存，不易附着于植物表面。

7. 片剂

片剂是指由原药加入填料制成的片状物。

8. 其他剂型

随着农药加工技术的不断进步，各种新的剂型被陆续开发利用，例如微乳剂、固体乳油、悬浮乳剂、可流动粉剂、漂浮颗粒剂、微胶囊剂、泡腾片剂等。

除上述剂型外，还有一些为特殊需要而设计的剂型，例如将易挥发的药剂制成缓释剂，适合在密闭的条件下使用的熏蒸剂，适合超低量喷雾的超低容量制剂。另外，还有近年发展起来的混合制剂，它是为了能更好地发挥农药作用，做到一药多用，提高防治效果，将不同性质和效果的两种以上农药混配而成的制剂。

三、农药的使用方法

农药的品种繁多，加工剂型也多种多样，同时防治的对象的危害部位、危害方式、环境条件也各不相同。因此，农药的使用方法也多种多样。目前使用较广泛的有下列方法：

（一）喷粉法

喷粉法是指将药粉用喷粉器械或其他工具均匀地喷布于防治对象及其寄主上的施药方法。适宜作喷粉的剂型为低浓度的粉剂。喷粉法有工效高、不需用水、对工具要求简单等优点。但药剂易随风飘散而污染环境，也易被雨水冲刷，持效期短。

（二）喷雾法

根据喷液量的多少及喷雾器械特点可将喷雾法分为以下 3 种类型：

1. 常规喷雾法

常规喷雾法采用背负式手摇喷雾器，手动加压，喷出药液的雾滴在 $100 \sim 200 \mu m$ 之间。此法的技术要求以喷洒周到均匀，使叶面充分湿润而不流失为宜。常规喷雾法具有附着力强、持效期长、效果高等优点，但工效低，用水量多，对暴发性病虫常不能及时控制。

2. 低容量喷雾法（又称为弥雾法）

低容量喷雾法是通过器械产生的高速气流，将药液吹散成约 $50 \sim 100 \mu m$ 的细小雾滴，使之弥散到被保护的植物上。其优点是喷洒速度快、省工、效果好，适用于少水或丘陵地区。

3. 超低容量喷雾法

超低容量喷雾法是通过高能的雾化装置，使药液雾化成直径为 $5 \sim 75 \mu m$ 的细小雾滴，经飘散而沉降在目标物上。因它比低容量喷雾法用液量更少，约 $5L/hm^2$，所以不能使用稀释农药的常规剂型，而要用专为超低容量喷雾配制的油剂直接喷洒。其优点是省工、省药、喷药速度快、劳动强度低。但需专用药械，且操作技术要求严格。超低容量喷雾法不宜在有风条件下使用。

（三）种苗处理法

种苗处理法包括拌种、浸种和种苗处理 3 种。用一定量的药粉或药液与种子充分拌匀的方法称为拌种法，前者为干拌，后者为湿拌。因湿拌后需堆闷一段时间，故又称为闷种。种苗处理法主要用来防治地下害虫及苗期害虫，以及由种子传播的病害。

（四）毒谷、毒饵法

毒谷、毒饵法是指将害虫、老鼠喜食的饵料与胃毒剂按一定比例配成毒饵，散布在害虫发生、栖居地或害鼠通道，诱集害虫或害鼠取食而中毒死亡的方法。它主要用于防治地下和地面活动的害虫及老鼠。常用的饵料有麦麸、米糠、炒香的豆饼、谷子、高粱、玉米及薯类、鲜菜等。一般在傍晚撒施，防治效果较好。

（五）土壤处理与毒土法

将农药制剂均匀撒于地面，再翻于土壤耕作层内，用于防治病虫、杂草及线虫的施药方法称为土壤处理法。用农药制剂与细土拌匀，均匀撒至作物上或地面、水面播种沟内，或与种子混播，用来防病、治虫、除草的方法称为毒土法。

（六）熏蒸与熏烟法

用熏蒸剂或易挥发的药剂来熏杀仓库或温室内的害虫、病菌、螨类及鼠类等的方法即为熏蒸法。此法对隐蔽的病虫具有高效、快速杀灭的特点。但应在密闭条件下进行，杀灭完毕后要充分通风换气。利用烟剂点燃后发出浓烟或用农药直接加热发烟，来防治温室果园和森林的病、虫以及卫生害虫的方法称为熏烟法。

（七）涂抹法

利用具有内吸作用的农药配成高浓度母液，将其涂抹在植物茎秆上，用来防治病虫的方法称为涂抹法。

（八）撒颗粒法

将颗粒剂撒于害虫栖息危害的场所来消灭害虫的施药方法称为撒颗粒法。此法具有不需用药械、工效高、用药少、效果好、持效长、利于保护天敌及环境等优点。

（九）注射法、打孔法

用注射机或兽用注射器将内吸性药剂注入树干内部，使其在树体内传导运输而杀死害虫的方法称为注射法。例如，将药剂稀释2～3倍，可用于防治天牛、木蠹蛾等。打孔法是用木钻、铁钎等利器在树干基部向下打一个45°的孔，深约5cm，然后将5～10mL的药液注入孔内，再用泥封口。此法一般需将药剂浓度稀释2～5倍。对于一些树势衰弱的名木古树，也可用注射法给树体挂吊瓶，注入营养物质，以增强树势。

任务实施

一、农药理化性状的简易辨别方法

（一）常见农药物理性状的辨别

辨别粉剂、可湿性粉剂、乳油、颗粒剂、水剂、烟雾剂、悬浮剂等剂型在颜色、形态等物理外观上的差异。

（二）粉剂、可湿性粉剂质量的简易鉴别

取少量药粉轻轻撒在水面上，长期浮在水面的为粉剂；在1min内粉粒吸湿下沉，搅动时可产生大量泡沫的为可湿性粉剂。另取少量可湿性粉剂倒入盛有200mL水的量筒内，轻轻搅动并放置30min，观察药液的悬浮情况，沉淀越少，药粉质量越高。若有3/4的粉剂颗粒沉淀，表示可湿性粉剂的质量较差。在上述药液中加入0.2～0.5g合成洗衣粉，充分搅

拌，比较观察药液的悬浮性是否改善。

（三）乳油质量的简易测定

将2～3滴乳油滴入盛有清水的试管中，轻轻振荡，观察油水融合是否良好，稀释液中有无油层漂浮或沉淀。稀释后油水融合良好，呈半透明或乳白色稳定的乳状液，表明乳油的乳化性能好；若出现少许油层，表明乳化性尚好；出现大量油层、乳油被破坏，则不能使用。

二、观察和认识农药标签和说明书

1. 农药名称

农药名称包含的内容有：农药有效成分及含量、名称、剂型等。农药名称通常有两种，一种是中（英）文通用名称，中文通用名称按照国家标准《农药中名通用名称》（GB4839-2009）规定的原则命名，英文通用名称引用国际标准组织（ISO）推荐的名称；另一种为商品名，需经国家批准才可以使用。不同生产厂家生产的有效成分相同的农药，即通用名称相同的农药，其商品名可以不同。

2. 农药三证

农药三证指的是农药登记证号、生产许可证号和产品标准证号，国家批准生产的农药必须三证齐全，缺一不可。

3. 净重或净容量

4. 使用说明

按照国家批准的作物和防治对象简述农药的使用时期、用药量或稀释倍数、使用方法、限用浓度等。

5. 注意事项

注意事项包括中毒症状和急救治疗措施；安全间隔期，即最后一次施药距收获时的天数；储藏运输的特殊要求；对天敌和环境的影响等。

6. 质量保证期

不同厂家的农药质量保证期标明方法有所差异。一是注明生产日期和质量保证期；二是注明产品批号和有效日期；三是注明产品批号和失效日期。一般农药的质量保证期是2～3年，应在质量保证期内使用农药，才能保证作物的安全和防治效果。

7. 农药毒性与标志

农药的毒性不同，其标志也有所差别。毒性的标志和文字描述皆用红字，十分醒目。使用时注意鉴别（见图3-5）。

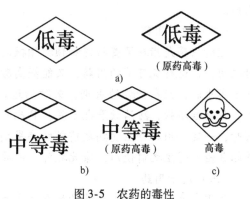

图3-5 农药的毒性
a) 低毒 b) 中等毒 c) 高毒

8. 农药种类标志色带

农药标签下部有一条与底边平行的色带，用以表明农药的类别。其中红色表示杀虫剂，（昆虫生长调节剂、杀螨剂）；黑色表示杀菌剂（杀线虫剂）；绿色表示除草剂；蓝色表示杀鼠剂；深黄色表示植物生长调节剂。

思考问题

1. 常用的农药加工剂型有哪些？各有何特点？
2. 农药为什么要混合使用？混合时应注意哪些问题？
3. 如何才能延缓或克服病菌或害虫抗药性的形成？
4. 如何才能做到安全地使用农药？
5. 列表叙述主要农药的物化特性及使用特点（见表3-2）。

表3-2　农药的物化特性及使用特点

药剂名称	中（英）文通用名	剂型	有效成分含量	颜色	气味	毒性	主要防治对象

6. 测定1~2种可湿性粉剂及乳油的悬浮性和乳化性，并记述其结果。

 **知识链接**

一、农药的合理使用

农药的合理使用就是要求贯彻"经济、安全、有效"的原则，从综合治理的角度出发，运用生态学的观点来使用农药。在生产中应注意以下几个问题：

（一）正确选药

各种药剂都有一定的性能及防治范围，即使是广谱性药剂也不可能对所有的病虫害都有效。因此，在施药前应根据实际情况选择合适的药剂品种，切实做到对症下药，避免盲目用药。

（二）适时用药

适时用药是指在调查研究和预测预报的基础上，掌握病虫害的发生发展规律，抓住有利时机用药，这样既可节约用药，又能提高防治效果，而且不易发生病害。例如，在一般药剂防治害虫时，应在初龄幼虫期，若防治过迟，不仅害虫已开始危害造成损失，而且虫龄越大，抗药性越强，防治效果也越差，且此时天敌数量较多，药剂也易杀伤天敌。药剂防治病害时，一定要用在寄主发病之前或发病早期，尤其需要指出的是保护性杀菌剂必须在病原物接触并侵入寄主之前使用，除此之外，还要考虑气候条件及物候期。

（三）适量用药

施用农药时，应根据用药量标准来实施，例如规定的浓度、单位面积用量等，不可因防治病虫心切而任意提高浓度、加大用药量或增加使用次数。否则，不仅会浪费农药，增加成本，而且还易使植物产生药害，甚至造成人、畜中毒。另外在用药前，还应清楚农药的规格，即有效成分的含量，然后再确定用药量。例如，常用的杀菌剂氟硅唑（福星），其规格有10%乳油与40%乳油两种，10%乳油应稀释2000~2500倍后使用，40%乳油则需稀释

8000~10000 倍后使用。

（四）交互用药

长期使用一种农药防治某种害虫或病菌，易使害虫或病菌产生抗药性，降低防治效果，导致病虫越治难度越大。这是因为一种农药在同一种病虫上反复使用一段时间后，药效会明显降低。为了提高防治效果，不得不增加施药浓度、用量和次数，这样反而更加重了病虫抗药性的发展。因此应尽可能地轮换用药，所用品种也应尽可能选用不同作用机制的农药。

（五）混合用药

混合用药是指将两种或两种以上的对病虫具有不同作用机制的农药混合使用，以达到同时兼治几种病虫、提高防治效果、扩大防治范围、节省劳力的目的，例如灭多威与菊酯类混用、有机磷制剂与菊酯类混用，甲霜灵与代森锰锌混用等。农药之间能否混用，主要取决于农药本身的化学性质。农药混合后它们之间应不产生化学和物理变化，才可以混用。

二、农药的安全使用

在使用农药防治园林植物病虫害的同时，要做到对人、畜、天敌、植物及其他有益生物的安全，要选择合适的药剂和准确的使用浓度。在人口密集的地区、居民区等处喷药时，要尽量安排在夜间进行，若必须在白天进行，应先打招呼，避免发生矛盾和出现意外事故。要谨慎用药，确保对人、畜及其他动物和环境的安全，同时还应注意尽可能选用选择性强的农药、内吸性农药及生物制剂等，以保护天敌。防治工作的操作人员必须严格按照用药的操作规程、规范工作。

（一）农药的毒性

农药毒性是指农药对人、畜和有益生物等的毒害作用。农药对人、畜可表现出急性毒性、亚急性毒性和慢性毒性3种形式。

1. 急性毒性

急性毒性是指一定剂量的农药经一次口服、皮肤接触或通过呼吸道吸入，并在短期内（数十分钟或数小时内）使人表现出恶心、头痛、呕吐、出汗、腹泻和昏迷等中毒症状甚至死亡。衡量农药急性毒性的高低，通常多用大白鼠一次受药的致死中量作标准。致死中量是指杀死供试生物种群50%时，所用的药物剂量。常用 LD_{50} 来表示，单位是 mg(药物)/kg(供试生物体重)。一般讲，LD_{50} 的数值越小，药物毒性越高。我国农药急性毒性分级暂行标准见表3-3。

表3-3 我国农药急性毒性分级暂行标准

致死中量(LD_{50}) /(mg/kg) 给药途径	Ⅰ（高毒）	Ⅱ（中毒）	Ⅲ（低毒）
大白鼠经口	<50	50~500	>500
大白鼠经皮，24h	<200	200~1000	>1000
大白鼠吸入，1h	<2	2~10	>10

2. 亚急性毒性

亚急性毒性是指低于急性中毒剂量的农药，经长期连续地口服、皮肤或呼吸道进入动物体内，并且在 3 个月以上才引起与急性中毒类似症状的毒性。

3. 慢性毒性

慢性毒性是指长期经口、皮肤或呼吸道吸入小剂量药剂后，逐渐表现出中毒症状的毒性。慢性中毒症状主要表现为致癌、致畸、致突变。这种毒害还可延续给后代。故农药对环境的污染所致的慢性毒害更应引起人们的高度重视。

（二）农药对植物的药害

农药如果使用不当，就会对农作物产生不利影响，导致产量和质量下降，还会影响人、畜健康，这就是农药对植物的药害。药害可分为急性药害和慢性药害。

1. 急性药害

急性药害是在喷药后几小时或几天内就出现的药害现象。例如，叶被"烧焦"或畸形、变色，果上出现各种药斑，根发育不良或形成"黑根"、"鸡爪根"，种子不能发芽或幼苗畸形。急性药害严重的，可造成植物落叶、落花、落果，甚至全株枯死。

2. 慢性药害

慢性药害是喷药后并不很快出现药害现象，但植株生长发育已受到抑制，例如植株矮化、开花结果延迟、落花落果增多、产量低、品质差等。

除上述两种外，还应注意农药的残留药害和二次药害问题。

3. 产生药害的原因

产生药害的原因主要有药剂（例如理化性质、剂型、用药量、农药品质、施药方法等）、植物（例如作物种类、品种、发育阶段、生理状态等）和环境条件（例如温度、湿度、光照、土壤等）三大方面。这些因素在自然环境中是紧密联系又相互影响的。为此，在使用农药前必须综合分析，全面权衡，控制不利因素，最后制订出安全、可靠、有效的措施，以避免植物药害。

（三）防止人畜中毒的措施及中毒的解救办法

农药在储运、使用过程中，可经口、呼吸道和皮肤三条途径进入人、畜体内造成中毒。

1. 引起人畜中毒的原因

1）误食剧毒农药或吃了刚喷过药的果、蔬及被农药污染的食物等。

2）不注意安全操作（例如配药、喷药时接触，而工作后未及时清洗而进食；误入施药后不久的农田进行农事操作；高温时连续施药时间过长；喷药器械故障等）。

3）长期食用含有超过允许农药残留量的食品等。

2. 避免农药中毒的措施

1）选身体健康并懂得必要的植保知识的施药人员施药。

2）施药前后仔细检查喷药器械并用清水洗净和排除故障。

3）在配药、施药时严格遵守操作规程并加强个人防护。

4）避免中午高温或刮大风时喷药，一次施药时间不得超过 6h。

5）施过高毒农药的田间渠埂等要竖立标志，在药物有效期内禁止放牧、割草、挖野菜或农事操作，以防人、畜中毒。

6）严格执行剧毒农药使用范围及安全间隔期。

3. 农药中毒的解救办法

农药中毒多属急性发作且严重，必须及时采取有效措施。常用的方法有：

（1）急救处理　急救处理是指在医生未来诊治之前，为了不让毒物继续存留人体内而采取的一项紧急措施。凡是口服中毒者，应尽早进行催吐（用食盐水或肥皂水催吐，但处于昏迷状态者不能用）、洗胃（插入橡皮管灌入温水反复洗胃）及清肠（若毒物入肠则可用30g硫酸钠加入200mL水中一次喝下清肠）。如果因吸入农药蒸气发生中毒，应立即把患者移置于空气新鲜暖和处，松开患者衣扣，并立即请医生诊治。

（2）对症治疗　在农药中毒以后，若不知由何农药引起，或知道却没有解毒药品，就应果断地边采用对症疗法，边组织送往有条件的医院抢救治疗。例如，对于呼吸困难患者，要立即为其输氧或进行人工呼吸；对于心搏骤停患者，可用拳头连续叩击心前区3~5次来起搏起心跳；对于休克患者，应让其脚高头低，并注意保暖，必要时需输血、氧或对其人工呼吸；对于昏迷患者，应将其放平，头稍向下垂，使之吸氧，或针刺人中、内关、足三里、百会、涌泉等穴并静脉注射苏醒剂加葡萄糖；对于痉挛患者，要用水合氯醛灌肠或肌注苯巴比妥钠；对于激动和不安患者，可用水合氯醛灌肠或服用缬缬草根滴剂15~20滴；对于肺水肿患者，应立即为其输氧，并用较大剂量的肾上腺皮质激素、利尿剂、钙剂和抗生素及小剂量镇静剂等。

（四）农药对环境的污染

农药对环境的污染，主要是指对大气、水体、土壤和食物等的污染。据观测，在田间喷洒农药时只有10%~30%的药物附着在植物上，其余的则降落在地面上或飘浮于空气中。而附着在植物上的药物也只有很少部分渗入植物体内，大部分又挥发进入大气或经雨淋降落到土壤或水域。进入环境的农药，经过挥发、沉降和雨淋作用，在大气、水域和土壤等环境要素之间进行重复交叉污染，最终将有一部分通过食物链进入到最高营养层的人类体内，造成对人体的累积性慢性毒害。这一问题现已成为世界各国重点关注的环境问题。为此，人们正致力于研究与推广农药对环境污染的防止措施，目前主要的预防或减轻污染的技术有如下几点：

1）做到安全与合理使用农药，认真宣传和贯彻农药安全使用标准，严格遵照农药残留标准和作物的安全间隔期施药，把农药与环境保护知识普及到千家万户。

2）贯彻"预防为主，综合防治"的植保方针。最大限度地发挥抗病虫品种与生物防治等的综合作用，把农药用量控制到最低限度。

3）积极开发与研制高效、低毒、低残留的农药新品种，特别是生物农药的研制与推广。在农药生产中要改进农药剂型，提高制剂质量，充分发挥农药的有效率，减少农药的使用量。

4）充分发挥环境的自净能力，使进入到环境中的农药得以快速降解，减少残留。

5）利用不同作物种类对不同农药的吸收能力，采用避毒措施并进行去污处理，以减少农药通过食物链进入人体危害健康。

（五）安全保管农药

1）农药应设立专库储存，专人负责。每种药剂贴上明显的标签，按药剂性能分门别类存放，注明品名、规格、数量、出厂年限、入库时间，并建立账本。

2）健全领发制度。农药领用时，必须记录领用药剂的品种、数量，并经主管人员批准，药库要凭证发放。领药人员要根据批准内容及药剂质量进行核验。

3）药品领出后，应专人保管，严防丢失。当天剩余农药必须全部退还入库，严禁库外存放。

4）药品应放在阴凉、通风干燥处，与水源、食物严格隔离。油剂、乳剂、水剂要注意防冻。

5）药品的包装材料（瓶、袋、箱）用完后一律回收，集中处理，不得随意乱丢、乱放或派作他用。

任务3　常用农药的配制与使用技术

任务描述

当今农药事业发展迅速，农药品种增加、类型增多，而滥用高毒、高残留农药的现象经常发生，严重危害人们的生命健康。在园林绿化场所，人类活动频繁，应尽量选择高效、低毒、低残留、无异味的药剂。那么，怎样科学合理地配制和使用农药才能将农药的使用范围拓宽，减少用药量，提高防治效果，降低对环境的污染呢？

为了安全合理地配制和使用农药，可以根据农药剂型和防治对象来确定安全有效的施药方法。不同的防治对象应考虑用什么方法去有效地防治，而施药方法又取决于农药剂型，所以要达到安全有效地防治病、虫、草、鼠害，必须对防治对象、施药方法、农药剂型综合考虑。除少数可以直接使用的农药制剂外，一般的农药在使用前都要经过配制才能施用。农药的配制就是把商品农药配制成可以施用的状态。例如，乳油、可湿性粉剂等本身不能直接施用，必须加水稀释成所需要浓度的药液才能喷施，或与细土（砂）拌匀成毒土洒施。配制农药通常用水来稀释，加水量要根据农药制剂种类、有效成分含量、施药器械和植株大小而定，除非十分有经验，一般应按照农药标签上的要求或请教农业技术人员，切不要自作主张，以免加水过多，农药稀释后的浓度过低，达不到防治效果；或加水过少，农药稀释后的浓度过高，对作物产生药害，尤其用量少、活性高的除草剂应特别注意。

**任务咨询**

一、常用杀虫、杀螨剂

（一）有机磷类杀虫剂

有机磷类杀虫剂是发展速度最快、品种最多、使用最广泛的一类药剂。有机磷杀虫剂的特点有：

1）杀虫谱较宽。目前常用有机磷杀虫剂品种可以防治多种农林害虫，有些可用于防治卫生害虫及家畜、禽体外寄生虫。

2）杀虫方式多样化，可满足多方面需要。大多数品种具有触杀和胃毒作用，有些品种具有内吸作用或渗透作用，个别品种具有熏蒸作用，可通过多种方式施药，防治地上、地下、钻蛀、刺吸式等不同类型的农林害虫。其杀虫机理是抑制害虫体内胆碱酯酶的活性，破坏神经系统的正常传导，引起一系列神经系统中毒症状，直到死亡。

3）毒性较高，使用时应注意安全。大多数品种对人、畜毒性偏高，有些品种属于剧毒，例如甲拌磷、甲胺磷、内吸磷等。使用时应注意安全，并保证农产品收获前有一定的安全间隔时间，避免农药残留中毒。

4）在环境中，易降解。一般品种易于在动植物体内降解成无毒物质，在自然条件中，例如日晒、风雨，易水解、氧化。因此，储存时应避光、防潮。

5）易解毒。有机磷杀虫剂虽然毒性偏高，易造成人、畜中毒，但已有高效解毒药，如阿托品、解磷定等。

6）抗性产生较慢，对作物较完全。有机磷杀虫剂虽然使用时间很长，药效也比当初有所降低，但相对来说，害虫对其抗药性发展较缓慢，目前仍在大量使用。同时，它对作物一般较安全，不易产生药害，当然某些农作物对个别品种较敏感，例如敌百虫对高粱的药害、混有敌敌畏的氧化乐果在高浓度情况下对玉米、桃树有一定的药害。

7）绝大多数有机磷杀虫剂在碱性条件下易分解，因此，不能与碱性物质混用。

当前大量使用的主要有下列品种：

1. 毒死蜱（乐斯本）

1）理化性质：原药为白色颗粒状结晶，有硫醇臭味，熔点 42～43.5℃，微溶于水，可溶于大多数有机溶剂，在室温下稳定，在碱性介质中易分解，对铜有腐蚀性。对眼睛有轻度刺激性，对皮肤有明显刺激，对蜜蜂有毒，对鱼和水生动物高毒。

2）剂型：40.7%乳油、40%乳油。

3）作用特点：对害虫具有触杀、胃毒和熏蒸作用，在叶片上的残留期不长，但在土壤中的残留期较长。

4）防治对象：毒死蜱属广谱性杀虫剂，能防治果树上的同翅目、半翅目、缨翅目、鞘翅目等多种害虫及螨类。对柑橘介壳虫、粉虱、蚜虫，芒果横线尾夜蛾、白蛾蜡蝉、芒果轮盾蚧、荔枝蒂蛀虫、叶瘿蚊、卷叶蛾、毒蛾，桃蛀螟、香蕉弄蝶、番木瓜圆蚧等害虫有防治作用。

5）注意事项：为保护蜜蜂，不要在果树开花期使用，不能与碱性农药混用。

2. 锌硫磷

1）理化性质：工业原油为黄棕色液体，难溶于水，易溶于多种有机溶剂。在中性溶液和酸性溶液中稳定，遇碱易分解，在高温下易分解。对阳光，特别是对紫外线很敏感，直接曝光易光解失效。对鱼有一定毒性，对蜜蜂有接触和熏蒸毒性，对瓢虫有杀伤作用。

2）剂型：50%乳油、45%乳油、3%颗粒剂、5%颗粒剂。

3）作用特点：对害虫有触杀、胃毒作用，杀虫谱较广，击倒力强。因对光不稳定，田间叶面喷雾残效期短，但在土壤中残效期长达 1～2 个月，适于防治地下害虫。

4）防治对象：对鳞翅目幼虫防治效果好，主要用于防治金龟子、瘿蚊等地下害虫。

5）注意事项：存放在阴凉、干燥地方，避免日光照射。农作物收获前 3～5 天不得用药。本品无内吸传导作用。喷药要均匀。本品不得与碱性农药混用。

3. 马拉硫磷

1）理化性质：纯品为浅黄色，工业品为深褐色油状液体，有蒜臭味。微溶于水，能溶于酯、醇、酮、苯等多种有机溶剂中。对光稳定，对热稳定性差，在水中能缓慢分解，遇铁、铜、锡、铝等能促进分解。动物体内无积累，对鱼毒性中等，对蜜蜂高毒。

2）剂型：45%乳油、50%乳油、70%优质乳油。

3）作用特点：对害虫具有触杀、胃毒作用，也有轻微熏蒸作用。对刺吸式口器和咀嚼式口器害虫有效，残效期较短。气温低时杀虫毒力降低，不宜在低温时使用。

4）防治对象：本品为广谱杀虫剂，对柑橘粉蚧、木虱、蚜虫、荔枝刺蛾、毒蛾、卷叶蛾、巢蛾、香蕉交脉蚜、桃蚜、枇杷黄毛虫、板栗大蚜、板栗刺蛾、绿尾大蚕蛾等有防治作用。

5）注意事项：本品易燃，在运输、储存时要远离火源。遇水会分解，使用时要随配随用。

4. 丙溴磷

1）理化性质：浅黄色液体，具有蒜味，可与大多有机溶剂混溶，中性和微酸条件下比较稳定，在碱性环境中不稳定。丙溴磷为中等毒性杀虫剂。无慢性毒性，无致癌、致畸、致突变作用，对皮肤无刺激作用，对鱼、鸟、蜜蜂有毒。

2）剂型：40%乳油。

3）作用特点：丙溴磷具有触杀和胃毒作用，作用迅速，对其他有机磷、拟除虫菊酯产生抗性的棉花害虫仍有效，是防治抗性棉铃虫的有效药剂。

4）防治对象：适用于防治棉铃虫、棉蚜、红铃虫。

5）注意事项：严禁与碱性农药混合使用。丙溴磷与氯氰菊酯混用增效明显，商品多虫清是防治抗性棉铃虫的有效药剂。丙溴磷中毒者应送医院治疗，治疗药剂为阿托品或解磷啶。本品安全间隔期一般为14天，在棉花上的安全间隔期为5~12天，每季节最多使用3次。果园中不宜用丙溴磷，该药对苜蓿和高粱有药害。

5. 水胺硫磷

1）理化性质：工业品为茶褐色黏稠的油状液，放置过程中不断析出结晶，有效成分含量85%~90%，常温下储存稳定。

2）剂型：40%水胺硫磷乳油为黄色至茶褐色透明均相油状液体。

3）作用特点：高毒。在试验剂量下无致突变和致癌作用。无蓄积中毒作用，对皮肤有一定刺激作用。对高等动物急性口服毒性较高，经皮肤中毒毒性中等。对蜜蜂毒性高。对害虫、害螨具有触杀、胃毒及内渗作用，还具有很强的杀卵作用。速效性好，持效性也相当好，叶面喷雾持效可达7~14天。但在土壤中持效性差，易于分解。

4）防治对象：水胺硫磷是一种速效广谱硫逐式—硫代磷酰胺类杀虫、杀螨剂，对蛛形纲中的螨类、昆虫纲中的鳞翅目、同翅目昆虫具有很好的防治作用。其主要用于防治水稻、棉花害虫，例如红蜘蛛、介壳虫、香蕉象鼻虫、花蓟马、卷叶螟、斜纹夜蛾等。

5）注意事项：水胺硫磷不可与碱性农药混合使用。水胺硫磷为高毒农药，禁止用于果、茶、烟、菜、中草药植物上。水胺硫磷能通过食道、皮肤和呼吸道引起中毒，如遇中毒，应立即请医生治疗。清洗时忌用高锰酸钾溶液，可用阿托品类药物治疗。中、重度中毒治疗时，应并用胆碱酯酶复能剂。

6. 敌百虫

1）理化性质：纯品为白色结晶状物质，工业品为白色或浅黄色固体。在固体状态时很稳定，易吸潮。熔点为83~84℃。25℃时水中溶解度为154g/L，可溶于苯、乙醇和大多数氯代烃，不溶于石油。本品挥发性小，在高温下遇水分解，在室温及酸性环境中稳定，在碱性溶液中转化为敌敌畏。对鱼、蜜蜂低毒。

2）剂型：90%晶体、80%可溶性粉剂、50%可溶性粉剂、50%乳油。

3）作用特点：敌百虫对害虫有很强的胃毒作用，并有触杀作用，能渗透入植物体内，但无内吸作用。

4）防治对象：敌百虫是广谱性杀虫剂，对鳞翅目、双翅目、鞘翅目害虫效果好，例如荔枝蛀虫、龙眼蒂蛀虫、毒蛾、刺蛾、卷叶蛾、荔枝蝽象、柑橘角肩蝽象、香蕉弄蝶、芒果横线尾夜蛾、栗皮夜蛾等。

5）注意事项：药液应即配即用，不能久放。不能与碱性农药混用。

7. 敌敌畏

1）理化性质：纯品为无色至琥珀色液体，有芳香味，溶于大多数有机溶剂，在水中溶解度为18g/L（25℃时），对热稳定，但遇水能缓慢分解，遇碱分解更快，对铁有腐蚀性。对鱼类及瓢虫、蜜蜂高毒。

2）剂型：80%乳油、50%油剂、20%塑料块缓释剂。

3）作用特点：本品是一种具熏蒸、胃毒和触杀作用的速效、广谱杀虫剂，持效期短。

4）防治对象：对咀嚼式口器和刺吸式口器的害虫有良好防治效果。对同翅目、鳞翅目、鞘翅目的害虫，例如凤蝶、毒蛾、荔枝尺蠖、卷叶蛾、金龟子、天牛、木蠹蛾、巢蛾、白蛾蜡蝉、芒果横线尾夜蛾、板栗金龟子、透翅蛾、蚜虫等多种害虫有较好防效。

5）注意事项：不宜与碱性药剂混用。水溶液分解快，应随配随用。对高粱、月季花、玉米、豆类、瓜类易产生药害。

（二）氨基甲酸酯类杀虫剂

氨基甲酸酯类杀虫剂是一类含氮元素并具杀虫作用的化合物。由于原料易得，合成简便，选择性强，毒性较低，无残留毒性，现已成为一个重要类型。

1. 西维因（又称为甲萘威）

1）剂型：常用剂型有25%可湿性粉剂、50%可湿性粉剂和40%浓悬浮剂。

2）作用特点：广谱性杀虫剂，具胃毒、触杀作用。若将其与乐果、敌敌畏等农药混用，有明显增效作用，但对蜜蜂敏感。

3）防治对象：特别对当前不易防治的咀嚼式口器害虫中，例如棉铃虫等防效好，对内吸磷等杀虫剂产生抗性的害虫也有良好防效。

2. 异丙威（又称为叶蝉散）

1）剂型：现有剂型为2%粉剂、4%粉剂、10%可湿性粉剂、20%乳油、20%胶悬剂。

2）作用特点：速效触杀型杀虫剂，见效快，持效短，仅3～5天。

3）防治对象：异丙威具选择性，特别对叶蝉、飞虱类害虫有特效。对蓟马也有效，对天敌安全。

与异丙威性质相近似的还有速灭威、巴沙、混灭威等。

3. 呋喃丹（又称为克百威）

1）剂型：3%颗粒剂。

2）作用特点：本品属高效、高毒、广谱性杀虫剂和杀线虫剂。具触杀及胃毒作用，在植物中有强烈的内吸及输导作物。在土壤中半衰期达30～60天。对人、畜、鱼类有剧毒。

严禁在果、蔬地使用，更不许用水浸泡后喷雾。在播种时沟施、穴施。

3）防治对象：目前此药已广泛用于盆栽花卉及地栽林木的枝梢害虫。

4. 抗蚜威（又称为辟蚜雾）

1）剂型：50%可湿性粉剂、50%水分散颗粒剂等。

2）作用特点：本品为对蚜虫有特效的选择性杀虫剂，以触杀、内吸作用为主，20℃以上有一定熏蒸作用。

3）防治对象：杀虫迅速，能防治对有机磷杀虫剂有抗性的蚜虫，持效期短，对天敌安全，有利于与生防协调。

5. 丁硫克百威（又称为好年冬）

1）剂型：5%颗粒剂、15%乳油。

2）作用特点：本品为呋喃丹的低毒化衍生物，具有触杀、胃毒、及内吸作用，持效期长。

3）防治对象：可防治多种害虫，对人畜中毒。

6. 涕灭威（又称为铁灭克）

1）剂型：常见剂型为15%颗粒剂。

2）作用特点：本品具有强内吸、触杀和胃毒作用，是一种广谱性内吸杀虫剂、杀螨剂、杀线虫剂，对人畜剧毒。

3）防治对象：能通过根系和种子吸收而杀死刺吸式口器、咀嚼式口器害虫、螨类和线虫。速效性好，一般用药后几小时便能发挥作用。药效可持续6~8周。

其使用方法为沟施、穴施或追施，严禁兑水喷雾。

（三）拟除虫菊酯类杀虫剂

此类杀虫剂是模拟天然除虫菊素合成的产物。具有杀虫谱极广，击倒力极强，杀虫速度极快，持效期较长，对人、畜低毒、几乎无残留等特点。以触杀为主并兼具胃毒作用。但对蜜蜂、蚕毒性大，产生抗药性快，应合理轮用和混用。

拟除虫菊酯杀虫剂有以下几个特点：

1）高效。除虫菊酯的杀虫效力一般比常用杀虫剂高，且速效性好，击倒力强。

2）广谱。对烟草多种害虫有效，包括刺吸式口器和咀嚼式口器的害虫均有良好的防治效果。

3）低毒。对人、畜毒性一般比有机磷和氨基甲酸酯杀虫剂低，特别是其用量少，使用较安全。

4）低残留。拟除虫菊酯类杀虫剂是模拟天然除虫菊素的化学结构人工合成的产物，在自然界易分解，使用后残留量低，污染环境较轻。

5）大多数品种没有内吸作用和熏蒸作用，因此喷药要求均匀。

6）害虫易产生抗药性。拟除虫菊酯类杀虫剂是一类比较容易产生抗药性的杀虫剂，而且抗药性倍数很高。因此拟除虫菊酯杀虫剂不宜在烟草生长季节连续使用多次，也不宜连年使用。

使用拟除虫菊酯类杀虫剂的注意事项：

1）个别品种毒性也较高，特别是一些品种对呼吸道及眼睛有刺激作用，使用时仍需注意安全。

2）对蜜蜂有忌避作用，尤其对家蚕及天敌昆虫毒性较大，多数品种对鱼、虾、蟹、贝等水生生物毒性高，故不能在家蚕养殖及其周围地区以及水稻田、河流池塘及其周围地区使用此类杀虫剂。

3）大多数品种只有触杀和胃毒作用，无内吸和熏蒸作用，故使用时要求喷药要均匀。

4）注意与不同作用机理的杀虫剂轮换使用。

5）使用时注意不能与碱性物质混用。

拟除虫菊酯类杀虫剂常用品种有：

1. 三氟氯氰菊酯

1）理化性质：原药为米黄色无味固体，熔点49.2℃，不溶于水，溶于大多数有机溶剂，在酸性溶液中稳定，在碱性溶液中易分解。对鸟类低毒，对鱼类、蚕、蜜蜂高毒。

2）剂型：2.5%乳油。

3）作用特点：具有触杀、胃毒作用，也有驱避作用，但无内吸作用。有杀虫、杀螨活性，作用迅速，持效期较长。

4）防治对象：柑橘蚜虫、潜叶蛾、吹绵蚧、矢尖蚧、粉蚧、芒果横线尾夜蛾、芒果轮盾蚧、白蛾蜡蝉、荔枝蒂蛀虫、花果瘿蚊、尺蠖、毒蛾、卷叶蛾、蟓象、桃小食心虫，板栗刺蛾、大蚕蛾、栗皮夜蛾。本品对柑橘红蜘蛛、锈蜘蛛也有防治效果。

5）注意事项：不能与碱性物质混用。不要污染鱼塘、蜂场。不要多次连续使用，应与有机磷等农药交替使用。

2. 高效氯氟氰菊酯

1）理化性质：在50℃黑暗处存放2年不分解，光下稳定，275℃时分解，光下pH7～pH9时缓慢分解，pH＞9时加快分解。本品半衰期为4～12周。

2）作用机理：抑制昆虫神经轴突部位的传导，对昆虫具有趋避、击倒及毒杀的作用。

3）作用特点：本品以触杀、胃毒为主，杀虫谱广，活性较高，药效迅速，喷洒后耐雨水冲刷，但长期使用易使害虫对其产生抗性，对刺吸式口器的害虫及害螨有一定防效，但对螨的使用剂量要比常规用量增加1～2倍。

4）防治对象：用于小麦、玉米、果树、棉花、十字花科蔬菜等防治麦芽、吸浆虫、黏虫、玉米螟、甜菜夜蛾、食心虫、卷叶蛾、潜叶蛾、凤蝶、吸果夜蛾、棉铃虫、红铃虫、菜青虫等，还可用于草原、草地、旱田作物中防治草地螟等。

3. 高效氯氰菊酯

1）理化性质：白色或奶白色结晶或粉末，熔点60～65℃，难溶于水，易溶于丙酮、苯、二甲苯及醇类，在中性及弱酸性环境中稳定，遇碱易分解。本品原药大鼠急性口服LD$_{50}$为1830mg/kg，对皮肤有刺激性，对鱼、蚕高毒，对蜜蜂、蚯蚓有毒。

2）剂型：4.5%乳油。

3）作用特点：本品是氯氰菊酯顺、反异构体的混合物，其顺、反比大约是4∶6，对害虫具有触杀、胃毒作用，无内吸作用，杀虫谱广，作用迅速。

4）防治对象：本品广泛应用于防治柑橘、沙田柚、荔枝、龙眼、芒果、橄榄、板栗等南方果树上的鳞翅目、半翅目、同翅目、鞘翅目等多种害虫，例如柑橘蟓象、荔枝蒂蛀虫、芒果横线尾夜蛾、橄榄木虱、板栗毒蛾、刺蛾等。

4. 氰戊菊酯（商品名称为杀灭菊酯）

1）理化性质：纯品为微黄色透明液体，易溶于二甲苯、丙酮、乙醇等有机溶剂，23℃时在水中的溶解度为0.02mg/kg。对光照稳定，在酸性液中稳定，在碱性液中易分解。本品对兔皮肤有轻度刺激性、对眼睛有中度刺激性，无致突变、致畸、致癌作用，对蚕、鱼类高毒，对鸟类低毒。

2）剂型：20%乳油。

3）作用特点：以触杀和胃毒作用为主，无内吸、熏蒸作用，杀虫谱广，对天敌杀伤力强，对螨类无效。

4）防治对象：对鳞翅目幼虫效果很好，对同翅目和半翅目害虫也有较好效果，可防治果树上的多种害虫。

5）注意事项：有些地区柑橘潜叶蛾、蚜虫已对氰戊菊酯产生很高抗药性，不适使用。由于氰戊菊酯对害螨无防治作用，但对果园天敌却有杀伤力，故施用后易造成害螨猖獗。不能使本品污染桑园、鱼塘，不能直接喷到蜜蜂上，药后2~3d，则对蜜蜂影响不大。

5. 溴氰菊酯（又称为敌杀死）

1）理化性质：纯品为白色结晶状物质，熔点为101~102℃，不溶于水，能溶于苯、二甲苯、丙酮、乙醇等有机溶剂。在中性和酸性溶液中稳定，遇碱易分解，对光稳定。对皮肤无刺激，对眼睛有轻度刺激。无致突变、致畸、致癌作用。对蚕、鱼类、蜜蜂高毒，对鸟类低毒。

2）剂型：2.5%乳油。

3）作用特点：以触杀、胃毒作用为主，无内吸熏蒸作用，对害虫有一定驱避拒食作用。杀虫谱广，作用迅速。对螨类无效。

4）防治对象：适用于防治果树上的多种害虫，尤其对鳞翅目幼虫及半翅目害虫防治效果好。杀虫谱及防治对象与氯氰菊酯相似。

5）注意事项：柑橘潜叶蛾及果树上的蚜虫对溴氰菊酯已产生了较高的抗药性。喷药务必均匀周到，钻蛀性害虫必须在蛀入前施药。本品对害螨无效，且杀伤天敌，易造成害螨猖獗，要配合杀螨剂使用。

6. 甲氰菊酯（又称为灭扫利）

1）理化性质：纯品为白色晶体，制剂为棕黄色液体，熔点为45~50℃，几乎不溶于水及二甲苯、环已烷，可与丙酮、环已酮、氯仿等混溶。对光、热稳定，在碱性溶液中不稳定。对蚕、蜜蜂和鱼类高毒，对鸟类低毒。

2）剂型：20%乳油。

3）防治对象：适用于防治果树上的多种害虫及红蜘蛛，例如柑橘潜叶蛾、蚜虫、介壳虫、蚱蝉、红蜘蛛、荔枝叶瘿蚊、花果瘿蚊、蒂蛀虫、蟦象、尺蠖、毒蛾、卷叶蛾、海南小爪螨、龙眼角颊木虱、芒果尾夜蛾、白蛾蜡蝉、桃蛀螟、桃小食心虫、板栗刺蛾、栗皮夜蛾等。

4）注意事项：对柑橘红蜘蛛无杀卵作用，持效期短，不能多次连续使用。柑橘潜叶蛾及果树蚜虫对该药已产生了抗药性。不要直接喷到蜜蜂身上，避免在桑园、鱼塘附近使用。

氰戊菊酯、溴氰菊酯、三氟氯氰菊酯，这三种药剂杀螨效果差，杀虫有负温度效应。而联苯菊酯则兼有杀叶螨特性。氰菊酯、胺菊酯、甲醚菊酯等则主要用于家庭卫生害虫的防治。

（四）沙蚕毒素类杀虫剂

沙蚕毒素类杀虫剂是一种含氮元素的有机合成杀虫剂，在虫体内可形成有毒物质（沙蚕毒素），阻断乙酰胆碱的传导刺激作用以达到杀虫效应。

1. 杀螟丹（又称为巴丹）

杀螟丹属广谱性触杀、胃毒杀虫剂，兼有内吸和杀卵作用。对人、畜毒性中等，对蚕毒性大，对十字花科蔬菜幼苗敏感。剂型为50%可溶性粉剂。

2. 杀虫双

杀虫双属高效、中毒、广谱性杀虫剂，具强触杀、胃毒作用，兼熏蒸、内吸和杀卵作用。对家蚕毒性很大，使用本品时严禁污染桑园。现有剂型为25%水剂、3%颗粒剂、5%颗粒剂、5%包衣大粒剂。

（五）苯甲酰脲类杀虫剂（几丁质合成酶抑制剂）

本品属抗蜕皮激素类杀虫剂，被处理的昆虫由于蜕皮或化蛹障碍而死亡。本品中的有些种类则干扰害虫DNA合成而使其绝育。

1. 除虫脲（又称为灭幼脲一号）

除虫脲以胃毒作用为主，抑制昆虫表皮几丁质合成，阻碍新表皮形成，致幼虫死于蜕皮障碍，卵内幼虫死于卵壳内，但对不再蜕皮的成虫无效。本品对鳞翅目幼虫有特效（但对棉铃虫无效），对双翅目、鞘翅目也有效。对人、畜毒性低，对天敌安全，无残毒污染，但对家蚕有剧毒，蚕区应慎用。剂型有25%可湿性粉剂和20%浓悬浮剂。

2. 定虫隆（又称为抑太保）

定虫隆与除虫脲相近似，但对棉铃虫、红铃虫也有防效，而施药适期应在低龄幼虫期，杀卵应在产卵高峰至卵盛孵期为宜。剂型有5%乳油等。

3. 氟铃脲（又称为盖虫散）

氟铃脲是几丁质合成抑制剂，具有很高的杀虫和杀卵活性，而且速效，尤其防治棉铃虫。其用于棉花、马铃薯及果树中多种鞘翅目、双翅目、同翅目昆虫的防治。

田间试验表明，该杀虫剂在通过抑制蜕皮而杀死害虫的同时，还能抑制害虫吃食速度，故有较快的击倒力。

注意事项：对于食叶害虫，应在低龄幼虫期施药。对于钻蛀性害虫，应在产卵盛期、卵孵化盛期施药。该药剂无内吸性和渗透性，喷药要均匀、周密，不能与碱性农药混用，但可与其他杀虫剂混合使用，其防治效果更好。本品对鱼类、家蚕毒性大，要特别小心。

剂型有5%乳油（氟铃脲、农梦特），20%悬浮剂（杀铃脲）。

（六）其他杀虫剂

1. 吡虫啉

吡虫啉在我国的商品名称很多，例如海正吡虫啉、一遍净、蚜虱净、大功臣、康复多、必林等。本品属低毒杀虫剂，原药对兔眼睛有轻微刺激性，无致畸、致癌、致突变作用。对蚯蚓等有益动物和天敌无害，对环境较安全。剂型为5%可湿性粉剂、10%可湿性粉剂、20%可湿性粉剂、25%可湿性粉剂，12.5%必林可溶剂，20%康福多浓可溶剂。

2. 啶虫脒（莫比朗）

啶虫脒原药为白色结晶，熔点为101～103.3℃，25℃时在水中的溶解度4.2g/L，易溶于丙酮、甲醇、乙醇、二氯甲烷、氯仿等溶剂。本品属中等毒杀虫剂。大鼠急性经口 LD_{50} 为 146～217mg/kg，对皮肤和眼睛无刺激，无致畸、致癌、致突变作用，对鱼类、蜜蜂影响小。剂型为 3% 乳油。本品是一种吡啶类化合物新型杀虫剂。具有触杀、胃毒和渗透作用，速效性好，残效期长。本品防治柑橘锈线菊蚜、棉蚜、橘蚜、橘二叉蚜、桃蚜等蚜虫。本品不能与波尔多液、石硫合剂等碱性药剂混用，对蚕有毒，不能污染桑叶。

3. 阿维菌素（齐螨素、爱比菌素、爱福丁）

阿维菌素在常温条件下稳定，25℃时在 pH5～pH9 的溶液中不水解，光解迅速。本品属高毒杀虫、杀螨剂，对皮肤无刺激，对眼睛有轻度刺激，对鱼类、水生生物和蜜蜂高毒，对鸟类低毒。剂型为 1.8% 乳油、0.9% 乳油。本品有触杀、胃毒作用，渗透力强。它是一种大环内酯双糖类化合物，是从土壤微生物中分离的天然产物，对昆虫和螨类具有触杀和胃毒作用并有微弱的熏蒸作用，无内吸作用。它对叶片有很强的渗透作用，可杀死表皮下的害虫，且残效期长，但它不杀卵。螨类的成、若螨和昆虫与幼虫同药剂接触后即出现麻痹症状，不活动且不取食，2～4 天后死亡。因不引起昆虫迅速脱水，所以它的致死作用较慢。对捕食性和寄生性天敌有直接杀伤作用，因植物表面残留少，因此对益虫的损伤小。本品对根节线虫作用明显。对有机磷类、拟除虫菊酯类及氨基甲酸酯类农药已产生抗性的害虫、害螨，用本品防治会有很好效果，其用药量少、持效期长、耐雨水冲刷。本品中毒的早期症状为瞳孔放大，行动失调，肌肉颤抖。一般会导致患者高度昏迷。中毒后应立即对患者引吐并给患者服用吐根糖浆或麻黄碱，但勿给昏迷患者催吐或灌任何东西。抢救时避免给患者使用增强 γ—氨基丁酸活性的药物（例如巴比妥、丙戊酸等）。本品剂型为 0.5% 乳油、0.6% 乳油、1.0% 乳油、1.8% 乳油、2% 乳油、3.2% 乳油、5% 乳油、0.15% 高渗、0.2% 高渗、1% 可湿性粉剂、1.8% 可湿性粉剂、0.5% 高渗微乳油等。

注意事项：该药无内吸作用，喷药时应注意喷洒均匀、细致周密。本品不能与碱性农药混用，夏季中午时间不要喷药。储存本产品应远离高温和火源。收获前 20 天停止施药。在使用时，避免药剂与皮肤接触或溅入眼睛，如果遇到以上情况应立即用清水冲洗，并请医生诊治。施药时要有防护措施，戴好口罩等。本品对鱼高毒，应避免污染水源和池塘等；对蚕高毒，桑叶喷药后 40 天还有明显毒杀蚕作用；对蜜蜂有毒，不要在开花期施用。本品原药高毒，在土壤中降解迅速。由于本品害虫抗性等原因，现一般与毒死蜱等其他农药混配使用。

（七）生物源杀虫剂

1. 苏云金杆菌

该药剂是一种细菌性杀虫剂，杀虫剂的有效成分是细菌及其产生的毒素。原药为黄褐色固体，属低毒杀虫剂，可用于防治直翅目、双翅目、膜翅目，特别是鳞翅目的多种害虫。常见剂型有可湿性粉剂（100 亿活芽/g）。Bt 乳剂（100 亿活孢子/mL）可用于喷粉、喷雾、灌心等，也可用于飞机防治。本品可与敌百虫、菊酯类等农药混合使用，效果好且速度快，但不能与杀菌剂混用。

2. 白僵菌

该药剂是一种真菌性杀虫剂，不污染环境，害虫不易产生抗性。其可用于防治鳞翅目、同翅目、膜翅目、直翅目等害虫。对人、畜及环境安全，对蚕感染力强。常见的剂型为粉剂（每 1g 菌粉含有孢子 50～70 亿个）。

3. 核多角体病毒

该药剂是一种病毒杀虫剂，具有胃毒作用。对人、畜、鸟、益虫、鱼及环境安全，对植物安全，害虫不易产生抗药性。本品不耐高湿，易被紫外线照射失活，作用较慢。本品适于防治鳞翅目害虫。常见的剂型为粉剂、可湿性粉剂。

4. 鱼藤酮

鱼藤酮从鱼藤根中萃取，纯品为白色结晶，熔点为163℃。本品不溶于水，溶于苯、丙酮、氯仿、乙醚等有机溶剂。本品遇碱会分解，在高温、强光下易分解，属中等毒性杀虫剂。原药大鼠急性经口 LD_{50} 为 124.4mg/kg，急性经皮 $LD_{50} > 2050mg/kg$。剂型有 2.5% 乳油、5% 乳油、7.5% 乳油。对害虫具有胃毒和触杀作用，其机理是抑制谷氨酸脱氢酶的活性，影响害虫呼吸，使其死亡。本品可防治柑橘、荔枝、板栗等果树上的尺蠖、毒蛾、卷叶蛾、刺蛾及蚜虫。

注意事项：鱼藤酮对鱼类、猪高毒，对人毒性中等，要注意保管和使用方法。本品不能与石硫合剂、波尔多液混用。本品制剂要储存在黑暗处，以免分解。

（八）混合杀虫剂

1. 辛敌乳油

辛敌乳油由25%锌硫磷和25%敌百虫混配而成，具触杀及胃毒作用，可防治蚜虫及鳞翅目害虫，对人畜低毒。常见剂型为50%乳油。

2. 灭杀毙

灭杀毙由6%氰戊菊酯和15%马拉硫磷混配而成，以触杀、胃毒作用为主，兼有拒食、杀卵、杀蛹作用。本品可防治蚜虫、叶螨、鳞翅目害虫，对人、畜中毒。常见剂型有21%乳油。

3. 菊乐乳油（又称为速杀灵）

菊乐乳油由氰戊菊酯和乐果按1:2的比例混配而成，具触杀、胃毒及一定的内吸、杀卵作用。本品可防治蚜虫、叶螨及鳞翅目害虫，对人、畜中毒。常见剂型为30%乳油。

4. 氰久（又称为丰收菊酯）

氰久由 3.3%氰戊菊酯和16.7%久效磷混配而成，具触杀、胃毒及内吸作用。本品可防治蚜虫、叶螨及鳞翅目害虫，对人、畜高毒。常见剂型为20%乳油。

5. 菊脒乳油

菊脒乳油由10%氰戊菊酯和10%杀虫脒混配而成，具触杀、胃毒作用。本品可防治蚜虫、叶螨及鳞翅目害虫，对人、畜中毒。常见剂型为20%乳油。

（九）杀螨剂

1. 浏阳霉素

浏阳霉素为抗生素类杀螨剂，对多种叶螨有良好的触杀作用，对螨卵有一定的抑制作用，对人、畜低毒，对植物及多种天敌安全。其对鳞翅目、鞘翅目、同翅目昆虫和斑潜蝇及螨类的防治高效。常见剂型为10%的乳油。

2. 尼索朗

尼索朗具有强杀卵、杀幼螨、杀若螨作用。本品药效迟缓，一般施药后7天才显高效，残效达50天左右。属低毒杀螨剂。常见剂型有5%乳油、5%可湿性粉剂。

3. 扫螨净

扫螨净具触杀和胃毒作用，可杀各个发育阶段的螨，残效长达30天以上，对人、畜中毒。常见剂型有 20% 可湿性粉剂、15% 乳油。本品除杀螨外，对飞虱、叶蝉、蚜虫、蓟马等害虫防效好。

4. 三唑锡

三唑锡是一种触杀性强的杀螨剂，可杀灭若螨、成螨及夏卵，对冬卵无效，对人、畜中毒。常见剂型有 25% 可湿性粉剂。

5. 溴螨酯（又称为螨代治）

溴螨酯具有较强触杀作用，无内吸作用，对成螨、若螨和卵均有一定的杀伤作用。本品杀螨谱广，持效期长，对天敌安全，对人、畜低毒。常见剂型为 50% 乳油。

6. 双甲脒（又称螨克）

双甲脒具有触杀、拒食及忌避作用，也有一定的胃毒、熏蒸和内吸作用，对叶螨科各个发育阶段的虫态都有效，但对越冬卵效果较差，对人、畜中毒，对鸟类、天敌安全。常见剂型为 20% 乳油。

7. 克螨特

克螨特具有触杀、胃毒作用，无内吸作用，对成螨、若螨有效，杀卵效果差，对人、畜低毒，对鱼类高毒。常见剂型为 73% 乳油。

二、常用杀菌剂、杀线虫剂

杀菌剂是指对植物病原生物具有抑制或毒杀作用的化学物质。其作用方式主要是化学保护、化学治疗和化学免疫。根据杀菌剂的作用可分为杀菌、抑菌和阻止 3 种作用类型。

（一）非内吸性杀菌剂

1. 波尔多液

波尔多液是由硫酸铜和生石灰、水按一定比例配成的天蓝色胶悬液，呈碱性，有效成分为碱式硫酸铜。本品一般应现配现用，其配比因作物对象而异，生产上多用等量式，即硫酸铜、石灰、水按 1∶1∶100 的比例配制。另外，配比方式还有石灰半量式、石灰多量式、硫酸铜半量式等，应视作物而选择。此药是一种良好的保护剂，防治谱广，但对白粉病和锈病效果差。在使用时直接喷雾即可，一般药效为 15 天左右，所以应发病前喷施。对于易受铜素药害的植物，例如桃、李、梅、鸭梨、苹果等，可用石灰多量式波尔多液，以减轻铜离子产生的药害；对于易受石灰药害的植物，可用石灰半量式波尔多液。在植物上使用波尔多液后一般要间隔 20 天才能使用石硫合剂，或者喷施石硫合剂后一般也要间隔 10 天才能喷施波尔多液，以防发生药害。

2. 石硫合剂

石硫合剂是由石灰、硫黄、水按 1∶1.5∶13 的比例熬煮而成的，过滤后母液呈透明琥珀色，具较浓臭蛋气味，呈碱性。本品具有杀虫、杀螨、杀菌作用。使用浓度因作物种类、防治对象及气候条件而异。北方冬季果园用 3 ~ 5°Bé（波美度），而南方用 0.8 ~ 1°Bé 以防除越冬病菌、果树介壳虫及一些虫卵。在生长期则多用 0.2 ~ 0.5°Bé 的稀释液防治病害与红蜘蛛等害虫。植株大小和病情不同用药量不同。本品还可防治白粉病、锈病及多种叶斑病。

3. 白涂剂

白涂剂可用于减轻观赏树木因冻害和日灼而发生的损伤，并能遮盖伤口，避免病菌侵入，减少天牛产卵机会等。白涂剂的配方很多，可根据用途加以改变，最主要的是石灰质量要好，加水消化要彻底。如果把消化不完全的硬粒石灰刷到树干上，就会烧伤树皮，特别是光皮、薄皮树木更应注意。

4. 氢氧化铜（又称为丰护安）

氢氧化铜（丰护安）为一种广谱性保护剂，通过释放出的铜离子均匀覆盖在植物体表面，防止真菌孢子侵入而起保护作用。本品可防治霜霉病、叶斑病等多种病害，对人、畜低毒。常见剂型有77%可湿性粉剂、61.4%干悬浮剂。

5. 敌克松

敌克松为保护性杀菌剂，也具有一定的内吸渗透作用，是较好的种子和土壤处理杀菌剂，也可喷雾使用，残效期长，使用时应现配现用。常见剂型有75%可湿性粉剂、95%可湿性粉剂。

6. 代森锰锌

代森锰锌为一种广谱性保护剂，对于霜霉病、疫病、炭疽病及各种叶斑病有效，对人、畜低毒。常见剂型有25%悬浮剂、70%可湿性粉剂、70%胶干粉。

7. 福美双

福美双为保护性杀菌剂，主要用于防治土传病害，对霜霉病、疫病、炭疽病等有较好的防治效果，对人、畜低毒。常见剂型有50%可湿性粉剂、75%可湿性粉剂、80%可湿性粉剂。

8. 百菌清（又称为达科宁）

百菌清是一种广谱性保护剂，对霜霉病、疫病、炭疽病、灰霉病、锈病、白粉病及各种叶斑病有较好的防治效果，对人、畜低毒。常见剂型有50%可湿性粉剂、75%可湿性粉剂、10%油剂、5%颗粒剂、25%颗粒剂、2.5%烟剂、10%烟剂、30%烟剂。

9. 烯唑醇（又称为速保利）

烯唑醇是一种具有保护、治疗、铲除作用的广谱性杀菌剂，对白粉病、锈病、黑星病、黑粉病等有特效，对人、畜中毒。常见剂型有12.5%超微可湿性粉剂。

10. 腐霉利（又称为速克灵）

腐霉利是一种新型杀菌剂，具保护和治疗双重作用，对灰霉病、菌核病等防治效果好，对人、畜低毒。常见剂型有50%可湿性粉剂、30%颗粒熏蒸剂、25%流动性粉剂、25%胶悬剂。

（二）内吸性杀菌剂

1. 甲霜灵

甲霜灵具有内吸和触杀作用，在植物体内能双向传导，耐雨水冲刷，残效期为10~14天，是一种高效、安全、低毒的杀菌剂。本品对霜霉病、疫霉病、腐霉病有特效，对其他真菌和细菌病害无效。常见剂型有25%可湿性粉剂、40%乳剂、35%粉剂、5%颗粒剂。本品可与代森锰锌混合使用，提高防效。

2. 三唑酮（又称为粉锈宁）

三唑酮是一种高效内吸杀菌剂，对人、畜有毒，对白粉病、锈病有特效，具有广谱、用量低、残效期长的特点，并能被植物各部位吸收传导，具有预防和治疗作用。常见剂型有15%可湿性粉剂、25%可湿性粉剂、20%乳油。

3. 丙环唑（又称为敌力脱）

丙环唑是一种新型广谱内吸性杀菌剂，对白粉病、锈病、叶斑病、白绢病等有良好的防治效果，对霜霉病、疫霉病、腐霉病无效，对人、畜低毒。常见剂型有25%乳油、25%可湿性粉剂。

4. 氟硅唑（又称为福星）

氟硅唑是一种广谱性内吸杀菌剂，对子囊菌、担子菌、半知菌微生物有效，主要用于白粉病、锈病、叶斑病的防治，对人、畜低毒。常见剂型有10%乳油、40%乳油。

5. 苯醚甲环唑（又称为世高）

苯醚甲环唑是一种广谱性内吸杀菌剂，具有治疗效果好、持效期长的特点。本品可用于防治叶斑病、炭疽病、早疫病、白粉病、锈病等，对人、畜低毒。常见剂型有10%水分散颗粒剂。

6. 霜霉威（又称为普力克）

霜霉威是内吸性杀菌剂，对于腐霉病、霜霉病、疫病有特效，对人、畜低毒。常见剂型有72.2%水剂、66.5%水剂。

7. 三乙膦酸铝（又称为疫霉灵）

三乙膦酸铝具有很强的内吸传导作用，在植物体内可以上、下双向传导，对新生的叶片有预防病害的作用，对已生病的植株，通过灌根和喷雾有治疗作用。常见剂型有305胶悬剂、40%可湿性粉剂、80%可湿性粉剂。

8. 甲基托布津

甲基托布津是一种广谱性内吸杀菌剂，对多种植物病害有预防和治疗作用。本品残效期5～7天。常见剂型有50%可湿性粉剂、70%可湿性粉剂、40%胶悬剂。

（三）农用抗生素类

1. 抗霉菌素120（又称为农用抗菌素120）

抗霉菌素120是一种嘧啶核苷类杀菌抗生素，属于低毒、广谱、无内吸性杀菌剂，有预防和治疗作用。本品具有无残留、不污染环境、对植物和天敌安全的特点。本产品对多种植物病原菌有较好抑制作用，对植物有刺激生长作用。常见剂型有2%的抗霉菌素120水剂。

2. 武夷菌素

武夷菌素是一种链霉素类杀菌剂，属于低毒、高效、广谱和内吸性强的杀菌抗生素药剂，有预防和治疗作用。本品对革兰氏菌、酵母菌有抑制作用，但对病原真菌的抑制活性更强。武夷菌素具有无残留、无污染、不怕雨淋、易被植物吸收，能抑制病原菌的生长和繁殖的特点。

3. 多抗霉素

多抗霉素具有低毒、无残留、广谱、内吸传导、对植物安全、不污染环境和对蜜蜂低毒等特点。作用机制是干扰真菌细胞壁几丁质的生物合成，使局部膨大，溢出细胞内含物，从而使害虫不能正常发育而死亡。本品对细菌和酵母菌无效。

（四）杀线虫剂

1. 线虫必克

线虫必克是由厚孢轮枝菌研制而成的微生物杀线虫剂，属于低毒性药剂，对皮肤和眼睛无刺激作用，对植物安全。厚孢轮枝菌在适宜的环境条件下产生分生孢子，分生孢子萌发产生的菌丝寄生于线虫的雌虫和卵，使其致病死亡。

2. 棉隆（又称为必速杀）

棉隆属于低毒、广谱性的熏蒸性杀线虫、杀菌剂，对人、畜无毒，对眼睛有轻微刺激作用，对鱼、虾中毒，对蜜蜂无毒。本产品易在土壤中扩散，能与肥料混用，不会在植物体内残留，不但全面持久地防治多种地下线虫，并能兼治土壤中的真菌、地下害虫。

3. 威百亩

威百亩属于低毒杀线虫剂，对眼睛有刺激作用，对鱼高毒，对蜜蜂无毒。对线虫具有熏杀作用，本产品在土壤中降解为异氰酸甲酯，对线虫、病原菌和杂草具有强大的杀灭作用。

4. 二氯异丙醚

二氯异丙醚属于低毒药剂，对眼睛有中等刺激作用，对皮肤有轻微刺激作用，对鱼类低毒。本品具有较强的熏蒸作用，由于蒸气气压低，在土壤中挥发缓慢，因此对植物安全，可在植物生长期使用。

 任务实施

一、波尔多液的配制

（一）配制方法

分组分别用以下方法配制 1% 等量式波尔多液（1:1:100）。

方法 1：两液同时注入法：按 1:1:100 的比例准备好所配波尔多液需用的硫酸铜、生石灰、水的用量。取总水量½的水溶解硫酸铜，用另½水溶解生石灰，然后同时将两液注入第 3 个容器中，边倒边搅拌即成。

方法 2：稀硫酸铜液注入浓石灰乳法：用总水量⅘的水溶解硫酸铜，用另 1/5 的水溶解生石灰，然后将硫酸铜液倒入生石灰乳中，边倒边搅拌即成。

方法 3：生石灰乳注入硫酸铜液法：原料准备同法方法 2，但将石灰乳注入硫酸铜液中，边倒边搅即成。

方法 4：用风化已久的石灰代替生石灰，配制方法同方法 2。

注意：若用块状石灰加水消解时，一定要用少量水慢慢加入，使生石灰逐渐消解化开。

（二）质量鉴别方法

1. 物态观察

观察比较不同方法配制的波尔多液的质地和颜色，质量优良的波尔多液应为天蓝色胶态乳状液。

2. 酸碱测试

用 pH 试纸测定其酸碱性，以碱性为好，即试纸显蓝色。

3. 置换反应

用磨亮的小刀或铁钉插入波尔多液片刻，观察刀面有无镀铜现象，以不产生镀铜现象为好。

4. 沉淀测试

将制成的波尔多液分别同时装入 100ml 量筒中静置 30min，比较其沉淀情况，沉淀越慢越好，过快者不可采用。将结果填入表 3-4 中。

表 3-4　波尔多液质量测试项目表

方法 项目	悬浮率			物态现象	酸碱测定	置换反应
	30min	60min	90min			
1						
2						
3						
4						

配置中切忌用浓的硫酸铜液与浓石灰液化合后再稀释，这样稀释的波尔多液质量差，易沉淀。配置后的波尔多液应装入木桶或塑料桶中。波尔多液不能储存，要随配随用，否则效果差，且易产生药害。

二、石硫合剂的熬制

1. 原料配比

原料配比大致有以下几种：硫黄粉 2 份、生石灰 1 份、水 8 份；硫黄粉 2 份、生石灰 1 份、水 10 份，或者硫黄粉 1 份、生石灰 1 份、水 10 份，熬出的原液浓度分别为 28 ~ 30°Bé、26 ~ 28°Bé、18 ~ 21°Bé。目前多采用第 2 种的重量配比。

2. 熬制方法

称取硫黄粉 100g，生石灰 50g，水 500g。先将硫黄粉研细，然后用少量热水搅成糊状，再用少量热水将生石灰化开，倒入锅中，加上剩余的水，煮沸后慢慢倒入硫黄糊，加大火力，至沸腾时再继续熬煮 45 ~ 60min，直至溶液被熬成暗红褐色（老酱油色）时停火，静置冷却并过滤即成原液。观察原液色泽、气味和对石蕊试纸的反应。熬制过程中应注意火力要强而匀，使药液保持沸腾而不外溢。熬制时还应不停地搅拌。熬制过程中应先将药液深度做一标记，然后用热水随时补入蒸发的水量，切忌加冷水或一次加水过多，以免因降低温度而影响原液的质量，大量熬制时可根据经验事先将蒸发的水量一次加足，中途不再补水。

3. 原液浓度测定

将冷却的原液倒入量筒，用波美比重计测定浓度，注意药液的深度应大于比重计之长度，使比重计能漂浮在药液中。观察比重计的刻度时，应以下面一层药液面所表明的度数为准。具体的质量检测方法是：用波美比重计测得母液的浓度大约在 22°Bé 以上，所熬制的石硫合剂基本符合要求。

三、白涂剂的配制

方法 1：取生石灰 5kg、石硫合剂 0.5kg、盐 0.5kg、兽油 0.1kg、水 20kg。先将生石灰和盐分别用水化开，然后将两种溶液混合并充分搅拌，再加入兽油和石硫合剂原液搅拌即可。

方法 2：取生石灰 5kg、食盐 2.5kg、硫黄粉 1.5kg、兽油 0.2kg、大豆粉 0.1kg、水 36kg，制作方法同上。

四、农药安全使用技术

1. 确定防治对象，对症下药

当田间出现病害、虫害、草害或鼠害时，首先要根据其特征和危害症状进行确诊，再选用防治药剂。

2. 掌握适宜的浓度和防治时期

不同作物或一种作物中的不同品种对农药的敏感性有差异，如果把某种农药施用在敏感的作物或品种上就会出现药害。在选定防治药剂后，还要根据植物的生长期和病虫害发生程度，掌握最佳的防治时期，并严格按照农药包装上注明的使用浓度进行科学配制。

3. 使用性能优良的施药器械

施药器械性能的好坏，与农药的雾化程度的高低成正比，与农药的流失和漂移量成反比。施药器械性能优良，农药的雾化程度就高，农药的流失和漂移量较少，提高了农药利用率，减少了农药的使用量。

4. 把握喷药时间，注意天气条件

大雾、大风和下雨天在田间喷施农药，会造成农药大量流失和漂移，并容易发生人员中毒事故，这是绝对不允许的。气温太高的天气，水分容易蒸发，喷到作物上的农药浓度增加，会引起作物药害发生，也不宜喷药。喷施农药的最佳时间是每天的清晨和傍晚，地表气温比较稳定，农药可直接均匀地喷洒到作物上。

5. 及时清洗施药器械，减少作物药害发生

盛装过农药的量杯、容器和喷雾器，必须经水洗后，用热碱水或热肥皂水再洗 2～3 次，然后再用清水洗净，才能用来盛装其他农药或喷施别的作物，否则，很容易造成药害。除草剂的喷雾器最好专用。

思考问题

1. 如何避免植物药害的产生？
2. 如何合理使用农药？
3. 如何利用园林技术措施来防治园林植物病虫害？

知识链接

一、农药的浓度与稀释计算

（一）药剂的浓度表示法

目前我国在生产上常用的药剂浓度表示法有倍数法、百分比浓度法和百万分浓度法。

1. 倍数法

倍数法是指药液（药粉）中稀释剂（水或填料）的用量为原药剂用量的多少倍，或者是药剂稀释多少倍的表示法。生产上往往忽略农药和水的比重差异，即把农药的比重看作 1，通常有内比法和外比法两种配法。稀释 100 倍（含 100 倍）以下时用内比法，即稀释时

要扣除原药剂所占的 1 份，例如稀释 10 倍液，即用原药剂 1 份加水 9 份配制。稀释 100 倍以上时用外比法，计算稀释量时不扣除原药所占的 1 份，例如稀释 1000 倍液，即可用原药剂 1 份加水 1000 份。

2. 百分比浓度（%）

百分比浓度（%）是指 100 份药剂中含有多少份药剂的有效成分。百分浓度又分为重量百分浓度和容量百分浓度。固体与固体之间或固体与液体之间，常用重量百分浓度，液体与液体之间常用容量百分浓度。

3. 百万分浓度

百万分浓度是指一百万份药液或药粉中含农药有效成分的份数。百万分之一为 1×10^{-6}。

（二）农药的稀释计算

1. 按有效成分计算

通用公式（见式 3-1）。

$$原药浓度 \times 原药剂重量 = 稀释药剂浓度 \times 稀释药剂重量 \qquad (3-1)$$

（1）求稀释药剂重量

1）计算 100 倍以下时，见式（3-2）。

$$稀释药剂重量 = [原药剂重量 \times （原药剂浓度 - 稀释药剂浓度）] \div 稀释药剂浓度 \quad (3-2)$$

例：用 40% 福美砷可湿性粉剂 10kg，配成 2% 稀释液，需加水多少？

计算：$10kg \times （40\% - 2\%） \div 2\% = 190kg$

2）计算 100 倍以上时，见式（3-3）。

$$稀释剂重量 = （原药剂重量 \times 原药剂浓度） \div 稀释药剂浓度 \qquad (3-3)$$

例：用 100mL 80% 敌敌畏乳油稀释成 5% 敌敌畏乳油，需加水多少？

计算：$（100mL \times 80\%） \div 5\% = 1600mL$

（2）求用药量　用药量的计算见式（3-4）。

$$原药剂重量 = （稀释药剂重量 \times 稀释药剂浓度） \div 原药剂浓度 \qquad (3-4)$$

2. 根据稀释倍数计算

此法不考虑药剂的有效成分含量。

（1）计算 100 倍以下时，见式（3-5）。

$$稀释药剂重量 = 原药剂重量 \times 稀释倍数 - 原药剂重量 \qquad (3-5)$$

（2）计算 100 倍以上时，见式（3-6）。

$$稀释药剂重量 = 原药剂重量 \times 稀释倍数 \qquad (3-6)$$

二、农药药效试验

（一）田间药效试验的内容

1. 农药品种比较试验

新农药上市前，需要与当地常规使用的农药进行防治效果对比试验，以评价新旧品种及新品种之间的药效差异程度，以确定有无推广价值。

2. 农药应用技术试验

对施药剂量（或浓度）、施药次数、施药时期、施药方式进行比较，综合评价药剂的防治效果及对作物、有益生物及环境的影响，确定最适宜的应用技术。

3. 特定因子的试验

深入地研究农药的综合效益或生产应用中提出的问题，专门设计特定因子试验。例如环境条件对药效的影响、不同剂型之间比较、农药混用的增效或颉颃、药害试验、耐雨水冲刷能力、在作物及土中的残留等。

（二）田间药效试验的程序

1. 小区试验

农药新品种，虽经室内测定有效，但不知田间的实际药效，需经小面积试验，即小区试验。

2. 大区试验

经小区试验取得效果后，应选择有代表性的生产地区，扩大试验面积，即大区试验，以进一步考察药剂的适用性。

3. 大面积示范试验

在多点大区试验的基础上，选用最佳的剂量、施药时期和方法进行大面积示范，以便对防治效果、经济效益、生态效益、社会效益进行综合评价，并向生产部门提出推广应用的可行性建议。

（三）田间药效试验设计

1. 设置重复

设置重复能估计和减少试验误差，使试验结果准确地反映出处理的真实效应。一般小区试验应重复 3~5 次为宜。

2. 运用局部控制

为克服重复之间因地力等因素造成的差异，试验可运用局部控制。做法是将试验地划分与重复数相等的大区，每个大区包括各种处理，即每一处理在每个大区内只出现 1 次，这就是局部控制。它使各种重复处理在不同环境中的机会均等，从而减少试验的误差。

3. 采用随机排列

运用局部控制可减少重复之间的差异，而重复之内的差异总是存在的。为了获得无偏的试验误差估计值，要求试验中每个处理都有同等的机会被设置在任何一个试验小区，因此必须采用随机排列。通常采用的随机排列法有对比法设计、随机区组设计、拉丁方设计及裂区设计等。

4. 设对照区和保护行

对照区是评价和校正药剂防治效果的参照。对照区有两种，一是不施药的空白对照区，二是标准药剂（防治某有害生物有效的药剂）对照区。在试验区四周及小区间还应设保护行，以避免外来因素的影响。水田小区试验，若施药于水层中，应修筑小埂，避免小区间的影响。

（四）田间药效试验的方法

1. 试验前的准备

试验前，要制订具体的试验方案，并根据试验内容及要求，做好药剂、药械及其他必备物资的准备工作。

2. 试验地选择与小区设计

（1）试验地选择　应选择土质、地力、前茬、作物长势等均匀一致以及防治对象严重、分布均匀等有代表性的地块做试验地。除试验处理项目外，其他田间操作必须完全一致。

（2）面积和形状　试验地的大小，依土地条件、作物种类及栽培方式、有害生物的活动范围及供试药剂的数量等因素决定。一般试验小区面积为 $15\sim50m^2$；成年果树以株为单位，每小区 $2\sim10$ 株。小区形状以长方形为好。大区试验田块需 $3\sim5$ 块，每块面积为 $300\sim1200m^2$；化学除草大区试验面积不少于 $2hm^2$。

（3）小区设计　小区设计应用最为广泛的方法是随机区组设计。将试验地分为几个大区组，每大区试验处理数目相同，即为一个重复区。在同一重复区内每种处理只能出现1次，并要随机排列，可用抽签法或随机数字表法决定各处理在小区的位置。

3. 小区施药作业

（1）插标牌　小区施药前，要插上处理项目标牌，并规定小区施药的先后顺序。若为喷雾法施药通常是先喷清水的空白对照区，然后是药剂处理区。如果是不同剂量（浓度）的试验，应从低剂量（浓度）到高剂量（浓度）顺序进行。

（2）检查药械　在试验施药前，要使用的药械应处于完好状态，并用清水在非试验区试喷，以确定每分钟压杆次数和行进速度，力求做到1次均匀喷完。

（3）量取药剂　要用量筒或天平准确地量取药剂，并采用两次稀释法稀释药液（即先用少量水将乳油或可湿性粉剂稀释拌匀，再将其余水量加入稀释）。

（4）施药作业　整个施药作业应由一人完成。如果小区多，需几人参加，则必须使用同型号的喷雾器，并在压杆频率、行进速度等方面尽量一致，喷洒的药液量视被保护作物种类及生育期或植株大小来决定，一般在 $300\sim900L/hm^2$ 之间。

（五）田间药效调查

1. 调查时间

调查时间因试验种类而异。例如杀虫剂药效试验以种群减退率为评判指标，一般在施药后的第1天、第3天、第7天各调查一次；若以作物的被害率作为评判指标，要等到作物被害状表现并稳定时调查；杀菌剂对叶斑病类的防效试验，要在最后一次施药后的 $7\sim14$ 天调查；芽前施用的除草剂，要到不施药的对照区杂草出苗时调查；而苗后使用的除草剂，宜在施药后的2周调查；若用熏蒸法进行杀鼠剂灭鼠试验，要求在当天调查；工具灭鼠应在3天后调查。

2. 调查方法

杀虫剂与杀菌剂田间药效调查取样方法与病虫害的田间调查取样方法相同。除草剂田间药效调查方法有两种：一是绝对数（定量）调查法，即采用对角线取样法在小区内取样 $3\sim5$ 点，每点 $0.25\sim1m^2$（可用铁丝围成出该面积），记录样点内每种杂草的株数和鲜重。二是估计值（目测）调查法，即将每个处理小区同附近的对照小区进行比较，目测并估计相对杂草种群量，包括杂草株数、覆盖度、高度和生长势等指标。调查前应有草害级别做参照，调查人员需经训练，才能估计准确，以正确评价药效。

杀鼠剂田间药效调查的常用方法是查掘开洞法和鼠夹法。前者是对洞系明显的鼠种调查，即将投药鼠洞堵严，24h 或 48h 后调查鼠从里向外掘开的洞数。后者是对洞系不明显的鼠种调查，即施药后一定天数，在样区内按 $5m\times50m$ 间距棋盘式布置与施药前调查的同一型号的鼠夹 100 个，以鲜花生米等作诱饵，24h 记录捕得的鼠数。

学 习 小 结

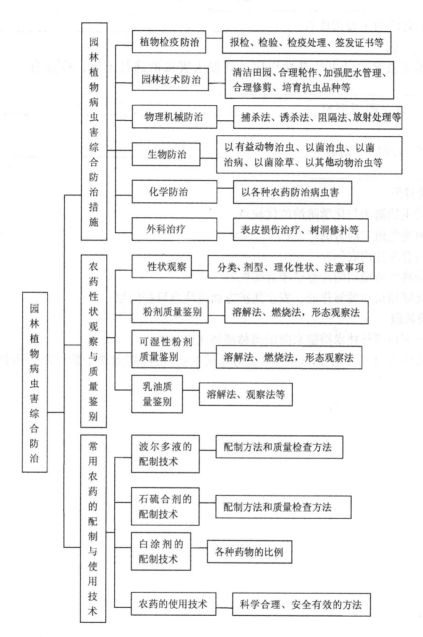

达 标 检 测

一、名词解释

植物检疫、农药的致死中量

二、填空题

1. 植物检疫实施的主要内容有 ＿＿＿＿＿＿＿＿＿＿、 ＿＿＿＿＿＿＿＿＿＿、

＿＿＿＿＿＿＿＿＿、 ＿＿＿＿＿。

2. 物理机械防治常见的措施有 _____、_____、
_____、_____、_____。

3. 生物防治的主要措施有_____、_____、_____、
_____等。

4. 根据杀虫剂对昆虫的毒性作用及其侵入害虫的途径不同，可分为_____、
_____、_____。

5. 常见的农药剂型有_____、_____、_____、_____、
_____。

6. 综合治理的原则有_____、_____、_____、
_____、_____。

三、简答题

1. 比较生物防治与化学防治的优缺点。

2. 如何避免植物药害的产生？

3. 如何合理使用农药？

4. 手动喷雾器使用的注意事项有哪些？

5. 喷雾喷粉机在喷雾作业、安全防护方面应注意哪些问题？

四、问答题

1. 如何利用园林技术措施来防治园林植物病虫害？

2. 用40%氧化乐果乳油30mL加水稀释成1500倍液防治松干蚧，需要稀释液的体积多少？

园林植物害虫防治技术

【项目说明】

园林植物在栽培养护过程中，会受到很多昆虫的侵害，危害轻时会影响园林植物的观赏性和美感，危害重时会对园林植物造成毁灭性的打击。面对害虫对园林植物的危害我们又能做些什么呢？在本项目中我们将通过观察常发生的害虫的形态特征，掌握它们的发生发展规律，熟知它们的各种习性，进而制订出安全有效的防治方案，把害虫控制在经济允许水平之下而又能保持物种的多样性。

园林植物种类多而杂，而危害园林植物的昆虫种类就更多了，形态更是千差万别，我们可以根据害虫危害部位的不同而把它们分类进行研究。所以本项目共分为5个任务来完成：食叶害虫之蛾类的防治技术，食叶害虫之甲虫类、蝶类等的防治技术，枝干害虫的防治技术，吸汁害虫的防治技术，地下害虫的防治技术。

【学习内容】

掌握引起园林植物常发生虫害的食叶害虫、枝干害虫、吸汁害虫、地下害虫的形态特征、生物学特性、主要习性以及害虫的发生规律和防治方法。

【教学目标】

通过对园林植物害虫的形态观察、生物学特性的了解，能正确识别和防治园林植物常发生的害虫，为园林植物养护中的害虫防治奠定基础。

【技能目标】

能准确识别食叶害虫、枝干害虫、吸汁害虫、地下害虫，能制订出合理有效的防治方案。

【完成项目所需材料及用具】

材料：蝗虫、蟋蟀、蝼蛄、刺蛾、袋蛾、舟蛾、毒蛾、灯蛾、天蛾、夜蛾、螟蛾、蝶类、叶甲、金龟子、芫菁、象甲、叶蜂、天牛、瓢虫、蝉、蝇、蚜、螳螂、蜜蜂、蜡象、蚜虫等昆虫的实物或干制标本和浸渍标本。

用具：放大镜、解剖镜、解剖针、镊子、剪刀等用具。

任务 1 食叶害虫之蛾类的防治技术

任务描述

我们经常能看到园林植物的叶片被各种毛毛虫咬食成缺刻、孔洞，有些嫩梢被咬断，有些叶片中间被蛀食，严重时叶片被吃光，仅留叶柄、枝杆或叶片主脉。而这些害虫繁殖能力很强，很容易就会暴发成灾，那到底这些是被什么虫子危害的呢？它们又有什么特征？发生的规律是怎样的呢？如何进行防治呢？

通过调查可知园林植物食叶害虫种类很多，主要分属于四个目，常见的主要有鳞翅目的刺蛾、袋蛾、舟蛾、毒蛾、灯蛾、天蛾、夜蛾、螟蛾、卷蛾、枯叶蛾、尺蛾、大蚕蛾、斑蛾及蝶类，鞘翅目的叶甲、金龟子、芫菁、象甲、植食性瓢虫，膜翅目的叶蜂，直翅目的蝗虫等。这类害虫引起的虫害发生特点是：以成、幼（若）虫危害健康的植株，导致植株生长衰弱。本任务我们主要研究食叶害虫中种类最多、危害最重的蛾类的形态特征、生物学特性及防治方法。

任务咨询

一、刺蛾类的认知

刺蛾类属鳞翅目刺蛾科。成虫鳞片厚，多呈黄色、褐色或绿色，有红色或暗色斑纹。幼虫为蛞蝓形，体上常具瘤和刺。被幼虫刺后，多数人皮肤痛痒，因此，该科幼虫又称为洋辣子。蛹外有光滑坚硬的茧。

（一）种类、分布及危害

刺蛾中常见种类有黄刺蛾、褐边绿刺蛾、褐刺蛾、扁刺蛾等。

1. 黄刺蛾

黄刺蛾又称为刺毛虫。我国除宁夏、新疆、贵州、西藏外的地区均有分布。黄刺蛾危害石榴、月季、山楂、芍药、牡丹、红叶李、紫薇、梅花、腊梅、海仙花、桂花、大叶黄杨等观赏植物，是一种杂食性食叶害虫。初龄幼虫只食叶肉，4龄后幼虫蚕食整叶，常将叶片吃光，严重影响植物生长和观赏效果。

2. 褐边绿刺蛾

褐边绿刺蛾的别名为青刺蛾、四点刺蛾、曲纹绿刺蛾、洋辣子。我国北起黑龙江、内蒙古，南至台湾、海南、广东、广西、云南，西到甘肃、四川均有分布。它的主要寄主有茶、冬青、白蜡树、梅花、海棠、月季、樱花等。低龄幼虫取食叶的下表皮和叶肉，留下上表皮，致叶片呈不规则黄色斑块；大龄幼虫食叶造成平直的缺刻。

（二）形态特征

1. 黄刺蛾（见图4-1）

成虫体长15mm，翅展达33mm左右，体肥大，黄褐色，头胸及腹前后端背面呈黄色。

触角呈丝状，灰褐色；复眼呈球形，黑色。前翅顶角至后缘基部 1/3 处和臀角附近各有 1 条棕褐色细线，内侧线的外侧为黄褐色，内侧为黄色；沿翅外缘有棕褐色细线；黄色区有 2 块深褐色斑，均靠近黄褐色区，1 个近后缘，1 个在翅中部稍前。后翅呈浅黄褐色，边缘色较深。卵呈椭圆形，扁平，长 1.4～1.5mm，表面有线纹，初产时为黄白色，后变成黑褐色。幼虫体长 16～25mm，肥大，呈长方形，黄绿色，背面有 1 块紫褐色哑铃形大斑，边缘发蓝。幼虫头较小，浅黄褐色；前胸盾片呈半月形，左右各有 1 块黑褐斑。胴部第 2 节以后各节有 4 个横列的肉质突起，上生刺毛与毒毛，其中以第 3 节、第 4 节、第 10 节和第 11 节者较大。气门上线呈黑褐色，气门下线呈黄褐色。臀板上有 2 个黑点。胸足极

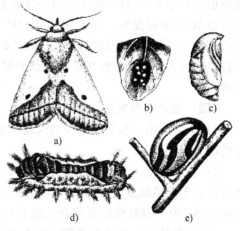

图 4-1 黄刺蛾
a）成虫 b）卵 c）蛹 d）幼虫 e）茧

小，腹足退化，第 1～7 腹节腹面中部各有 1 个扁圆形"吸盘"。蛹长 11～13mm，椭圆形，黄褐色。茧石灰质坚硬，呈椭圆形，上有灰白色和褐色纵纹，似鸟卵。

2. 褐边绿刺蛾（见图 4-2）

成虫体长 16mm，翅展达 38～40mm。触角呈棕色，雄蛾触角呈栉齿状，雌蛾触角呈丝状。头、胸、背为绿色，胸背中央有 1 条棕色纵线，腹部为灰黄色。前翅为绿色，基部有大块暗褐色斑，外缘为灰黄色宽带，带上散生有暗褐色小点和细横线，带内缘内侧有暗褐色波状细线；后翅为灰黄色。卵呈扁椭圆形，长 1.5mm，黄白色。幼虫体长 25～28mm，头小，体短粗，初龄为黄色，稍大后呈黄绿色至绿色，前胸盾片上有 1 对黑斑，中胸至第 8 腹节各有 4 个瘤状突

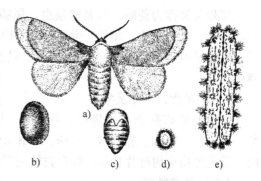

图 4-2 褐边绿刺蛾
a）成虫 b）茧 c）蛹 d）卵 e）幼虫

起，上生黄色刺毛束，第 1 腹节背面的毛瘤各有 3～6 根红色刺毛；腹末端有 4 个毛瘤，上丛生蓝黑刺毛，呈球状；背线为绿色，两侧有深蓝色点。蛹长 13mm，椭圆形，黄褐色。茧长 16mm，椭圆形，暗褐色且酷似树皮。

（三）发生规律

1. 黄刺蛾

一年发生 1～2 代，以老熟幼虫在枝干上的茧内越冬。每年 5 月上旬开始化蛹，5 月下旬至 6 月上旬羽化。成虫昼伏夜出，有趋光性，羽化后不久交配产卵。卵产于叶背，卵期为 7～10 天。第一代幼虫于每年 6 月中旬至 7 月上中旬发生，第一代成虫于每年 7 月中下旬始见，第二代幼虫危害盛期在每年 8 月上中旬，8 月下旬开始老熟在枝干等处结茧越冬。每年 7～8 月份高温干旱，黄刺蛾发生严重。黄刺蛾天敌有上海青蜂和黑小蜂。

2. 褐边绿刺蛾

我国河南和长江下游地区每年发生两代，江西地区为三代，以老熟幼虫于茧内越冬，结

茧场所于干基浅土层或枝干上。每年4月下旬开始化蛹，越冬代成虫于5月中旬始见，第一代幼虫于每年6~7月份发生，第一代成虫于每年8月中下旬出现；第二代幼虫于每年8月下旬至10月中旬发生。每年10月上旬陆续老熟于枝干上或入土结茧越冬。成虫昼伏夜出，有趋光性。卵数十粒呈块状排列，像鱼鳞一样。卵多产于叶背主脉附近，每只雌虫产卵150余粒。幼虫共8龄，少数9龄，1~3龄群集，4龄后渐分散。褐边绿刺蛾天敌有紫姬蜂和寄生蝇。

（四）综合治理方法

1）人工防治。秋冬季早春消灭过冬虫茧中的幼虫，及时摘除虫叶，杀死刚孵化尚未分散的幼虫。

2）生物防治。秋冬季摘虫茧，放入纱笼，网孔以刺蛾成虫不能逃出为准，保护和引放寄生蜂。于低龄幼虫期喷洒10000倍的20%除虫脲（灭幼脲一号）悬浮剂，或于较高龄幼虫期喷洒500~1000倍的每毫升含孢子100亿以上的Bt乳剂等。

3）化学防治。在幼虫盛发期喷洒80%敌敌畏乳油1000~1200倍液或50%锌硫磷乳油1000~1500倍液、50%马拉硫磷乳油1000倍液、5%来福灵乳油3000倍液。

4）利用黑光灯诱杀成虫。

二、袋蛾类的认知

袋蛾类又称为蓑蛾，俗名避债虫，属鳞翅目袋蛾科。袋蛾成虫性二型，雌虫无翅，触角、口器、足均退化，几乎一生都生活在护囊中；雄虫具有两对翅。幼虫能吐丝营造护囊，丝上大多粘有叶片、小枝或其他碎片。幼虫能负囊而行，探出头部蚕食叶片，化蛹于袋囊中。

（一）种类、分布及危害

常见的袋蛾种类有大袋蛾、茶袋蛾、桉袋蛾、白囊袋蛾，危害茶、樟、杨、柳、榆、桑、槐、栎、乌桕、悬铃木、枫杨、木麻黄、扁柏等。幼虫取食树叶、嫩枝皮。虫害大发生时，几天能将全树叶片食尽，残存秃枝光干，严重影响树木生长，使枝条枯萎或整株枯死。

（二）形态特征

1. 大袋蛾（见图4-3）

雌虫体长22~30mm，乳白色。雄虫体长15~20mm，前翅近外缘有4块透明斑，体黑褐色，具灰褐色长毛。幼虫体长32~37mm，头为赤褐毛，体呈黑褐色，胸部背面骨化强，具有2条棕色斑纹，腹部各节有横皱。袋囊长约60mm，灰黄褐色，袋囊外常包有1~2片枯叶，袋囊丝质较疏松。

2. 桉袋蛾

雌虫体长6~8mm，黑褐色。雄虫体长4mm，体、前翅呈黑色，后翅底面呈银灰色，具光泽。幼虫体长约8mm，头为浅黄色，腹部为乳白色，胸部各节背面具有4条褐纵

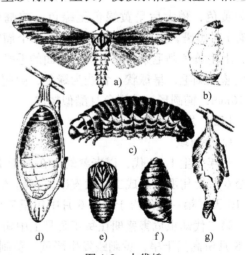

图4-3 大袋蛾
a）雄成虫 b）雌成虫 c）幼虫
d）雌袋 e）蛹（一）f）蛹（二）g）雄袋

纹，有时褐斑相连成纵纹。袋囊长约10mm，表面附有细碎叶片和枝皮，袋囊口系有长丝1条。

（三）发生规律

每年4~6月越冬，老熟幼虫在袋囊中调头向下，蜕最后一次皮化蛹，蛹头向着排泄口，以利成虫羽化爬出袋囊。羽化时间多在下午或晚上，雌成虫羽化后仍留在袋囊内，雄成虫羽化时将1/2蛹壳留在袋囊中。雌虫与雄虫在羽化后的次日清晨或傍晚交尾。交尾时，雌成虫将头伸出袋囊排泄口外，袋蛾性信息激素释放点在头部，以诱引雄成虫，雄成虫交尾时将腹部伸入雌虫袋囊内。交尾后，雌成虫产卵于蛹壳内，并将尾端绒毛覆盖在卵堆上。每只雌虫产卵量因种类而异，一般为100~300余粒，个别种类多达2000粒。卵经15~20天孵化，孵化多在白天。初孵幼虫吃去卵壳，从袋囊排泄口蜂拥而出，吐丝下垂，随风吹到枝叶下，咬取枝叶表皮吐丝缠身做袋囊；有的种类在袋囊上爬行，咬剥旧袋囊做自己的袋囊。初龄幼虫仅食叶片表皮，虫龄增加，食叶量加大，取食时间在早晚及阴天。每年10月中下旬，幼虫逐渐沿枝梢转移，将袋囊用丝牢牢固定在枝上，袋口用丝封闭以备越冬。

（四）综合治理方法

1）人工摘除袋囊。秋冬季树木落叶后，护囊暴露，结合整枝、修剪，摘除护囊，消灭越冬幼虫。

2）诱杀成虫。利用大袋蛾雄性成虫的趋光性，用黑光灯诱杀。此外，也可用大袋蛾性外激素诱杀雄成虫。

3）生物防治。幼虫和蛹期有多种寄生性和捕食性天敌，例如鸟类、姬蜂、寄生蝇及致病微生物等，应注意保护利用。微生物农药防治大袋蛾效果非常明显。Bt制剂（每克芽孢量100亿以上）1500~2000g/hm²，加水1500~2000kg，喷雾防治。

4）化学防治。在初龄幼虫阶段，每公顷植物用90%的晶体敌百虫或80%敌敌畏乳油、50%杀螟松乳油、50%锌硫磷乳油、40%乐斯本乳油、20%抑食肼胶悬剂1000~1500mL或25%灭幼脲三号胶悬剂、5%定虫隆乳油1000~2000mL、2.5%溴氰菊酯乳油、2.5%三氟氯氰菊酯乳油450~600mL，加水1200~2000kg，喷雾。根据幼虫多在傍晚活动的特点，一般选择在傍晚喷药，喷雾时要注意喷到树冠的顶部，并喷湿护囊。

三、螟蛾类的认知

螟蛾类属于鳞翅目螟蛾科，属小型至中型蛾类。多数螟蛾有卷叶及钻蛀茎、干、果实、种子等习性，许多种类为植物的害虫。

（一）种类、分布及危害

危害园林植物叶片的螟蛾主要有樟叶瘤丛螟、黄杨绢野螟、竹织叶野螟、松梢螟等。

1. 樟叶瘤丛螟

樟叶瘤丛螟又称为樟巢螟、樟丛螟，分布于我国江苏、浙江、江西、湖北、四川、云南、广西等地，危害樟树、山苍子、山胡椒、刨花楠、银木、红楠等树种。幼虫吐丝缀叶结巢，在巢内食叶与嫩梢，严重时将樟叶吃光，树冠上挂有多数鸟巢状的虫包，影响樟树的生长与观赏。

2. 黄杨绢野螟

黄杨绢野螟又称为黄杨野螟，分布于我国浙江、江苏、山东、上海、陕西、北京、广东、贵州、西藏等地。危害黄杨、雀舌黄杨、瓜子黄杨等黄杨科植物。幼虫常以丝连接周围叶片作为临时性巢穴，在其中取食，发生严重时，将叶片吃光，造成整株植物死亡。

（二）形态特征

1. 樟叶瘤丛螟（见图4-4）

成虫体长8～13mm，翅展达22～30mm。头部为浅黄褐色，触角为黑褐色，雄蛾羽毛状，基节后方有混合浅白色的黑褐色鳞片。雄蛾胸腹部背面为浅褐色，雌蛾为黑褐色，腹面为浅褐色。卵呈扁平圆形，直径为0.6～0.8mm，中央有不规则的红斑，卵壳有点状纹。卵粒不规则堆叠在一起成卵块。初孵幼虫为灰黑色，2龄后渐变为棕色。老熟幼虫体长22～30mm，褐色，头部及前胸背板为红褐色，体背有1条褐色宽带，其两侧各有2条黄褐色线，每节背面有细毛6根。蛹体长9～12mm，红褐色或深棕色。茧长12～14mm，黄褐色，椭圆形。

2. 黄杨绢野螟（见图4-5）

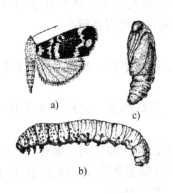

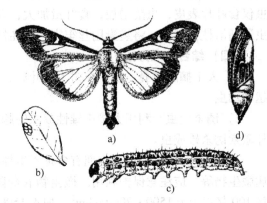

图4-4　樟叶瘤丛螟
a）成虫　b）幼虫　c）蛹

图4-5　黄杨绢野螟
a）成虫　b）卵　c）幼虫　d）蛹

成虫体长20～30mm，展翅达30～50mm。成虫头部为暗褐色，头顶触角间鳞毛为白色，触角为褐色。前胸及前翅前缘、外缘和后翅外缘均有黑褐色宽带，前翅前缘黑褐色宽带的中室部位具有2块白斑，近基部的一个较小，近外缘的呈新月形，翅其余部分均为白色，半透明，并有紫色闪光。腹部为白色，雄蛾腹部末端有黑褐色尾毛丛，翅缰仅1根；雌蛾腹部较粗壮，无尾毛丛，翅缰2根。

卵呈扁椭圆形，底面平，表面略隆起。卵长径为1.5mm，宽径约为1mm。初产时，卵为浅黄色，半透明，后渐变暗，近孵化时卵内可见黑色斑点。老熟幼虫体长约35mm，头部为黑褐色，胸、腹部为黄绿色，背线为深绿色，亚背线和气门上线为黑褐色，气门线为浅黄绿色，基线和腹线为青灰色。中、后胸背面各有1对黑褐色圆锥形瘤突。腹部各节背面各有2对黑褐色瘤突，前一对呈圆锥形，较接近；后一对呈横椭圆形，较远离。各节体侧也各有1个黑褐色圆形瘤突，各瘤突上均有刚毛着生。蛹长18～20mm，初期为翠绿色，后渐变为黄白色，羽化前翅部出现成虫翅的斑纹，腹末端为黑褐色，有臀棘8根，排成1列，先端卷曲。

（三）发生规律

1. 樟叶瘤丛螟

樟叶瘤丛螟在我国浙江地区一年发生两代，以老熟幼虫在树冠下的浅土层中结茧越冬。

翌年春季化蛹，每年 5 月中下旬至 6 月上旬成虫羽化、交配、产卵。卵期为 5 ~ 6 天。6 月上旬第一代幼虫孵出，7 月下旬幼虫老熟化蛹，蛹期为 10 ~ 15 天。每年 7 ~ 8 月成虫陆续羽化产卵。第二代幼虫于每年 8 月中旬前后孵出。该虫有世代重叠现象，每年 6 ~ 11 月虫巢中均出现不同龄期幼虫，10 月老熟幼虫陆续下树入土结茧越冬。成虫多在夜间羽化，昼伏夜出，有趋光性，卵产于两叶靠拢处较荫蔽的叶面，每块有卵 5 ~ 146 粒。初孵幼虫群集吐丝并缀合小枝、嫩叶成虫包，匿居其中取食。随着虫龄增大，幼虫不断吐丝缀连新枝和新叶，使虫包不断扩大，形成巢，巢中有纯丝织成的巢室，巢内充满虫粪、丝和枯枝叶。幼虫行动敏锐，稍受惊动即缩入巢内。低龄幼虫有群集性，并随虫龄增大而分巢，每巢有幼虫 1 ~ 10 条。老熟幼虫吐丝下垂到地面或坠地入土中 2 ~ 4cm 处结茧化蛹，少数在巢中作圆形丝织蛹室，并在其中化蛹。

2. 黄杨绢野螟

黄杨绢野螟以各代 3、4 龄幼虫缀叶结薄茧越冬。翌年 3 月下旬越冬幼虫出蛰开始活动，4 月中旬化蛹，4 月下旬至 5 月上旬成虫羽化。成虫夜间活动，有较强的趋光性，需经补充营养才能正常产卵。卵多产在叶片背面，呈鱼鳞状排列成块状，一个卵块内多达 50 多粒卵。幼虫一般为 6 龄，滞育幼虫蜕皮次数增加 1 ~ 3 次。初孵幼虫有取食卵壳的习性；1、2 龄幼虫只能啃食叶肉，导致被取食的嫩叶枯黄卷曲；3 龄幼虫仅将嫩叶咬成小孔，4 龄以后幼虫可取食整叶。各代幼虫都有部分幼虫吐丝缀连两三张叶片成虫包，幼虫在其内结椭圆形、瓜子形的薄茧滞育到来年再恢复活动。老熟幼虫多在树冠内膛中下部吐丝缀合老叶、枯残枝叶成一个疏松的薄茧，在茧内化蛹。一年中以 5 ~ 9 月危害最严重。黄杨绢野螟的全世代有效积温常数为 500.98 日度，发育起点温度为 13.10℃。

黄杨绢野螟的发生程度与树种、树龄、种植密度有着直接的关系。黄杨绢野螟在大龄灌木上的发生重于树龄较小的幼苗，成片栽植重于单株种植，栽植密度大的重于栽植密度小的，雀舌黄杨、瓜子黄杨受害重于大叶黄杨。黄杨绢野螟的主要天敌昆虫有甲腹茧蜂、绢野螟长绒茧蜂、广大腿小蜂和一些寄蝇。

（四）综合治理方法

1）人工捕杀。结合管护修剪，在危害期、越冬期摘除虫巢、虫包，集中烧毁，或冬季在被害树的根际周围和树冠下，挖除虫茧或翻耕树冠下的土壤，消灭越冬虫茧。

2）生物防治。放养姬蜂、茧蜂和寄蝇等多种天敌昆虫，注意区别正常茧和被寄生茧，使寄生蜂、寄生蝇能正常羽化，扩大寄生作用。也可在幼虫期喷施 Bt 乳剂 500 倍液进行防治。

3）灯光诱杀成虫。

4）药剂防治。在幼虫大发生时期用 50% 的杀螟松乳油 1500 倍液，或 90% 晶体敌百虫、50% 锌硫磷 1000 倍液，或 20% 氰戊菊酯乳油 2000 倍液喷雾，或在幼虫下树入土时以 25% 速灭威粉剂配成毒土毒杀入土结茧的幼虫。

四、卷蛾类的认知

卷蛾类属于鳞翅目卷蛾科，属小至中型蛾类，多为褐色、黄色、棕灰色等，很多种类的翅面上有斑纹或向后倾斜的色带，前翅略呈长方形。幼虫前胸侧毛群有 3 根刚毛。卷蛾的多数种类以卷叶方式对植株造成危害，部分种类营钻蛀性生活。

危害园林植物的卷蛾类害虫主要有茶长卷蛾、苹褐卷蛾、忍冬双斜卷蛾。下面重点介绍茶长卷蛾。

（一）分布及危害

茶长卷蛾又称为茶卷叶蛾、褐带长卷叶蛾，分布于我国江苏、安徽、湖北、四川、广东、广西、云南、湖南、江西等省，危害茶、栎、樟、柑橘、柿、梨、桃等。初孵幼虫缀结叶尖，潜居其中并取食上表皮和叶肉，残留下表皮，致卷叶呈枯黄薄膜斑，大龄幼虫食叶成缺刻或孔洞。

（二）形态特征（见图4-6）

雌成虫体长10mm左右，翅展达23～30mm，体浅棕色。触角呈丝状。前翅呈近长方形，浅棕色，翅尖为深褐色，翅面散生很多深褐色细纹，有的个体中间具有1条深褐色的斜形横带，翅基内缘鳞片较厚且伸出翅外。后翅为肉黄色，扇形，前缘、外缘颜色稍深或大部分为茶褐色。雄成虫体长8mm左右，翅展达19～23mm，前翅为黄褐色，基部中央、翅尖为浓褐色，前缘中央具有1块黑褐色圆形斑，前缘基部有1个浓褐色近椭圆形突出，部分向后反折，盖在肩角处，后翅为浅灰褐色。卵长0.8～0.85mm，呈扁平椭圆形，浅黄色。老熟幼虫体长18～26mm，体为黄绿色，头为黄褐色，前胸背板呈近半圆

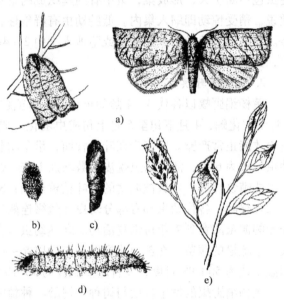

图4-6　茶长卷蛾
a) 成虫　b) 卵　c) 蛹　d) 幼虫　e) 植物被害状

形且为褐色，后缘及两侧为暗褐色，体两侧下方各具2个黑褐色椭圆形小角质点，胸足色暗。蛹长11～13mm，深褐色，臀棘长，有8个钩刺。

（三）发生规律

茶长卷蛾在我国浙江、安徽地区每年发生四代，在我国台湾地区每年发生六代，以幼虫蛰伏在卷包里越冬。翌年4月上旬开始化蛹，4月下旬成虫羽化产卵。第一代幼虫期在每年5月中下旬，第二代幼虫期在每年6月下旬至7月上旬。7月中旬至9月上旬发生第三代，9月上旬至翌年4月发生第四代。成虫多于清晨6时羽化，白天栖息在茶的叶片上，日落后及日出前1～2h最活跃，有趋光性、趋化性。成虫羽化后当天即可交尾，经3～4h即开始产卵。卵产在老叶正面，每只雌成虫产卵量为330粒。初孵幼虫靠爬行或吐丝下垂进行分散，遇有幼嫩芽叶后即吐丝缀结叶尖，潜居其中取食。幼虫共6龄，老熟后多离开原虫包重新缀结两片老叶，化蛹在其中。茶长卷蛾的天敌有赤眼蜂、小蜂、茧蜂、寄生蝇等。

（四）综合治理方法

1）人工防治。幼虫发生数量不多时，可根据植物被害状，随时摘除虫卷叶，以减轻危害和减少下一代的发生量。秋后在树干上绑草把或草绳诱杀越冬幼虫。

2）灯光诱杀。成虫有趋光性，在成虫发生季节，可用黑光灯诱杀成虫。

3）生物防治。保护和利用天敌昆虫，也可用每毫升含100亿活孢子的Bt生物制剂的

800 倍液防治幼虫。

4）药剂防治。虫害发生严重时，可用 90% 晶体敌百虫或 80% 敌敌畏乳油 800～1000 倍液，或 2.5% 溴氰菊酯乳油或 50% 杀螟丹可湿性粉剂 1500～2000 倍液，或 10% 氯氰菊酯乳油 2000～2500 倍液进行喷雾防治。

五、毒蛾类的认知

毒蛾类属于鳞翅目毒蛾科。成虫体多为白色、黄色、褐色；触角呈栉齿状或羽毛状，下唇须和喙退化；有的种类的雌虫无翅或翅退化；腹部末端有毛丛。幼虫多具有毒毛，腹部第 6 节和第 7 节背面有翻缩腺。幼虫有群集习性。

（一）种类、分布及危害

危害园林植物的毒蛾主要有豆毒蛾、茶毒蛾、黄尾毒蛾等。

1. 豆毒蛾

豆毒蛾又称为肾毒蛾，我国北起黑龙江、内蒙古，南至台湾、广东、广西、云南等地区均有分布，寄主有柳、榆、茶、荷花、月季、紫藤等。幼虫有群集习性，食叶片成孔洞、缺刻，降低植株观赏效果。

2. 黄尾毒蛾

黄尾毒蛾分布于我国东北、华北、华东、西南地区，危害樱桃、梨、苹果、杏、梅、茶、柳、枫杨、桑、枣等及多种蔷薇科的花木。幼虫取食植株芽、叶，尤以越冬幼虫食春芽严重，可将全树花芽吃光，至夏秋梢萌叶亦被食尽。

（二）形态特征

1. 豆毒蛾（见图 4-7）

雄成虫翅展达 34～40mm，雌成虫翅展达 45～50mm。触角为黄褐色，下唇须、头、胸和足为深黄褐色，腹部为褐色，后胸和第 2 腹节及第 3 腹节背面各有一黑色短毛束。前翅内区前半部为褐色，布白色鳞片；后半部黄褐色。前翅内线有 1 条褐色宽带，内侧衬白色细线，横脉纹呈肾形；后翅为浅黄色且带褐色；前、后翅反面为黄褐色；横脉纹、外线、亚端线和缘毛为黑褐色。雌蛾比雄蛾色暗。

卵呈半球形，浅青绿色。幼虫体长 40mm 左右，头部为黑褐色、有光泽，上面具有褐色次生刚毛，体为黑褐色，亚

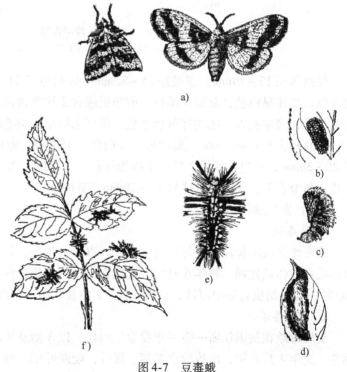

图 4-7　豆毒蛾

a）成虫　b）卵　c）蛹　d）茧　e）幼虫　f）植物被害状

背线和气门下线为橙褐色间断的线。前胸背板为黑色，有黑色毛；前胸背面两侧各有一黑色大瘤，上面长有向前伸的长毛束，其余各瘤为褐色，上面长有白褐色毛。第1～4腹节背面有暗黄褐色短毛刷，第8腹节背面有黑褐色毛束。胸足为黑褐色，跗节有褐色长毛；腹足为暗褐色。蛹为红褐色，背面有长毛，腹部前4节有灰色瘤状突起。

2. 黄尾毒蛾（见图4-8）

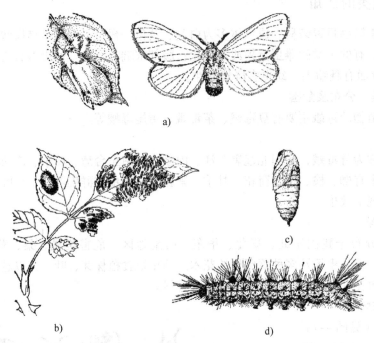

图4-8　黄尾毒蛾
a）成虫　b）卵　c）蛹　d）幼虫

雄蛾体长12～19mm，翅展达25～35mm。雄蛾体长11～15mm，翅展达24～26mm。黄尾毒蛾成虫体呈白色，复眼为黑色，前翅后缘有2块黑褐色斑纹，有时不明显。雌成虫触角呈栉齿状，腹部粗大，尾端有黄色毛丛；雄成虫触角呈羽毛状，体瘦小，腹末端黄色部分较少。卵直径为0.6～0.7mm，扁圆形，灰白色，半透明。卵块呈馒头状，上覆黄毛。幼虫体长26～38mm，黄色。背线、气门下线为红色；亚背线、气门上线、气门线为黑色，均间断不连，每节有毛瘤3对。蛹体长14～20mm，黄褐色。

（三）发生规律

1. 豆毒蛾

豆毒蛾在我国长江流域每年发生三代，以幼虫越冬。每年4月开始危害，5月老熟幼虫以体毛和丝作茧化蛹。每年6月第一代成虫出现，有趋光性，卵产于叶背，每一卵块有50～200粒。幼龄幼虫有集中习性，仅食叶肉，2龄及3龄后分散危害。

2. 黄尾毒蛾

黄尾毒蛾在我国江浙一带一年发生三四代。以3龄及4龄幼虫在树干裂缝或枯叶内结茧越冬。翌年4月上旬，出蛰取食春芽、嫩叶，咬断叶柄。每年6月上旬，成虫羽化，成虫有趋光性。卵产于叶片背面，由虫腹末端的黄毛覆盖。每只雌蛾产卵200～550粒。幼龄幼虫有群集习性，3龄后分散危害植物。第一代幼虫6月中旬危害最烈，食性杂，第二代幼虫发生于8月中旬，第三代幼虫为9月中旬，第四代幼虫在9月下旬至10月中旬。幼虫白天停栖叶背阴凉处，夜间取食叶片。老熟幼虫在树干裂缝结茧化蛹。

（四）综合治理方法

1）人工防治。若发生在低矮观赏植物、花卉上，结合养护管理，摘除卵块及初孵尚未群集的幼虫，还可束草把诱集下树的幼虫。

2）灯光诱杀。利用黑光灯诱杀成虫。

3）生物防治。保护天敌昆虫。喷施微生物制剂，可用每克或每毫升含孢子100亿~108亿以上的青虫菌制剂500~1000倍液在幼虫期喷雾。

4）药剂防治。用50%杀螟松乳油或90%晶体敌百虫1000倍液，或10mg/kg除虫脲灭幼脲一号防治幼虫。在树体高、虫口密度大时，可用触杀性很强的农药，例如菊酯类农药涂刷树干，毒杀下树的幼虫。

六、灯蛾类的认知

灯蛾类属鳞翅目灯蛾科，属于中型至大型蛾类。虫体粗壮，色泽鲜艳，腹部多为黄色或红色。翅为白色、黄色或灰色，多具条纹或斑点，成虫多夜出活动，趋光性强。幼虫密被毛丛，多为杂食性。

（一）种类、分布及危害

危害园林植物的灯蛾主要有星白雪灯蛾、人文污灯蛾、红缘灯蛾、八点灰灯蛾、显脉污灯蛾。美国白蛾也是灯蛾科害虫，是我国确定的检疫对象，但目前我国浙江地区没有分布。

1. 人文污灯蛾

人文污灯蛾又名红腹白灯蛾、人字纹灯蛾，我国北起黑龙江、内蒙古，南至海南、广东、广西、云南等地区均有分布。人文污灯蛾的寄主主要有木槿、芍药、萱草、鸢尾、菊花、月季等。幼虫食叶成孔洞或缺刻。

2. 星白雪灯蛾

星白雪灯蛾又名星白灯蛾、黄腹白灯蛾，分布于江苏、浙江、上海、安徽、福建、云南、贵州、河南、湖南、湖北、四川、陕西、新疆、内蒙古、黑龙江、辽宁等地，寄主主要有菊花、月季、茉莉等花木。星白雪灯蛾以幼虫危害叶片，将叶片吃成缺刻或孔洞，使叶面呈现枯黄斑痕，严重时将叶片吃光。

（二）形态特征

1. 人文污灯蛾（见图4-9）

成虫体长约20mm，翅展达45~55mm。体、翅为白色，腹部背面除基节与端节外皆为红色，背面、侧面具黑点列。前翅外缘至后缘有一斜列黑点，两翅合拢时呈人字形，后翅略为红色。卵呈扁球形，浅绿色，直径约0.6mm。末龄幼虫体长约50mm，头较小且呈黑色，体为黄褐色，密被棕黄色长毛。中胸及腹部第1节背面各横列黑点4个；腹部第7~9节背线两侧各有1对黑色毛瘤，腹面为黑褐色，气门、胸足、腹足为黑色。蛹体长18mm，深褐色，末端有12根短刚毛。

2. 星白雪灯蛾（见图4-10）

成虫体长14~18mm，翅展达33~46mm。雄蛾触角呈栉齿状，下唇须背面和尖端为黑褐色。腹部背面为黄色，每个腹节中央有 1 块黑斑，两侧各有 2 块黑斑。前翅表面略带黄色，散布黑色斑点，黑点数因个体差异而各不相同。夏末出现的个体略小，前翅几乎呈白色，翅表黑斑数目较多。卵呈半球形，初产为乳白色，后变成灰黄色。幼虫为土黄色至黑褐色，背面有灰色或灰褐色纵带，气门为白色，密生棕黄色至黑褐色长毛，腹足为土黄色。蛹为深棕色且较粗短。茧为土黄色，裹有较多的幼虫脱落的体毛。

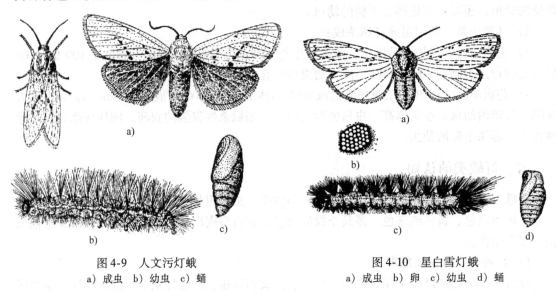

图 4-9　人文污灯蛾　　　　　　　图 4-10　星白雪灯蛾
a）成虫　b）幼虫　c）蛹　　　　a）成虫　b）卵　c）幼虫　d）蛹

（三）发生规律

1. 人文污灯蛾

人文污灯蛾在我国东部地区每年发生两代，老熟幼虫在地表落叶或浅土中吐丝并黏合体毛做茧，以蛹越冬。翌年 5 月开始羽化，第一代幼虫出现在 6 月下旬至 7 月下旬，发生量不大，成虫于 7～8 月羽化；第二代幼虫期为 8～9 月，发生量较大，造成的危害严重。成虫有趋光性，卵成块产于叶背面，单层排列成行，每块数十粒至一二百粒。初孵幼虫群集于叶背面并取食，3 龄后分散危害，受惊后落地假死，蜷缩成环。幼虫爬行速度快，自每年 9 月即开始寻找适宜场所结茧化蛹越冬。

2. 星白雪灯蛾

星白雪灯蛾在我国华中、华东地区每年发生三代，以蛹在土中越冬。翌年 4～6 月羽化为成虫，白天静伏隐蔽处，晚上活动并交配产卵。卵产于叶背面且成块，每块有数十粒至百余粒，每只雌蛾可产卵 400 粒左右。初孵幼虫群集于叶背面，取食叶肉，残留透明的上表皮，稍大后分散危害，4 龄后食量大增，蚕食叶片仅留叶脉和叶柄。老熟幼虫如遇振动，有落地卷曲假死的习性，过一会便迅速爬行逃走。幼虫经 5 次蜕皮至老熟，在地表结粗茧化蛹。成虫有趋光性。

（四）综合治理方法

1）加强检疫。美国白蛾是检疫对象，严禁从疫区调动苗木，防止其扩散蔓延。

2）人工摘除卵块和灯蛾尚未群集危害的有虫叶片。冬季翻耕土壤，消灭越冬蛹。在老熟幼虫转移时，在树干上束草，诱集化蛹，集叶烧毁。

3）成虫羽化盛期用黑光灯进行诱杀。

4）生物防治。保护和利用天敌。在幼虫期用苏云金杆菌制剂等进行喷雾。

5）化学防治。喷施 90% 晶体敌百虫、50% 锌硫磷乳油、50% 杀螟松乳油 1000 倍液，或 95% 杀螟丹可溶性粉剂 1500～2000 倍液，或 20% 速灭菊酯乳油 3000 倍液，防治幼虫。

七、枯叶蛾类的认知

枯叶蛾类属鳞翅目枯叶蛾科。成虫体粗壮多毛，多为灰褐色，触角呈双栉齿状。后翅肩区扩大，无翅缰。成虫休止时形似枯叶，因此得名。幼虫粗壮多毛，毛的长短不一，不成丛也无毛瘤。幼龄幼虫多群集危害。

（一）种类、分布及危害

危害园林植物的枯叶蛾主要有马尾松毛虫、黄褐天幕毛虫。

1. 马尾松毛虫

马尾松毛虫俗称"狗毛虫"。以幼虫取食松树针叶，是我国南方各省马尾松的最主要的害虫，每年受灾面积往往以千万亩计，造成巨大的经济损失。严重时针叶被吃光，形似火烧，致使松树生长极度衰弱，并易引起松墨天牛、松纵坑切梢小蠹、松白星象等蛀干害虫的入侵，造成松树大面积死亡。此外，幼虫具毒毛，容易使人患有皮炎和关节肿痛。

2. 黄褐天幕毛虫

黄褐天幕毛虫又名天幕枯叶蛾，俗称顶针虫、春黏虫，我国除新疆、西藏外，其他各省（区）均有分布，主要危害杨、柳、榆等林木及苹果、山楂、梨、桃等果树。幼虫在春季危害嫩芽和叶片，有吐丝拉网习性，将枝间结大型丝网，幼龄虫群栖丝网中取食。

（二）形态特征

1. 马尾松毛虫（见图4-11）

成虫体色有灰白色、灰褐色、茶褐色、黄褐色等，体长 20～32mm。雌蛾触角呈短栉齿状，雄蛾触角呈羽毛状。前翅表面有三四条不明显而向外弓起的横条纹。雄蛾前翅中室末端有 1 个白点。卵呈椭圆形，长约 1.5mm。初产时为浅红色，近孵化时为紫褐色。幼虫多为 6 龄。4 龄幼虫头宽 1.9～2.4mm，体长 17～32mm；体色为黄褐色，胸部第 2～3 节为蓝黑色，毒毛带之间长满杏黄色的毛。老熟幼虫体色为棕红色或黑褐色，体长 47～61mm，被满白色或黄色的鳞毛。蛹呈纺锤形，长 22～37mm。茧为灰白色。

2. 黄褐天幕毛虫（见图4-12）

雌雄成虫差异很大。雌虫体长 18～20mm，

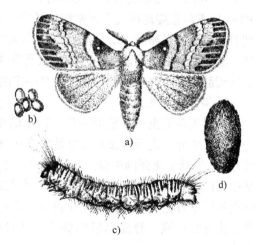

图 4-11　马尾松毛虫
a) 成虫　b) 卵　c) 幼虫　d) 茧

翅展约为 40mm，全体为黄褐色，触角呈锯齿状，前翅中央有 1 条赤褐色宽斜带，两边各有 1 条米黄色细线；雄虫体长约 17mm，翅展约为 32mm，全体为黄白色，触角呈双栉齿状，前翅有 2 条紫褐色斜线，其间色泽比翅基和翅端部要浅。卵呈圆柱形，灰白色，高约 1.3mm。每 200～300 粒紧密粘结在一起并环绕在小枝上，如"顶针"状。低龄幼虫身体和头部均为

黑色，4 龄以后头部呈蓝黑色。末龄幼虫体长 50～60mm，背线为黄白色，两侧有橙黄色和黑色相间的条纹，各节背面有黑色瘤数个，其上生长许多黄白色长毛，腹面为暗褐色。腹足趾钩双序缺环。蛹初为黄褐色，后变为黑褐色，体长 17～20mm，蛹体有浅褐色短毛。化蛹于黄白色丝质茧中。

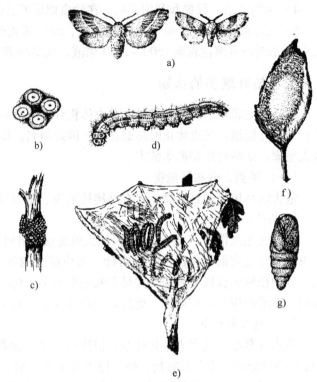

图 4-12　黄褐天幕毛虫
a）成虫　b）卵　c）卵块　d）幼虫
e）植物被害状　f）蛹　g）茧

（三）发生规律

1. 马尾松毛虫

马尾松毛虫在我国浙江地区每年发生 3～4 代，幼虫在翘树皮下、地面枯枝落叶层中越冬。越冬幼虫于翌年 2～3 月开始取食。成虫有趋光性，卵多产于生长良好的林缘松树针叶上，排列成行或成堆。幼虫一般 6 龄。第 1 龄和第 2 龄群集取食，受惊扰即吐丝下垂，它们啃食针叶边缘，使针叶枯黄卷曲；3 龄后分散危害，取食整根针叶；第 3 龄和第 4 龄幼虫遇惊即弹跳坠落；第 5 龄和第 6 龄幼虫有迁移习性，食量最大。松毛虫发生与环境因子关系密切，一般海拔 300m 以下的丘陵地区及干燥型纯松林容易大发生。马尾松毛虫的自然天敌多达 258 种，卵期有赤眼蜂、黑卵蜂，幼虫期有红头小茧蜂、两色瘦姬蜂，幼虫和蛹期有姬蜂、寄蝇和螳螂、胡蜂、食虫鸟等捕食性天敌，以及真菌（白僵菌）、细菌（松毛虫杆菌等）、病毒的寄生性天敌，其中许多种类对其发生有一定的抑制作用，应注意保护和利用。

2. 黄褐天幕毛虫

黄褐天幕毛虫一年发生一代，以小幼虫在卵壳内越冬。春季花木发芽时，幼虫钻出卵壳，危害嫩叶，之后转移到枝杈处吐丝张网。1～4 龄幼虫白天群集在网中，晚间出来取食叶片，5 龄幼虫离开网中分散到全树暴食叶片。每年 5 月中下旬，幼虫陆续老熟于叶间杂草丛中并结茧化蛹。每年 6～7 月是成虫盛发期，羽化成虫晚间活动，产卵于当年生的小枝上，幼虫胚胎发育完成后不出卵壳即越冬。黄褐天幕毛虫的天敌有天幕毛虫抱寄蝇、枯叶蛾绒茧蜂、柞蚕腹寄蝇、脊腿匙鬃瘤姬蜂、舞毒蛾黑卵蜂、稻苞虫黑瘤姬蜂以及核型多角体病毒等。

（四）综合治理方法

1）人工防治。剪除枝梢上的卵环、虫茧，也可利用幼虫的假死性，进行振落捕杀。

2）利用黑光灯诱杀成虫。

3）生物防治。将采回的卵环、虫茧等存放在细纱笼内，让寄生性天敌昆虫可正常羽化飞出。用松毛虫赤眼蜂防治马尾松毛虫卵，用白僵菌防治其幼虫，也可将林间自然感染病毒死亡的虫尸捣烂加水进行喷雾使其幼虫染病。在林间设巢，招引益鸟。

4）化学防治。喷施90%晶体敌百虫、80%敌敌畏乳油1000倍液，或20%氰戊菊酯乳油2000倍液，或50%锌硫磷乳油1500倍液，防治幼虫。

八、尺蛾类的认知

尺蛾类属鳞翅目尺蛾科，属于小型至大型蛾类。尺蛾体瘦弱，翅大而薄，休止时4翅平铺，前、后翅常有波状花纹相连。有些种类的雌虫无翅或翅退化。其幼虫仅在第6腹节和末节上各具1对足。由于尺蛾类行动时弓背而行，如同以手量物，故又称尺蠖。幼虫模拟枝条，裸栖食叶危害。

（一）种类、分布及危害

危害园林植物的尺蛾主要有槐尺蛾、丝棉木金星尺蛾、棉大造桥虫、木橑尺蛾、樟三角尺蛾、槐尺蛾等。

1. 槐尺蛾

槐尺蛾又称为槐尺蠖。在我国华北、华中、西北等地区均有分布，主要危害国槐、龙爪槐的叶片，为暴食性害虫，能将树叶蚕食一光，并吐丝排粪，各处乱爬，扰民和影响环境卫生。

2. 丝棉木金星尺蛾

丝棉木金星尺蛾又称为大叶黄杨尺蠖、卫矛尺蛾，分布于我国华北、中南、华东、西北等地，危害丝棉木、黄杨、卫矛、榆树、杨、柳等。幼虫群集取食叶片，将叶片吃光后则啃食嫩枝皮层，导致植株死亡。

（二）形态特征

1. 槐尺蛾（见图4-13）

成虫体长12～17mm，全体为灰黄色。前翅及后翅均有3条暗褐色横纹，展翅后都能前后连接，靠翅顶的1条较宽而明显。停落时前翅与后翅展开，平铺在体躯上。卵呈扁椭圆形，长0.58～0.67mm，宽0.42～0.48mm，初产时为鲜绿色，孵化时为灰黑色。老熟幼虫体长19.5～39.6mm，初孵时为黄绿色，老熟时为绿色，体背为灰白色或带有红色。蛹长16.3mm，圆锥形，红褐色。

2. 丝棉木金星尺蛾（见图4-14）

雌成虫体长13～15mm，翅展达37～43mm。翅底为银白色，具有浅灰色纹，大小不等，排列不规则。前翅外缘有连续的

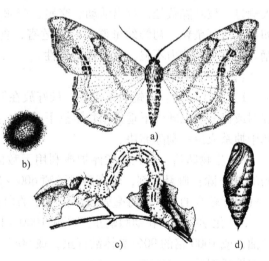

图4-13 槐尺蛾
a）成虫 b）卵 c）幼虫 d）蛹

浅灰色纹，外横线呈1行浅灰色斑，上端分岔，下部有1个较大的黄褐色斑。中线不成行，在中室端有1块大斑，翅基有1个具有深黄色、褐色、灰色的花斑。后翅斑纹与前翅斑纹相连接，仅在翅基处无花斑。腹部为金黄色，有由黑斑点组成的9行条纹。雄蛾体长10～

13mm，翅展达 33～43mm。腹部条纹有 7 行，后足胫节内侧有黄色毛丛。卵呈椭圆形，黄绿色。幼虫体为黑色，体长 33mm，前胸背板为黄色，有 5 块近方形的黑斑。臀板、胸足及腹足为黑褐色。背线、亚背线、气门上线及腹线较宽且为黄色。胸部及腹部第 6 节以后的各节上有黄色横纹。蛹为棕褐色，体长 13～15mm。

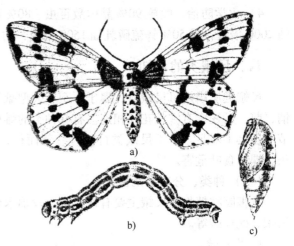

图 4-14　丝棉木金星尺蛾
a）成虫　b）幼虫　c）蛹

（三）发生规律

1. 槐尺蛾

槐尺蛾在我国北京每年发生三代，以蛹在松土里越冬，次年 4 月中旬成虫进入羽化盛期。成虫喜灯光，白天多在墙壁上或灌木丛中停落，夜晚活动，喜在树冠顶端和外缘产卵，卵多散产在叶片正面主脉上。每年 5 月上中旬，第 1 代幼虫孵化危害，初孵幼虫啃食叶肉，留下叶脉呈白色网点，3 龄后幼虫蚕食叶片。幼虫受惊吐丝下垂，过后再爬上树，化蛹前在树下乱爬。每年 6 月下旬，第 2 代幼虫孵化危害，每年 8 月上旬，第 3 代幼虫孵化危害。老熟幼虫吐丝下垂并入土化蛹。

2. 丝棉木金星尺蛾

丝棉木金星尺蛾在我国江西南昌每年发生 3～4 代，以蛹在寄主根际表土中越冬。第二代在每年 7 月初以前化蛹的，于 7 月中旬至 8 月上旬羽化。每年 7 月初以后化蛹的，因遇高温，即滞育越夏，于 9 月中旬至 10 月下旬才羽化、产卵。全年以第二代危害最烈。成虫白天栖息于枝叶隐蔽处，夜出活动、交尾、产卵，卵产在叶背面，呈双行或块状排列，每块有卵数十至百余粒。初孵幼虫群集叶背危害，食叶片、嫩枝皮层，老熟幼虫吐丝飘落入土化蛹。成虫飞翔能力不强，具较强趋光性。

（四）综合治理方法

1）人工防治。挖蛹消灭虫源，最好放在笼内让寄生性天敌昆虫飞出；幼虫期可用突然摇树或振枝使虫吐丝下垂并用竹竿挑下杀死；捕杀寻找化蛹场所的老熟幼虫；在墙壁上、树丛中捕杀成虫；刮除卵块。

2）生物防治。首先注意保护或利用天敌昆虫；幼虫危害期时，可向低龄幼虫喷 10000倍的 20% 除虫脲悬浮剂；较高龄时可喷 600～1000 倍的含孢子 100 亿以上的 Bt 乳剂，或在空气湿度较高的地区喷每毫升含 1 亿孢子的白僵菌液；卵期可释放赤眼蜂。

3）化学防治。在幼龄幼虫期喷施 1000～1500 倍的锌硫磷乳油，或 2000 倍的 20% 菊杀乳油，或 1000 倍的 90% 晶体敌百虫，或 50% 马拉硫磷乳油，或 300～500 倍的 25% 西维因可湿性粉剂等。

4）用灯光诱杀成虫。

九、斑蛾类的认知

斑蛾类属鳞翅目斑蛾科，多数种类颜色美丽，有的有金属光泽。斑蛾类多在白天活动，只能作短距离飞翔。其翅薄，中室内有中脉主干。

（一）种类、分布及危害

危害园林植物的斑蛾主要有重阳木锦斑蛾、茶斑蛾、梨叶斑蛾等。

1. 重阳木锦斑蛾

重阳木锦斑蛾主要危害重阳木。幼虫吃光树叶，有时只剩下中脉。

2. 茶斑蛾

茶斑蛾又称为茶柄脉锦斑蛾，分布于我国江苏、浙江、安徽、江西、湖南、贵州、四川、湖北、福建、台湾等地，危害茶、油茶。幼虫食叶成缺刻，甚至使全树只剩秃柄，影响开花及观赏。

3. 梨叶斑蛾

梨叶斑蛾又名梨星毛虫，我国各地均有分布，寄主有海棠、桃、雏菊、垂丝海棠、樱花、西府海棠、梨等。幼虫食芽、嫩叶、花朵，之后包叶危害。

（二）形态特征

1. 重阳木锦斑蛾（见图4-15）

成虫头、胸及腹部的大部分为红色。前翅基部下方有1个红点；后翅翅基到翅顶为蓝绿色。卵呈圆形，略扁，长0.73～0.82mm，宽0.45～0.59mm，表面光滑。初产时为乳白色，后变为黄色，近孵化时为浅灰色。幼虫体长22～24mm，肉黄色，背线为浅黄色。从头至腹末节的背线上每节都有椭圆形的一大一小黑斑；亚背线上每节各有1块椭圆形黑斑。在背线、亚背线上黑斑两端具有肉黄色的小瘤，上有黑色短毛1根，在气门下线每节生有较长的肉瘤，上有较长的2块黑色斑。蛹为黄色。茧为黄白色，丝质。

2. 茶斑蛾（见图4-16）

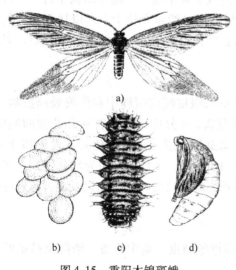

图4-15　重阳木锦斑蛾　　　　　　　　　图4-16　茶斑蛾
a）成虫　b）卵　c）幼虫　d）蛹

雌成虫为蓝黑色，前翅为灰黑色，展翅时前后翅近基部有黄白色斑连成的宽带，腹部第3节起为土黄色，体长19～22mm，触角呈短栉状；雄成虫色彩稍浅，体长17～20mm，触角呈双栉齿状。卵呈椭圆形，浅黄色至灰褐色。幼虫体长 20~28mm，体形肥厚，黄褐色，第 1~8 腹节各有毛瘤 3 对。茧为褐色，长椭圆形。

3. 梨叶斑蛾（见图 4-17）

成虫体长 10~12mm，体为黑色。翅为黑色，半透明，雌蛾触角呈锯齿状，雄蛾触角呈羽状。卵呈扁平椭圆形，长径为 0.7~0.8mm，新鲜卵白色，孵化前为紫褐色，数十粒至百粒以上单层排列成块。老熟幼虫体长 15~20mm，头及胸足为黑褐色，背白，腹黄，头尾细且中段粗。中胸至腹部有 8 节，每节有白毛丛 6 个和黑色圆斑 2 块。蛹长约 12mm，初为黄白色，羽化前变为黑色，包在长纺锤形白色薄茧中。

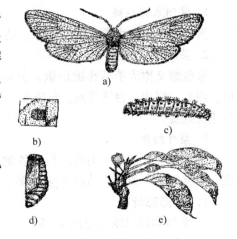

图 4-17　梨叶斑蛾
a）成虫　b）卵　c）幼虫
d）蛹　e）植物被害状

（三）发生规律

1. 重阳木锦斑蛾

重阳木锦斑蛾每年发生四代，以老熟幼虫在树皮、树洞、墙缝、石块下结茧越冬。成虫日间在寄主树冠或其他植物丛上飞舞，卵聚产在叶背面。低龄幼虫群集叶背面，并吐丝下垂，借风力扩散危害；长大后分散取食枝叶。老熟幼虫部分在叶面结茧化蛹，部分吐丝垂地，并在枯枝落叶间结茧。

2. 茶斑蛾

茶斑蛾在我国安徽、贵州每年发生两代，在江西每年发生 2~3 代，在福建东部每年发生三代，以老熟幼虫在茶树基部分叉处或地面枯叶内或土隙中越冬。越冬幼虫于每年 5 月化蛹，5 月下旬至 6 月中旬羽化。成虫善飞，有趋光性。成虫产卵于枝干上，以接近基部的老叶上较多，卵成堆，每堆 10~100 余粒。幼龄幼虫在叶面群集取食，3 龄后逐渐分散。老熟幼虫结茧于茶丛下部叶面，吐丝将叶面卷折。

3. 梨叶斑蛾

梨叶斑蛾每年发生一代，以第 2 龄和第 3 龄幼虫在粗皮翘皮裂缝中和伤痕处结茧越冬。在我国江西省中部，每年 4 月上旬花芽萌动期出蛰危害，4 月中下旬是害芽和花蕾的盛期，被害芽流出黄褐色树液；5 月上中旬是害叶盛期，幼虫折叶成饺子状，食去上表皮和叶肉。幼虫有转叶危害习性。每年 5 月下旬起在苞叶中结白茧化蛹。6 月中下旬为羽化盛期，多产卵在叶片背面。幼虫孵出盛期在每年 7 月上旬。当年小幼虫只食叶成小孔洞或食去叶肉成网状。每年 7 月下旬至 8 月中旬陆续越夏。

（四）综合治理方法

1）人工防治。在幼虫越冬前于树干束草，诱集越冬幼虫，集中烧毁；清除枯枝落叶以消灭越冬蛹茧；摘除有虫叶或虫包。

2）灯光诱杀。在成虫盛发期利用黑光灯诱杀成虫。

3）以菌治虫。在幼虫期喷施青虫菌粉（每克含 100 亿芽孢）500 倍液。

4）化学防治。在虫口密度大时，喷施 90% 晶体敌百虫 1000 倍液，95% 杀螟丹可湿性粉剂 3000 倍液，75% 锌硫磷乳剂 1500 倍液，防治幼虫。

十、夜蛾类的认知

夜蛾类属鳞翅目夜蛾科。成虫的大小变化较大，体多为褐色，触角呈丝状，有的雄虫触角为羽毛状。前翅狭长，常有横带和环状纹、肾状纹；后翅较宽，多为浅色。成虫具有较强的趋光性，有许多种类能长距离迁飞。多数幼虫少毛，有的种类体被密毛或瘤。腹足一般为5对，少数种类除臀足外，只有3对或2对腹足，第3腹节或第3~4腹节上的腹足退化。幼虫危害方式多样，有的生活在土内，咬断植物根茎，为主要的地下害虫；有的为钻蛀性害虫；有的种类裸露取食。

（一）种类、分布及危害

危害园林植物的夜蛾类食叶害虫主要有斜纹夜蛾、银纹夜蛾等。

1. 斜纹夜蛾

斜纹夜蛾又名连纹夜蛾，分布于全国各地，以长江、黄河流域各省危害最重，危害荷花、香石竹、大丽花、木槿、月季、百合、仙客来、菊花、细叶结缕草、山茶等200多种植物。初孵幼虫取食叶肉，2龄后分散危害，4龄后进入暴食期，将整株叶片吃光，影响观赏。

2. 银纹夜蛾

银纹夜蛾分布于我国各地，危害大丽菊、菊花、美人蕉、一串红、海棠、槐树、香石竹等。初孵幼虫多在叶背取食叶肉，食叶上表皮，3龄后分散取食嫩叶成孔洞，降低观赏价值。

（二）形态特征

1. 斜纹夜蛾（见图4-18）

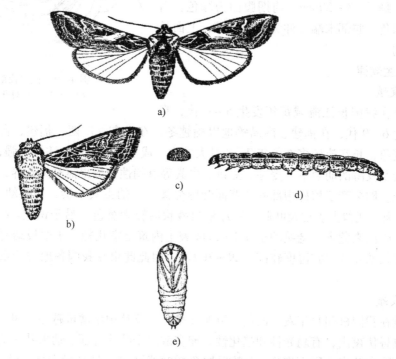

图4-18　斜纹夜蛾
a）成虫（一）　b）成虫（二）　c）卵　d）幼虫　e）蛹

成虫体长 14～20mm，翅展达 35～40mm，头、胸、腹为深褐色，胸部背面有白色丛毛，腹部前数节背面中央有暗褐色丛毛。前翅为灰褐色，斑纹复杂；内横线及外横线为灰白色，波浪形，中间有白色条纹；在环状纹与肾状纹间，自前缘向后缘外方有 3 条白色斜线，故名斜纹夜蛾。后翅为白色，无斑纹。前、后翅常有水红色至紫红色闪光。卵呈扁半球形，直径为 0.4～0.5mm，初产时为黄白色，后转为浅绿色，孵化前为紫黑色。卵粒集结成 3～4 层的卵块，外覆灰黄色疏松的绒毛。

老熟幼虫体长 35～47mm，头部为黑褐色。腹部体色因寄主和虫口密度不同而异，有土黄色、青黄色、灰褐色或暗绿色，背线、亚背线及气门下线均为灰黄色及橙黄色。从中胸至第 9 腹节，在亚背线内侧有三角形黑斑 1 对，其中以第 1 腹节、第 7 腹节、第 8 腹节的最大。胸足近黑色，腹足为暗褐色。蛹长约 15～20mm，赭红色，腹部背面第 4 节至第 7 节近前缘处各有 1 个小刻点。臀棘短，有一对强大而弯曲的刺，刺的基部分开。

2. 银纹夜蛾（见图 4-19）

成虫体长 15～17mm，翅展达 32～35mm，体为灰褐色。前翅为灰褐色，具有 2 条银色横纹，中央有 1 块银白色三角形斑块和一块似马蹄形的银边白斑。后翅为暗褐色，有金属光泽。胸部背面有两簇竖起且较长的棕褐色鳞毛。卵呈半球形，直径为 0.4～0.5mm，浅黄绿色，卵壳表面有格子形条纹。老熟幼虫体长 25～32mm，浅黄绿色，前细后粗，体背有 6 条纵向的白色细线。第 1 对和第 2 对腹足退化，行走时呈屈伸状。蛹长 18～20mm，前期腹面为绿色，后期整体呈黑褐色，腹部末端延伸为方形臀棘，上面长有 6 根钩状刺。

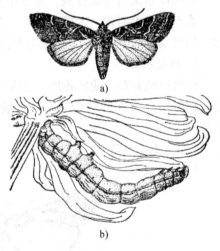

图 4-19　银纹夜蛾
a）成虫　b）幼虫

（三）发生规律

1. 斜纹夜蛾

斜纹夜蛾在我国长江流域每年发生 5～6 代，在福建每年发生 6～9 代，在福建、南昌等地以蛹越冬，在广东、广西、福建、台湾可终年繁殖，无越冬现象，长江流域多在每年 7～8 月大发生。成虫夜间活动，飞翔力强，有趋光性，并对糖醋酒液及发酵的胡萝卜、麦芽、豆饼、牛粪等有趋性。成虫需补充营养，未能取食者只能产卵数粒。卵多产于植株中部叶片背面叶脉分叉处。幼虫共 6 龄，初孵幼虫群集取食，3 龄前仅食叶肉，残留上表皮及叶脉，叶片呈白纱状后转为黄色，易于识别。4 龄后进入暴食期，多在傍晚出来危害。老熟幼虫在 1～3cm 表土内筑土室化蛹，土壤板结时可在枯叶下化蛹。斜纹夜蛾的发育适宜温度较高（29～30℃），因此此虫在我国各地的严重危害时期皆在 7～10 月。

2. 银纹夜蛾

银纹夜蛾在我国杭州每年发生四代。以蛹在枯叶、草丛中结薄茧越冬。翌年 4 月可见成虫羽化，成虫昼伏夜出，有趋光性和趋化性。卵多散产于叶片背面。幼虫共 5 龄，初孵幼虫多在叶片背面取食叶肉，留下表皮；3 龄后取食嫩叶成孔洞，且食量大增。幼虫有假死性，受惊后会蜷缩掉地。老熟幼虫在寄主叶片背面吐白丝作茧化蛹。

（四）综合治理方法

1）人工防治。及时清除枯枝落叶，铲除杂草，翻耕土壤，降低虫口基数；人工摘卵和捕捉幼虫。

2）诱杀成虫。利用成虫的趋光性用黑光灯诱杀；利用成虫对酸甜物质的趋性，用糖醋液（糖：酒：醋：水 =6：1：3：10）、甘薯或豆饼发酵液诱成虫，糖醋液中可加少许敌百虫。

3）生物防治。在夜蛾产卵盛期释放松毛虫赤眼蜂，每次 30 万 ~45 万头/hm²。也可在初龄幼虫期用 3.2% 的 Bt 乳剂 1.5 ~2.5L/hm²，用水 1200 ~2000kg 稀释，喷雾。

4）化学防治。加强调查，掌握 1 ~3 龄幼虫盛发期。由于幼虫白天不出来活动，故喷药宜在傍晚进行，尤其要注意植株的叶片背部及下部叶片。可用 40% 虫不乐乳油、40% 超乐乳油、48% 乐斯本（毒死蜱）乳油 600 ~800 倍液，5% 锐劲特 1500 ~2000 倍液，10% 除尽悬浮液 1000 ~1500 倍液，15% 安打悬浮液 5000 倍液等喷雾防治。昆虫生长调节剂防治：5% 定虫隆和 5% 卡死克 1000 ~1500 倍液喷雾防治。

十一、舟蛾类的认知

舟蛾类属于鳞翅目舟蛾科，也称为天社蛾科。雄成虫触角多为栉齿状或锯齿状，雌虫触角多为丝状。前翅后缘中央常有 1 ~2 个齿形毛丛，休止时双翅作屋脊状覆于背侧，毛丛竖起如角。幼虫大多颜色鲜艳，背部常有显著峰突；臀足不发达或变形为细长枝突。栖息时，一般靠腹足攀附，头尾翘起，似舟形。

危害园林植物的舟蛾主要有黄掌舟蛾、杨二尾舟蛾等。下面主要介绍黄掌舟蛾。

（一）分布及危害

黄掌舟蛾又称为榆掌舟蛾，分布于我国东北地区以及河北、陕西、山东、河南、安徽、江苏、浙江、湖北、江西、四川等省，寄主有栗、栎、榆、白杨、梨、樱花、桃等。以幼虫危害栗树叶片，把叶片食成缺刻状，严重时将叶片吃光，残留叶柄。

（二）形态特征（见图 4-20）

雄成虫翅展达 44 ~45mm，雌成虫翅展达 48 ~60mm。头顶为浅黄色，触角呈丝状。胸背前半部为黄褐色，后半部为灰白色，有两条暗红褐色横线。前翅为灰褐色，其中的银白色光泽不显著，前缘顶角处有 1 块略呈肾形的浅黄色大斑，斑内缘有明显棕色边，基线、内线和外线为黑色且呈锯齿状，外线沿顶角黄斑内缘伸向后缘。后翅为浅褐色，近外缘有不明显的浅色横带。卵呈半球形，浅黄色，数百粒单层排列呈块状。幼虫体长约 55mm，头为黑色，身体为暗红色，老熟时为黑色。体被较密的灰白至黄褐色长毛。体上有 8 条橙红色纵线，各体节又有一条橙红色横带。胸足有 3 对，腹足俱

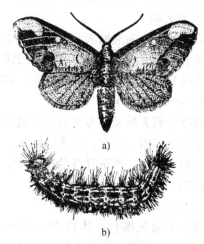

图 4-20　黄掌舟蛾
a）成虫　b）幼虫

全。有的个体头部呈漆黑色，前胸盾与臀板为黑色，身体略呈浅黑色，纵线为橙褐色。蛹长 22 ~25mm，黑褐色。

（三）发生规律

黄掌舟蛾在我国各地均一年发生一代，以蛹在树下土中越冬。翌年6月成虫羽化，以7月中下旬发生量较大。成虫羽化后白天潜伏在树冠内的叶片上，夜间活动，趋光性较强。成虫羽化后不久即可交尾产卵，卵多成块产于叶片背面，常数百粒单层排列在一起。幼虫孵化后群聚在叶上取食，常成串排列在枝叶上。中龄以后的幼虫食量大增，分散危害。幼虫受惊时则吐丝下垂。每年8月下旬到9月上旬，幼虫老熟下树入土化蛹，以树下6～10cm深土层中居多。

（四）综合治理方法

1）人工防治。在幼虫发生期，幼龄幼虫尚未分散前组织人力采摘有虫叶片。幼虫分散后可振动树干，击落幼虫，集中杀死；秋后至春季挖蛹或用锤、棒击杀树干上的茧、蛹。

2）灯光诱杀。利用成虫的趋光性用黑光灯诱杀。

3）生物防治。幼虫落地入土期，地面喷洒白僵菌粉剂；在卵期可释放赤眼蜂，每次30万～45万头/hm²。

4）药剂防治。在幼虫危害期，可往树上喷25%敌灭灵可湿性粉剂或25%灭幼脲三号胶悬剂1500倍液，青虫菌6号悬浮剂或Bt乳剂1000倍液，对幼虫有较好的防治效果；也可喷洒50%对硫磷乳油2000倍液，90%敌百虫晶体1500倍液。

十二、天蛾类的认知

天蛾类属鳞翅目天蛾科，为大型蛾类。成虫触角末端弯曲成钩状，喙发达；前翅狭长，外缘倾斜，飞翔迅速。幼虫粗大，体光滑或密布细颗粒，有的种类在侧面有斜纹或眼纹，第8腹节有1个尾角。

（一）种类、分布及危害

危害园林植物的天蛾主要有霜天蛾、桃六点天蛾、咖啡透翅天蛾、蓝目天蛾、红天蛾、雀纹双线天蛾、鬼脸天蛾、白薯天蛾等。

1. 霜天蛾

霜天蛾又称为泡桐灰天蛾，分布于我国华南、华东、华中、华北、西南各地区，危害女贞、茉莉、栀子花、梧桐、丁香、泡桐、悬铃木、樟树、柳、白蜡、桂花等。幼虫取食叶片，成缺刻、孔洞，甚至全叶吃光，影响花木生长。

2. 咖啡透翅天蛾

咖啡透翅天蛾又称为黄栀子透翅天蛾，分布于我国安徽、浙江、江西、湖南、湖北、四川、福建、广西、云南、台湾等地区，危害栀子花、大叶黄杨、茜草科植物等。幼虫取食叶片成孔洞、缺刻，严重时将全株叶片吃光。

（二）形态特征

1. 霜天蛾（见图4-21）

成虫头为灰褐色，体长45～50mm，翅为暗灰色，混杂霜状白粉。成虫翅展达90～130mm。胸部背板有棕黑色似半圆形条纹，腹部背面中央及两侧各有1条灰黑色纵纹。前翅中部有2条棕黑色波状横线，中室下方有2条黑色纵纹，翅顶有1条黑色曲线。后翅为棕黑色，前、后翅外缘由黑白相间的小方块斑连成。卵呈球形，初产时为绿色，渐变为黄色。幼虫为绿色，体长75～96mm，头部为浅绿，胸部为绿色，背部有横排列的白色颗粒8～9排。

腹部为黄绿色，体侧有白色斜带 7 条。尾角为褐绿色，长 12 ~ 13mm，上面有紫褐色颗粒。气门为黑色，胸足为黄褐色，腹足为绿色。

蛹为红褐色，长 50 ~ 60mm。

2. 咖啡透翅天蛾（见图 4-22）

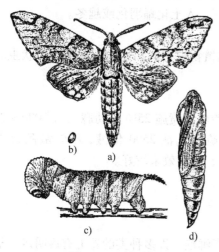

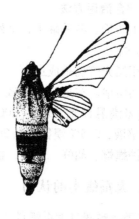

图 4-21　霜天蛾
a）成虫　b）卵　c）幼虫　d）蛹

图 4-22　咖啡透翅天蛾

成虫体长 22 ~ 31mm，翅展达 45 ~ 57mm，纺锤形。触角为墨绿色，基部细瘦，越往端部越粗，末端弯成细钩状。胸部背面为黄绿色，腹面为白色。腹部背面前端为草绿色，中部为紫红色，后部为杏黄色；各体节间具黑色环纹；第 5 腹节和第 6 腹节两侧生白斑，尾部有黑色毛丛。翅基为草绿色，翅透明，翅脉为黑棕色，顶角为黑色；后翅内缘至后角有绿色鳞毛。卵长 1 ~ 1.3mm，球形，鲜绿色至黄绿色。老熟幼虫体长 52 ~ 65mm，浅绿色，头部呈椭圆形。前胸背板有颗粒状突起，各节有沟纹 8 条。亚气门线为白色，其上长有黑纹；气门上线、气门下线为黑色，围住气门；气门线为浅绿色。第 8 腹节有 1 个尾角。蛹长 25 ~ 38mm，红棕色，后胸背中线各生 1 条尖端相对的突起线，腹部各节前缘有细刻点，臀棘呈三角形，黑色。

（三）发生规律

1. 霜天蛾

霜天蛾在我国江西南昌每年发生三代，少数发生四代，以蛹在土中越冬。越冬代成虫期为 4 月上中旬至 7 月下旬，第一代成虫期为 7 月中下旬至 9 月上旬，第二代成虫期为 9 月中下旬至 10 月上旬。成虫白天隐藏于树丛、枝叶、杂草、房屋等暗处，黄昏时飞出活动，交尾、产卵在夜间进行。成虫的飞翔能力强，并具有较强的趋光性。卵多散产于叶片背面。幼虫孵出后，多在清晨取食，白天潜伏在阴处，先啃食叶表皮，随后蚕食叶片，咬成大的缺刻和孔洞，甚至将全叶吃光，以每年 6 ~ 7 月危害严重，地面和叶片可见大量虫粪。每年 10 月以后，老熟幼虫入土化蛹越冬，化蛹位置多在树冠下松土、土层裂缝处。

2. 咖啡透翅天蛾

咖啡透翅天蛾在我国浙江、江西每年发生五代，以蛹在树兜表层中越冬，翌年 5 月上旬至 5 月中旬越冬蛹羽化为成虫后交配、产卵。第一代发生在每年 5 月中旬至 6 月下旬,第二代发生在每年 6 月中旬至 7 月下旬,第三代发生在每年 7 月上旬至 8 月下旬,第四代发生在每年 8 月上旬至 9 月下旬,第五代发生在每年 9 月中下旬,老熟幼虫在每年 10 月下旬后化蛹。该虫多把卵产在寄主嫩叶两面或嫩茎上,每只雌虫产卵 200 粒左右。幼虫多在夜间孵化,昼夜取食,老熟后体变成暗红色,从植株上爬下,入土化蛹羽化或越冬。

(四) 综合治理方法

1) 人工防治。冬季翻土,杀死越冬虫蛹;根据植物被害状和地面上大型颗粒状虫粪搜寻并捕杀幼虫。

2) 利用黑光灯诱杀成虫。

3) 喷药防治。在虫口密度较大时,于幼虫 3 龄前,喷施 25% 灭幼脲三号 2000 ~ 2500 倍液,20% 米满悬浮剂 1500 ~ 2000 倍液,50% 锌硫磷乳油 2500 倍液,80% 敌敌畏乳油 800 ~ 1000 倍液,2.5% 溴氰菊酯 2000 ~ 3000 倍液等,防治效果较好。

4) 保护螳螂、胡蜂、茧蜂、益鸟等天敌。

十三、大蚕蛾类的认知

大蚕蛾类属鳞翅目大蚕蛾科,为大型蛾类,色彩鲜艳,许多种类的翅上有透明斑。幼虫粗壮,有棘状突起。

危害园林植物的大蚕蛾主要有绿尾大蚕蛾、银杏大蚕蛾等。下面主要介绍绿尾大蚕蛾。

(一) 分布及危害

绿尾大蚕蛾又称为水青蛾,在我国北起辽宁,南到广东、海南,西至四川,东达沿海各省及台湾均有分布,危害海棠、樟、榆、喜树、柳、枫香、乌桕、核桃等。幼虫群集啃食叶片,3 龄后分散危害,常将树叶吃光,影响树木生长和观赏效果。

(二) 形态特征(见图 4-23)

成虫体长 32 ~ 38mm,翅展达 100 ~ 130mm,体粗大,体被白色絮状鳞毛而呈白色。头部两触角间有 1 条紫色横带,触角为黄褐色且呈羽状。复眼大,呈球形,为黑色。胸背肩板基部前缘有暗紫色横带 1 条。翅为浅青绿色,基部有白色絮状鳞毛,翅脉上的灰黄色较明显,缘毛为浅黄色;前翅前缘有白色、紫色、棕黑色三色组成的纵带 1 条,与胸部紫色横带相接。后翅臀角呈长尾状,长约 40mm;尾角边缘有浅黄色鳞毛,有些个体略带紫色。前、后翅中部中室端各有椭圆形眼状斑 1 块,斑中部有 1 条透明横带,从斑内侧向透明带依次为黑色、白色、红色、黄色,黄

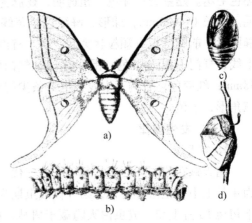

图 4-23 绿尾大蚕蛾
a) 成虫 b) 幼虫 c) 蛹 d) 茧

褐色外缘线不明显。腹面色浅,近褐色。足为紫红色。卵呈扁圆形,直径约 2mm,初孵化时为绿色,近孵化时为褐色。幼虫体长 80 ~ 100mm,体为黄绿色且粗壮,被污白细毛。体节近六角形,着生肉突状毛瘤,前胸有 5 个,中、后胸各有 8 个,腹部每节有 6 个,毛瘤上有白色刚毛和褐色短刺。中、后胸及第 8 腹节背上的毛瘤较大,顶端为黄色且末端为黑色,

毛瘤端蓝色基部为棕黑色。第1~8腹节气门线的上边为赤褐色，下边为黄色。体腹面为黑色，臀板中央及臀足后缘有紫褐色斑。胸足为褐色，腹足为棕褐色，腹足上部有黑横带。蛹长40~45mm，椭圆形，紫黑色，额区有1块浅斑。茧长45~50mm，椭圆形，丝质粗糙，灰褐至黄褐色。

（三）发生规律

绿尾大蚕蛾在我国江西南昌每年发生两代，以茧、蛹附在树枝或地被物下越冬。翌年4月上旬至5月上中旬成虫羽化。第一代幼虫期发生于每年5月上旬至6月中旬，第二代发生于每年6月下旬至8月上旬，第三代发生于每年8月上旬至11月中旬，其中以第三代虫口密度最大。成虫昼伏夜出，有趋光性，飞翔力强。成虫喜欢将卵产在叶片背面或枝干上，有时将卵产在土块或草上，常数粒或偶见数十粒产在一起，成堆或成排，每只雌蛾可产卵200~300粒。初孵幼虫群集取食，2、3龄后分散，取食时先把一片叶吃完再危害邻叶，通常仅残留叶柄。幼虫行动迟缓，食量大，每头幼虫可食100多片叶子。幼虫老熟后于枝上贴叶吐丝结茧化蛹。每年11月老熟幼虫下树，在树干或其他植物上吐丝结茧化蛹并越冬。

（四）综合治理方法

1）人工防治。秋后至发芽前清除落叶、杂草，并摘除树上虫茧，集中处理；利用树下大粒虫粪并结合植物被害状捕杀幼虫。

2）利用黑光灯诱杀成虫。

3）化学防治。虫口密度大时，喷施90%晶体敌百虫或50%杀螟松乳油1000倍液，或20%氰戊菊酯乳油2000倍液。

 任务实施

一、刺蛾类观察

观察黄刺蛾、褐边绿刺蛾、褐刺蛾、扁刺蛾的各类标本，注意成虫前翅和后翅的斑纹、幼虫的体型以及枝刺、茧的质地和花纹。可见成虫鳞片厚，多呈黄色、褐色或绿色，有红色或暗色斑纹。幼虫蛞蝓形，体上常具瘤和刺。蛹外有光滑坚硬的茧。

二、袋蛾类观察

观察大袋蛾、茶袋蛾、桉袋蛾、白囊袋蛾的各类标本，特别要注意袋囊的组分。可见其成虫有性二型现象，雌虫无翅，触角、口器、足均退化，几乎一生都生活在护囊中；雄虫具有2对翅。幼虫能吐丝营造护囊，丝上大多粘有叶片、小枝或其他碎片。幼虫能负囊而行，探出头部蚕食叶片，化蛹于袋囊中。

三、螟蛾类观察

观察黄杨绢野螟、樟叶瘤丛螟、竹织叶野螟、松梢螟的各类标本。可见其为小型至中型蛾类，成虫体细长、瘦弱。前翅狭长，后翅较宽。下唇须前伸。幼虫体上刚毛稀少，前胸有侧毛2根。

四、卷蛾类观察

观察茶长卷蛾、苹褐卷蛾、忍冬双斜卷蛾的各类标本。可见其体为小至中型，多为褐色、黄色、棕灰色。翅面上有斑纹或向后倾斜的色带，前翅略呈长方形。幼虫前胸侧毛群有3根刚毛。卷蛾类中的多数种类以卷叶方式危害，部分种类营钻蛀性生活。

五、毒蛾类观察

观察豆毒蛾、茶毒蛾、黄尾毒蛾的各类标本。可见其成虫体多为白色、黄色、褐色。触角呈栉齿状或羽状，下唇须和喙退化。有的种类的雌虫无翅或翅退化。腹部末端有毛丛。幼虫多具毒毛，腹部第6~7节背面有翻缩腺。幼虫群集危害。

六、灯蛾类观察

观察星白雪灯蛾、人文污灯蛾、红缘灯蛾、八点灰灯蛾、显脉污灯蛾的各类标本。可见其为中型至大型蛾类。虫体粗壮，色泽鲜艳，腹部多为黄色或红色。翅为白色、黄色、灰色，多具条纹或斑点。幼虫密被毛丛。

七、枯叶蛾类观察

观察马尾松毛虫、黄褐天幕毛虫的各类标本。可见成虫体粗壮多毛，多为灰褐色。触角呈双栉齿状。后翅肩区扩大，无翅缰。成虫休止时形似枯叶。幼虫粗壮多毛，毛的长短不一，不成丛也无毛瘤。幼龄幼虫多群集危害。

八、尺蛾类观察

观察丝棉木金星尺蛾、棉大造桥虫、木橑尺蛾、樟三角尺蛾、槐尺蛾的各类标本。可见其为小型至大型蛾类，体瘦弱。翅大而薄，休止时4翅平铺，前、后翅常有波状花纹相连。有些种类的雌虫无翅或翅退化。其幼虫仅在第6腹节和末节上各具1对足。幼虫模拟枝条，裸栖食叶危害。

九、斑蛾类观察

观察重阳木锦斑蛾、茶斑蛾、梨叶斑蛾的各类标本。可知其多数种类颜色美丽，有的有金属光泽。翅薄，中室内有中脉主干。

十、夜蛾类观察

观察斜纹夜蛾、银纹夜蛾的各类标本。可见其成虫体大小变化较大，多为褐色。触角呈丝状，有的雄虫触角呈羽状。前翅狭长，常有横带和环状纹、肾状纹。后翅较宽，多为浅色。成虫具较强的趋光性。多数幼虫毛少，有的种类体被密毛或瘤。腹足一般为5对，少数种类除臀足外，只有3对或2对腹足，第3腹节或第3至第4腹节上的腹足退化。

十一、舟蛾类观察

观察黄掌舟蛾、杨二尾舟蛾的各类标本。可见其雄成虫触角多呈栉齿状或锯齿状，雌虫触角多为丝状。前翅后缘中央常有1~2个齿形毛丛，体止时双翅作屋脊状覆于背侧，毛丛竖起如角。幼虫大多颜色鲜艳，背部常有显著峰突。幼虫的臀足不发达或变形为细长枝突，栖息时，一般靠腹足攀附，头尾翘起，似舟形。

十二、天蛾类观察

观察霜天蛾、桃六点天蛾、咖啡透翅天蛾、蓝目天蛾、红天蛾、雀纹双线天蛾、鬼脸天蛾、白薯天蛾的各类标本。可见其为大型蛾类，成虫触角末端弯曲成钩状，喙发达。前翅狭长，外缘倾斜。幼虫粗大，体光滑或密布细颗粒，有的种类在侧面有斜纹或眼纹，第8腹节有1个尾角。

十三、大蚕蛾类观察

观察绿尾大蚕蛾、银杏大蚕蛾的各类标本。可见其为大型蛾类，色彩鲜艳，许多种类的翅上有透明斑。幼虫粗壮，有棘状突起。

 思考问题

1. 危害园林植物的蛾类有哪些？各有什么特点？
2. 蛾类有共同的习性吗？如果有，都有哪些共同习性？
3. 蛾类的发生规律是什么样的？
4. 蛾类的综合防治措施有哪些？

 **知识链接**

食叶害虫防治方案

一、食叶害虫的种类

食叶害虫是林木中最常见和最主要的害虫类群之一，主要有鳞翅目的蛾类、蝶类；鞘翅目的叶甲类；膜翅目的叶蜂类等。

二、发生发展规律

（一）危害健康木

园林植物严重受害后，由于生理衰退，易引起小蠹、吉丁虫、树蜂等一些以衰弱木为攻击对象的钻蛀性害虫及病菌的侵染而导致死亡，因此食叶害虫常被称为"初期性害虫"，后一类群则被称为"次期性害虫"。

（二）裸露生活

食叶害虫主要是以幼虫危害，在危害阶段大多数是裸露生活，所以害虫的生长发育及发生量受外界环境因子影响很大，特别是气候和天敌对害虫数量增长影响很大。食叶害虫幼虫可分3个时期：成活期，即1龄幼虫期；生长期，即2龄至4龄期，有的可达5龄（防治的最佳时期）；营养物质积累期，即末龄幼虫（这时期取食的食物占整个幼虫期的70%~90%）。

三、防治规划设计

可以根据实际情况，制订本地区食叶害虫防治总体规划和年度实施计划。结合食叶害虫的生活史、发生规律、发生面积和危害程度等因素，设计包括作业地点、树林类型、害虫种类、危害情况（危害程度、被害株率和虫口密度）、防治范围和面积等内容，把面积、技术措施和工程量落实到小班或林权所有者，并绘制施工作业图、表，对相关内容要附有说明。

任务2　食叶害虫之甲虫类、蝶类等的防治技术

任务描述

危害园林植物叶片的除了蛾类的幼虫外还有哪些害虫？它们的形态特征是怎样的？发生规律和蛾类一样吗？防治方法也一样吗？

本任务我们主要研究食叶害虫中鞘翅目的叶甲、金龟子、芫菁、象甲、植食性瓢虫；蝶类；膜翅目的叶蜂等害虫的形态特征、生物学特性及防治方法。

任务咨询

一、叶甲类的认知

叶甲类属于鞘翅目叶甲科，又名金花虫，属小型至中型甲虫，体呈卵形或圆形。虫体的体色变化大，有金属光泽。复眼呈圆形，触角呈丝状，一般不超过体长的2/3。幼虫肥壮，3对胸足发达，体背常有枝刺、瘤突等附属物。成虫和幼虫均为植食性昆虫，成虫有假死性，此类虫多以成虫越冬。

（一）种类、分布及危害

危害园林植物的叶甲主要有柳蓝叶甲、白杨叶甲、榆紫叶甲等。

1. 柳蓝叶甲

柳蓝叶甲又名柳圆叶甲，分布于我国黑龙江、吉林、辽宁、内蒙古、甘肃、宁夏、河北、山西、陕西、山东、江苏、河南、湖北、安徽、浙江、贵州、四川、云南等地，危害各种柳树、杨树。柳蓝叶甲以成虫和幼虫取食叶片，成缺刻和孔洞。

2. 白杨叶甲

白杨叶甲分布于我国新疆、内蒙古、宁夏、陕西、山西、河南、山东、湖南、四川及东北三省，以成幼虫危害多种杨树及柳树等。幼龄幼虫取食叶肉，残留表皮及叶脉，被害叶呈筛网状；3龄后幼虫蚕食叶缘呈明显缺刻。杨叶受害后，叶及嫩梢分泌油状黏性物。

（二）形态特征

1. 柳蓝叶甲（见图4-24）

成虫体长4mm左右，近圆形，深蓝色，具有金属光泽。头部横

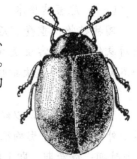

图4-24　柳蓝叶甲

阔，触角6节，基部细小，其余各节粗大，褐色至深褐色，上生细毛。前胸背板横阔光滑。鞘翅上密生略成行和列的细刻点，体腹面、足颜色较深且具有光泽。卵呈橙黄色，椭圆形，成堆直立在叶面上。幼虫体长约6mm，灰褐色，全身有黑褐色突状物。胸部宽，体背每节有4块黑斑，两侧具有乳突。蛹长4mm，椭圆形，黄褐色，腹部背面有4列黑斑。

2. 白杨叶甲

雌虫体长12～15mm，雄虫体长10～11mm。成虫体近似椭圆形，后半部略宽。触角短。前胸背板为蓝紫色，有金属光泽，两侧各有一纵沟，纵沟间平滑，其两侧有粗大刻点，小盾片为蓝黑色，呈三角形。鞘翅比前胸宽，密布刻点，沿外缘有纵隆线，为橙红色。卵呈长椭圆形，长2mm，初产时为浅黄色，后变为橙黄色。幼虫体长17～18mm，扁平，头部为黑色，胸、腹部近似白色。前胸背板有"W"形黑纹，其余各节背面有两列黑点。第2节和第3节体节两侧各具有1个黑色刺状突起，以下各节侧面气门上、下两线均有黑色疣状突起。尾端为黑色，有吸盘状尾足。雌蛹长12～14mm，雄蛹长9～10mm。化蛹初期为白色，近羽化时为橙红色。蛹背有成列的黑点。

（三）发生规律

1. 柳蓝叶甲

柳蓝叶甲在我国河南每年发生四五代，在北京每年发生五六代，以成虫在土壤中、落叶中和杂草丛中越冬。翌年4月柳树发芽时出来活动，危害芽、叶，并把卵产在叶上，成堆排列。每只雌虫产卵千余粒，卵期有6～7天，初孵幼虫群集危害，啃食叶肉；幼虫期约10天，老熟幼虫化蛹在叶上，每年9月中旬可同时见到成虫和幼虫，均有假死性。

2. 白杨叶甲

白杨叶甲每年发生一二代，以成虫在落叶层下、表土中越冬。每年4月下旬至5月上旬，当杨、柳发芽长叶后，成虫开始活动，危害嫩芽，并交尾产卵，卵竖立排列成块，也有散产者，黏附于叶背或嫩枝叶柄处。每年5～6月为产卵盛期，5月初幼虫开始孵化，共4龄。1龄幼虫群集危害，被害叶成网状；2龄后的幼虫分散危害；3～4龄幼虫可食尽叶片，仅剩叶脉。每年5月底，老熟幼虫在叶片、嫩枝上化蛹，经5～8天羽化。

（四）综合治理办法

1）人工防治。利用成虫的假死性振落杀灭；冬季扫除枯枝落叶、深翻土地、清除杂草，消灭越冬虫源。

2）化学防治。可用90%晶体敌百虫，或80%敌敌畏乳油，或50%锌硫磷乳油，或50%马拉松乳油1000倍液；或2.5%溴氰菊酯乳油，或10%氯氰菊酯乳油3000倍液喷雾防治成幼虫。

二、金龟子类的认知

金龟子类属鞘翅目金龟子总科。成虫触角呈鳃片状，前足胫节端部扩展，外缘有齿。幼虫称为"蛴螬"，体肥胖，呈"C"字形弯曲。成虫取食植物叶片，幼虫危害植株根部。

危害园林植物的金龟子主要有斑点丽金龟、铜绿丽金龟、大绿丽金龟、苹毛丽金龟、小青花金龟、白星花金龟、黄斑短突花金龟等。

（一）形态特征与发生规律

1. 斑点丽金龟

斑点丽金龟主要危害茶、榆树、向日葵、乌桕、枫杨、柳等。其体长10～11.5mm，茶褐色，全身密被黄褐色鳞毛，鞘翅上有4条纵线，并夹杂有灰白色毛斑。一年两代，以幼虫越冬。成虫于每年6月、8月盛发。成虫白天潜伏在表土下，黄昏外出群集于寄主植物枝叶上取食嫩梢和叶片，黎明前飞回土中，有假死性。卵产在土中。

2. 铜绿丽金龟

铜绿丽金龟主要危害梅、月季、女贞、香樟、扶桑、松、柏、海棠、樱桃等。其体长15~19mm，体背为铜绿色，有金属光泽，体腹面及足为黄褐色。额及前胸背板两侧边缘黄色，鞘翅上有3条不甚明显的隆起线。一年一代，以幼虫在土中越冬。每年6~7月成虫出土危害，白天潜伏土中，下午6时飞出危害，凌晨3时飞回土中潜伏，有较强的趋光性和假死性。卵产在土中。

3. 大绿丽金龟

大绿丽金龟主要危害杨、柳、油桐、茶、桑等。其体长20~24mm，体背为深绿色，有光泽，腹面为赤铜色且有闪光。鞘翅上密被刻点，纵行沟纹不明显。以幼虫在土中45~70cm处越冬。成虫盛发期为每年6月下旬至7月下旬。有假死性和趋光性，产卵于土中。

4. 苹毛丽金龟

苹毛丽金龟主要危害海棠、樱花、梨、桃、李、杨、柳等。其体长约10mm，全体除鞘翅和小盾片光滑外，皆密被黄白色细绒毛。头、胸背面为紫褐色。鞘翅为茶褐色，透明，有光泽，从鞘翅上可以透视出后翅折叠成"V"字形。一年一代，以成虫在74cm的土层中越冬。翌年4月出土危害，梨花开时为成虫危害盛期。成虫白天活动，以中午前后最盛。有假死性和趋光性。

5. 小青花金龟

小青花金龟主要危害悬铃木、罗汉松、玫瑰、菊花、美人蕉、石竹、丁香、柚、梨等。其体长13~17mm，体色为暗绿色。胸、腹部腹面密生短毛。前胸背板和鞘翅均为暗绿色或铜色。鞘翅上具有黄白色斑纹。一年一代，以成虫在土中越冬。翌年4~5月成虫出土活动，喜群集危害花朵，白天活动，日落前后回土中潜伏。

6. 白星花金龟

白星花金龟主要危害美人蕉、雪松、蜀葵、小叶女贞、鸡冠花、樱花、杏、月季等。其体长18~24mm，背面扁平。体色为黑紫铜色，带有绿色或紫色闪光。前胸背板和鞘翅上散布不规则的白斑纹，并有小刻点列。一年一代，以幼虫潜伏土中越冬。翌年6~7月成虫发生较多，常群集果实、树干的烂皮等部位吸取汁液，对糖醋液有趋性，产卵于粪土堆中。

（二）综合治理方法

1）人工防治。利用成虫的假死性进行振落捕杀。冬季翻耕土地，杀灭越冬成虫和幼虫。

2）诱杀成虫。利用成虫趋光性在成虫盛发期设置黑光灯进行诱杀；白星花金龟还可以利用其对酸甜物质的趋性用糖醋液诱杀。

3）化学防治。成虫发生量大时，可在危害期用75%锌硫磷乳油、50%马拉硫磷乳油、40%乐果乳剂1000~2000倍液，进行喷雾。或在成虫出土初期用50%锌硫磷颗粒剂15~30kg/hm^{2}进行地面施药。

三、芫菁类的认知

芫菁类属鞘翅目芫菁科。成虫体色多样，鞘翅较软，两鞘翅合拢时端部常分开。幼虫取食蝗卵，可以作为益虫利用，但成虫有植食性。

（一）种类、分布及危害

危害园林植物的芫菁主要有红头豆芫菁、大斑虎芫菁等。

1. 红头豆芫菁

红头豆芫菁分布于各栽培区，危害泡桐、观赏茄子、辣椒、豆科植物等。成虫取食叶片成缺刻、孔洞，危害严重时，能将全株叶片吃光。

2. 大斑虎芫菁

大斑虎芫菁分布于我国华南、西南地区，以及湖北、浙江、江西、台湾等地，危害茄科、豆科植物及向日葵等。

（二）形态特征

1. 红头豆芫菁（见图4-25）

成虫体型为中小型，体长11～17mm，头部为红色，具有1条宽黑色纵带。前胸和鞘翅为黑色，前胸背板两侧有毛，前胸背板中央有条纹。鞘翅内外缘及中央宽窄纵带也有毛。

2. 大斑虎芫菁（见图4-26）

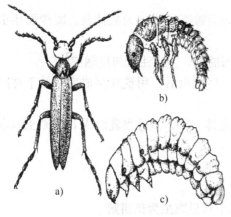

图4-25 红头豆芫菁
a）成虫 b）1龄幼虫 c）6龄幼虫

图4-26 大斑虎芫菁

成虫体型较大，长20～28mm，前胸背板纵缝不明显。鞘翅除3条呈波状的横带为黑色外，其余均为黄色。卵呈长椭圆形，黄白色，卵块排列成菊花状。幼虫1龄为深褐色的柄状，行动活泼；2～4龄和6龄为"蛴螬"式；5龄为无足的伪蛹。裸蛹长约15mm，黄白色，前胸背板侧缘及后缘各生有较长的刺，共9根。

（三）发生规律

1. 红头豆芫菁

红头豆芫菁在我国江西每年发生一代，以伪蛹在土下4～9cm处越冬。翌年4月上旬蜕皮为6龄，4月下旬至5月下旬变蛹，5月下旬至8月中旬成虫发生，7月上旬至8月中旬产卵，8月下旬至10月中旬孵化，9月下旬为伪蛹，并以此虫态越冬。雌虫产卵时常在竹林的山麓、路旁等有竹蝗产卵的场所活动，选择适宜地方掘洞产卵。卵洞直径约1cm，深3～4cm，挖好洞后将卵堆产穴底再以细土填压，仅留碗形洞口。初孵幼虫活泼，四处寻找竹蝗卵，找到后即定居取食，食完蝗卵，潜入土层以伪蛹越冬。成虫白天活动取食，以中午最盛，飞行力较弱，但爬行力强，群居性强，常群集在寄主心叶、花和嫩梢部分取食，有时数十只群集在一个植株上，很快将整株的叶子吃光。此虫受惊或遇敌时，迅速逃跑或坠落，并从足的腿节末端分泌出一种含芫菁素的黄色液体，对人的皮肤及黏膜有刺激性，可引起红肿。

2. 大斑虎芫菁

大斑虎芫菁每年发生一代，以幼虫越冬，幼虫期为187～231天，化蛹后于每年7月下旬至8月上旬进入羽化阶段，羽化后10天交配。交配多在每天14时至夜晚进行，一般交配1～4次，每次2～7h，交配后5～10天产卵，每只雌虫产卵40～240粒。成虫喜欢白天活动和掘穴，并把卵产在微酸性湿润的土壤里，卵经21～28天孵化。每年8月下旬至9月下旬进入孵化盛期，幼虫喜食蝗卵，经4次蜕皮发育成5龄，幼虫多在田边、地角、薄土里取食和越冬。每年9月至10月中旬，成虫陆续死去。该虫繁衍力较低，孵化率为57%左右，仅有12%～34%的幼虫才能发育为成虫，因此种群数量有下降的趋势。成虫喜食豆科、茄科植物花冠。

（四）综合治理方法

1）冬季深翻土地。能使越冬的伪蛹暴露于土表而被冻死或被天敌捕食，减少翌年虫源基数。

2）人工捕杀。利用成虫群集危害的习性，用网捕杀，但应注意勿接触皮肤。

3）拒避成虫。在成虫发生初期，人工捕捉到一些成虫后，用铁线穿成串，挂于林间周边，可拒避成虫飞来危害植物。

4）药剂防治。在成虫发生期选用90%敌百虫晶体、50%敌敌畏乳油或18%杀虫双水剂的1000倍液喷雾。

四、二十八星瓢虫的认知

二十八星瓢虫，属鞘翅目瓢甲科，下面以茄二十八星瓢虫为例讲解。

（一）分布及危害

茄二十八星瓢虫分布于我国各地，危害茄子、枸杞、冬珊瑚、曼陀罗、桂竹香、三色堇等。幼虫和成虫在叶片取食叶肉，吃后仅留表皮，使叶呈不规则的线纹。如果叶片被害面积大，则枯萎变褐，导致植株死亡。

（二）形态特征（见图4-27）

成虫体长6mm，半球形，黄褐色，体表密生黄色细毛。前胸背板上有6个黑点，中间的两个常连成一块横斑；每个鞘翅上都有14块黑斑，其中第二列的4块黑斑呈一条直线，是与马铃薯瓢虫的显著区别。卵呈弹头形，浅黄色至褐色，卵粒排列较紧密。末龄幼虫体长约7mm，初龄幼虫为浅黄色，后变为白色。幼虫体表多白色枝刺，其基部有黑褐色环纹。蛹长

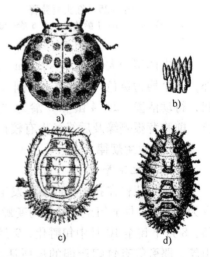

图4-27 茄二十八星瓢虫
a）成虫 b）卵 c）蛹 d）幼虫

5.5mm，椭圆形，背面有黑色斑纹，尾端包着末龄幼虫的蜕。

（三）发生规律

茄二十八星瓢虫在我国湖南、江西每年发生五代，以成虫在树皮下、土穴、墙根、砖石缝等处及屋檐下越冬。每年 4 月上中旬，越冬成虫便开始活动，取食龙葵叶片，并开始产卵。各代幼虫孵化期分别为每年的 5 月中旬、6 月上旬、7 月上旬、8 月中旬、9 月中旬，有世代重叠现象。成虫白天活动，有假死性和自残性。雌成虫将卵块产于叶片背面，数粒至二三十粒竖立在一起。初孵幼虫群集危害，稍大后分散危害。老熟幼虫在原处或枯叶中化蛹。

（四）综合治理方法

1）人工捕杀。利用成虫假死习性，早晚拍打寄主植物，用盆接住落下的成虫并集中杀死。产卵盛期采摘卵块后毁掉。

2）药剂防治。在幼虫孵化或低龄幼虫期时用药防治。可用 20%氰戊菊酯或 2.5%溴氰菊酯 3000 倍液，或灭杀毙 6000 倍液，或 50%锌硫磷乳油 1000 倍液，或 2.5%三氟氯氰菊酯乳油 4000 倍液喷雾。

五、蝶类的认知

蝶类属鳞翅目中的锤角亚目（Rhopalocera）。蝶类的成虫身体纤细，触角前面数节逐渐膨大呈棒状或球杆状。它们均在白天活动，静止时翅直立于体背。

（一）种类、分布及危害

危害园林植物的主要蝶类害虫有凤蝶科的柑橘凤蝶、玉带凤蝶、木兰青凤蝶、樟青凤蝶，粉蝶科的菜粉蝶，弄蝶科的香蕉弄蝶，蛱蝶科的茶褐樟蛱蝶、黑脉蛱蝶，灰蝶科的曲纹紫灰蝶、点玄灰蝶等。这里重点介绍柑橘凤蝶、菜粉蝶、香蕉弄蝶、茶褐樟蛱蝶、曲纹紫灰蝶。

1. 柑橘凤蝶

柑橘凤蝶又称为花椒凤蝶，属凤蝶科，在我国东北、华北、华东、中南、西南、西北各地均有分布，主要寄主有柑橘、金橘、四季橘、柚子、柠檬、佛手、代代、花椒、竹叶椒、黄菠萝、吴茱萸等。以幼虫取食叶片，是柑橘类花木的主要害虫。苗木和幼树的新梢、叶片常被吃光，严重影响柑橘的生长和观赏效果。

2. 菜粉蝶

菜粉蝶又称为菜青虫、菜白蝶，属粉蝶科在我国各地均有分布。已知菜粉蝶的寄主植物有 9 科 35 种，例如十字花科、菊科、白花菜科、金莲花科、木犀草科、紫草科、百合科等，但主要危害十字花科植物的叶片，特别嗜好叶片较厚的甘蓝、花椰菜等。初龄幼虫在叶片背面啃食叶肉，残留表皮，俗称"开天窗"，3 龄以后幼虫食叶成孔洞和缺刻，严重时只残留叶柄和叶脉，同时排出大量虫粪，污染叶面。在植株幼苗期危害可引起植株死亡。菜粉蝶幼虫危害造成的伤口又可引起软腐病的侵染和流行，严重影响观赏效果。

3. 香蕉弄蝶

香蕉弄蝶又称为蕉苞虫、香蕉卷叶虫，属弄蝶科，在我国福建、台湾、广东、广西、云南、湖南、浙江、江西等地均有分布，主要危害美人蕉、芭蕉等蕉属植物。幼虫卷叶成叶苞，食害蕉叶；危害严重时，蕉叶残缺不全，叶苞累累，严重影响观赏效果。

4. 茶褐樟蛱蝶

茶褐樟蛱蝶又称为樟蛱蝶，属蛱蝶科，分布于我国江苏、浙江、湖北、江西以南各樟树栽培地区，危害樟树、香樟、白兰等。幼虫食叶片，严重时可将叶片食尽，仅残留主脉及叶基，影响植物生长和观赏效果。

5. 曲纹紫灰蝶

曲纹紫灰蝶也称为苏铁小灰蝶，属灰蝶科，是一种专门危害苏铁的检疫性害虫，在国外主要分布于缅甸、马来西亚、斯里兰卡；在国内分布于台湾、香港、广东、广西、海南、福建、浙江。曲纹紫灰蝶幼虫啃食苏铁新叶叶肉或咬食小叶，造成叶片缺损，严重时芽叶被全部吃光，导致苏铁株顶无叶或仅剩羽状复叶，影响植物观赏价值，甚至可导致整株枯死。

（二）形态特征

1. 柑橘凤蝶（见图4-28）

成虫体长 25 ~ 30mm，翅展达 70 ~ 100mm。体为黄绿色，背面有黑色的直条纹，腹面和两侧也有同样的条纹。翅为绿黄色或黄色，沿脉纹的两侧为黑色，外缘有黑色宽带；带的中间前翅部分有 8 块绿黄色新月斑，后翅有 6 块；前翅中室端部有 2 块黑斑，基部有几条黑色纵线；后翅黑带中有散生的蓝色鳞粉，臀角有橙色圆斑，中间有 1 个小黑点。卵直径约 1mm，圆球形。初产时为浅黄白色，近孵化时变成黑灰色。微有光泽，不透明。老熟幼虫体长 35 ~ 38mm，绿色，体表光滑。后胸背面两侧有蛇眼纹，中间有 2 对马蹄形纹；第 1 腹节背面后缘有 1 条粗黑带；第 4 腹节、第 5 腹节和第 6 腹节两侧各有蓝黑色

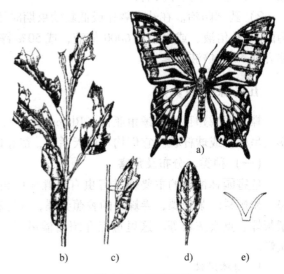

图 4-28 柑橘凤蝶
a) 成虫 b) 幼虫及植物被害状 c) 蛹
d) 卵 e) 幼虫前胸翻缩腺形状

斜行带纹 1 条，并在背面相交。前胸背面翻缩腺为橙黄色。蛹长 28 ~ 32mm，呈纺锤形，前端有 2 个尖角，有浅绿色、黄白色、暗褐色等多种颜色。

2. 菜粉蝶（见图4-29）

成虫体长 12 ~ 20mm，翅展达 45 ~ 55mm。体为灰黑色，头、胸部有白色绒毛。前、后翅都为粉白色，前翅顶角有 1 块三角形黑斑，中部有 2 块黑色圆斑；后翅前缘有 1 块黑斑。卵呈长瓶形，高 1mm，表面有规则的纵横隆起线，其中纵脊有 11 ~ 13 条，横脊有 35 ~ 38 条。初产时为黄绿色，后变为浅黄色。幼虫体长 35mm，全身为青绿色，体密布黑色瘤状突起，上面生有细毛，背中央有 1 条细线，两侧围气门处有 1 个横斑，气门后还有 1 个横斑。蛹长 18 ~ 21mm，纺锤形，体背有 3 条纵脊，体色有青绿色和灰褐色等。

3. 香蕉弄蝶（见图4-30）

成虫体长 25 ~ 30mm，黑褐色或茶褐色，头、胸部密被灰褐色鳞毛。触角为黑褐色，近膨大部呈白色。复眼呈半球形，赤褐色。前翅为黑褐色，翅中央有 2 个黄色方形大斑纹，近外缘处有 1 个小方形黄色斑纹；后翅为黑褐色；前、后翅缘毛均呈白色。卵横径约为 2mm，

呈馒头形，顶部平坦，卵壳表面有放射状白色线纹。初产时为黄色，后变为深红色，顶部为灰黑色。老熟幼虫体长 50~64mm，体被白色蜡粉。头为黑色，略呈三角形。胸部第 1 节和第 2 节细小如颈，第 3~5 节逐渐增大，第 6 节及以后各节大小均匀，且各节具横皱 5~6 条，并密生细毛。蛹为浅黄白色，被有白色蜡粉。口喙伸至腹末端或超出腹末端，并且末端与体分离。腹部臀棘末端有许多刺钩。

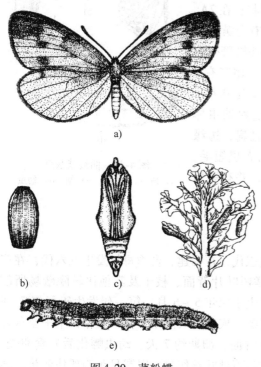

图 4-29　菜粉蝶
a) 成虫　b) 卵　c) 蛹　d) 植物被害状　e) 幼虫

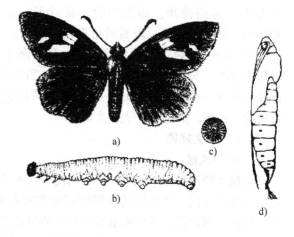

图 4-30　香蕉弄蝶
a) 成虫　b) 幼虫　c) 卵　d) 蛹

4. 茶褐樟蛱蝶（见图 4-31）

成虫体长 34~36mm，翅展达 65~70mm，体背、翅为红褐色，腹面为浅褐色，触角为黑色。后胸、腹部背面以及前、后翅缘近基部密生红褐色长毛。前翅外缘及前缘外半部为黑色，中室外方有一白色大斑块，后翅有 2 个尾突。卵呈半球形，高约 2mm，深黄色，散生有红褐色斑点。老熟幼虫体长 55mm 左右，绿色，头部后缘有骨质突起的浅紫褐色四齿形锄枝刺，第 3 腹节背中央镶有 1 块圆形浅黄色斑。蛹体长 25mm，粉绿色，悬挂于叶或枝下，稍有光泽。

5. 曲纹紫灰蝶（见图 4-32）

雄蝶体长 12mm，翅展达 28mm；雌虫

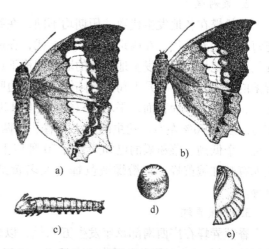

图 4-31　茶褐樟蛱蝶
a) 成虫（一）　b) 成虫（二）　c) 幼虫　d) 卵　e) 蛹

略大。雄蝶翅为蓝紫色，有金属光泽，翅外缘为黑褐色，亚缘带由 1 列黑褐色斑点构成，尾突细长且为黑色，端部为白色。雌蝶翅为黑褐色，中后区域有青蓝色金属光泽，后翅亚缘带由 1 列黑斑组成，但 Cu_1 室黑斑的内侧有橙红色边。雌虫与雄虫翅的反面相同，均呈灰褐色，斑纹为黑褐色并有白边；前翅外缘有 2 列斑带，在 Cu_2 和 Cu_1 室的外横斑列较斜，中室端纹呈棒状；在 2A、Cu_2 和 Cu_1 室的后翅外缘斑列中的斑点为黑色并有金黄色光泽鳞片散布，内侧的橙黄色斑纹向 M_3 室延伸，外横斑列曲折（故名曲纹紫灰蝶）且前端的一块黑斑显著，翅基有 4 块大小不等的黑斑。卵为白色，扁球形，直径为 0.4 ～ 0.5mm，精孔区凹陷，表面满布多角形雕纹。老熟幼虫体长 9 ～ 11mm，体色为紫红色或绿色，呈椭圆形且扁，边缘薄而中间厚。头小，缩在胸部内，足短，背面密布黑短毛。蛹体长 0.8 ～ 0.9mm，宽 0.3 ～ 0.4mm，黄褐色，并有黑褐色斑纹，缢蛹，椭圆形，表面光滑。

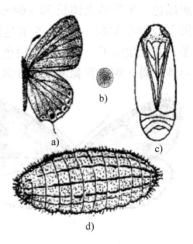

图 4-32　曲纹紫灰蝶
a) 成虫　b) 卵　c) 蛹　d) 幼虫

（三）发生规律

1. 柑橘凤蝶

柑橘凤蝶在我国浙江、四川、湖南每年发生三代，在福建、台湾每年发生五六代，在广东每年发生六代。各地柑橘凤蝶均以蛹附着在橘树叶片背面、枝干及其他比较隐蔽场所越冬。浙江黄岩地区的各代成虫发生期：越冬代发生于每年 5 ～ 6 月，第一代发生于每年 7 ～ 8 月，第二代发生于每年 9 ～ 10 月，以第三代蛹越冬。成虫白天活动，善于飞翔，中午至黄昏前活动最盛，喜食花蜜。卵散产于嫩芽上和叶片背面，卵期约 7 天。幼虫孵化后先食卵壳，然后食害芽和嫩叶及成叶，共 5 龄，老熟后多在隐蔽处吐丝作垫，以臀足趾钩抓住丝垫，然后吐丝在胸腹间环绕成带，缠在枝干等物上化蛹（此蛹称为缢蛹）越冬。天敌有凤蝶金小蜂和广大腿小蜂等。

2. 菜粉蝶

菜粉蝶在各地发生代数、历期均不同，在我国内蒙古、辽宁、河北每年发生四五代，上海每年发生五六代，在南京每年发生七代，在武汉、杭州每年发生八代，在长沙每年发生八九代。各地均以蛹在发生地附近的墙壁屋檐下或篱笆、树干、杂草残株等处越冬，一般选在背阳的一面。翌春 4 月上旬开始陆续羽化，边吸食花蜜边产卵，以晴暖的中午活动最盛。卵散产，多产于叶片背面，平均每只雌虫产卵 120 粒左右。幼虫发育的适宜温度为 20 ～ 25℃，相对湿度为 76% 左右。幼虫的发生有春、秋两个高峰。夏季由于高温干燥，幼虫的发生也呈现一个低潮。菜粉蝶的已知天敌有 70 种以上，主要的寄生性天敌，卵期有广赤眼蜂；幼虫期有微红绒茧蜂、菜粉蝶绒茧蜂（又名黄绒茧蜂）及颗粒体病毒等；蛹期有凤蝶金小蜂等。

3. 香蕉弄蝶

香蕉弄蝶在广西南部每年发生五六代，以幼虫在蕉叶卷苞中越冬。在广西，每年 2 ～ 3 月开始化蛹，3 ～ 4 月成虫羽化；在福州，每年 4 ～ 5 月开始危害，8 ～ 9 月发生较多，各代重叠发生。成虫吸食蕉花蜜，喜在清晨和傍晚活动，产卵于蕉叶正面或反面，散产或聚产，每只雌虫一生可产卵80~150粒。幼虫孵化后先取食卵壳，后分散至叶缘处咬一缺口，然后吐丝卷叶藏身其中，边食边卷，逐渐加大虫包，如果食料缺乏，则迁移到别处另结新包。由于虫体大，食量大，一株有多条幼虫危害时便会将整株叶片吃光，而仅留中肋。幼虫老熟后即在其中化蛹。

4. 茶褐樟蚕蝶

茶褐樟蚕蝶在我国苏州每年发生三代，以老熟幼虫在背风、向阳、枝叶茂密的树冠中部的叶面主脉处越冬。翌年3月活动取食，4月中旬化蛹，5月上旬前后羽化成虫，5月中旬产卵，5月下旬幼虫孵化。各代幼虫分别于每年6月、8~9月和11月取食危害。每年7月下旬第一代成虫羽化，成虫常飞至栎树伤口，以伤口流汁为补充营养，随后交尾、产卵，卵多产于樟树老叶上，嫩叶上很少。卵散产，一般一叶一卵，初孵化幼虫先取食卵壳，后爬至翠绿中等老叶上取食，老熟幼虫吐丝缠在树枝或小叶柄上化蛹。每年10月上旬，第二代成虫羽化；10月下旬，第三代幼虫出现；12月上旬前后末龄幼虫陆续越冬。

5. 曲纹紫灰蝶

曲纹紫灰蝶在我国广东每年发生六七代，在浙江可以发生四代以上，以幼虫或蛹在鳞片叶的缝隙间越冬，世代重叠现象严重。从每年4月苏铁抽春叶开始至11月或12月，凡有嫩叶均可见幼虫危害，但以夏、秋季危害最严重（每年7~10月）。成虫需补充营养，产卵于花蕾、嫩叶上，每只雌成虫产卵20余粒。幼虫孵化后便钻蛀取食，幼虫共4龄，1~2龄幼虫体小，藏匿于卷曲成钟表发条状的小叶内，啃食表皮和叶肉，留下另一层表皮，危害症状不明显，不易觉察；3龄以上幼虫食量大增，可将整个嫩叶取食殆尽。幼虫有群集危害习性，常见几十只甚至上百只群集于新叶上危害，老熟后的幼虫在鳞片叶间化蛹。曲纹紫灰蝶的发生与苏铁的叶期密切相关，春叶期气温偏低，不太适宜灰蝶的生长发育，少见有灰蝶危害植株；夏、秋叶期气温升高，且各株苏铁抽叶不整齐，给幼虫提供了源源不断的食物，是灰蝶猖獗危害时期。经观察，25~35℃适宜灰蝶的生长发育。

（四）综合治理方法

1）加强检疫。加强对南方引进的铁树的检查，防治曲纹紫灰蝶的传入。

2）人工防治。人工捕杀幼虫和越冬蛹，在养护管理中摘除有虫叶和蛹；及时清除花坛及绿地上的羽衣甘蓝老茬，以减少菜粉蝶虫源；在成虫羽化期间，可用捕虫网捕捉成虫。

3）生物防治。在幼虫期，喷施每毫升含孢子100~108亿的青虫菌粉或浓缩液400~600倍液，可加0.1%茶饼粉以增加药效；或喷施每毫升含孢子100~108亿的Bt乳剂300~400倍液；收集患质型多角体病毒病的虫尸，经捣碎稀释后，进行喷雾，使其感染病毒，也有良好效果；将捕捉到的老熟幼虫和蛹放入孔眼稍大的纱笼内，使寄生蜂羽化后飞出继续繁殖寄生，对害虫起克制作用。

4）化学防治。可于低龄幼虫期喷1000倍的20%除虫脲（灭幼脲一号）胶悬剂。如果被害植物面积较大，虫口密度较高时，可施用40%敌·马乳油、或40%菊·杀乳油、或80%敌敌畏、或50%杀螟松、或马拉硫磷乳油1000~1500倍液，90%敌百虫晶体800~1000倍液，10%溴·马乳油2000倍液。

六、叶蜂类的认知

叶蜂类属鞘膜翅目叶蜂总科，危害园林植物的叶蜂多属于叶蜂科和三节叶蜂科。叶蜂成虫体粗壮，腹部腰不收缩。翅膜质，前翅有粗短的翅痣。产卵器呈扁锯状，卵常产于嫩梢或叶组织中。幼虫体表光滑，多皱纹，腹足有 6～8 对，无趾钩。叶蜂类中的多数种类危害叶片，有的种类钻蛀芽、果或叶柄，部分有群集性。

（一）种类、分布及危害

危害园林植物的叶蜂主要有樟叶蜂、蔷薇三节叶蜂、浙江黑松叶蜂，榆三节叶蜂等。

1. 樟叶蜂

樟叶蜂分布于我国广东、广西、浙江、福建、湖南、四川、台湾、江西等地，危害樟树，至今未发现其取食其他植物。幼虫取食樟树嫩叶，经常将嫩叶吃光。

2. 榆三节叶蜂

榆三节叶蜂分布于我国浙江、江西、山东、辽宁、北京、吉林、河南、河北等地，以幼虫虫态危害榆树，严重时将叶食光。

（二）形态特征

1. 樟叶蜂（见图4-33）

雌虫体长 8～10mm，翅展达 18～20mm；雄虫体长 6～8mm，翅展达 14～16mm。成虫头部为黑色且有光泽，触角呈丝状。前胸、中胸背板中叶和侧叶、小盾片、中胸侧板为棕黄色且有光泽；小盾附器、后盾片、中胸腹板、腹部均为黑色且有光泽。中胸背板发达，有"X"形凹纹。雌虫腹部末端锯鞘为黑褐色，有 15 个锯齿。卵呈乳白色，肾形，一端稍大，长约 1mm，近孵化时变为卵圆形，并可见卵内幼虫的黑色眼点。初孵化幼虫为乳白色，头为浅灰色，之后头变为黑色，取食后体呈绿色，全身多皱纹。胸足有 3 对，为黑色。腹足有 7 对，位于腹部第 2～7 节和第 10 节上，但第 7 节及第 10 节上的腹足稍退化。至 4 龄时，胸部及腹部第 1 节和第 2 节背侧上小黑点大而明显。蛹体长 6～10mm，浅黄色，复眼为黑色。茧呈褐色，椭圆形，丝质，长 8～14mm。

2. 榆三节叶蜂（见图4-34）

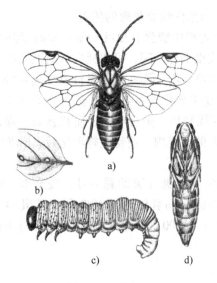

图 4-33　樟叶蜂
a）成虫　b）卵　c）幼虫　d）蛹

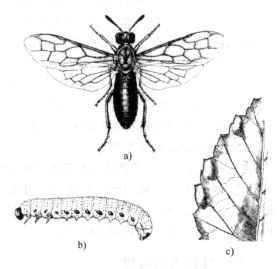

图 4-34　榆三节叶蜂
a）成虫　b）幼虫　c）叶缘的卵痕

雌虫体长 8.5～11.5mm，翅展达 16.5～24.5mm；雄虫较小，体具有金属光泽。头部为蓝黑色，唇基上区（触角窝、唇基及额基间的部分）具有明显的中脊。触角为黑色，圆筒形，雄虫触角大约等于头部和胸部之和，雌虫触角长 6～8mm。胸部部分为橘红色，中胸背板完全为橘红色，小盾片有时为蓝黑色；翅体为烟褐色；足全部为蓝黑色。卵呈椭圆形，长 1.5～2.0mm。初产时颜色浅，近孵化时变成黑色。老熟幼虫体长 21～26mm，浅黄绿色，头部为黑色。虫体各节具有 3 排横列的褐色肉瘤，体两侧近基部各具一个大的斜向的褐色肉瘤。臀板为黑色。茧为浅黄色，长卵形，长 9.1～13.0mm，直径 5.0～6.0mm。雌蛹体长 8.5～12mm，雄蛹较小，均为浅黄绿色。

（三）发生规律

1. 樟叶蜂

樟叶蜂在我国浙江、上海每年发生一两代，以老熟幼虫在土内结茧越冬。翌年 4 月上中旬成虫羽化，卵散产在叶表皮内，经 3～5 天幼虫孵化，取食嫩叶和新梢，再经 15～20 天老熟幼虫入土结茧，部分幼虫滞育到下一年。另一部分幼虫很快化蛹，蛹期为 12 天左右，到每年 5 月下旬再出现成虫，6 月上中旬第二代幼虫又开始危害。樟叶蜂的发生期不整齐。幼虫喜食嫩叶和嫩梢。初孵时取食叶肉留下表皮；2 龄起蚕食全叶，大发生时能将树叶吃光。幼虫体外有黏液分泌物，能侧身黏附在叶片上，以胸足抱住叶片取食。成虫很活跃，飞翔力极强，羽化当天即可交配产卵。产卵时，雌虫以产卵器锯破叶片表皮，将卵产在伤痕内。95% 以上的卵产在叶片主脉两侧；产卵处叶面稍向上隆起，每一片嫩叶上产卵数粒，最多可达 16 粒。每只雌虫可产卵 75～158 粒，分几天产完。成虫寿命为 4 天左右。

2. 榆三节叶蜂

榆三节叶蜂在我国山东、河南每年发生两代，以老熟幼虫在土中结丝质茧变为预蛹过冬。翌年 5 月下旬开始化蛹，6 月上旬开始羽化、产卵，6 月下旬幼虫孵化，危害至 7 月上旬便陆续老熟，入土结茧化蛹。第二代成虫于每年 7 月下旬开始羽化、产卵，幼虫孵化后，危害至 8 月下旬，老熟幼虫入土结茧越冬。成虫产卵于榆树中、下部较嫩的叶片的叶缘的上、下表皮之间，成虫及幼虫均有假死性。

（四）综合治理方法

1）人工防治。利用幼虫或幼龄幼虫群集危害的习性，摘除虫叶；翻耕土地，破坏越冬场所；摘除枝叶上的虫茧；剪除虫卵枝。

2）生物防治。幼虫发生期喷施每毫升含孢量 100～108 亿以上的 bt 制剂 400 倍液。

3）化学防治。幼虫盛发期，喷 90% 晶体敌百虫、50% 杀螟松乳油 1000 倍液，或 20% 氰戊菊酯乳油 2000 倍液。大树难于喷雾时，可用 40% 氧化乐果 10 倍液进行打孔注射，每针 15～20mL。15cm 胸径以下的树打 1 针，每增加 7～12cm 增打 1 针。

任务实施

一、叶甲类观察

观察柳蓝叶甲、白杨叶甲、榆紫叶甲的各类标本。可见其为小型至中型甲虫，体呈卵形或圆形。体色变化大，有金属光泽。复眼呈圆形。触角呈丝状，一般不超过体长的2/3。幼虫肥壮，3对胸足发达，体背常有枝刺、瘤突等附属物。

二、金龟子类观察

观察斑点丽金龟、铜绿丽金龟、大绿丽金龟、黄斑短突花金龟、白星花金龟、苹毛丽金龟、小青花金龟的成虫标本。可见其成虫触角呈鳃片状，前足胫节端部扩展，外缘有齿。

三、芫菁类观察

观察红头豆芫菁、大斑虎芫菁的各类标本。可见其体色多样，鞘翅较软，两鞘翅合拢时端部常分开。

四、二十八星瓢虫观察

观察茄二十八星瓢虫的各类标本，特别注意成虫体毛和斑纹，以及幼虫的枝刺。

五、蝶类观察

观察柑橘凤蝶、玉带凤蝶、木兰青凤蝶、樟青凤蝶、茶褐樟蛱蝶、黑脉蛱蝶、菜粉蝶、香蕉弄蝶、曲纹紫灰蝶、点玄灰蝶的各类标本，注意各种蝶的翅面斑纹的特点，特别要注意观察凤蝶成虫后翅的尾突和幼虫头部的"Y"形腺、蛱蝶成虫后翅后缘的"摇篮状"凹陷、弄蝶成虫触角端部弯钩、灰蝶成虫触角上的白环和幼虫的体型。

六、叶蜂类观察

观察樟叶蜂、蔷薇三节叶蜂、榆三节叶蜂的各类标本。可见叶蜂成虫体粗壮，腹部腰不收缩。翅膜质，前翅有粗短的翅痣。产卵器呈扁锯状。卵常产于嫩梢或叶组织中。幼虫体表光滑，多皱纹，腹足有6~8对，无趾钩。多数种类危害叶片，有的种类钻蛀芽、果或叶柄。部分叶蜂种类有群集性。

 思考问题

1. 叶甲类害虫的发生规律与防治措施有哪些？
2. 金龟子类害虫的发生规律与防治措施有哪些？
3. 芫菁类害虫的发生规律与防治措施有哪些？
4. 二十八星瓢虫的发生规律与防治措施有哪些？
5. 蝶类害虫的发生规律与防治措施有哪些？
6. 叶蜂类害虫的发生规律与防治措施有哪些？

软体动物的发生与防治

软体动物多喜阴湿环境，常在温室大棚、阴雨高温天气或种植密度大时发生严重，主要有蛞蝓、蜗牛等。

一、蛞蝓的认知

蛞蝓属腹足纲，柄眼目，蛞蝓科。蛞蝓又称水蜒蚰，俗称鼻涕虫，在我国分布很广，主要多分布于长江流域，取食植物叶片成孔洞，影响植物的商品价值，是一种食性复杂和食量较大的有害动物。

（一）形态特征

成虫呈长梭形，柔软、光滑而无外壳，体色为暗黑色、暗灰色、黄白色或灰红色。触角2对，端部具眼。足在身体下方，以明显的环状沟纹将头与躯干分开，足平滑，是肌肉发达的运动器官。卵呈椭圆形，韧而富有弹性，白色透明且可见卵核，孵化时颜色变深。初孵幼虫为浅褐色，体形同成体。

（二）生活习性

蛞蝓喜温湿环境，畏光，白天隐蔽，夜晚活动取食和繁殖。空气及土壤干燥时（土壤含水量低于 15%），可引起其大量死亡。最适生长温度为 12~20℃，温度在 25℃ 时，潜入土中、花盆及砖石中，30℃ 以上时大量死亡，正常情况下寿命可达 1~3 年。以成虫体或幼体在作物根部湿土下越冬，完成一个世代需要约 250 天。

（三）综合治理方法

1）人工防治。种植前耕翻晒地，恶化它的栖息场所；种植后及时铲除田间、地边杂草。采用地膜栽培，可明显减轻蛞蝓的危害。傍晚，在沟边、苗床或作物间撒石灰带。

2）诱杀。于傍晚撒菜叶作诱饵，第二天早晨揭开菜叶捕杀。

3）药剂防治。若蛞蝓危害面积不大，可用 200 倍盐水喷于叶面或根系附近防治；危害严重的地块，可用灭蜗灵 900 倍液喷雾。

二、灰巴蜗牛的认知

蜗牛属软体动物门，腹足纲，柄眼目，蜗牛科。园林植物上常见的是灰巴蜗牛，灰巴蜗牛在我国各地均有分布，危害植物叶成缺刻，严重时咬断幼苗，造成缺苗断垄。

（一）形态特征

灰巴蜗牛的贝壳中等大小，壳质稍厚、坚固，呈圆球形，壳顶端尖，壳面为黄褐色或琥珀色。虫体有 2 对触角，前触角短，后触角长。卵呈圆球形，白色。幼贝体长约 2mm，贝壳为浅褐色。

（二）生活习性

灰巴蜗牛每年发生一代，寿命在一年以上。初孵幼贝多群集在一起取食，长大后分散危害，喜栖息在植株茂密的低洼潮湿处，故温暖多雨天气及田间潮湿地块受害重。遇有高温干燥天气时，蜗牛常把壳口封住，潜伏在潮湿的土缝中或茎叶下，待条件适宜时，例如下雨或灌溉后，于傍晚或早晨外出取食。每年11月中下旬开始越冬。

（三）综合治理方法

1）人工防治。清晨或阴雨天进行人工捕捉，集中杀灭。

2）药剂防治。撒施茶籽饼粉或向茶籽饼粉中加水，浸泡24h后，取其滤液喷雾；也可用50%锌硫磷1000倍液喷雾。每亩用8%灭蜗灵颗粒剂1.5~2kg，碾碎后拌细土或饼屑5~7kg，于天气温暖、土表干燥的傍晚撒在受害株附近根部的行间，2~3天后接触药剂的蜗牛分泌大量黏液而死亡，防治适期以蜗牛产卵前为宜，田间有小蜗牛时再防治1次效果更好。

任务3 枝干害虫的防治技术

 任务描述

我们经常能看到园林植物的树干、茎、新梢以及花、果、种子等被害虫蛀空，这类害虫对园林植物的生长发育造成较大程度的危害，严重时会造成园林植物成株成片死亡。这类具有钻蛀习性的害虫都有哪些种类呢？它们又有什么特征？发生的规律是怎样的呢？又如何进行防治呢？本任务将重点解决以上问题。

钻蛀性害虫是指以幼虫或成虫钻蛀植物的枝干、茎、嫩梢及果实、种子，并匿居其中的昆虫。钻蛀性害虫生活隐蔽，除在成虫期进行补充营养、寻找配偶和繁殖场所等活动时较易被发现外，其余时期均隐蔽在植物体内部进行危害。受害植物表现出凋萎、枯黄等症状时，已接近死亡，难以恢复生机，故此类害虫危害性很大。常见的钻蛀性害虫有鞘翅目的天牛类、小蠹虫类、吉丁类、象甲类，鳞翅目的木蠹蛾类、透翅蛾类、夜蛾类、螟蛾类、卷蛾类，膜翅目的茎蜂类、树蜂类，双翅目的瘿蚊类、花蝇类。

 **任务咨询**

一、天牛的认知

天牛是园林植物主要的蛀茎害虫，属鞘翅目，天牛科，全世界已知20000种，我国已知2000多种。天牛主要以幼虫钻蛀植株茎秆，在韧皮部和木质部形成蛀道危害。

（一）种类、分布及危害

危害园林植物的天牛主要有星天牛、云斑天牛、桑天牛、青杨天牛、松褐天牛等。

1. 星天牛

星天牛又名柑橘星天牛、白星天牛，分布于我国吉林、辽宁、甘肃、陕西、四川、云南、广东、台湾等地，主要危害杨、柳、榆、刺槐、核桃、桑树、木麻黄、乌桕、梧桐、相思树、苦楝、悬铃木、栎、月季、樱花、柑橘等园林树木。

2. 云斑天牛

云斑天牛又名多斑白条天牛，属鞘翅目、天牛科。成虫啃食新枝嫩皮，使新枝枯死；幼虫蛀食韧皮部，后钻入木质部，影响林木生长，易使林木受风折断。严重受害树木可整枝、整株枯死。云斑天牛分布于我国河北、陕西、安徽、江苏、浙江、江西、湖南、湖北、福建、台湾等地，主要危害桑、杨、柳、栎、榕、榆、桉、油桐、乌桕、女贞、泡桐、核桃、枇杷、板栗、麻栎、木麻黄、苹果、梨等。

3. 桑天牛

桑天牛又名黄褐天牛、铁炮虫、桑粒肩天牛。幼虫蛀食枝干，轻则影响桑树发育，使树叶小而薄，重则使全株枯死。成虫啃食嫩枝皮层，造成枝枯叶黄；幼虫蛀食枝干木质部，降低植株工艺价值。桑天牛分布于我国辽宁、河北、山东、安徽、江苏、浙江、江西、湖南、广东、台湾等地，主要危害桑、杨、柳、榆、枫杨、油桐、山核桃、栎、柑橘、苹果、沙果、花红、梨、枣、海棠、樱花、无花果。

4. 青杨天牛

青杨天牛又名青杨楔天牛、杨枝天牛。以幼虫蛀食枝干，特别是枝梢部分。植株被害处形成纺锤状瘤，阻碍养分的正常输送，以致枝梢干枯或遭风折断，造成树干畸形，呈秃头状。如果在幼树主干髓部危害，可使整株死亡。青杨天牛分布于我国东北、西北、华北等地，主要危害毛白杨、银白扬、河北杨、加杨、青杨、小叶杨等树木。

5. 松褐天牛

松褐天牛又名松墨天牛、松天牛，以成虫在树皮上咬一眼状刻槽产卵。初孵幼虫在韧皮部和木质部之间蛀食，秋天则蛀入木质部形成坑道，幼虫在坑道内蛀食留下的木屑，大部分被推出堆积在树皮下，很易识别。松褐天牛分布于我国江苏、安徽、浙江等地，主要危害马尾松、黑松、落叶松、油松、思茅松、雪松、华山松、冷杉、云杉、桧、栎、苹果等树木。

（二）形态特征

1. 星天牛（见图4-35）

雌成虫体长27~41mm，雄虫体长27~36mm，成虫体色均为黑色，略带金属光泽。头部和体腹面有银灰色和部分蓝色细毛，但不成斑纹。触角第1节和第2节为黑色，雌虫触角超出身体一两节，雄虫触角超出身体四五节。卵呈长椭圆形，长5~6mm。初产时为白色，以后渐变为浅黄白色至灰褐色。老熟幼虫体长38~60mm，乳白色至浅黄色。头部为褐色，长方形，中部前方较宽，后方缢入。背板骨化区呈"凸"字形。蛹呈纺锤形，长30~38mm。初为浅黄色，羽化前逐渐变为黄褐色至黑色。

2. 云斑天牛（见图4-36）

成虫体长34~61mm，体宽18mm，体色为黑色或黑褐色，全身密被灰白色和灰褐色绒毛。触角从第2节起，每节都有许多细齿，下沿两侧更显著，以雄虫尤甚。雌虫触角较体略长，雄虫触角超出体长三四节。前胸背板中央有1对近肾形的白色或橘黄色斑，两侧中央各有1个粗大尖刺突。卵呈椭圆形，乳白色至黄白色，长约8mm，稍弯，一端略细。老熟幼虫体长70~80mm，乳白色至浅黄色，粗肥，头部为深褐色，前胸背板有"凸"字形的褐斑。蛹为浅黄

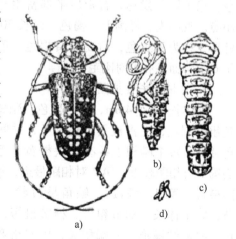

图4-35 星天牛
a) 成虫 b) 蛹 c) 幼虫 d) 卵

白色，裸蛹，长 40~70mm，末端呈锥尖状，尖端斜向后上方。

3. 桑天牛（见图4-37）

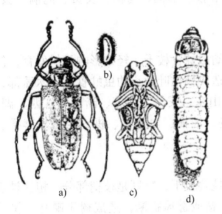

图 4-36 云斑天牛
a) 成虫 b) 卵 c) 蛹 d) 幼虫

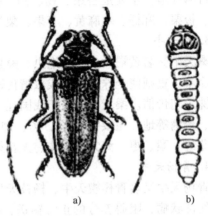

图 4-37 桑天牛
a) 成虫 b) 幼虫

成虫体长 26~51mm，体宽 16~18mm。体和鞘翅都为黑褐色，体密被暗黄色绒毛，一般背面呈青棕色，腹面为棕黄色，颜色深浅不一。雌虫触角较体稍长，雄虫则超过体长两三节。触角第 1 节和第 2 节呈黑色，从第 3 节起，每节基部约 1/3 为灰白色，端部为黑褐色。

卵扁平，呈长椭圆形，一端细长，略弯曲，为乳白色，近孵化时变为浅褐色。老熟幼虫体长 60mm 左右，圆筒形，体为乳白色，头部为黄褐色。第 1 胸节发达，背板后半部密生棕色颗粒小点。气门大，椭圆形，褐色。蛹长 50mm，纺锤形，初为浅黄色，后变为黄褐色。第 1 节至第 6 节背面各有 1 对刚毛。

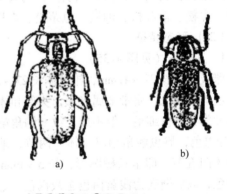

4. 青杨天牛（见图4-38）

雌体长 12~14mm，体为黑色。鞘翅满布黑色粗糙刻点，上密被黄褐色绒毛，并间杂有黑色绒毛，每个鞘翅上各有 5 块橙黄色毛斑，前面第 1 对相距较近，第 2 对相距最远，第 3 对相距最近，第 4 对稍远。触角呈鞭状，共有 12节，短于体长。柄节粗大，梗节最短，均为黑色。卵呈纺锤形，一端稍尖，中间略弯曲，长 2.5mm 左右，初产时为黄白色，后变为黄褐色。老熟幼虫体长 15~21.5mm，浅黄色，头缩入前胸很深，气门为褐色。体背面有 1 条明显的中线，长 11~15mm，蛹为裸蛹，初为乳白色，以后逐渐变为褐色，腹部背中线明显。

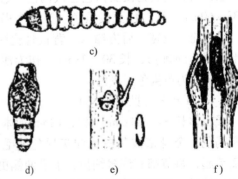

图 4-38 青杨天牛
a) 成虫（一） b) 成虫（二） c) 幼虫
d) 蛹 e) 卵及产卵痕 f) 植物被害状

5. 松褐天牛

成虫体长15~28mm，宽4.5~9.5mm，橙黄色至赤褐色。雌性触角超出体长约1/3，雄性触角超出体长约1倍。额部刻点细密，头顶的较粗，略具皱纹。前胸宽大于长，刻点粗密，具皱纹，侧刺突较大。腹面和足具有灰白色绒毛。卵为乳白色，长约4mm。幼虫为乳白色，扁圆筒形，头部为黑褐色，前胸背板为褐色，中央有波状横纹。老熟幼虫体长约43mm。蛹为乳白色，长20~26mm。

（三）发生规律

1. 星天牛

星天牛在我国南方每年发生一代，在北方2~3年发生一代。以幼虫在被害寄主木质部内越冬。越冬幼虫于翌年3月开始活动，在清明节前后，多数幼虫在寄主中制出长3.5~4cm，宽1.8~2.3cm的蛹室和直通表皮的圆形羽化孔，虫体逐渐缩小，不取食，伏于蛹室内，待4月上旬气温稳定在15℃以上时开始化蛹，5月下旬化蛹基本结束。每年6月上旬，雌成虫在树干主侧枝下部或茎秆基部露地侧根上产卵，7月上旬为产卵高峰，以树干基部向上10cm以内最多。从每年的5月下旬开始均有成虫活动，飞翔距离可达40~50m，卵期为9~15天，并于6月中旬孵化，7月中下旬为孵化高峰。

2. 云斑天牛

云斑天牛在我国各地均为2~3年完成一代。以幼虫和成虫在蛀道蛹室内越冬。成虫于翌年4月中旬咬出一个圆形羽化孔，5~6月陆续飞出树干，进行取食、交尾、产卵。成虫以叶或新枝嫩皮补充营养，昼夜均能飞翔活动，但晚间活动最多。卵大多产于树干离地面1.7m左右处，在胸径10~20cm的树干上，周围1圈可连续产卵5~8次。成虫在树皮上咬圆形或椭圆形小指头大小的浅穴，然后将产卵管从小孔插入寄主皮层，产卵于浅穴上方。每穴产卵1粒，每只雌虫产卵40粒左右，受惊时会坠落地面。卵期为9~15天。初孵幼虫先在韧皮部或边材蛀成"△"状蚀痕。树皮被害部不久外张纵裂，由此排出木屑，其后蛀入本质部，深达髓心，再转向上蛀，蛀道略弯曲。老熟幼虫在蛀道末端做蛹室化蛹，部分蛹于当年8月可羽化。成虫在蛀道内可生活9个月左右，到翌年5月外出。

3. 桑天牛

桑天牛在我国南方每年发生一代，在江、浙等省每两年发生一代，在北方两三年完成一代，以未成熟幼虫在树干孔道中越冬。两三年一代时，幼虫期可长达两年，至第二年6月上旬化蛹，6月下旬羽化，7月上中旬开始产卵，7月下旬孵化。成虫于6~7月羽化后，一般晚间活动，有假死性，喜吃新枝树皮、嫩叶及嫩芽。被害伤痕边缘残留绒毛状纤维物，伤根呈不规则条块状。卵多产在直径10~30mm粗的一年生枝条上。成虫先咬破树皮和木质部，成"U"字形刻槽，产1粒卵于刻槽内。成虫多在夜间产卵，每夜产4~5粒，每只雌虫产卵100多粒。卵经两周左右孵化，初孵幼虫即蛀入木质部，逐渐侵入内部，向下蛀食成直的孔道；老熟幼虫常在根部蛀食。化蛹时，头向上方，以木屑填塞蛀道上下两端。蛹经20天左右羽化，蛀圆形孔后外出。成虫寿命可达80多天。

4. 青杨天牛

青杨天牛一年发生一代，以老熟幼虫在树枝的虫瘿内越冬，第二年春天开始活动。成虫羽化时间比较集中，一般在白天中午前后最多，也最活跃，羽化孔呈圆形。成虫食树叶边缘补充营养，叶片被害后为不规则缺刻。2~5天后成虫交尾，成虫一生可交尾多次，交尾后2

天开始产卵。成虫在产卵前先用产卵器在枝梢试探，然后用上颚咬成马蹄形的刻槽，产卵于其中。刻槽多在两年生的嫩枝上，当年生的新梢上较少，刻槽位置与树龄有密切关系。2～3年生的幼树刻槽在主梢上，4～5年以上生的树在树冠周围的侧枝上较多。危害严重的地区，1个枝条上有几个虫瘿。雌虫一生产卵最多为49粒，最少为14粒。雌虫寿命为10～24天，雄虫为5～14天。卵期为5～14天，平均约为10天。初孵化幼虫喜在5～8mm粗的枝条上咬破皮层，10～15天后蛀入木质部。被害部位受刺激而膨大为虫瘿，幼虫排泄的粪便和咬碎的木屑堆满虫道。每年8月下旬，幼虫逐渐老熟，10月下旬幼虫完全老熟，在虫瘿内越冬。

5. 松褐天牛

松褐天牛每年发生一代，以老熟幼虫在蛀道内越冬。翌年3月下旬越冬幼虫开始化蛹，4月中旬开始羽化，羽化时间一般在傍晚和夜间，5月为成虫活动盛期。经过补充营养后，成虫开始产卵，每只雌虫可产100～200粒。成虫是松材线虫的重要传播媒介，1只成虫携带线虫数最多可达28.9万条。

（四）综合治理方法

1）植物检疫。严格执行检疫制度，对可能携带天牛传播的苗木、种条、幼树、原木、木材实行检疫，检验有无天牛的卵槽、入侵孔、羽化孔、虫瘿、虫道和活虫体。

2）园林技术防治。加强水肥管理，增强树势，提高抗虫能力，选育抗虫品种，及时剪除及伐除严重受害株，剪除被害枝梢，消灭幼虫。

3）机械防治。利用成虫飞翔力不强，有假死性，可骤然振动树干使其落下，并进行人工捕捉。在有天牛蛀害的树干上若发现外口整齐、木质新鲜的圆形孔洞，即为当年的羽化孔，表明有新羽化的成虫飞出。人工击卵，根据天牛咬刻槽产卵的习性，找到产卵槽，用硬物击之杀卵，挑剔初孵幼虫。经常检查树干，当发现有新鲜粪屑时，用小刀轻轻挑开皮层，即可将幼虫处死。清除虫源，及时剪除被害枝梢，并伐除枯死或风折树木，更新衰老树，使之无适宜的产卵场所。

4）物理防治。根据许多天牛成虫具有趋光性，可设置黑光灯诱杀。

5）化学防治。受害株率较高，虫口密度较大时，可选用内吸性药剂喷施受害树干。例如杀螟松、磷胺、敌敌畏等100倍～200倍液，对成虫都有效。将80%敌敌畏500倍液注入蛀孔内或用药棉塞孔（外用泥封孔），或用溴氰菊酯等农药做成毒签插入蛀孔中，以毒杀幼虫。也可进行熏蒸处理，例如防治中华锯天牛，可用52%磷化铝片剂进行单株熏蒸，每棵树用药1片；或挖坑密封熏蒸，用药2片/m²，天牛死亡率均达100%。处理后的单株根系增加，花期延长。树干涂白，成虫发生前，在树干基部80cm以下涂刷白涂剂（石灰10kg+硫黄1kg+动物胶适量+水20～40kg）可有效预防成虫产卵。

6）保护利用天敌。在天牛幼虫期释放天牛的天敌，例如花绒坚甲、肿腿蜂、啄木鸟等。此外，白僵菌和绿僵菌也可用来防治天牛幼虫。

二、木蠹蛾类的认知

木蠹蛾属鳞翅目，木蠹蛾总科，为中型至大型蛾子。蠹蛾都以幼虫蛀害树干和树梢，为主要钻蛀性害虫。

（一）种类、分布及危害

危害园林植物的木蠹蛾有芳香木蠹蛾、槐木蠹蛾等。

1. 芳香木蠹蛾

芳香木蠹蛾又名蒙古木蠹蛾，以幼虫蛀入枝干和根茎的木质部内，形成不规则的坑道，蛀道相通，蛀孔外面有用丝连接的球形虫粪，轻者使树势衰弱，枯梢被风吹折，重者树皮环剥，整株死亡。芳香木蠹蛾分布于我国东北、华北、西北、华东、华中、西南等地，主要危害丁香、柳、杨、榆、栎、核桃、山荆子、香椿、苹果、白蜡、沙棘。

2. 槐木蠹蛾

槐木蠹蛾又名国槐木蠹蛾、小木蠹蛾、小线角木蠹蛾，分布于我国东北、华北、华东等地，主要危害槐树、龙爪槐、白蜡、元宝枫、海棠、银杏、丁香、麻栎、苹果、山楂、榆叶梅等树木。

（二）形态特征

1. 芳香木蠹蛾

雌虫体长28.1~41.8mm，雄虫体长22.6~36.7mm。雌虫翅展达61.1~82.6mm，雄虫翅展达50.9~71.9mm。成虫体、翅为灰褐色，粗壮。头顶毛丛和额片为鲜黄色；翅基部和胸部背面为土褐色，中胸前半部为深褐色。后胸有1条黑横带。前缘有8条短黑纹，中室3/4处及稍外处有2条短横线；翅端半部为褐色，在臀角处有1条伸达前缘并与之垂直的黑线，亚外线一般明显，缘毛为灰褐色。老龄幼虫体长58~90mm，扁圆筒形，体粗壮。头部为黑色；胸、腹部背面为暗紫红色，略显光泽；腹面为桃红色。前胸背板有1块"凸"形黑斑，中间有1条白色纵纹，伸长达黑斑中部。中胸背板有1块深褐色长方形斑。后胸背板有2块褐色圆斑。臀板半骨化。

2. 槐木蠹蛾

成虫体长18mm左右，翅展达38~72mm左右，体为灰褐色。前翅有云状黑色横纹，外缘及中央为灰白色。老熟幼虫体长35mm左右，宽6mm左右，呈扁圆筒形，腹面扁平。头部为黑紫色；胸、腹部背面为紫红色，有光泽；腹面为黄白色。

（三）发生规律

1. 芳香木蠹蛾

芳香木蠹蛾两年发生一代。第一年以幼虫在树干内越冬；第二年老熟后离开树干入土越冬；第三年5月化蛹，6月出现成虫。成虫寿命为4~10天，有趋光性，卵产于树干直径4cm以上粗枝的皮缝里、深陷处或伤口边缘的皮缝里，多成堆、成块或成行排列。随着虫体增大，幼虫逐渐深蛀，当年即在蛀害坑道内越冬。翌年4月中旬开始活动，多数向树干内纵上方钻蛀，蛀成不规则的广阔连通的坑道，并与外部排粪孔相通。老熟幼虫于每年9月上旬陆续由原蛀入孔爬出，在地面寻找适宜场所（多在靠近树干的土壤下2~3cm或其附近10cm深处）结土褐色的土茧越冬。化蛹最早为每年的5月上旬，最晚为5月下旬，蛹期为20天左右。

2. 槐木蠹蛾

槐木蠹蛾在我国北京两年发生一代，以幼虫在被害枝干内越冬。翌年4月开始危害，可见被害植株有新虫粪和木屑排出，粪粒木渣粘连在一起呈棉絮状，悬挂在排粪孔周围。每年6月上中旬幼虫老熟，在隧道近羽化孔处化蛹；6月下旬为成虫羽化盛期。成虫羽化外出后，将蛹壳留在羽化孔口的内外各一半。雌雄交尾后，雌虫喜产卵于树干、大枝的伤疤、裂皮缝处。卵成堆，每堆数粒至数十粒。每只雌虫平均产卵200粒左右。卵期为14天~24天。每年7月上旬幼虫孵化后，在附近爬行，成群蛀入树皮，直至木质部内，从树皮缝处排出黄褐色虫粪和木屑。受害部位常在树上成段。幼虫在树内危害两年,严重时可使树皮剥落,树木或枝条很快枯死。

（四）综合治理方法

1）加强管理。合理配置园林树种,加强水、肥等管理;注意减少树木损伤,增强树势,以减少虫害发生;结合冬季修剪,及时剪伐新枯死的带虫枝条和树木,消灭虫源。

2）诱杀。在成虫羽化期用黑光灯和性引诱剂诱杀成虫,夜间使用捕虫器诱杀成虫。

3）人工捕杀。秋季人工捕捉下地越冬的幼虫,刮除树皮缝处的卵块。

4）药剂防治。在幼虫孵化期且未蛀入植株前,向树干喷施50%杀螟松乳油或40%氧化乐果乳剂1000倍液,每隔10~15天喷施1次,毒杀初孵幼虫。对初侵入老蛀孔周围韧皮部和边材部的幼虫,可用40%氧化乐果柴油溶液（氧化乐果与柴油比例为1∶9）涂虫孔;也可向虫孔上喷40%氧化乐果乳剂200倍液,或80%敌敌畏乳油150倍液。对已侵入木质部蛀道较深的幼虫,可用棉球沾二硫化碳或50%敌敌畏乳油10倍液,塞入或注入虫孔,用湿泥封口,均可收到良好效果。

5）生物防治。用喷注器在蛀虫孔注入每毫升含 $5 \times (10^8 \sim 10^9)$ 孢子的白僵菌液。斯氏线虫也可用来防治木蠹蛾。

三、小蠹虫类的认知

小蠹虫属于鞘翅目小蠹甲科,为小型甲虫,全世界已知3000多种,我国记载有500种以上,大多数种类寄生于树皮下,有的侵入木质部。小蠹虫种类不同,钻蛀的坑道形式不同。

（一）种类、分布及危害

危害园林植物的小蠹虫有松纵坑切梢小蠹、松横坑切梢小蠹、柏肤小蠹等。

1. 松纵坑切梢小蠹

松纵坑切梢小蠹分布广,在我国南、北方松林均有分布,主要危害云南松、马尾松、赤松、华山松、油松、樟子松、黑松、雪松等。成虫蛀害松树嫩梢,凡被害梢头都会变黄枯死,易被风吹折。松纵坑切梢小蠹繁殖时危害衰弱木,在树干的韧皮部内蛀食坑道,致使树木死亡。

2. 松横坑切梢小蠹

松横坑切梢小蠹主要分布在我国江西、河南、陕西、四川、云南等省,危害马尾松、油松、黑松、红松、云南松、糖松。

3. 柏肤小蠹

柏肤小蠹又名侧柏小蠹,分布于我国山西、河北、河南、山东、江西、陕西、甘肃、四川、台湾等地,主要危害侧柏、桧柏、柳杉等,以成虫蛀食枝梢补充营养,常将枝梢蛀空,使被害植株遇风即折断;发生严重时,常见树下有成堆的被咬折断的枝梢。繁殖期主要危害枝、干的韧皮部,造成枯枝或树木死亡。

（二）形态特性

1. 松纵坑切梢小蠹（见图4-39）

成虫体长3.5~4.5mm,椭圆形。全身为黑褐色或深棕色,具光泽,体上密布刻点和灰黄色细毛。触角及跗节为黄褐色。坑道为单纵坑,在树皮下层,微触及边材,坑道一般长为5~6cm,最长约14cm,子坑道在母坑道两侧,且与母坑道略垂直,长而弯曲,通常有10~

15 条。蛹室位于子坑的末端，在树皮层中。卵为灰白色，椭圆形。幼虫体长 5～6mm，乳白色，口器为褐色。蛹体长 4.5mm，白色，腹末端有针状突起。

2. 松横坑切梢小蠹（见图 4-40）

成虫体长 3.8～4.4mm。鞘翅基边缘升起且有缺刻，近小盾片处缺刻中断，与松纵坑切梢小蠹的主要区别是鞘翅斜面第 2 列间部与其他间部一样。母坑道为复横坑，由交配室分出左右两条横坑，且呈弧形，在立木上弧形的两端皆朝下方，在倒木上则方向不一。子坑道短而稀，长 2～3cm，自母坑道上方和下方分出。蛹室在边材上或皮内。

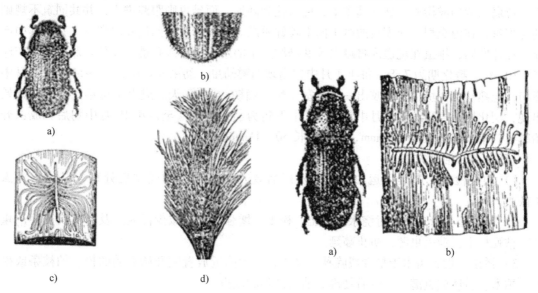

图 4-39　松纵坑切梢小蠹
a）成虫　b）成虫鞘翅末端
c）干、枝被害状（一）　d）干、枝被害状（二）

图 4-40　松横坑切梢小蠹
a）成虫　b）植物被害状

3. 柏肤小蠹

成虫体长 2.1～3.0mm，赤褐或黑褐色，无光泽。头部小，藏于前胸下。前胸背板宽大于长，前缘呈圆形，体密被刻点及灰色细毛。鞘翅前缘弯曲成圆形，上面各具有 9 条纵沟纹，沟间较粗糙，上面横排 3～4 条刚毛。鞘翅斜面为凹面，雄虫鞘翅斜面有栉齿状突起。坑道为单纵坑，长 2～5cm，子坑长 3～4cm。坑道位于韧皮部与边材之间，侵入孔位于母坑中部，子坑自母坑两侧水平伸出，然后向上方和下方扩展。蛹室位于子坑末端。卵为白色，圆球形。老熟幼虫体长 2.5～3.5mm，头为浅褐色，体弯曲。蛹为乳白色，体长2.5～3.5mm。

（三）发生规律

1. 松纵坑切梢小蠹

松纵坑切梢小蠹每年发生一代，以成虫越冬。树干基部的越冬坑常被枯草覆盖，在越冬坑外残留蛀屑。越冬成虫于翌年 3 月下旬至 4 月中旬离开越冬处，侵入松枝梢头髓部进行营养补充，之后在衰弱木、新伐倒木上筑坑、交配、产卵。在我国杭州，松纵坑切梢小蠹的卵于每年 4 月中旬孵化，幼虫期约为 15～20 天，每年 5 月中旬化蛹，5 月下旬到 6 月上旬出现新成虫，再侵入新梢进行营养补充。

2. 松横坑切梢小蠹

松横坑切梢小蠹常与松纵坑切梢小蠹伴随发生，每年发生一代，以成虫在松树嫩梢或土内越冬，主要侵害衰弱木和濒死木，也侵害健康木。此虫多在树干中部的树皮下蛀虫道，常使树木迅速枯死。夏季，新成虫蛀入健康木的当年新生枝梢中补充营养，被害枝梢易被风吹折；老成虫在恢复营养期内也危害嫩梢，严重时使被"剪切"的枝梢竟达树冠枝梢的70%以上。

3. 柏肤小蠹

柏肤小蠹每年发生一代，以成虫在柏树枝梢内越冬。翌年3~4月陆续飞出，雌虫寻找生长势弱的侧柏或桧柏，蛀入其皮下，侵入孔为圆形，而雄虫则跟踪进入，并共同筑不规则的交配室，在内交配。交配后的雌虫向上咬蛀单纵母坑，沿坑道两侧咬出卵室，并在其中产卵。在此期间，雄虫在坑道内将雌虫咬蛀母坑产生的木屑由侵入孔推出孔外。雌虫一生产卵26~104粒，孵化期为7天，每年4月中旬出现初孵幼虫。幼虫发育期为45~50天。5月中下旬，老熟幼虫在坑道末端咬出一个蛹室化蛹，蛹期约为10天。成虫于每年6月上旬开始出现，羽化期一直延续到7月中旬，6月中下旬为羽化盛期，至每年10月中旬后，成虫开始越冬。单纵坑道长15~45mm，子坑道长30~41mm。

（四）综合治理方法

1）加强检疫。严禁调运虫害木，发现后要及时进行药剂或剥皮处理，以防止害虫扩散。

2）加强园林管理。及时浇水、施肥、松土，增强树势，减少侵入。及时剪伐虫害严重的新枯死枝干，消灭虫源，防止蔓延。

3）诱杀。设置饵木于早春或晚秋，在受害树木附近放置刚开始衰弱的松、柏枝条或松木、柏木，引诱成虫潜入，然后处理，消灭诱到的成虫。

4）生物防治。注意保护天敌昆虫，同时人工饲养和繁殖小蠹虫天敌。

5）药剂防治。在成虫羽化盛期或越冬成虫出蛰盛期，喷施80%敌敌畏乳油1000倍液或40%氧化乐果乳油、80%磷胺乳油100~200倍液于活立木枝干。

四、透翅蛾类的认知

透翅蛾属鳞翅目，透翅蛾科，全世界已知的有100种以上，我国已知的有10余种。成虫很像胡蜂，白天活动。幼虫蛀食茎秆、枝条，形成肿瘤。

（一）种类、分布及危害

危害园林植物的透翅蛾类有白杨透翅蛾、苹果透翅蛾等。

1. 白杨透翅蛾

白杨透翅蛾又名杨透翅蛾，分布于我国河北、河南、北京、内蒙古、山西、陕西、江苏、新疆、浙江等省区，主要危害杨、柳树，其中对银白杨、毛白杨危害最严重。幼虫钻蛀枝干和顶芽，枝梢被害后枯萎下垂，顶芽生长受抑制，只生侧枝，形成秃梢。苗木主干被害后形成虫瘿，易遭风折断而成残次苗。成虫羽化时，蛹体穿破堵塞的木屑，并将身体的2/3伸出羽化孔，遗留下的蛹壳经久不掉，极易识别。

2. 苹果透翅蛾

苹果透翅蛾又名苹果小透翅蛾，主要分布在我国华北等地，危害海棠、苹果，樱桃、李、杏、梅等。

（二）形态特征

1. 白杨透翅蛾（见图 4-41）

成虫体长 11～20mm，翅展达 22～38mm，外形似胡蜂。头呈半球形，头顶有黄褐色毛丛 1 束，背面有青黑色光泽鳞片。前翅窄长，有赭红色鳞片，中室与后缘略透明；后翅全透明，缘毛为灰褐色。腹部呈圆筒形，青黑色，有 5 条橙黄色环带。老熟幼虫体长 30～33mm，圆筒形。初孵幼虫为浅红色，老熟后变为黄白色。幼虫有胸足 3 对，腹足、臀足退化，仅留趾钩。

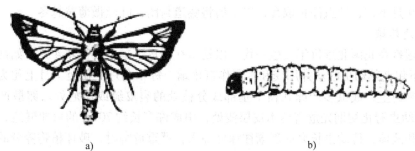

a)　　　　　　　　　　　　　　　　b)

图 4-41　白杨透翅蛾
a）成虫　b）幼虫

2. 苹果透翅蛾（见图 4-42）

体长 12～16mm，翅展达 20mm 左右，体为黑色并且具有蓝黑色光泽。前翅边缘及翅脉为黑色，中部透明，前缘至后缘处有 1 个较粗的黑纹；后翅透明。腹部有 2 个黄色环纹。老熟幼虫体长 22～25mm。头为黄褐色，胴部为乳白色并且微带黄褐色。

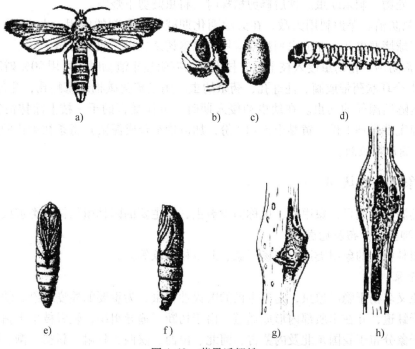

a)　　　　　　　b)　c)　　　　　d)

e)　　　　　　f)　　　　　g)　　　　h)

图 4-42　苹果透翅蛾
a）成虫　b）成虫头部侧面　c）卵　d）幼虫
e）蛹　f）蛹的侧面　g）植物被害状（一）　h）植物被害状（二）

（三）发生规律

1. 白杨透翅蛾

白杨透翅蛾多为一年发生一代，少数为一年发生两代。以幼虫在枝干木质部内越冬。翌年4月上旬取食危害，4月下旬幼虫开始化蛹，5月上旬成虫开始羽化，盛期在6月中旬至7月上旬，10月中旬羽化结束。成虫飞翔力强且迅速，夜间静伏。成虫将卵多产于叶腋、叶柄、伤口处及有绒毛的幼嫩枝条上。卵细小，不易被发现，卵期为7～15天。幼虫共有8龄，初孵幼虫取食韧皮部，4龄以后的幼虫蛀入木质部危害。幼虫蛀入木质部后，通常不再转移。每年9月下旬，幼虫停止取食，以木屑将隧道封闭，吐丝做薄茧越冬。

2. 苹果透翅蛾

苹果透翅蛾在我国北京每年发生一代，以幼虫在树皮下越冬。翌年4月开始活动，蛀食皮层，5月下旬老熟幼虫吐丝并用粪和木屑作茧化蛹。每年6月下旬至7月上旬为成虫羽化盛期。在海棠树上，成虫多产卵在树干基部或分枝处的裂皮缝或伤疤处。卵散产，卵期为10天左右。幼虫孵化初期先危害树木皮层浅处，串成许多长约70cm的弯曲隧道，隧道内有棕红色虫粪和液体，待幼虫长大后逐渐往深处蛀入，严重危害时，破坏植物养分的输送，致使整枝或整株树木枯死。每年11月份，幼虫开始越冬。

（四）综合治理方法

1）选择抗虫树种。例如有些杂交杨树对白杨透翅蛾有较强的抗性。

2）加强检疫。在引进或输出苗木和枝条时，严格检验，发现虫瘿要剪下烧毁，以杜绝虫源。

3）人工防治。幼虫初蛀入植株时，会有蛀屑或小瘤，发现后要及时剪除或削掉，或向虫瘿的排粪处钩、刺杀幼虫。秋后修剪植株时，将虫瘿剪下烧毁。

4）生物防治。保护利用天敌，在天敌羽化期减少杀虫剂的使用。也可用沾有白僵菌、绿僵菌的棉球堵塞虫孔。在成虫羽化期应用信息素诱杀成虫，效果明显。

5）药剂防治。在幼虫侵入枝干后，枝干表面有明显排泄物时，可用50%磷胺乳油20～30倍液涂1个环状药带或滴、注蛀孔，药杀幼虫。用三硫化碳棉球塞蛀孔，孔外堵塞黏泥，能杀死潜至隧道深处的幼虫。在幼虫初侵入期时，可往受害的干、枝上涂抹溴氰菊酯泥浆（2.5%溴氰菊酯乳油1份，黄黏土5～10份，加适量水合成泥浆）毒杀初孵化的幼虫。还可根施3%呋喃丹颗粒剂。

五、象甲类的认知

象甲类属于鞘翅目，象甲科，也称为象鼻虫，是主要的园林植物钻蛀类害虫。

（一）种类、分布及危害

危害园林植物的象甲类昆虫有杨干象、北京枝瘿象等。

1. 杨干象

杨干象又名杨干隐喙象虫，是速生杨的毁灭性害虫，为重要的检疫对象。幼虫在韧皮部内环绕树干蛀道，并在木质部内形成隧道。由于切断了输导组织，轻者枝梢干枯，重者整株死亡。杨干象分布于我国东北及内蒙古、河北、山西、陕西、甘肃、新疆、柳、桦等地区的园林中，以加拿大杨、小青杨、白毛杨、香杨和旱柳等受害重。

2. 北京枝瘿象

北京枝瘿象的成虫和幼虫均能危害植株，取食植物的根、茎、叶、果实和种子。成虫多产卵于植物组织内。幼虫以钻蛀方式危害，少数可以产生虫瘿或潜叶危害。北京枝瘿象分布于我国北京、河北等地。

（二）形态特征

1. 杨干象（见图4-43）

成虫体呈椭圆形，体长 8～10mm，黑褐色，全体密被灰褐色鳞片，其间闪着白色鳞片，以前胸背板两侧和鞘翅后端1/3处以及腿节上的白色鳞片较密，并混杂直立的黑色毛丛。触角为赤褐色，共有 9 节，呈膝状。喙弯曲，赤褐色，表面密布刻点，中央有 1 条纵隆线，虫体前方着生两对，后方着生 3 对横列的黑色毛丛。鞘翅上各着生 6 个黑色毛丛。雌虫臀板末端呈尖形，雄虫臀板末端呈圆形。幼虫为乳白色，全身疏生黄色短毛。胴部弯曲，略呈马蹄形。头部、下颚及下唇须均为黄褐色。前胸具有 1 对黄色硬皮板，中后胸各由两小节组成，且胸足退化。气门为黄褐色。腹部第 1～2 节共由三小节组成。

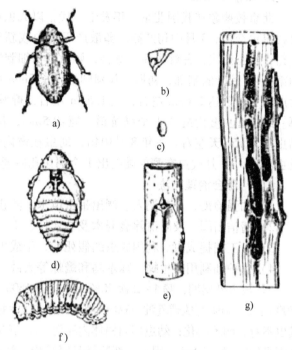

图4-43 杨干象
a）成虫 b）头部侧面 c）卵 d）蛹
e）产卵孔 f）幼虫 g）植物被害状

2. 北京枝瘿象（见图4-44）

成虫体长 7mm 左右，椭圆形，褐色，体密被白色细毛。前胸背板前缘有 2 块凹陷斑。鞘翅为褐色或黑褐色，翅面具有纵沟、刻点和黑斑。老熟幼虫体长约 6mm，纺锤形，稍弯曲，黄白色，头为褐色。

（三）发生规律

1. 杨干象

杨干象在我国辽宁地区每年发生一代，以卵及初孵幼虫越冬。翌年 4 月中旬越冬幼虫开始活动，越冬卵也相继孵

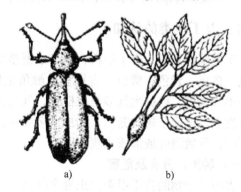

图4-44 北京枝瘿象
a）成虫 b）植物被害状

化为幼虫。5 月下旬幼虫在蛀道末端向上蛀入木质部，在其末端蛀椭圆形蛹室化蛹，蛹期为 6～12 天。6 月中旬到 10 月成虫发生，发生盛期为 7 月中旬，成虫以嫩枝干或叶片作营养进行补充，在树干上咬 1 个圆孔至形成层内取食，使被害枝干上留有无数针眼状小孔。成虫取食叶片时，多啃食叶肉，残留表皮呈网眼状。杨干象假死性强，受惊坠落后，可长时间蜷缩不动。成虫于每年 7 月下旬交尾、产卵，并将卵产于叶痕或裂皮缝的木栓层中，多选择三年

生以上的幼树或枝条。成虫产卵前先咬1个产卵孔，然后每孔产卵1粒，并排泄出黑色分泌物将孔口堵好才离开。杨干象1天最多可产卵4粒，一生平均产卵40余粒，产卵期为36天左右。卵经2~3周孵化为幼虫，于原处越冬。

2. 北京枝瘿象

北京枝瘿象在我国北京一年发生一代，以成虫在虫瘿内越冬。翌年3月上旬，雄虫外出寻找雌虫交尾，3月中旬产卵。卵散产于芽内或新梢顶芽旁，卵期为15天左右。每年4月上旬，幼虫孵出，并蛀入新梢危害，刺激植株细胞增生，并形成虫瘿。虫瘿一般在当年生枝的第3~7片叶的基部，初期为长扁圆形，长5mm左右，宽3mm左右，黄绿色，质地幼嫩；后期最大者长达2.6cm左右，宽1.5cm左右，椭圆形，褐色或褐绿色，质地坚硬，瘿壁很厚。幼虫在虫瘿内蛀成1个纵坑道，宽约5mm，长约2mm，并取食坑道两端的幼嫩组织。幼虫期为150天左右。每年8月中旬，幼虫在瘿内化蛹，蛹期为14天左右。每年8月下旬成虫羽化，10月成虫在瘿前端咬出1个羽化孔后越冬。

（四）综合治理方法

1）加强检疫，严禁调入、调出带虫苗木，防止其传播。

2）清洁田园。及时清除衰弱木及枯死枝、干，剪除虫瘿及被害枝条，消灭虫源。

3）人工捕捉成虫。利用成虫的假死性，于成虫期振落捕杀。

4）保护和利用寄生蝇、啄木鸟和蟾蜍等天敌。

5）成虫外出期，喷1~2次20%菊杀乳油1500~2000倍液，或2.5%溴氰菊酯乳油2000~2500倍液，50%锌硫磷乳油1000倍液。成虫期可用灭幼脲三号油胶悬剂超低量喷雾防治，使成虫不育，卵不孵化；幼虫期向树体内注射40%氧化乐果乳油10倍液，可杀死幼虫，干和茎每厘米用药15~20mL，因木质部坚硬且吸药慢，注射时不要过快过急，防止胀裂针孔附近的树皮，注药后用湿泥封死孔口。在幼龄幼虫期且植物被害状明显时，用40%氧化乐果微胶囊、灭幼脲三号缓释膏油剂、白僵菌点涂幼虫排泄孔和蛀食的隧道，毒杀幼虫。

六、吉丁甲类的认知

吉丁类属鞘翅目，吉丁甲科，属于小型至大型甲虫。成虫色彩鲜艳，具有金属光泽，多为绿色、蓝色、青色、紫色、古铜色。触角呈锯齿状，前胸背板无突出的侧后角。幼虫体扁，头小且内缩，前胸大且多呈鼓槌状，气门为"C"字形且位于背侧，无足。成虫生活在木本植物上，产卵于树皮缝内。幼虫大多数在树皮下、枝干或根内钻蛀，有的生活在草本植物的茎内，少数潜叶或形成虫瘿。

（一）种类、分布及危害

危害园林植物的吉丁甲类昆虫有金缘吉丁虫、六星吉丁虫等。

1. 金缘吉丁虫

金缘吉丁虫分布于我国长江流域、黄河故道以及山西、河北、陕西、甘肃等地区，危害梨、苹果、沙果、桃等。幼虫蛀食皮层，被害组织颜色变深，被害处从外观看为黑色。蛀食的隧道内充满褐色虫粪和木屑，破坏植株输导组织，造成树势衰弱，危害后期常造成纵裂伤痕以至植株干枯死亡。

2. 六星吉丁虫

六星吉丁虫分布于我国江苏、浙江、上海等地，危害重阳木、悬铃木、枫杨等。幼虫围绕干部串食皮层，使植株韧皮部全部被破坏，并且其中充满红褐色粉末黏结的块状虫粪，导致树木生长不良，甚至全株死亡。

（二）形态特征

1. 金缘吉丁虫（见图4-45）

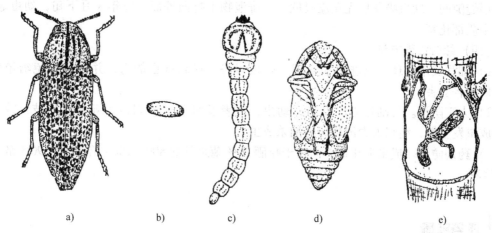

图4-45 金缘吉丁虫
a）成虫 b）卵 c）幼虫 d）蛹 e）植物被害状

成虫体长13～17mm，全体翠绿色，具有金属光泽，身体扁平，密布刻点。头部颜面有粗刻点，背面有5条蓝黑色纵线纹。雄虫腹部末端呈尖形，雌虫腹部末端呈钝圆。卵呈椭圆形，长约2mm，宽约1.4mm，初产时为乳白色，后渐变为黄褐色。老熟幼虫体长30～60mm，扁平，由乳白色渐变为黄白色，无足，头小，且为暗褐色。裸蛹，长15～20mm，宽约8mm，初为乳白色，后变为紫绿色，有光泽。

2. 六星吉丁虫（见图4-46）

成虫体长10mm，略呈纺锤形，茶褐色，有金属光泽。鞘翅不光滑，上面有6个全绿色的斑点。腹面为金绿色。卵为乳白色，椭圆形。老熟幼虫体长约30mm，身体扁平，头小，胴部为白色。胸部第1节特别膨大，中央有黄褐色"人"形纹；第3节和第4节短小，以后各节逐渐增大。蛹为乳白色，大小与成虫相似。

（三）发生规律

1. 金缘吉丁虫

金缘吉丁虫两年发生一代，以幼虫过冬。越冬部位多在外皮层，老熟越冬幼虫已

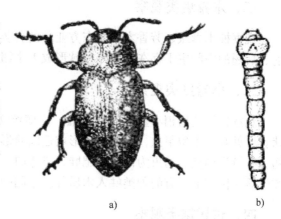

图4-46 六星吉丁虫
a）成虫 b）幼虫

潜入木质部。翌年春天越冬幼虫继续危害。每年3月下旬，幼虫开始化蛹，4月下旬成虫开始羽化，但因气温较低，都不出洞。每年5月中旬，成虫向外咬出一条扁圆形通道，5月中下旬为成虫产卵盛期，8月上旬为孵化盛期。幼虫孵化后蛀入树皮，每年9月以后长大的幼

虫逐渐转入木质部蛀食，准备过冬。

2. 六星吉丁虫

六星吉丁虫在我国上海一年发生一代，以幼虫越冬。成虫于每年5月中旬开始出现，6~7月为羽化盛期，8月上旬仍有成虫出现。成虫在晨露未干前较迟钝，并有假死性。卵产在皮层缝隙间。幼虫孵化后先在皮层危害，排泄物不排向外面。每年8月下旬，幼虫老熟，蛀入木质部化蛹。

（四）综合治理方法

1）加强栽培管理，改进肥水管理，增强树势，提高抗虫能力，并尽量避免给植株伤口，以减轻受害。

2）人工防治。可刮除树皮以消灭幼虫，或者及时清理田间被害死树、死枝，减少虫源。成虫发生期，组织人力清晨振树捕杀成虫。

3）药剂防治。成虫羽化期，向树干喷洒20%菊杀乳油800~1000倍液，或90%敌百虫600倍液。

 任务实施

一、天牛类观察

观察星天牛、云斑白条天牛的各类标本，应特别注意观察幼虫前胸背板上的斑纹。可见其身体多为长形，大小变化很大；触角呈丝状，常超过体长，至少为体长的2/3；复眼呈肾形，包围于触角基部。幼虫呈圆筒形，粗肥稍扁，体软多肉，白色或浅黄色；头小，胸大，胸足极小或无。成虫一般咬刻槽后产卵于树皮下，少数产于腐朽孔洞内及土层内。

二、木蠹蛾类观察

观察槐木蠹蛾、芳香木蠹蛾东方亚种的各类标本。可见其为中型至大型蛾类，体粗壮。前、后翅的中脉主干存在，前翅径脉形成1个翅室。幼虫钻蛀树干和枝梢。

三、小蠹虫类观察

观察松纵坑切梢小蠹、柏肤小蠹、松横坑切梢小蠹的各类标本，应特别注意蛀道的形状。可见其为小型甲虫，体呈卵圆形或近圆筒形，棕色或暗色，被有稀毛；触角呈锤状；鞘翅上有纵列刻点。幼虫为白色，肥胖，略弯曲，无足，头部为棕黄色。此类昆虫的大多数种类生活在树皮下，有的种类蛀入木质部。不同的种类钻蛀的坑道形式也不同。

四、透翅蛾类观察

观察白杨透翅蛾、苹果透翅蛾的各类标本。可见其成虫最显著特征是前、后翅的大部分都透明且无鳞片，很像胡蜂。透翅蛾类白天活动，幼虫蛀食茎秆、枝条，形成肿瘤。

五、吉丁甲类观察

观察金缘吉丁虫、六星吉丁虫的各类标本。可见其为小型至大型甲虫，成虫色彩鲜艳，具有金属光泽，多为绿色、蓝色、青色、紫色、古铜色。触角呈锯齿状，前胸背板无突出的侧后角。幼虫体扁，头小且内缩，前胸大且多呈鼓槌状，气门呈"C"字形且位于背侧，无足。成虫生活在木本植物上，产卵于树皮缝内。幼虫大多数在树皮下、枝干或根内钻蛀，有的生活在草本植物的茎内，少数潜叶或形成虫瘿。

六、象甲类观察

观察杨干象、北京枝瘿象的各类标本。可见其为小型至大型甲虫，许多种类头部延长成管状，状如象鼻，长短不一。体色变化大，多为暗色，部分种类具有金属光泽。幼虫多为黄白色，体肥壮，无眼无足。成虫和幼虫均能危害，取食植物的根、茎、叶、果实和种子。成虫多产卵于植物组织内；幼虫以钻蛀方式危害，少数可以产生虫瘿或潜叶危害。

思考问题

1. 天牛的识别与防治措施有哪些？
2. 小蠹虫类昆虫的识别与防治措施有哪些？
3. 吉丁甲类昆虫的识别与防治措施有哪些？
4. 象甲类昆虫的识别与防治措施有哪些？
5. 木蠹蛾类昆虫的识别与防治措施有哪些？
6. 透翅蛾类昆虫的识别与防治措施有哪些？

知识链接

其他蛀干害虫的识别与防治

一、茎蜂类

茎蜂类属于膜翅目，茎蜂科，成虫体细长，腹部没有腰。触角呈线状，前胸背板后缘近乎直线，前翅翅痣狭长，前足胫节只有1个距。产卵器短，呈锯状，平时缩入体内。幼虫无足，多蛀食枝条。危害园林植物的茎蜂类害虫主要是月季茎蜂，下面主要介绍月季茎蜂。

（一）分布及危害

月季茎蜂，又叫钻心虫、折梢虫，分布于我国华北、华东各地，除了危害月季外，还危害蔷薇、玫瑰等花卉。月季茎蜂以幼虫蛀食花卉的茎干，被害植株常从蛀孔处倒折或者萎蔫，此虫对月季危害很大。

（二）形态特征（见图4-47）

雌成虫体长16mm（不包括产卵管），翅展达22~26mm。雌成虫体为黑色且有光泽，第3~5腹节和第6腹节基部的一半均为赤褐色，第1腹节的背板露出一部分，第1~2腹节背板的两侧为黄色，翅脉为黑褐色。雄成虫略小，翅展达12~14mm。颜面中央为黄色，腹部为赤褐色或黑色，各背板两侧缘为黄色。卵为黄白色，直径约1.2mm。幼虫为乳白色，头部为浅黄色，体长约17mm。蛹为棕红色，纺锤形。

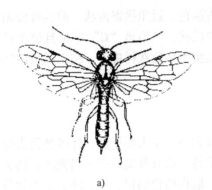

a)   b)

图 4-47　月季茎蜂

a) 成虫　b) 植物被害状

（三）发生规律

月季茎蜂一年发生一代，以幼虫在蛀害茎内越冬。翌年 4 月化蛹，5 月上中旬成虫出现。卵产在当年的新梢和含苞待放的花梗上，当幼虫孵化蛀入植株茎秆后，会使植株倒折、萎蔫。幼虫沿着茎秆中心继续向下蛀害，直到地下部分。月季茎蜂蛀为害时无排泄物排出，一般均充塞在蛀空的虫道内。每年 10 月以后天气渐冷，幼虫做一薄茧在茎内越冬，其部位一般距地面 10~20cm。

（四）综合治理方法

1）及时剪除并销毁受害的枝条。

2）在越冬代成虫羽化初期（柳絮盛飞期）和卵孵化期，使用 40% 氧化乐果 1000 倍液，或 20% 菊杀乳油 1500~2000 倍液毒杀成虫和幼虫。

二、蚊蝇类

蚊蝇类属于双翅目昆虫，成虫只有 1 对膜质前翅，后翅退化为平衡棒。幼虫无足，蚊类幼虫为全头型，多为 4 龄；蝇类幼虫为无头型，一般为 3 龄。植食性的蚊蝇种类中，有的危害后形成虫瘿，有的潜叶危害，有的蛀根危害。危害园林植物的常见蚊蝇类害虫主要有瘿蚊科的柳瘿蚊、菊瘿蚊和花蝇科的竹笋泉蝇。

（一）柳瘿蚊

1. 分布及危害

柳瘿蚊在我国东北、华北、华中、华东均有分布，主要危害柳树，特别是对旱柳、垂柳危害严重。被危害后树木枝干会迅速加粗，呈纺锤形瘤状突起。

2. 形态特征（见图 4-48）

成虫体长 3~4mm，翅展达 5~7mm，紫红色或紫黑色。头小；复眼为黑色，较大，几乎占据整个头部；触角呈念珠状，共 16 节，各节轮生细毛。中胸背板较发达；1 对翅，透明，翅脉简单，只有 3 条纵脉。足细长，浅褐色。卵呈长椭圆形，橘红色，半透明。幼虫初孵时为乳白色，半透明；老熟时为橘黄色，前端尖，腹部粗大，体长 4mm 左右。蛹为赤褐色。

3. 发生规律

柳瘿蚊一年发生一代，以成熟幼虫集中在树皮危害部中越冬。翌年 3 月开始化蛹，3 月下旬至 4 月中旬羽化为成虫，羽化时间在每日上午 9 时至 10 时，气温高则羽化量大，尤其雨后晴天的羽化量最大，成虫羽化后的蛹皮密集在羽化孔上，极易被发现。羽化后的成虫很

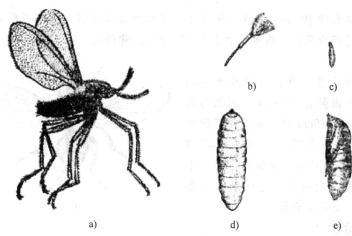

图 4-48　柳瘿蚊
a) 成虫　b) 成虫腹部末端　c) 卵　d) 幼虫　e) 蛹

快交配产卵。卵大多产在原瘿瘤上旧的羽化孔里，深度在形成层与木质部之间，每卵孔内产卵几十粒至几百粒不等。初孵幼虫就近扩散危害，从嫩芽基部钻入枝干皮下，每年6月下旬，绝大部分幼虫蛀入韧皮部，取食韧皮部和形成层。柳瘿蚊初次危害时，幼虫危害形成层的同时刺激了受害部位细胞畸形生长，枝干的被害部位很快增粗变大呈瘤状，这时枝干开始出现轻度肿瘤；来年枝干上出现羽化孔后，成虫又在原羽化孔及其附近产卵，孵化后的幼虫又在瘿瘤周围的愈合组织继续危害，这样重复产卵，重复危害，引起新生组织不断增生，瘿瘤越来越大。被害部位的枝干直径如果在5cm以下，虫口密度又比较大，枝干很快衰弱，会在两三年内干枯死亡。

4. 综合治理方法

1) 人工防治。在树木被害部位较小或柳瘿蚊初期危害时，在冬季或在每年3月底以前，把被害部位的树皮铲下，或把瘿瘤锯下，集中烧毁。

2) 药剂防治。3月下旬，将40%氧化乐果原液兑2倍水，涂刷瘿瘤及新侵害部位，并用塑料薄膜包扎涂药部位，可彻底杀死幼虫、卵和成虫。春季，在成虫羽化前用机油乳剂或废机油仔细涂刷瘿瘤及新侵害部位，可以杀死未羽化的老熟幼虫、蛹和羽化的成虫。5月在树干根基打孔（孔径0.5~0.8cm、深达木质部3cm）处用注射器注40%氧化乐果2倍液1.5~2mL，然后用烂泥封口，防止药液向外挥发，或刮皮涂药以毒杀瘿瘤内幼虫。5~6月，可在瘿瘤上钻2~3个孔（孔径为0.5~0.8cm、深入木质部3cm），然后用40%乐果的3~5倍液向孔注射1~2mL，然后用烂泥封口，防止药液向外挥发。这种方法对柳瘿蚊的有效防治率可达100%。

（二）竹笋泉蝇

1. 分布及危害

竹笋泉蝇分布于我国江苏、浙江、上海、江西等地，危害毛竹、淡竹、刚竹、早竹、石竹等。竹笋泉蝇幼虫蛀食竹笋，使竹笋内部腐烂，造成退笋。

2. 形态特征（见图4-49）

成虫体色为暗灰色，长约5~7mm。复眼为紫褐色，单眼有3个，为橙黄色。胸部背面有3条深色纵纹，翅脉为浅黄色，中后足为黄褐色。卵呈椭圆形，长约1.5mm，乳白色，排成块状。幼虫体长约10mm，蛆状，黄白色，前端细且末端粗，头部不明显，口器呈黑色钩状；老熟幼虫尾部为黑色。围蛹，长5.5~7.5mm，黄褐色。

3. 发生规律

竹笋泉蝇一年发生一代，以蛹在土中越冬，越冬蛹于翌年出笋前15~20天羽化为成虫飞出。当笋出土3~5cm时，成虫即产卵于笋箨内壁，笋外不易发现，每笋内可产卵10~200粒，幼虫孵出后即蛀食笋肉，形成不规则的虫道，引起笋内腐烂。老熟幼虫于每年5月中旬出笋入土并化蛹越冬。

4. 综合治理方法

1）人工防治。及早挖除虫害笋，杀死幼虫，减少入土化蛹的虫口密度。

2）诱杀成虫。在成虫羽化初期，在糖醋或鲜竹笋等中加少量敌百虫，放入诱捕笼诱捕成虫。

3）保护利用天敌。蜘蛛、蚂蚁、瓢虫等能捕食泉蝇卵块，应加以保护利用。

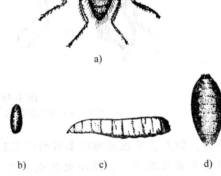

图4-49 竹笋泉蝇
a）成虫 b）卵 c）幼虫 d）蛹

4）药剂防治。对大面积竹林防治时，可在竹笋出笋前喷药1次，出笋后再喷药1次，之后每7天喷1次药，连续2~3次。

任务4 吸汁害虫的防治技术

 任务描述

吸汁害虫均以刺吸式口器危害园林植物，吸取植物汁液，造成枝叶枯萎，甚至整株死亡，同时还传播病毒。而这类害虫因个体小，发生初期危害状不明显，易被人们忽视。

吸汁害虫是指成虫、若虫以刺吸式或锉吸式口器取食植物汁液为害的昆虫，是园林植物害虫中较大的一个类群，其中以刺吸口器害虫种类最多。常见的吸汁害虫有同翅目的蝉类、蚜虫类、木虱类、介壳虫类、粉虱类，半翅目的蝽类，缨翅目的蓟马类，此外，节肢动物门蛛形纲蜱螨目的螨类也常被划入吸汁害虫行列中。吸汁害虫的繁殖力强，造成的虫害扩散蔓延快，在防治时一定要抓住有利时机，采取综合防治措施，才能达到满意的防治效果。

 任务咨询

一、蝉类的认知

蝉类属于同翅目，蝉亚目。蝉类成虫体型为小型至大型，触角呈刚毛状或锥状，跗节为

3节，翅脉发达。雌性成虫有由3对产卵瓣形成的产卵器。

（一）种类、分布及危害

危害园林植物的蝉类害虫主要有蚱蝉、大青叶蝉、桃一点叶蝉、青蛾蜡蝉等。

1. 蚱蝉

蚱蝉又名知了，在我国华南、西南、华东、西北及华北大部分地区都有分布，危害桂花、紫玉兰、白玉兰、梅花、腊梅、碧桃、樱花、葡萄、梨等多种植物。雌成虫在当年生枝梢上连续刺穴产卵，卵呈不规则螺旋状排列，使枝梢皮下木质部呈斜线状裂口，造成上部枝梢枯干。

2. 大青叶蝉

大青叶蝉又称为青叶跳蝉、青叶蝉、大绿浮尘子等，分布于我国东北、华北、中南、西南、西北、华东各地，危害圆柏、丁香、海棠、梅、樱花、木芙蓉、梧桐、杜鹃、月季、杨、柳、核桃、柑橘等。成虫和若虫危害叶片，刺吸汁液，造成叶片退色、畸形、卷缩，甚至全叶枯死。此外，大青叶蝉还可传播病毒。

（二）形态特征

1. 蚱蝉（见图4-50）

成虫体长40～48mm，体色为黑色，有光泽。头的前缘及额顶各有1块黄褐色斑。前后翅均透明。雄虫有鸣器；雌虫无鸣器，产卵器明显。卵呈长椭圆形，长约2.5mm，乳白色，有光泽。老熟若虫头宽11～12mm，体长25～39mm，黄褐色。头部有黄褐色"人"字形纹。老熟若虫有翅芽，翅芽前半部为灰褐色，后半部为黑褐色。

2. 大青叶蝉（见图4-51）

成虫体长7～10mm，青绿色。头为橙黄色，左右各有1块小黑斑；单眼2个，红色，单眼间有2个多角形黑斑。前翅革质为绿色且微带青蓝色，端部颜色浅且近半透明；前翅反面、后翅和腹背均为黑色，腹部两侧和腹面为橙黄色。足为黄白色至橙黄色。卵呈长圆形，微弯曲，一端较尖，长约1.6mm，乳白色至黄白色。若虫共5龄。老熟若虫体长6～7mm，头部有2块黑斑，胸背及两侧有4条褐色纵纹直达腹端。

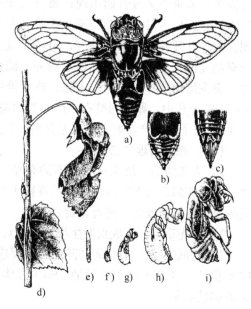

图4-50 蚱蝉
a) 成虫 b) 雌虫腹面 c) 雄虫腹面
d) 植物被害状 e) 卵 f) 一龄若虫
g) 二龄若虫 h) 三龄若虫 i) 四龄若虫

（三）发生规律

1. 蚱蝉

蚱蝉四年或五年发生一代，以卵和若虫分别在被害枝内和土中越冬。越冬卵于翌年6月中下旬开始孵化。夏季平均气温达到22℃以上时，老龄若虫多在雨后的傍晚，出土蜕皮羽化为成虫。雌虫于每年7～8月先刺吸树木汁液，补充一段营养，之后交尾产卵，从羽化到产卵约需15～20天。雌虫选择嫩梢产卵，并将卵产于木质部内。产卵孔排列成一长串，每个卵孔内有卵5～8粒，一枝上常连产百余粒。被产卵的枝条，产卵部位以上的枝梢很快枯萎。枯枝内的卵必须落到地面潮湿的地方才能孵化。初孵若虫钻入土中，吸食植物根部汁液。若虫在地下生活4年或5年。每年6~9月蜕皮一次，共4龄。1龄和2龄若虫多附着在植物侧根及须根上，而3龄和4龄若虫多附着在比较粗的根系上，且以根系分叉处最多。若虫在地下的分布以地面以下10~30cm处最多，最深可达80~90cm。雄成虫善鸣是此类昆虫最突出的特点。

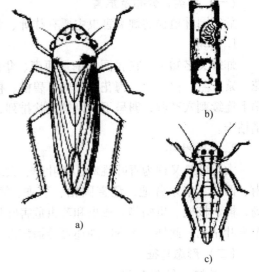

图4-51 大青叶蝉
a）成虫 b）卵 c）若虫

2. 大青叶蝉

大青叶蝉一年发生3~5代，以卵于树木枝条表皮下越冬。各代发生期大体为：第一代于每年4月上旬至7月上旬发生，成虫5月下旬开始出现；第二代于每年6月上旬至8月中旬发生，成虫于7月开始出现；第三代于每年7月中旬至11月中旬发生，成虫于9月开始出现。大青叶蝉各代发生不整齐，世代重叠。成虫有趋光性，夏季颇强，晚秋不明显。此虫产卵于寄主植物茎秆、叶柄、主脉、枝条等组织内，以产卵器刺破表皮成月牙形伤口，产卵6~12粒于其中，卵排列整齐，产卵处的植物表皮成肾形突起。每只雌虫可产卵30~70粒。每年10月下旬为产卵盛期，直至秋后，然后以卵越冬。

（四）综合治理方法

1）人工防治。清除花木周围的杂草；结合修剪，剪除有产卵伤痕的枝条，并集中烧毁；对于蚱蝉，可在其成虫羽化前在树干绑1条3~4cm宽的塑料薄膜带，拦截出土上树羽化的若虫，傍晚或清晨进行捕捉消灭。

2）灯光诱杀。在成虫发生期用黑光灯诱杀，可消灭大量成虫。

3）药剂防治。对叶蝉类害虫，主要应在其若虫盛发期喷药防治。可用40%乐果乳油1000倍液，或50%异丙威乳油、90%晶体敌百虫400~500倍液，或20%氰戊菊酯1500~2000倍液喷雾。

二、蚜虫类的认知

蚜虫类属同翅目，蚜总科。触角3~6节。有翅个体有单眼，无翅个体无单眼。喙4节。如果有翅，则前翅大、后翅小，有明显的翅痣。跗节2节，第1节很短。

（一）种类、分布及危害

危害园林植物的蚜虫类害虫主要有竹蚜、菊姬长管蚜、月季长管蚜、桃蚜等。

1. 月季长管蚜

月季长管蚜分布于我国吉林、辽宁、北京、河北、山西东部、安徽、江苏、上海、浙江、江西、湖南、湖北、福建、贵州、四川等地，危害月季、蔷薇、白兰、十姊妹等植物。以成虫、若虫群集于寄主植物的新梢、嫩叶、花梗和花蕾上刺吸危害。植物受害后，枝梢生长缓慢，花蕾和幼叶不易伸展，花朵变小，而且诱发煤污病，使枝叶变黑，严重影响观赏价值。

2. 桃蚜

桃蚜又名桃赤蚜、烟蚜、菜蚜、温室蚜，分布于全国各地，主要危害桃、樱花、月季、蜀葵、香石竹、仙客来及一二年生草本花卉。

（二）形态特征

1. 月季长管蚜（见图4-52）

无翅孤雌蚜体长约4.2mm，宽约1.4mm，长椭圆形。头部为浅绿色至土黄色，胸部、腹部为草绿色，有时为红色。触角颜色浅，各节间为灰黑色。有翅孤雌蚜体长约3~5mm，宽约1~3mm。草绿色，中胸为土黄色或暗红色。喙达中足基节之间，翅脉正常。腹管为黑色至深褐色，为尾片长的2倍。尾片为灰褐色，长圆锥形，中部收缩，端部稍内凹，有9~11根长毛。尾板呈馒头形，有14~16根毛。其他特征与无翅孤雌蚜相似。初孵若蚜体长约1.0mm，初孵时为白绿色，渐变为浅黄绿色。

2. 桃蚜（见图4-53）

无翅孤雌成蚜的体长为2.2mm。体色为绿色、黄绿色、粉红色或褐色。尾片呈圆锥形，有曲毛6~7根。有翅孤雌蚜的体长同无翅蚜，头及胸部为黑色，腹部为浅绿色。卵呈椭圆形，初为绿色，后变为黑色。若虫近似无翅孤雌胎生蚜，浅绿色或浅红色，体较小。

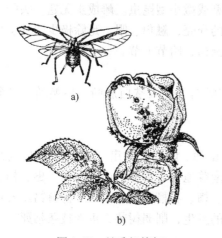
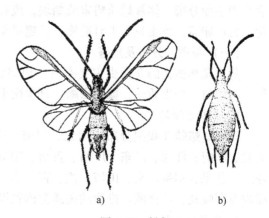

图4-52 月季长管蚜
a）成虫 b）植物被害状

图4-53 桃蚜
a）有翅胎生雌蚜 b）无翅胎生雌蚜

（三）发生规律

1. 月季长管蚜

月季长管蚜一年发生10~20代，冬季在温室内可继续繁殖危害。在北方以卵在寄主植物的芽间越冬；在南方以成蚜、若蚜在树梢上越冬。在北方，此虫于每年3月开始危害，4月中旬虫口密度剧增，5~6月是危害盛期，但7~8月的高温期不适宜该蚜虫生长，故虫口密度下降，9~10月虫口数量又上升为又一个危害盛期，每年10月下旬进入越冬期。在南方，此虫于每年2月开始活动，6月上中旬为发生盛期，8月下旬至11月为又一盛发期，12月为越冬期。气候干燥，气温适宜，平均气温在20℃左右，是月季长管蚜大发生的有利条件。

2. 桃蚜

桃蚜一年发生 30~40 代，以卵在桃树的叶芽和花芽基部及树皮缝、小枝中越冬。桃蚜属乔迁式昆虫。每年 3 月开始孵化，先群集芽上，后转移到花和叶上。5~6 月繁殖最盛，有翅蚜不断迁入蜀葵和十字花科植物上危害，10~11 月有翅蚜迁回桃、樱花等树上。春末夏初及秋季是桃蚜危害严重的季节。

（四）综合治理方法

1）人工防治。结合园林措施剪除有卵的枝叶或刮除枝干上的越冬卵。

2）利用色板诱杀有翅蚜。

3）保护天敌瓢虫、草蛉，抑制蚜虫的扩散。

4）在寄主植物休眠期，喷洒 3~5°Bé 石硫合剂。在蚜虫发生期喷洒 50%灭蚜松乳油 1000~1500 倍液或 50%抗蚜威可湿性粉剂 1000~1500 倍液、2.5%溴氰菊酯乳油 3000~5000 倍液、10%吡虫啉可湿性粉剂 2000~2500 倍液、40%氧化乐果乳油 1000~1500 倍液。盆栽植物可根埋 15%涕灭威颗粒剂 2~4g（根据盆的大小决定用药量）或 8%氧化乐果颗粒剂，并且施药后覆土浇水。在树木上也可打孔注射或刮去老皮并涂药环。

三、介壳虫类的认知

介壳虫类属同翅目蚧总科，又称为蚧虫，属小型或微小型昆虫。雌成虫无翅，头胸完全愈合而不能分辨，体被蜡质粉末或蜡块，或有特殊的介壳，触角、眼、足除极少数外全部退化，无产卵器。雄虫只有 1 对前翅，后翅退化成平衡棒，跗节 1 节。

（一）种类、分布及危害

危害园林植物的介壳虫主要有日本龟蜡蚧、红蜡蚧、仙人掌白盾蚧、白蜡蚧、紫薇绒蚧、吹绵蚧、矢尖盾蚧、糠片盾蚧、日本松干蚧等。

1. 日本龟蜡蚧

日本龟蜡蚧在我国分布于河北、河南、山东、山西、陕西、甘肃、江苏、浙江、福建、湖北、湖南、江西、广东、广西、贵州、四川、云南等地，危害茶、山茶、桑、枣、柿、无花果、芒果、苹果、梨、山楂、桃、杏、李、樱桃、梅、石榴、栗等 100 多种植物。若虫和雌成虫刺吸枝、叶汁液，排泄的蜜露常诱致煤污病的发生，削弱树势，重者枝条枯死。

2. 日本松干蚧

日本松干蚧主要危害马尾松和赤松、油松，其次危害黑松。被害树由于皮层组织被破坏，一般树势衰弱，生长不良，针叶枯黄，芽梢枯萎，之后树皮增厚、硬化、卷曲翘裂。幼树严重被害后，易发生软化垂枝和树干弯曲现象，并常发生次期病虫害。

（二）形态特征

1. 日本龟蜡蚧（见图 4-54）

雌成虫体背有较厚的白蜡壳，呈椭圆形，长 4~5mm，背面隆起似半球形，中央隆起较高，表面有龟甲状凹纹，边缘蜡层厚且弯卷并由 8 块组成。雄成虫体长 1~1.4mm，浅红至紫红色，眼为黑色，触角呈丝状，翅 1 对且白色透明，有 2 条粗脉，足细小。卵呈椭圆形，长 0.2~0.3mm，初产时为浅橙黄，后变为紫红色。若虫初孵时体长约 0.4mm，呈椭圆形且扁平，浅红褐色。触角和足发达，且均为灰白色，腹末端有 1 对长毛。固定于寄主植物 1 天后开始分泌蜡丝，7~10 天形成蜡壳，周边有 12~15 个蜡角。后期，蜡壳加厚，雌雄形态分化，雌若虫与雌成虫相似。雄蜡壳呈长椭圆形，周围有 13 个蜡角似星芒状。雄蛹呈梭形，长约 lmm，棕色。

2. 日本松干蚧（见图 4-55）

雌成虫体长 2.5 ~ 3.3mm，呈卵圆形，橙褐色。触角 9 节，呈念珠状。雄虫体长 1.3 ~ 15mm，翅展达 3.5 ~ 3.9mm。成虫头部、胸部为黑褐色，腹部为浅褐色。触角呈丝状，10 节。前翅发达，后翅退化为平衡棒。腹部 9 节，在第 7 节背面有 1 个马蹄形的硬片，其上生有柱状管腺 10 ~ 18 根，分泌白色长蜡丝。卵长约 0.24mm，宽约 0.14mm，椭圆形。初产时为黄色，后变为暗黄色。孵化前在卵的一端可透见 2 个黑色眼点。卵包被于卵囊中。卵囊为白色，椭圆形。1 龄初孵若虫，长 0.26 ~ 0.34mm，长椭圆形，橙黄色，触角 6 节。1 龄寄生若虫，长约 0.42mm，宽约 0.23mm，梨形或

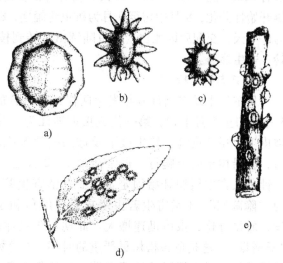

图 4-54 日本龟蜡蚧
a）雌成虫 b）雄成虫 c）若虫
d）植物被害状（一） e）植物被害状（二）

心脏形，橙黄色，虫体背面两侧有成对的白色蜡条，腹面有触角和足等附肢。2 龄无肢若虫，触角和足全部消失，口器特别发达，虫体周围有长的白色蜡丝，雌雄分化显著。3 龄雄若虫，体长约 1.5mm，橙褐色，口器退化，触角和胸足发达，外形与雌成虫相似，但腹部狭窄，无背疤，腹末无"八"字形臀裂。雄蛹外被白色茧，茧疏松，长 1.8mm 左右，椭圆形。

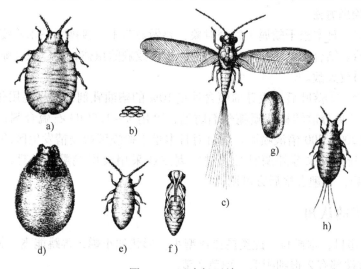

图 4-55 日本松干蚧
a）雌成虫 b）卵 c）雄成虫 d）卵囊 e）三龄雄若虫 f）雄蛹 g）茧 h）1 龄初孵若虫

（三）发生规律

1. 日本龟蜡蚧

日本龟蜡蚧一年发生一代，以受精雌虫主要在 1 ~ 2 年生枝上越冬。翌春寄主发芽时开

始危害，虫体迅速膨大，成熟后产卵于腹下。产卵盛期为 5 月中旬。每只雌虫产卵千余粒，多者 3000 粒。卵期为 10 ~ 24 天。初孵若虫多爬到嫩枝、叶柄、叶面上固着取食，8 月初雌雄开始性分化，8 月中旬至 9 月为雄虫化蛹期，8 月下旬至 10 月上旬为羽化期，雄成虫寿命为 1 ~ 5 天，交配后即死亡，雌虫陆续由叶转到枝上固着危害。日本龟蜡蚧天敌有瓢虫、草蛉、寄生蜂等。

2. 日本松干蚧

日本松干蚧在浙江一年发生两代，以 1 龄寄生若虫越冬（或越夏）。越冬代成虫期为 3 月下旬至 5 月下旬，第一代成虫期浙江为 9 月下旬至 11 月上旬。雌成虫交尾后，于翘裂皮下、粗老皮缝、轮生枝下及球果鳞片等隐蔽处潜入，分泌蜡丝形成卵囊。若虫孵出后，喜沿树干向上爬行。通常活动 1 ~ 2 天后，即潜入树皮缝隙、翘裂皮下和叶腋等处，口针刺入寄主组织开始固定寄生。一龄寄生若虫虫体很小，生活隐蔽，很难识别，故称为"隐蔽期"。1 龄寄生若虫蜕皮后，触角和足等附肢全部消失，分泌蜡粉组成长的蜡丝，雌雄分化，虫体迅速增大。此期由于虫体较大，显露于皮缝外，较易识别，故称为"显露期"。这是危害松树最严重的时期。3 龄雄若虫，喜沿树干向下爬行，于树皮裂缝、球果鳞片、树干根际及地面杂草、石块等隐蔽处，由体壁分泌蜡质絮状物，作成白色椭圆形小茧化蛹。日本松干蚧的扩散蔓延和远距离的传播，主要是通过风、雨水和人为活动。雨水能将松树枝干上的卵囊、雌成虫及初孵若虫冲至地面，随着雨水流动传播到低洼地区蔓延发生。从发生区调运苗木、鲜松柴及未剥皮的原木，都能将日本松干蚧带到其他地区。卵囊除随枝柴、杂草等被带到其他地区外，人的衣帽和鞋履等也能沾带卵囊而代为传播。到发生区放牧，卵囊也可附在牲畜身上而随之传播。捕食性昆虫，如瓢虫、草蛉等也能携带卵囊进行传播。

（四）综合治理方法

1）加强检疫。日本松干蚧属于检疫对象，要做好苗木、接穗、砧木检疫工作。

2）人工防治。结合花木管理及护理，剪除虫枝或刷除虫体，可以减轻蚧虫的危害。

3）保护并引放天敌。

4）药剂防治。①落叶后至发芽前喷含油量 10% 的柴油乳剂，如果混用化学药剂效果更好。也可在初孵若虫分散转移期喷施药剂防治，可用 1 ~ 1.5°Bé 石硫合剂；卵囊盛期可用 50% 杀螟松乳油 200 ~ 300 倍液喷洒。还可对日本松干蚧疫区或疫情发生区的苗木、松原木、小径材、薪材、新鲜球果等外调时必须进行剥皮或采用溴甲烷熏蒸处理，用药量为 20 ~ 30g/m³，熏蒸 24h，处理合格后方可调运。

四、木虱类的认知

木虱类属同翅目，木虱科。此类昆虫体型小，形状如小蝉，善跳能飞。触角绝大多数为 10 节，最后一节端部有 2 根细刚毛。跗节 2 节。

（一）种类、分布及危害

危害园林植物的木虱类害虫主要有梧桐木虱、樟木虱。

1. 梧桐木虱

梧桐木虱是青桐树的主要害虫。该虫的若虫和成虫多群集青桐叶背面和幼枝嫩干上吸食危害，破坏植株输导组织。若虫分泌的白色絮状蜡质物，能堵塞气孔，影响植物的光合作用和呼吸作用，致使叶面呈苍白萎缩状；且因同时招致真菌寄生，而使树木受害更甚。梧桐木虱危害严重时，树叶早落，枝梢干枯，表皮粗糙，易受风折断，严重影响树木的生长发育。

2. 樟木虱

樟木虱分布于我国浙江、江西、湖南、台湾、福建等地，危害樟树。若虫吸取叶片汁液，导致叶面出现浅绿、浅黄绿以至紫红色的突起，影响植物的光合作用和正常生长。

（二）形态特征

1. 梧桐木虱（见图 4-56）

成虫体色为黄绿色，长 4~5mm，翅展约 13mm。头顶两侧明显凹陷，复眼突出，呈半球形，赤褐色。触角为黄色，10 节，最后两节为黑色。前胸背板呈弓形，前后缘为黑褐色；中胸具有 2 条浅褐色纵纹，中央有 1 条浅沟。足为浅黄色，爪为黑色。翅膜质透明，翅脉为茶黄色，内缘室端部有 1 块褐色斑，径脉自翅端半部分权。腹部背板为浅黄色，各节前缘饰以褐色横带。雌虫比雄虫稍大。卵略呈纺锤形，长约 0.7mm。初产时为浅黄白或黄褐色，孵化前变为深红褐色。若虫共 3 龄，1 龄和 2 龄虫体较扁，略呈长方形；末龄近圆筒形，茶黄色而微带绿色，体敷以白色絮状蜡质物，长 3.4~4.9mm。

2. 樟木虱（见图 4-57）

成虫体长 1.6~2.0mm，翅展达 4.5mm，体色为黄色或橙黄色。触角呈丝状，9~10 节逐渐膨大呈球杆状，末端着生 2 根长短不一的刚毛。复眼大而突出，半球形，黑褐色。雌虫腹部末节的背板向后张开，侧面观呈叉状；雄虫腹末端呈圆锥形。成虫各足胫节端部有 3 根黑刺，跗节 2 节，爪 2 个。卵长约 0.3mm，纺锤形，一端尖，一端稍钝且具柄，柄长 0.06mm。初产时为乳白色且透明，近孵化时呈黑褐色，具有光泽。若虫体长 0.3~0.5mm，初孵时体色浅，扁椭圆形；体周有白色蜡丝，随虫的增长而蜡丝增多；体色随虫的增长而逐渐加深为黄绿色；复眼为红色。老熟幼虫体长 1.0~1.2mm，呈灰黑色，体周的蜡丝排列紧密，羽化前蜡丝脱落。

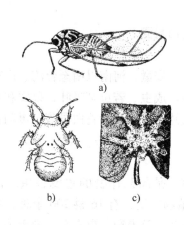

图 4-56　梧桐木虱
a）成虫　b）若虫　c）植物被害状

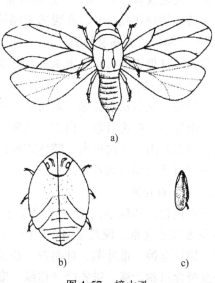

图 4-57　樟木虱
a）成虫　b）若虫　c）卵

（三）发生规律

1. 梧桐木虱

梧桐木虱一年发生两代，以卵在枝干上越冬，翌年4月下旬至5月上旬越冬卵开始孵化危害，若虫期为30多天。第一代成虫于每年6月上旬羽化，6下旬为羽化盛期；第二代成虫于每年8月上中旬羽化。成虫羽化后需补充营养才能产卵。第一代成虫多产卵于叶片背面，经14天左右孵化；第二代卵大都产在主枝阴面、侧枝分叉处或主侧枝表皮粗糙处。梧桐木虱发育很不整齐，有世代重叠现象。若虫和成虫均有群居性，常常十多头至数十头群居在叶片背面等处。若虫潜居生活于白色蜡质物中，行走迅速；成虫飞翔力差，有很强的跳跃能力。

2. 樟木虱

樟木虱一年一代，少数发生两代，以若虫在被害叶片背面的虫瘿内越冬。翌年3月上旬至4月上旬化蛹，4月上中旬羽化为成虫交配、产卵，4月中旬至5月上旬为第一代卵的孵化期，少数若虫在5月下旬羽化为成虫，6月上旬出现第二代若虫。成虫产卵于嫩梢或嫩叶上，排列成行，或数粒排在一个平面上。初孵若虫爬行较慢。

（四）综合治理方法

1）加强检疫。

2）每年4月上旬及时摘除着卵叶。

3）每年4月中旬至5月上旬，剪除有若虫的枝梢，集中烧毁。

4）在卵期、若虫期喷洒50%乐果乳油1000倍液或50%马拉硫磷乳油1000倍液，兼有杀卵效果。

五、粉虱类的认知

粉虱类属同翅目，粉虱科。粉虱类体型微小，雌虫和雄虫均有翅，翅短而圆，膜质，翅脉极少，前翅仅有2~3条，前后翅相似，后翅略小。体翅上均有白色蜡粉。成虫、若虫都有1个特殊的瓶状孔，开口在腹部末端的背面。

（一）种类、分布及危害

危害园林植物的粉虱类害虫主要有黑刺粉虱、温室白粉虱。

1. 黑刺粉虱

黑刺粉虱又名桔刺粉虱、刺粉虱，分布于我国江苏、安徽、河南以南至台湾、广东、广西、云南等地，危害月季、白兰、榕树、樟树、山茶等。成虫、若虫刺吸叶、果实和嫩枝的汁液，被害叶出现黄白斑点，随危害的加重斑点扩展成片，进而全叶苍白早落。黑刺粉虱排泄的蜜露可诱致煤污病发生。

2. 温室白粉虱

温室白粉虱俗称小白蛾子，分布于欧美各国温室，是园艺作物的主要害虫。该虫于1975年发现于北京，现几乎遍布全国。白粉虱的寄主植物广泛，有16科200余种，危害一串红、倒挂金钟、瓜叶菊、杜鹃花、扶桑、茉莉、大丽花、万寿菊、夜来香、佛手等。成虫和若虫吸食植物汁液，被害叶片褪绿、变黄、萎蔫，甚至全株枯死。温室白粉虱分泌大量蜜露，严重污染叶片和果实，往往引起煤污病的大发生，影响植物的观赏价值。

（二）形态特征

1. 黑刺粉虱（见图4-58）

成虫体长 0.96～1.3mm，橙黄色，薄覆白粉。复眼呈肾形，为红色。前翅为紫褐色，上有7块白斑；后翅小，为浅紫褐色。卵呈新月形，长 0.25mm，基部钝圆，有1个小柄，直立附着在叶上。初产时为乳白色，后变为浅黄色，孵化前变为灰黑色。若虫体长 0.7mm，黑色，体背上有14对刺毛，体周缘分泌有明显的白蜡圈。若虫共3龄。蛹呈椭圆形，初为乳黄色，渐变为黑色。蛹壳也为椭圆形，长 0.7～1.1mm，漆黑且有光泽，壳边呈锯齿状，周缘有较宽的白蜡边，背面显著隆起，胸部有9对长刺，腹部有10对长刺。雌蛹壳两侧边缘有长刺11对，雄蛹壳有10对。

2. 温室白粉虱（见图4-59）

成虫体长 1～1.5mm，浅黄色。翅面覆盖白蜡粉，停息时双翅在体上合成屋脊状如蛾类；翅端呈半圆状，可遮住整个腹部；翅脉简单，沿翅外缘有一排小颗粒。卵长约 0.2mm，从侧面看呈长椭圆形，基部有卵柄，柄长 0.02mm，可从叶片背面的气孔插入植物组织中。初产时为浅绿色，覆有蜡粉，而后渐变为褐色，孵化前呈黑色。1龄若虫体长约 0.29mm，长椭圆形，2龄若虫体长约 0.37mm，3龄若虫体长约 0.51mm，浅绿色或黄绿色，足和触角退化，紧贴在叶片上营固着生活。4龄若虫又称为伪蛹，体长 0.7～0.8mm，椭圆形，初期体扁平，而后逐渐加厚呈蛋糕状（侧面观），中央略高，为黄褐色，体背有长短不齐的蜡丝，体侧有刺。

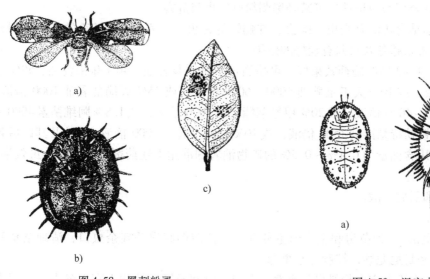

图4-58　黑刺粉虱
a）雌成虫　b）雌蛹壳　c）植物被害状

图4-59　温室白粉虱
a）若虫　b）伪蛹

（三）发生规律

1. 黑刺粉虱

黑刺粉虱一年发生四代，以若虫于叶片背面越冬。越冬若虫于翌年3月化蛹，3月下旬至4月羽化。黑刺粉虱世代不整齐，从3月中旬至11月下旬于田间可见各虫态。各代若虫发生期：第一代于每年4月下旬至6月发生，第二代于每年6月下旬至7月中旬发生，第三代于每年 7 月中旬至 9 月上旬发生，第四代于每年 10 月至翌年 2 月发生。成虫喜较阴暗的环境，多在树冠内膛的枝叶上活动。卵散产于叶片背面，散生或密集为圆弧形，数粒至数十粒在一起，每只雌虫可产卵数十粒至百余粒。初孵若虫多在卵壳附近爬动和吸食植物，共 3 龄，2 龄和 3 龄固定寄生，若虫每次蜕皮后的壳均留叠体背。黑刺粉虱天敌有瓢虫、草蛉、寄生蜂、寄生菌等。

2. 温室白粉虱

温室白粉虱在温室中一年可发生十余代，以各虫态在温室越冬并继续危害。成虫羽化后 1～3 天可交配产卵。此虫也可进行孤雌生殖，其后代为雄性。成虫有趋嫩性，在寄主植物打顶以前，成虫总是随着植株的生长不断追逐顶部嫩叶产卵，因此白粉虱各虫态在植物上自上而下的分布为：新产的绿卵、变黑的卵、初龄若虫、老龄若虫、伪蛹、新羽化成虫。白粉虱卵以卵柄从气孔插入叶片组织中，与寄主植物保持水分平衡，极不易脱落。若虫在孵化后 3 天内可在叶片背面做短距离游走，当口器插入叶组织后就失去了爬行的机能，开始营固着生活。粉虱繁殖的适宜温度为 18～21℃，在温室条件下，约 1 个月完成一代。冬季温室苗木上的白粉虱，是露地花木的虫源，通过温室开窗通风或苗木向露地移植而使粉虱迁入露地。因此，对于白粉虱的扩散，人为因素起着重要作用。白粉虱的种群数量，由春季至秋季持续发展，夏季的高温多雨抑制作用不明显，到秋季数量达高峰。

（四）综合治理方法

1. 黑刺粉虱

1）加强管理并合理修剪植株，可减轻黑刺粉虱发生与危害。

2）早春发芽前结合防治介壳虫、蚜虫、红蜘蛛等害虫，喷洒含油量 5% 的柴油乳剂或黏土柴油乳剂，以毒杀越冬若虫并有较好的效果。

3）药剂防治。1～2 龄时施药效果好，可喷洒 80% 敌敌畏乳油、40% 乐果乳油、50% 杀螟松乳油 1000 倍液，或 10% 天王星乳油 5000～6000 倍液，或 25% 灭螨猛乳油 1000 倍液，或 20% 吡虫啉 3000～4000 倍液，或 20% 甲氰菊酯乳油 2000 倍液，或 1.8% 阿维菌素 4000～5000 倍液，或 5% 锐劲特悬浮剂 1500 倍液，或 10% 扑虱灵乳油 1000 倍液。3 龄及其以后各虫态的防治，最好用含油量为 0.4%～0.5% 的矿物油乳剂混用上述药剂，可提高杀虫效果。单用化学农药效果不佳。

4）注意保护和引放天敌。

2. 温室白粉虱

1）培育"无虫苗"。把苗房和生产温室分开，育苗前彻底熏杀残余虫口，清理杂草和残株，并在通风口密封尼龙纱，控制外来虫源。

2）药剂防治。由于温室白粉虱世代重叠，在同一时间及同一植物上存在各虫态，而当前没有对所有虫态皆有效的药剂种类，所以采用化学防治法，必须连续几次用药。可选用的药剂和浓度如下：10% 扑虱灵乳油 1000 倍液（对粉虱有特效）、25% 灭螨猛乳油 1000 倍液（对粉虱成虫、卵和若虫皆有效）、天王星 2.5% 乳油 3000 倍液（可杀成虫、若虫、假蛹，对卵的效果不明显）、三氟氯氰菊酯 2.5% 乳油 3000 倍液、甲氰菊酯 20% 乳油 2000 倍液。

3）生物防治。可人工繁殖释放丽蚜小蜂，每隔两周放 1 次，共释放 3 次丽蚜小蜂成蜂，15 头/株，寄生蜂可在温室内建立种群并能有效地控制温室白粉虱数量。

4）物理防治。白粉虱对黄色敏感，有强烈趋性，可在温室内设置黄板诱杀成虫。方法是利用废旧的纤维板或硬纸板，裁成 $1m \times 0.2m$ 的长条，用油漆涂为橙黄色，再涂上一层黏油（可使用 10 号机油加少许黄油调匀），每 $667m^2$ 放置 $32 \sim 34$ 块，置于行间可与植株高度相同。当温室白粉虱粘满板面时，需及时重涂黏油，一般 $7 \sim 10$ 天可重涂 1 次。使用此法时，要防止油滴在植物上造成烧伤。黄板诱杀与释放丽蚜小蜂可协调运用，并配合生产"无虫苗"。

六、蝽类的认知

蝽类属半翅目，又称为臭虫，属小型至大型昆虫，体扁平而坚硬。触角呈线状或棒状，$3 \sim 5$ 节。前翅为半鞘翅。

（一）种类、分布及危害

危害园林植物的蝽类害虫主要有麻皮蝽、绿盲蝽、杜鹃冠网蝽等。

1. 绿盲蝽

绿盲蝽又名棉青盲蝽、青色盲蝽、小臭虫、破叶疯、天狗蝇等，分布在我国各地，危害茶、苹果、梨、桃、石榴、葡萄等。成虫、若虫刺吸茶树等幼嫩芽叶，用针状口器吸取汁液。植物受害处出现黑色枯死状小点，后随芽叶伸展变为不规则状孔洞，孔边有一圈黑纹，叶缘残缺破烂，叶卷缩畸形，受害严重。

2. 杜鹃冠网蝽

杜鹃冠网蝽又名梨网蝽、梨花网蝽，分布在我国各地。以若虫、成虫危害杜鹃、月季、山茶、含笑、茉莉、腊梅、紫藤等盆栽花木。成虫、若虫都群集在叶片背面刺吸汁液，受害处出现很像被玷污的黑色黏稠物，这一特征可用于区别此虫与其他种类的刺吸害虫。整个受害叶片背面呈锈黄色，正面形成很多苍白斑点，受害严重时斑点成片，以至全叶失绿，植物远看一片苍白，提前落叶，不再形成花芽。

（二）形态特征

1. 绿盲蝽（见图 4-60）

成虫体长约 5mm，宽约 2.2mm，绿色，密被短毛。头部呈三角形，黄绿色，复眼为黑色且突出，无单眼。触角为 4 节且呈丝状，较短，约为体长的 2/3，第 2 节长度等于第 3 节和第 4 节之和，向端部颜色渐深，第 1 节为黄绿色，第 4 节为黑褐色。前胸背板为深绿色，分布许多小黑点，前缘宽。小盾片呈三角形且微突，黄绿色，中央有 1 条浅纵纹。前翅膜片为半透明的暗灰色，其余为绿色。足为黄绿色，后足腿节末端具有褐色环斑，雌虫后足腿节较雄虫短，不超腹部末端。跗节 3 节，末端为黑色。卵长 1mm，黄绿色，长口袋形，卵盖为奶黄色，中央凹陷，两端突起，边缘无附属物。若虫共 5 龄，与成虫相似。初孵

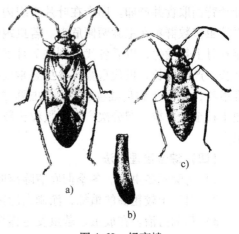

图 4-60　绿盲蝽
a）成虫　b）卵　c）若虫

时为绿色，复眼为桃红色。2 龄若虫为黄褐色，3 龄时出现翅芽，4 龄时翅超过第 1 腹节，2 龄、3 龄和 4 龄若虫的触角末端和足末端为黑褐色。5 龄后体色变为鲜绿色，密被黑细毛；

触角为浅黄色，端部颜色渐深；眼为灰色。

2. 杜鹃冠网蝽（见图4-61）

成虫体长 3.5mm 左右，体形扁平，黑褐色。触角呈丝状，4 节。前胸背板中央纵向隆起，向后延伸成叶状突起，前胸两侧向外突出成羽片状。前翅略呈长方形。前翅、前胸两则和背面叶状突起上均有很一致的网状纹。静止时，前翅叠起，由上向下正视整个虫体，像由多翅组成的"X"字形。卵呈长椭圆形，一端弯曲，长约 0.6mm，初产时为浅绿色，半透明，后变为浅黄色。若虫初孵时为乳白色，后渐变为暗褐色，长约 1.9mm。3 龄时翅芽明显，外形似成虫，在前胸、中胸和腹部 3~8 节的两侧均有明显的锥状刺突。

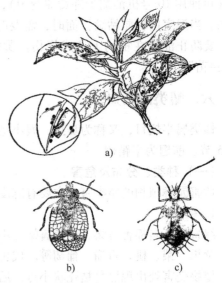

图 4-61　杜鹃冠网蝽
a）卵及植物被害状　b）成虫　c）若虫

（三）发生规律

1. 绿盲蝽

绿盲蝽在我国江西一年发生 6~7 代，以卵在树皮或断枝内及土中越冬。翌春 3~4 月卵开始孵化。成虫寿命长，产卵期为 30~40 天，发生期不整齐。成虫飞行力强，喜食花蜜，羽化后 6~7 天开始产卵。非越冬代的卵多散产于嫩叶、茎、叶柄、叶脉、嫩蕾等组织内，外露黄色卵盖。绿盲蝽有春季、秋季两个发生高峰。主要天敌有寄生蜂、草蛉、捕食性蜘蛛等。

2. 杜鹃冠网蝽

杜鹃冠网蝽在我国长江流域一年发生 4~5 代。各地的杜鹃冠网蝽均以成虫在枯枝、落叶、杂草、树皮裂缝以及土、石缝隙中越冬。每年 4 月上中旬，越冬成虫开始活动，集中到叶片背面取食并产卵。卵产在叶片组织内，上面附有黄褐色胶状物，卵期为 15 天左右。初孵若虫多数群集在主脉两侧危害。若虫蜕皮 5 次，经 15 天左右变为成虫。第一代成虫于每年 6 月上旬发生，以后各代分别在 7 月下旬、8 月上旬、8 月下旬至 9 月上旬发生，因成虫期长，产卵期长，世代重叠，各虫态常同时存在。每年 7~8 月此虫危害最重，9 月虫口密度最高，10 月下旬后陆续越冬。成虫喜在中午活动，每只雌成虫的产卵量因寄主而异，可由数十粒至上百粒。卵分次产，常数粒至数十粒相邻，产卵处外面都有 1 个中央稍微凹陷的小黑点。

（四）综合治理方法

1）清除越冬虫源。冬季彻底清除落叶、杂草，并进行冬耕、冬翻。

2）对茎干较粗糙的植株，涂刷白涂剂。

3）药剂防治。在成虫、若虫发生盛期可喷 50% 杀螟松 1000 倍液，或 43% 新百灵乳油（辛·氟氯氰乳油）1500 倍液，或 10%~20% 拟除虫菊酯类 1000~2000 倍液，或 10% 吡虫啉可湿性粉剂、20% 灭多威乳油、5% 定虫隆乳油、25% 广克威乳油 2000 倍液。每隔 10~15 天喷施 1 次，连续喷施 2~3 次。

4）保护和利用天敌。

七、蓟马类的认知

蓟马类属缨翅目，属于小型或微小型昆虫，体细长，黑色、褐色或黄色。口器为锉吸式。触角呈线状，6～9节。翅狭长，边缘有很多长而整齐的缨毛。

（一）种类、分布及危害

危害园林植物的蓟马类害虫主要有花蓟马、烟蓟马、茶黄蓟马。

1. 花蓟马

花蓟马，又名台湾蓟马，危害香石竹、唐菖蒲、大丽花、美人蕉、木槿、菊花、紫薇、兰花、荷花、夹竹桃、月季、茉莉等。成虫和若虫危害园林植物的花，有时也危害嫩叶。

2. 烟蓟马

烟蓟马，又名棉蓟马、瓜蓟马，几乎分布于我国各地，危害300多种植物，其中危害较重的有香石竹、芍药、冬珊瑚、李、梅，葡萄以及多种锦葵科植物。烟蓟马可使茎、叶的正反两面出现失绿或黄褐色斑点斑纹；使其他花卉水分较多的叶片组织变厚变脆，向正面翻卷或破裂，以致造成落叶，影响植物生长。它还会使花瓣出现失色斑纹，从而影响花卉质量。

3. 茶黄蓟马

茶黄蓟马，又名茶叶蓟马，分布于我国湖北、贵州、云南、广东、广西、台湾等省，危害台湾相思、守宫木、山茶、葡萄等。茶黄蓟马以成虫、若虫挫吸汁液，主要危害嫩叶。受害叶片背面主脉两侧出现两条或多条纵列的红褐色条痕，叶面凸起，严重的叶片背面会出现一片褐纹，致叶片向内纵卷，芽叶萎缩，严重影响植物生长发育。

（二）形态特征

1. 花蓟马（见图4-62a～d）

成虫体长约1.3mm，褐色带紫，头胸部为黄褐色。触角较粗壮，第3节的长是宽的2.5倍，并在前半部有一横脊。头短于前胸，后部背面皱纹粗，颊两侧收缩明显；头顶前缘在两复眼间较平，仅中央稍突。前翅较宽短，前脉鬃为20～21根，后脉鬃为14～16根；第8腹节背面后缘梳完整，齿上有细毛；头、前胸、翅脉及腹端鬃较粗壮且黑。2龄若虫体长约1mm，基色黄，复眼为红色。触角7节，第3节和第4节最长，第3节有覆瓦状环纹，第4节有环状排列的微鬃。胸、腹部背面体鬃尖端微圆钝，第9腹节后缘有一圈清楚的微齿。

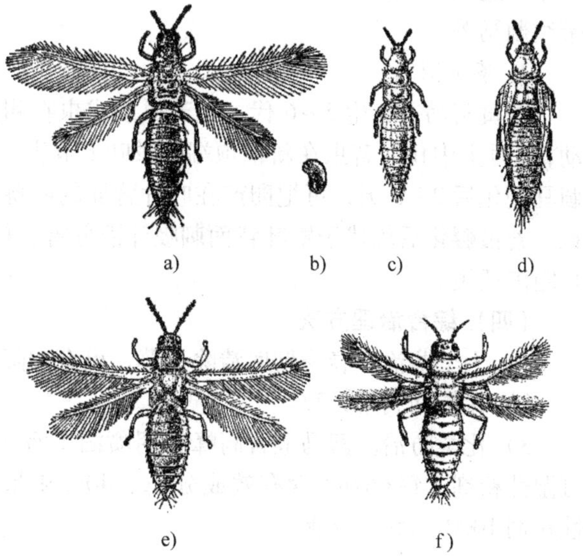

2. 烟蓟马（见图4-62e）

图4-62　蓟马类
a）花蓟马成虫　b）花蓟马的卵　c）花蓟马若虫
d）花蓟马的蛹　e）烟蓟马　f）茶黄蓟马

成虫体长1.0～1.3mm，黄褐色，背面颜色深。触角7节，复眼为紫红色，单眼3个，其后两侧有一对短鬃。翅狭长，透明，前脉上有鬃10～13根并排成3组；后脉上有鬃15～16根，排列均匀。卵为乳白色，长0.2～0.3mm，肾形。若虫体色为浅黄色，触角6节，第

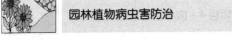

4节有3排微毛，胸、腹部各节有微细褐点，点上生粗毛。4龄若虫有明显翅芽，不取食也可活动，称为伪蛹。

3. 茶黄蓟马（见图4-62f）

雌成虫体长0.9mm，橙黄色。触角为暗黄色，共8节。复眼略突出，暗红色。单眼为鲜红色，排列成三角形。前翅为橙黄色，窄，近基部有1个小的浅黄色区，前缘鬃24根，端鬃3根（其中中部1根，端部2根），后脉鬃2根。腹部背片第2~8节有暗前脊，但第3~7节仅存在于两侧，前中部约1/3处为暗褐色。腹片第4~7节前缘有深色横线。卵为浅黄白色，肾脏形。若虫初孵化时为乳白色，后变为浅黄色，形似成虫，但小于成虫，无翅。

（三）发生规律

1. 花蓟马

花蓟马在我国南方每年发生11~14代，以成虫越冬。成虫有趋花性，卵大部分产于花内植物组织中，例如花瓣、花丝、花膜、花柄，一般产在花瓣上。每只雌虫产卵约180粒。产卵期长达20~50天。

2. 烟蓟马

烟蓟马于我国山东每年发生6~10代，在我国华南地区每年发生10代以上，多以成虫或若虫在土缝或杂草残株上越冬，少数以蛹在土中越冬。每年5~6月是危害盛期。成虫活跃，能飞善跳，扩散快，白天喜在隐蔽处危害，夜间或阴天在叶面上危害，多行孤雌生殖。卵多产在叶片背面的皮下或叶脉内，卵期为6~7天。初孵若虫不太活动，多集中在叶背的叶脉两侧危害，一般气温低于25℃，相对湿度60%以下时适合其发生，每年7~8月可见各虫态，进入9月虫量明显减少，10月成虫开始越冬。烟蓟马主要天敌有小花蝽、姬猎蝽、带纹蓟马等。

3. 茶黄蓟马

茶黄蓟马一年生5~6代，以若虫或成虫在粗皮下或芽的鳞苞里越冬。翌年4月开始活动，5月上中旬，若虫在新梢顶端的嫩叶上危害。茶黄蓟马可进行有性生殖或孤雌生殖。雌蓟马羽化后2~3天，可把卵产在叶片背面的叶脉处或叶肉中，每只雌虫产卵数十粒至百余粒。若虫孵化后均伏于嫩叶背面刺吸汁液危害，行动迟缓。成虫活泼，善跳，受惊时能进行短距离迁飞。

（四）综合治理方法

1）人工防治。春季彻底清除杂草，可有效降低蓟马的危害。

2）保护和利用天敌。

3）化学防治。蓟马危害高峰初期喷洒10%吡虫啉可湿性粉剂2500倍液；10%大功臣可湿性粉剂，每667m² 含有效成分2g；40%乐果乳油，50%锌硫磷乳油，95%杀螟丹可溶性粉剂1000~1500倍液。

 任务实施

一、蝉类观察

观察蚱蝉、大青叶蝉、桃一点斑叶蝉和青蛾蜡蝉的各类标本。可见其属于小型至大型昆虫，触角呈刚毛状或锥状，跗节 3 节，翅脉发达。雌虫有 3 对产卵瓣形成的产卵器。

二、蚜虫类观察

观察菊姬长管蚜、月季长管蚜、桃蚜的各类标本。可见其为小型多态性昆虫，同一种类分为有翅型和无翅型。触角 3～6 节。有翅个体有单眼，无翅个体无单眼。喙 4 节。如果有翅，则前翅大且后翅小，有明显的翅痣。跗节 2 节，第 1 节很短。

三、介壳虫类观察

观察日本龟蜡蚧、红蜡蚧、仙人掌白盾蚧、白蜡蚧、紫薇绒蚧、吹绵蚧、矢尖盾蚧、糠片盾蚧、日本松干蚧的各类标本，应特别注意介壳虫的形态。可见其属于小型或微小型昆虫。雌成虫无翅，头胸完全愈合而不能分辩，体被蜡质粉末或蜡块，或有特殊的介壳，触角、眼、足除极少数外全部退化，无产卵器。雄成虫只有 1 对前翅，后翅退化成平衡棒，跗节 1 节。

四、木虱类观察

观察梧桐木虱、樟木虱的各类标本。可见其体型小，形状如小蝉，善跳能飞。触角绝大多数 10 节，最后一节端部有 2 根细刚毛。跗节 2 节。

五、粉虱类观察

观察黑刺粉虱、温室白粉虱的各类标本。可见其体型微小，雌雄均有翅，翅短而圆，膜质，翅脉极少，前翅仅有 2～3 条翅脉，前后翅相似，后翅略小，体翅上均有白色蜡粉。成虫、若虫有 1 个特殊的瓶状孔，开口在腹部末端的背面。

六、蝽类观察

观察麻皮蝽、绿盲蝽、杜鹃冠网蝽的各类标本，应特别注意半鞘翅的分区、脉纹等。蝽类昆虫体扁平而坚硬。触角呈线状或棒状，3～5 节。前翅为半鞘翅。

七、蓟马类观察

观察花蓟马、烟蓟马、茶黄蓟马的各类标本。可见其属于小型或微小型昆虫，体细长，为黑色、褐色或黄色。口器为锉吸式。触角呈线状，6～9 节。翅狭长，边缘有很多长而整齐的缨毛。

 思考问题

1. 简述吸汁类害虫的危害特征。
2. 简述吸汁类害虫的发生规律。
3. 吸汁类害虫的综合防治措施有哪些？
4. 试根据吸汁类害虫的习性制订相应的防治方案。

螨类的发生与防治

螨类，俗称红蜘蛛，属节肢动物门，蛛形纲。螨类体型微小，体长多在2mm以下，体躯柔软，多为红色、绿色、黄等颜色，足4对，无触角和翅，体躯分为颚体、躯体、前足体、后足体、末体、前半体和后半体等。我国的螨类约有500余种，危害严重的约有40余种，主要种类为叶螨类、瘿螨类。螨类具有体积小、繁殖快、适应性强及易产生抗药性等特点，是公认的最难防治的有害生物。

一、常见螨类的特征、发生规律及危害

（一）山楂叶螨

山楂叶螨又名山楂红蜘蛛，属蜱螨目，叶螨科，分布于我国华东、华北、西北部分省区，危害樱花、锦葵、海棠、碧桃、榆叶梅等花木。成螨、若螨吸食花、芽、叶的汁液，造成植物出现焦叶，严重影响园林植物观赏价值。

1. 形态特征

雌成螨体呈卵圆形，前端隆起，长0.4~0.7mm、宽约0.36mm。越冬型山楂叶螨为鲜红色且有光泽，非越冬型为暗红色。成虫背两侧有1块大的黑色斑，后半部有横向无棱纹。卵呈圆球形，半透明。初产时为黄白色或浅黄色，近孵化时变为橙红色并有2块红斑。初孵幼螨体近圆形，长约0.19mm；未取食前为浅黄白色，取食后为黄绿色；体侧的颗粒斑为深绿色，单眼为红色。若螨呈椭圆形，前期为浅绿色，后变为翠绿色；足4对。

2. 发生规律

山楂叶螨每年发生多代，以受精雌成虫群集于树干缝隙、树皮内、枯枝落叶内及树干附近的表土缝隙内越冬，越冬雌螨抗寒能力很强，在-30℃情况下需要1天时间才全部死亡。

（二）朱砂叶螨

朱砂叶螨又名棉红蜘蛛，属蜱螨目，叶螨科，分布广泛，危害菊花、凤仙花、月季、桂花、一串红、香石竹、鸡冠花、木芙蓉等园林植物。叶片的被害部位初呈黄白色小斑点，后小斑点逐渐扩展到全叶，造成叶片卷曲，枯黄脱落。

1. 形态特征

雌成螨体长约0.55mm，宽0.32mm，呈椭圆形，为锈红色或深红色。体背后半部分的表皮纹呈菱形。背毛26根，长超过横列间距。卵呈圆球形，直径为0.13mm。初产时透明无色，后变为橙黄色。幼螨近圆形，半透明，取食后体色呈暗绿色，足3对。若螨呈椭圆形，体色较深，体侧有较明显的块状斑纹，足4对。

2. 发生规律

朱砂叶螨一年发生12~15代，以成螨、若螨、卵在寄主植物及杂草上越冬。翌年春季的平均气温达7℃以上时，雌螨出蛰活动，并取食产卵，卵多产于叶背叶脉两侧或丝网下面。高温干燥的环境下有利于朱砂叶螨的发生。

二、螨类的防治方法

红蜘蛛的防治应充分利用其特性，坚持"预防为主，综合防治"的方针，以园林技术防治为主，辅以药剂防治，同时注意保护利用天敌，如此可以收到理想的防治效果。

（一）园林技术防治法

1）及时清除枯枝落叶和杂草，集中烧毁，消灭越冬雌成虫、卵等，降低越冬虫口基数。

2）对植株增施有机肥，减少氮肥使用量，以增强树势，提高植株抵抗能力。

3）在高温干旱季节，注意及时开穴浇水，防止田间湿度过低，补偿植株的水分损失。

4）对园林植物加强修剪，改变植株生长的环境，增强植株通风透光性，增强树势以减少红蜘蛛发生机会。

（二）生物防治法

捕食螨、瓢虫、草蛉、蓟马等对红蜘蛛都具有一定控制作用，寄生性天敌虫生藻菌、芽枝霉等对螨类种群数量有一定压制作用，选择药剂时应考虑天敌安全，若有条件，可人工释放天敌。

（三）药剂防治法

1）在早春或冬季，向植株上喷洒3～5℃石硫合剂，并按0.2%～0.3%加入洗衣粉，增强药剂附着力。此方法可杀死越冬螨，降低虫口基数。

2）在每年4月下旬至5月上旬，即越冬卵孵化盛期，用40%氧化乐果乳油5～10倍或18%高渗氧化乐果乳油30倍液根际涂抹、涂干。对盆栽花卉、盆景，可根际施涕灭威、锌硫磷等颗粒剂。

3）在田间出现少量若螨、成螨时即应喷药防治，喷药重点在叶背，药量要足，用15%扫螨净乳油3000倍均匀喷洒叶片正反面，也可用73%克螨特乳油1000～1500倍液、0.6%海正灭虫灵乳油1500倍，还可兼治蓟马、蚜虫、潜叶蝇。另外可用洗衣粉400倍液或洗衣粉100g加尿素250～500g并兑水50kg，喷洒，防治效果好，且兼有追肥作用。

任务5　地下害虫的防治技术

任务描述

地下害虫长期生活在土内危害植物的地下和地上部分，或昼伏夜出在近土面处危害。这类害虫种类繁多，危害寄主广，它们主要取食园林植物的种子、根、茎、幼苗、嫩叶及生长点等，常常造成植物缺苗、断垄或生长不良。有的种类以幼虫危害，有的种类的成虫、幼（若）虫均可危害。由于它们分布广，食性杂，危害严重且隐蔽，并混合发生，若疏忽大意，将会造成严重损失。

地下害虫是指一生或一生中的某个阶段生活在土壤中危害植物地下部分、种子、幼苗或近土表主茎的杂食性昆虫。地下害虫的种类很多，主要有蝼蛄、蛴螬、金针虫、地老虎、根蛆、根蟓、根蚜、拟地甲、蟋蟀、根蚧、根叶甲、根天牛、根象甲和白蚁等10多类，共约200余种，分属8目36科。地下害虫在我国各地均有分布，发生种类因地而异，一般以旱作地区普遍发生，尤以蝼蛄、蛴螬、金针虫、地老虎和根蛆最为主要。作物等受害后轻者萎蔫，生长迟缓；重者干枯而死，造成缺苗断垄，以致减产。

一、蝼蛄类的认知

（一）种类、分布及危害

蝼蛄类中危害较重的种类有东方蝼蛄及华北蝼蛄。蝼蛄属直翅目，蝼蛄科，又名拉拉蛄，为典型的地下害虫。此类昆虫的体躯结构适宜在土中生活。其前足粗壮，为开掘足，胫节阔，有4个发达的齿，用于掘土和切碎植物的根。蝼蛄类主要危害松、柏、榆、槐、茶、柑橘、桑、海棠、樱花、梨、竹、草坪等。此类害虫的食性很杂，主要以成虫或若虫咬食根部及靠近地面的幼茎，使之呈不整齐的丝状残缺；也常常危害新播和刚发芽的种子。它还在土表开掘纵横交错的隧道，使幼苗因须根与土壤脱离而枯萎致死，造成缺苗断垄。

1. 东方蝼蛄

东方蝼蛄几乎遍及全国，但以南方各地发生较为普遍。东方蝼蛄在低湿和较黏的土壤中发生多。

2. 华北蝼蛄

华北蝼蛄主要分布在北方地区。华北蝼蛄在盐碱地、沙壤土中发生多。华南蝼蛄终生在土中生活，是幼树和苗木根部的重要害虫。

（二）形态特征

1. 东方蝼蛄

成虫体色为灰褐色，长30~35mm。前胸背板中央长有心脏形小斑，并且此处凹陷明显；腹部末端近纺锤形；前足胫节内侧外缘较直，缺刻不明显；后足胫节背面内侧有棘3根或4根。若虫体色为灰褐色，末端近纺锤形。卵长3.0~3.2mm，初产时为黄白色，后变为黄褐色，孵化前变为暗紫色。

2. 华北蝼蛄

成虫体色为黄褐色，长36~55mm。前胸背板中央长有心脏形大斑，并且此处凹陷不明显；腹部末端近圆筒形；前足胫节内侧外缘弯曲，缺刻明显；后足胫节背面内侧有棘1根或棘消失。幼虫体色为黄褐色，末端近圆筒形。卵长2.4~2.8mm，初产时为乳白色，后变为黄褐色，孵化前变为暗灰色。

（三）发生规律

东方蝼蛄与华北蝼蛄均昼伏夜出，每天晚上20时至23时是活动和取食高峰。初孵化幼虫有群集性，怕风、怕水、怕光，3~6天后即分散危害。两种蝼蛄均具趋光性，趋厩肥习性，嗜好香甜物质，喜水湿，一般在雨后和灌溉后的低洼地中危害最烈。蝼蛄类中的非洲蝼蛄喜栖息在灌渠两旁的潮湿地带。

1. 东方蝼蛄

东方蝼蛄在我国南方每年发生一代，在北方1~2年发生一代，以成虫或老熟若虫在土中越冬。翌年3月开始活动，4~5月是危害盛期。越冬若虫于每年5~6月羽化为成虫，7月交尾产卵。成虫喜欢在潮湿和较黏的土中产卵，卵期约20天。卵经2~3周孵化为若虫，若虫共5龄，4个月羽化为成虫，一般在每年10月下旬入土越冬。

2. 华北蝼蛄

华北蝼蛄约需三年完成一代，以成虫、若虫在60cm以下的土壤深层越冬。翌年3～4月气温转暖并达8℃以上时开始活动，常可看到地面有拱起的虚土并呈弯曲隧道。每年5～6月气温在12℃以上时进入华北蝼蛄危害期；6～7月气温再升高时，华北蝼蛄便潜至土下15～20cm处做土室产卵。成虫在每个土室产卵50～80粒，雌虫每次产卵30～160粒，一生可产卵300～400粒，卵经14天左右孵出若虫。每年8～9月天气凉爽，此虫又升迁到表土活动并危害，形成1年中的第2次危害高峰。每10～11月若虫达9龄时越冬。

（四）综合治理方法

1）蝼蛄羽化期间，可用灯光诱杀，以晴朗无风的闷热天诱集量最多。

2）红脚隼、戴胜、喜鹊、黑枕黄鹂和红尾伯劳等食虫鸟类是蝼蛄的天敌，可在苗圃周围栽防风林，招引益鸟栖息繁殖和食虫。

3）作苗床（垄）时，将粉剂农药加适量细土拌均匀，随粪翻入地下，利用毒土预防。

4）合理施用充分腐熟的有机肥，以减少该虫滋生。

5）发生期用毒饵诱杀。毒饵的配法：将40%乐果乳油与90%敌百虫原药用热水化开，每0.5kg药液加水5kg，拌饵料50kg。饵料要煮至半熟或炒香，以增强引诱力。傍晚，将毒饵均匀撒在苗床上。还可以在苗圃步道间，每隔20m左右挖一规格为（30～40）cm×20cm×6cm的小坑，然后将马粪或带水的鲜草放入坑内诱集，若再加上毒饵效果更好，次日清晨可到坑内集中捕杀。在蝼蛄危害期，可使用5%锐劲特（氟虫腈）悬浮剂2000倍液灌根毒杀害虫。

二、地老虎类的认知

地老虎属鳞翅目，夜蛾科，目前国内已知种类有10余种，主要有小地老虎、大地老虎等。

（一）种类、分布与危害

1. 小地老虎

小地老虎在我国各地均有分布，其危害严重地区包括长江流域、东南沿海各省，在北方分布在地势低洼、地下水位较高的地区。小地老虎主要危害松、杨、柳、广玉兰、大丽花、菊花、蜀葵、百日草、一串红、羽衣甘蓝等40余种园林植物。

2. 大地老虎

在我国，大地老虎只在局部地区，例如东北、华北、西北、西南、华东及中南的多数省区造成危害。大地老虎主要危害杉木、罗汉松、柳杉、香石竹、月季、菊花、女贞、茶、凤仙花及多种草本植物。幼虫危害寄主的幼苗，从地面截断植株或咬食未出土幼苗，也能咬食作物生长点，严重影响植株的正常生长。

（二）形态特征

1. 小地老虎（见图4-63）

成虫体长16～23mm，翅展达42～54mm，深褐色。前翅被内横线、外横线分为3段，具有显著的肾状斑、环形纹、棒状纹和2个黑色剑状纹；后翅有灰色无斑纹。卵长0.5mm，呈半球形，表面有纵横隆纹，初产时为乳白色，后出现红色斑纹，孵化前变为灰黑色。幼虫体长 37～47mm，灰黑色，体表布满大小不等的颗粒，臀板为黄褐色，具有 2 条深褐色纵带。蛹长 18～23mm，赤褐色，有光泽，第 5～7 腹节背面的刻点比侧面的刻点大，臀棘为短刺 1 对。

2. 大地老虎

成虫体长 14～19mm，翅展达 32～43mm，体色为灰褐色至黄褐色。额部具有钝锥形突起，中央有一凹陷。前翅为黄褐色，上面散布小褐点，各组横线由双条曲线组成但多不明显，肾纹、环纹和剑纹明显，且围有黑褐色细边；后翅为灰白色，半透明。卵呈扁圆形，底部平，黄白色，具有 40 多条波状弯曲纵脊，其中约有 15 条可达精孔区；横脊少于 15 条，组成网状花纹。幼虫体长 33～45mm，头部为黄褐色，体色为浅黄褐色，

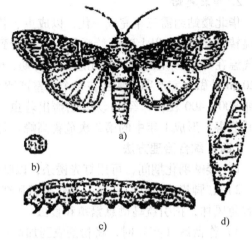

图 4-63　小地老虎
a）成虫　b）卵　c）幼虫　d）蛹

体表颗粒不明显，体表多皱纹且不明显；臀板上有两大块黄褐色斑，中央断开，小黑点较多；腹部各节背面长有毛片，后两个比前两个稍大。蛹体长 16～19mm，红褐色。第 5～7 腹节背面有很密的小刻点 9～10 排，腹末端生有粗刺 1 对。

（三）发生规律

1. 小地老虎

小地老虎在全国各地一年发生 2～7 代，以蛹或老熟幼虫越冬。一年中常以第一代幼虫在春季发生数量最多，造成危害最重。小地老虎成虫羽化多在每天下午 3 时至晚上 10 时。成虫白天栖息在阴暗处或潜伏在土缝中、枯叶下，晚间出来活动，以晚上 7 时至 10 时最活跃。成虫活动与温度关系极大，在春季傍晚气温达 8℃时即开始活动，在适温范围内，气温越高，活动的数量越多。成虫补充营养后 3～4 天交配并产卵。卵散产于杂草或土块上，每只雌虫产卵 800～1000 粒。1～2 龄幼虫群集于幼苗顶心嫩叶处昼夜取食，3 龄后即分散危害。幼虫白天潜伏于杂草或幼苗根部附近的表土干、湿层之间，夜晚出来咬断苗茎，尤以黎明前露水未干时更烈，会把咬断的幼苗嫩茎拖入土穴内供食。老熟幼虫在土表以下 5～6cm 深处做土室化蛹。

2. 大地老虎

大地老虎一年发生一代，以低龄幼虫在表土层或草根部越冬。翌年 3 月开始活动，昼伏夜出并咬食花木幼苗根茎和草根，造成大量苗木死亡。7 龄后幼虫在每年 5～6 月钻入土层深处 15cm 以下筑土室越夏，9 月间化蛹，10 月中下旬成虫羽化后产卵于表土层，卵期约 30 天。每年 12 月中旬孵化不久的小幼虫潜入表土越冬。成虫寿命为 15～30 天，具趋光性但不强。

（四）综合治理方法

1）田园清洁。及时清除苗床及圃、地杂草，降低虫口密度。

2）诱杀。在播种前或幼苗出土前，用幼嫩多汁的新鲜杂草 70 份与 2.5% 敌百虫粉 1 份配制成毒饵，于傍晚撒于地面，诱杀 3 龄以上幼虫。在春季成虫羽化盛期，用糖醋酒液诱杀

成虫。糖醋酒液配料为糖 6 份、醋 3 份、白酒 1 份、水 10 份并加入适量敌百虫。另外，可用黑光灯诱杀成虫。

3）机械防治。播种及栽植前深翻土壤，消灭其中幼虫及蛹。在幼虫取食危害期，可在清晨或傍晚在被咬断苗木附近土中搜寻捕杀。

4）药剂防治。在幼虫危害期，用 90% 敌百虫 500～1000 倍液，毒杀危害苗木的初龄幼虫。在幼虫初孵期，喷 20% 高卫士 1000 倍液防治，并可兼治其他害虫。

三、蛴螬类的认知

蛴螬是金龟子幼虫的统称，属鞘翅目、金龟子科。

（一）种类、分布与危害

1. 铜绿丽金龟

铜绿丽金龟，又名铜绿金龟子、铜绿异丽金龟。此虫广泛分布于我国华东、华中、西南、东北、西北等地，危害杨、柳、榆、松、杉、栎、油桐、油茶、乌桕、板栗、核桃、苹果、梨、柏、枫杨等多种林木和果树。

2. 东北大黑鳃金龟

东北大黑鳃金龟分布于我国东北、西北、华北等地，危害红松、落叶松、樟子松、赤松、杨、榆、桑、李、山楂、苹果等多种苗木根部、草坪草及多种农作物。

3. 黑绒鳃金龟

黑绒鳃金龟又名天鹅绒金龟子、东方金龟子。此虫广泛分布于我国东北、西北、河北、河南、山西、山东、浙江、江西、江苏、北京、台湾等地。黑绒鳃金龟食性杂，危害 100 多种植物，主要危害杨、柳、榆、桑、月季、牡丹、菊花、芍药、梅花、苹果、桃、臭椿等。成虫主要啃食各种植物叶片，形成孔洞、缺刻或秃枝。幼虫危害多种植物的根茎及球茎。

（二）形态特征

1. 铜绿丽金龟（见图 4-64）

成虫体长 15～19mm，宽 8～10mm。背面为铜绿色，有光泽。头部较大，为深铜绿色。复眼为黑色。触角 9 节，为黄褐色。鞘翅为黄铜绿色，有光泽。臀板呈三角形，上有 1 个三角形黑斑。雌虫腹面为乳白色，雄虫腹面为棕黄色。卵为白色，初产时呈椭圆形，以后逐渐膨大至近球形。长约 2.3mm，宽约 2.1mm。幼虫体型中等，体长 30mm 左右，宽约 12mm。头部为暗黄色，近圆形，前顶毛每侧各为 8 根，后顶毛 10～14 根。腹部末端 2 节自背面观为褐色且微蓝。肛门孔为横列状。蛹呈椭圆形，长约 25mm，宽 13mm，略扁，土黄色，末端圆平。

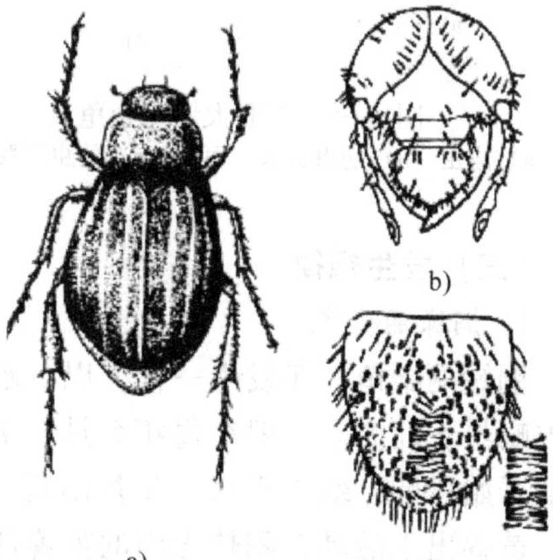

图 4-64　铜绿丽金龟
a）成虫　b）幼虫头部　c）幼虫肛腹片

2. 东北大黑鳃金龟（见图 4-65）

成虫体长 16～21mm，宽 8～11mm。长椭圆形，黑褐色或黑色，有光泽。触角 10 节，鳃片部明显长于后 6 节之和。胸部腹面被浅黄褐色细长毛。臀板从侧面看为一个略呈弧形的圆球面。卵为乳白色，呈卵圆形，长约 2.5mm，宽约 1.5mm，后期因胚胎发育而呈近球形。幼虫为乳白色，体弯曲呈马蹄形。老熟幼虫体长约 31mm，头部前顶毛每侧 3 根成 1 纵行，其中 2 根彼此紧靠，位于冠缝两侧，另 1 根则接近额缝的中部。臀节腹面只有散乱钩状毛群，由肛门孔向前伸到臀节腹面前部 1/3 处。蛹肥胖，黄色至红褐色，长约 20mm。头部褐色，臀末有 1 对突起。

3. 黑绒鳃金龟（见图 4-66）

成虫体长 7 ~ 8mm，宽 4.5 ~ 5mm，卵圆形，前狭后宽。雄虫略小于雌虫，初羽化时为褐色，以后逐渐变成黑褐色或黑色，体表具丝绒状光泽。触角 10 节，赤褐色。前胸背板密布细小刻点。鞘翅上各有 9 条浅纵沟纹，刻点细小而密。卵呈椭圆形，长 1.2mm，乳白色，光滑。幼虫为乳白色。老熟幼虫体长约 16mm，头宽 2.7mm 左右。幼虫头部为黄褐色，胴部为乳白色。头部前顶毛和额中毛每侧各有 1 根。触角基膜上方每侧有 1 个棕褐色的单眼，无晶体。臀节腹面刺毛列由 20 ~ 23 根锥状刺组成弧形横带。蛹长 8mm，黄褐色，复眼为朱红色。

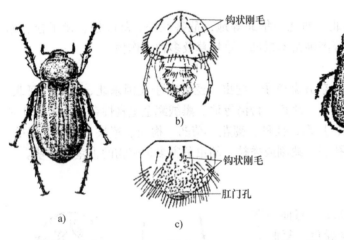

图 4-65　东北大黑鳃金龟
a）成虫　b）幼虫头部正面观　c）幼虫肛腹片

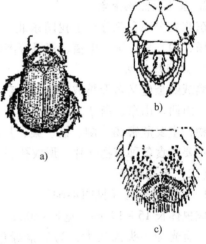

图 4-66　黑绒鳃金龟
a）成虫　b）幼虫头部　c）幼虫肛腹片

（三）发生规律

1. 铜绿丽金龟

铜绿丽金龟一年发生一代，以 3 龄幼虫在土中越冬。翌年 5 月开始化蛹，成虫的出现在南方略早于北方。一般在每年 6 月至 7 月上旬为发生高峰期，至 8 月下旬终止。成虫发生高峰期开始见卵，幼虫于每年 8 月出现，11 月越冬。成虫白天隐伏于灌木丛、草皮中或表土内，黄昏出土活动，闷热无雨的夜晚活动最盛。成虫有假死性和强烈的趋光性，食性杂，食量大，群集危害，被害部位呈孔洞、缺刻状。成虫一生交尾多次，平均寿命为 30 天。卵散产，多产于 5 ~ 6cm 深的土壤中。每只雌虫平均产卵 40 粒，卵期为 10 天。幼虫主要危害林木、果木根系。老熟幼虫于每年 5 月下旬至 6 月上旬进入蛹期，化蛹前先做一土室。预蛹期为 13 天，蛹期为 9 天。

2. 东北大黑鳃金龟

东北大黑鳃金龟在我国东北及华北地区两年发生一代，以成虫及幼虫越冬，仅有少数发育晚的个体有世代重叠现象。逢奇数年成虫发生量大。越冬成虫于每年4月下旬至5月上中旬开始出土，出土盛期在5月中下旬至6月上旬。成虫于傍晚出土活动，拂晓前全部钻回土中。成虫先觅偶交配，然后取食，有趋光性，但雌虫很少扑灯。卵多散产于10~15cm深的土壤中，平均产卵量为102粒，卵期15~22天，卵孵化盛期在每年7月中下旬，幼虫共3龄，当年秋末越冬幼虫多为2~3龄。一般当10cm深的土温降至12℃以下时，幼虫即下迁至50~150cm处做土室越冬。翌春4月上旬开始上迁，当4月下旬10cm深处平均土温达10.2℃以上时，幼虫全部上迁至耕作层，其食量大，危害严重。每年6月下旬老熟幼虫迁至20~38cm深处营土室化蛹。蛹期平均为22~25天。羽化的成虫仍潜伏于原土室中越冬。

3. 黑绒鳃金龟

黑绒鳃金龟一年发生一代，一般以成虫在土中越冬。翌年4月中旬出土活动，4月下旬至6月上旬为成虫盛发期，有雨后集中出土的习性；6月下旬虫量减少。成虫活动的适宜温度为20~25℃。成虫有夜出性，飞翔力强，傍晚多围绕树冠飞翔。每年5月中旬为成虫交尾盛期。雌虫产卵于10~20cm深的土壤中。卵散产或10余粒集于一处。一般每只雌虫产卵数十粒，卵期为5~10天。幼虫以腐殖质及少量嫩根为食。幼虫共3龄，老熟幼虫在20~30cm深的土层中化蛹，预蛹期为7天，蛹期为11天。羽化盛期在每年8月中下旬

（四）综合治理方法

1. 消灭成虫

1）选择温暖、无风的下午3~7时，用1.5%乐果、5%氯丹等粉剂喷粉，每公顷用量7.5~22.5kg。

2）对危害花的金龟子，于果树吐蕾和开花前，喷50%对硫磷乳油1200倍液，或40%乐果乳油1000倍液，或75%锌硫磷乳油、50%马拉硫磷乳油1500倍液。

3）金龟子发生初期、盛期，在日落后或日出前，施放烟雾剂，每公顷用量15kg。

4）夜出性金龟子大多数都有趋光性，可设黑光灯诱杀。

5）金龟子一般都有假死性，可振落捕杀，一般在黄昏时进行。

6）有些金龟子嗜食蓖麻叶，饱食后会麻痹中毒，甚至死亡。可在金龟子发生区种植蓖麻作为诱杀带，有一定效果。但其中毒后往往会苏醒，应在其麻痹时及时将其处死。用蓖麻叶0.5kg，捣碎后加清水5kg，浸泡2h，过滤后喷雾，3天内有效。酸菜汤对铜绿丽金龟和杨树叶对黑绒鳃金龟都有诱集作用，可加农药诱杀。

7）利用性激素诱捕金龟子。

2. 除治蛴螬

1）选择适当杀虫粉剂，按一定比例掺细土，充分混合，制成毒土，于播种或插条前均匀撒于地面。施药方法是随施药，随耕翻，随耙匀。

2）若在苗木生长期发现蛴螬危害，可用50%对硫磷乳油、25%锌硫磷乳油、25%乙酰甲胺磷乳油、25%异丙磷乳油、90%敌百虫等，制成1000倍的稀释液灌注根际。

3）育苗地施用充分腐熟的有机肥，防止招引成虫来产卵。土壤含水量过大或被水久淹，会使蛴螬数量下降，故可于每年11月前后冬灌，或于每年5月上中旬的植物生长期间适时浇灌大水，均可减轻危害。

4）加强苗圃管理，中耕锄草，松土，破坏蛴螬适宜生活的环境并借助器械将其杀死。

3. 生物防治

金龟子的天敌很多，例如各种益鸟、刺猬、青蛙、蟾蜍、步甲等，都能捕食金龟子成虫、幼虫，应予以保护和利用。寄生蜂、寄生蝇和乳状菌等各种病原微生物也很多，也需进一步研究和利用。

四、金针虫类的认知

金针虫是叩头虫的幼虫，属鞘翅目，叩头甲科，种类较多。

（一）种类、分布与危害

园林植物中最常见的有细胸金针虫与宽背金针虫两种。

1. 细胸金针虫

细胸金针虫分布在我国黑龙江沿岸至淮河流域，以及陕西、甘肃等省区，以水浇地、低洼地、淤地和有机质多的黏土地危害较重，危害丁香、海棠、元宝枫、悬铃木、松、柏等。金针虫以幼虫危害刚发芽的种子和幼苗的根部以及球根花卉，造成缺苗断垄。

2. 宽背金针虫

宽背金针虫主要分布于我国东北和西北的 1000m 以上高海拔地区，以沿河流开放草原、退化钙质淋溶土、栗钙土地带发生较重。

（二）形态特征

1. 细胸金针虫（见图 4-67）

成虫体长 8 ~ 9mm，宽 2.5mm，体色为暗褐色，鞘翅长约为胸部宽的 2 倍，上有 9 条纵列刻点。幼虫体长 23mm，体浅黄色，尾节圆锥形不分叉，近基部两侧各有 1 圆斑。

2. 宽背金针虫

成虫体长 9 ~ 13mm，宽约 4mm，体黑色，鞘翅长约为前胸长的 2 倍，纵沟窄，沟间突出。幼虫体长 20 ~ 22mm，体色为棕褐色，尾节分叉，叉上各有 2 个结节，4 个齿突。

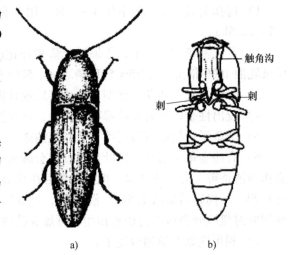

图 4-67　细胸金针虫
a）成虫　b）腹面

（三）发生规律

1. 细胸金针虫

细胸金针虫一年发生一个世代，以成虫和幼虫在土壤中越冬。成虫昼伏夜出、喜食麦叶，有假死性。越冬成虫于每年 3 ~ 4 月开始活动产卵，幼虫于 4 ~ 5 月危害，6 月上旬土中有蛹，多在土壤 7 ~ 10cm 深处，6 月中下旬羽化成虫，在土中产卵，散生。一般卵期为 15 ~ 18 天。

2. 宽背金针虫

宽背金针虫需 4 ~ 5 年完成一个世代，以成虫和幼虫在土壤中越冬。成虫白天活动，善于飞翔。越冬成虫于每年 5 ~ 6 月出土活动并开始产卵，幼虫于每年 6 ~ 7 月危害。宽背金针虫于每年7月底越夏，9月中下旬又上升到土表活动，危害秋播幼苗，11月上中旬钻入深土层越冬。翌年春季、秋季上升危害，冬季、夏季休眠。第3年老熟幼虫入土化蛹，于9月羽化。第4年春季成虫出土交配、产卵。

（四）综合治理方法

1）农业防治。适当浇水，使土壤湿度达到35%～40%时，即防止此虫危害，使虫下潜到10～30cm深的土壤中。精耕细作，将虫体翻出土面让鸟类捕食，以降低虫口密度。加强苗地管理，避免施用未腐熟的厩肥。

2）诱杀成虫。用3%亚砷酸钠浸过的禾本科杂草诱杀成虫。

3）土壤处理。做床育苗时，采用5%的锌硫磷颗粒剂按每公顷30～45kg施入表土层。

4）若此虫危害发生较重，可用40%乐果乳剂或50%锌硫磷乳剂1000～1500倍液灌根。

5）用种子重量1%的25%对硫磷微胶囊缓释剂拌种、50%锌硫磷微胶囊缓释剂拌种或40%甲基异柳磷乳剂拌种。

 任务实施

一、蝼蛄类观察

观察东方蝼蛄、华北蝼蛄的不同虫期标本。可见其前足为开掘足。前翅短，仅达腹部中部；后翅纵折伸过腹末端如尾。产卵器不发达。

二、地老虎类观察

观察小地老虎、大地老虎的各类标本。可见其成虫后翅的 M_2 脉发达，和其他翅脉一样粗，中足胫节有刺。其幼虫生活于土中，咬断植物根茎。

三、蛴螬观察

观察铜绿丽金龟、东北大黑鳃金龟、黑绒鳃金龟的成虫、幼虫标本，应特别注意观察幼虫头部的刚毛和臀节上的刺毛。蛴螬体肥大且弯曲呈"C"形，体色大多为白色，有的为黄白色。体壁较柔软，多皱。体表疏生细毛。头大而圆，多为黄褐色，或红褐色，生有左右对称的刚毛。胸足3对，一般后足较长。腹部10节，第10节称为臀节，其上生有刺毛。

四、金针虫正式成立观察

观察宽背金针虫、细胸金针虫的各类标本。可见其幼虫多为黄褐色，体壁坚硬、光滑，体形似针。

 思考问题

1. 常发生的地下害虫的种类有哪些？危害特征是什么？
2. 地下害虫的发生规律是怎样的？

3. 地下害虫有哪些习性？如何利用这些习性诱杀？

4. 怎么防治地下害虫？

**知识链接**

地下害虫综合防治方案

一、影响地下害虫危害的因素

地下害虫的发生与土壤的质地、含水量、酸碱度及圃地的前作和周围的花木等情况有密切关系。例如，地老虎喜欢较湿润的黏质土壤。蛴螬（金龟子的幼虫）适宜生活在中性或微酸性的土壤，若前作为豆科植物，又加施未经腐熟的厩肥，则蛴螬必然较多。蝼蛄多发生在盐碱地、黏沙壤土及湿润、松软而多腐殖的荒地及河渠附近。地下害虫危害多集中在春秋两季。

二、园林地下害虫的综合防治措施

地下害虫的特点是长期潜伏在土中，食性很杂，危害时期多集中在春秋两季。防治时应抓住时机，采取农业措施和药剂防治相结合的方法进行综合防治。

（一）农业防治

1）翻耙整地，精耕细作，破坏其生活环境。翻松土面要深至 25 ~ 30cm，使地下害虫（卵）裸露于地表，冻死或被天敌啄食从而降低数量。特别是金针虫的卵和初孵幼虫，对不良环境抵抗能力较弱，翻耕曝晒土壤，中耕除草，均可使之死亡。

2）合理使用肥料。增施腐熟的有机肥能改良土壤透水、透气性能，有利于土壤微生物的活动，从而使根系发育快，苗齐苗壮，增强抗虫性。忌施未腐熟的有机肥。同时，合理施用碳酸氢铵、腐殖酸铵、氨水或氨化过磷酸钙等化学肥料，都对地下害虫具有一定的驱避作用。

3）种植诱集作物。春季在苗圃中撒播少量苋菜子，吸引地老虎到苋菜上危害，以减轻对花木造成的危害。

4）铲除杂草，清洁田园，可清除地下害虫产卵的发生场所，切断幼虫早期的食料，减少虫源。还要消灭杂草上的卵和幼虫。

5）人工捕捉幼虫、成虫。当害虫的数量小时，可根据地下害虫的各自特点进行捕杀。幼虫期可将萎蔫的草根扒开捕杀蛴螬。傍晚，放置新鲜的泡桐叶、南瓜叶片（叶面向下）于小地老虎的危害处，清晨掀起叶片捕杀幼虫。清晨，在断苗周围或沿着残留在洞口的被害枝叶，拨动表土 3 ~ 6cm，可找到金龟子、地老虎的幼虫。晚上可利用金龟子的假死性，进行人工捕捉，杀死成虫。检查地面，若发现隧道，应进行灌水，可迫使蝼蛄爬出洞穴，然后再将其杀死。

（二）诱杀

1）金龟子、蝼蛄、地老虎等的成虫对黑光灯有强烈的趋光性，根据当地实际情况，在可能的情况下，于成虫盛发期利用黑光灯进行诱杀。灯光诱杀成虫，在晴朗无风且闷热的天气里诱集量尤多。

2）利用蝼蛄趋向马粪的习性，可在圃地内挖垂直坑并放入鲜马粪诱杀，还可在圃地栽蓖麻诱集金龟子成虫。

3）糖醋液诱杀。在春季用糖、醋、水按1∶3∶10的比例配成糖浆，将0.01g50%甲胺磷或0.5g90%的敌百虫溶液放入盘中，于晴天的傍晚放在草坪内的不同位置诱杀（注意液体一定要有专人负责，以免造成其他伤害）。每200m²幼苗地放置一盘，次日取回，可有效诱杀金龟子和地老虎。

4）毒饵诱杀。约每667m²用碾碎炒香的米糠或麦麸5kg，加入90%的敌百虫50g及少量水拌匀，或用50%的甲胺磷乳剂60g混匀，傍晚撒于花木幼苗旁，对蝼蛄、地老虎的防治效果很好。一般在傍晚无雨天，在田间挖坑，施放毒饵，次日清晨收拾被诱害虫，并集中处理。

5）毒草诱杀。当小地老虎达高龄幼虫期（4龄期）时，将鲜嫩草切碎，用90%敌百虫、50%锌硫磷或50%甲胺磷500倍液喷洒后，约每667m²用毒草10～15kg，于傍晚分成小堆放置田间，进行诱杀，对减轻花木幼苗受害有很好的效果。为了减少药剂蒸发，在毒草上盖枯草，并早晚适当浇水保鲜。

6）毒叶（枝）诱杀。用90%晶体敌百虫150倍液喷洒泡桐树叶后，在约每667m²的育苗地均匀放置70～80片，在早晨和晚上9时前各捕杀一次，可诱杀地下害虫的幼虫。约每667m²的田地用5～10枝杨树枝，放进40%氧化乐果500倍液中浸泡20min，于傍晚插入花圃里，可很好地诱杀金龟子。

（三）生物防治

引进地下害虫天敌，并为其提供良好的生存环境。还可多栽植蜜源植物，多使用生物制剂（例如Bt乳剂）和对人、植物、天敌安全且不污染环境的药剂（例如灭幼脲三号），从而增加益鸟、寄生蜂等天敌和其他有益生物的数量，控制植物病虫害。

金龟子的捕食性天敌有鸟、鸡、猫、刺猬和步甲。捕食蛴螬的天敌有食虫虻幼虫。寄生蛴螬的天敌有寄生蜂、寄生螨、寄生蝇。目前，对蛴螬防治有效的病原微生物主要有绿僵菌，它的防治效果达90%。应用乳状杆菌，可使某些种类蛴螬感染乳臭病而致死。

将1kg蓖麻叶捣碎，加入清水10kg，浸泡2h，过滤，在受害区喷液可灭杀金龟子。或将侧柏叶晒干磨成细粉，随种子同时施入土中，可杀死金龟子幼虫。

（四）药物防治

化学药物防治是防治园林地下害虫最有效、最经济、最直接的措施。化学防治具有高效、持效和经济方便的优势，在地下害虫危害严重时（虫口密度达1只/m²）为主要的治理手段。防治地下害虫的药剂必须有触杀和胃毒作用，持效期较长，且有多种品种和剂型轮换使用，以减缓害虫的抗药性。

1. 播种前处理

（1）土壤处理 整地前将40%甲基异柳磷、3%地虫净、呋喃丹颗粒或5%的锌硫磷颗粒均匀撒于地面，随即翻耙使药剂均匀分散于耕作层，既能触杀地下害虫，又能兼治其他潜伏在土中的害虫。播种前检查花圃里的蛴螬密度，若每平方米达3～4只，每667m²田地施用50%锌硫磷乳剂200g，与水50kg配成的药剂，并均匀喷洒地面后整地播种，或每667m²田地用以300g的药量混合30kg泥制成的毒土，于耕翻前撒施于土壤中。

（2）药剂拌种 可采用50%锌硫磷乳油、25%锌硫磷微囊缓释剂、40%氧化乐果乳剂、

20%或40%甲基异柳磷乳油拌种，主要防治金龟子或蝼蛄、金针虫等地下害虫，也可兼治苗期害虫。

（3）毒饵拌种　每667m² 田地用2kg麦麸或米糠，将其蒸熟后拌入50%甲胺磷乳剂60g，晾干后拌入种子内一起播种。还可将90%敌百虫500g溶化于15kg水中，喷洒在50kg炒香的油渣上并拌匀，稍闷后拌入种子内一同播下。

2. 苗前处理

在春播花卉种子出苗前进行的，每667m² 田地用3%呋喃丹颗粒剂1kg，拌干细土30kg，均匀撒于地边沟内的杂草上，可药杀刚出土的金龟子。

3. 生长季处理灌根

幼虫盛发期用50%锌硫磷600倍液、90%晶体敌百虫800倍、50%二嗪农乳油500倍液、50%锌硫磷1000倍液、50%马拉硫磷800倍或25%乙酰甲胺磷800倍液灌根，8~10天灌一次，连续灌2~3次，对消灭地下害虫的幼虫有良效。

学习小结

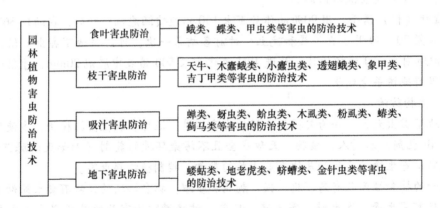

达标检测

一、选择题

1. 下列害虫中（　　）是以卷叶或缀叶危害的。

A. 黄刺蛾　　　　　B. 马尾松毛虫　　　　　C. 香蕉弄蝶　　　　　D. 黄杨绢野螟

2. 下列害虫中成虫、幼（若）虫都危害植物叶片的有（　　）。

A. 柳蓝叶甲　　　　B. 铜绿丽金龟　　　　　C. 短额负蝗　　　　　D. 樟叶蜂

3. 下列刺蛾中在地下结茧的有（　　）。

A. 黄刺蛾　　　　　B. 扁刺蛾　　　　　　　C. 褐边绿刺蛾　　　　D. 褐刺蛾

4. 下列蛾类、蝶类成虫中白天活动的有（　　）。

A. 柑橘凤蝶　　　　B. 曲纹紫灰蝶　　　　　C. 斜纹夜蛾　　　　　D. 重阳木锦斑蛾

5. 下列害虫对糖醋酒液有趋性的是（　　）。

A. 东方蝼蛄　　　　B. 小地老虎　　　　　　C. 斜纹夜蛾　　　　　D. 白星花金龟

6. 下列害虫中产卵于植物组织内的有（　　）。

A. 蚱蝉　　　　　　B. 绿盲蝽　　　　　　　C. 烟蓟马　　　　　　D. 榆三节叶蜂

7. 下列害虫中以卵越冬的有 （　　　）。

A. 桃蚜　　　　　B. 梧桐木虱　　　　　C. 大青叶蝉　　　　　D. 短额负蝗

8. 以下害虫中以幼虫越冬的有 （　　　）。

A. 黄杨绢野蛾　　B. 黄褐天幕毛虫　　　C. 咖啡木蠹蛾　　　D. 豆毒蛾

9. 以下害虫中以成虫越冬的有 （　　　）。

A. 星天牛　　　　B. 梨冠网蝽　　　　　C. 一字竹象　　　　D. 泥翅象甲

10. 以下害虫中成虫有趋光性的有 （　　　）。

A. 大地老虎　　　B. 铜绿丽金龟　　　　C. 马尾松毛虫　　　D. 大青叶蝉

11. 以下害虫中以蛹越冬的有 （　　　）。

A. 栎掌舟蛾　　　B. 茶斑蛾　　　　　　C. 斜纹夜蛾　　　　D. 葡萄透翅蛾

12. 以下害虫中在土中越冬的有 （　　　）。

A. 竹织叶野螟　　B. 槐尺蛾　　　　　　C. 霜天蛾　　　　　D. 樟叶蜂

二、判断题

1. 芫菁的成虫和幼虫都是食叶害虫。（　　　）

2. 黏虫有迁飞习性。（　　　）

3. 利用东方蝼蛄对香甜物质的趋性，可以用糖醋酒液进行诱杀。（　　　）

4. 天牛类蛀干害虫危害时常可在蛀孔周围发现大量的虫粪。（　　　）

5. 蛴螬、金针虫在土壤中的活动会随土温的变化而上下移动。（　　　）

6. 小蠹虫的坑道是由成虫、幼虫钻蛀危害形成的。（　　　）

7. 柳瘿蚊会导致柳枝产生虫瘿。（　　　）

8. 日本松干蚧的"显露期"是指1龄若虫营固定生活后，易被发现的时期。（　　　）

9. 松纵坑切梢小蠹的成虫危害松树的梢头以补充营养。（　　　）

10. 花蓟马的生殖方式有两性生殖、孤雌生殖和卵胎生。（　　　）

三、简答题

1. 食叶害虫的发生特点有哪些？

2. 袋蛾类害虫的发生特点有哪些？

3. 吸汁害虫的危害特点有哪些？

4. 介壳虫类害虫的发生特点有哪些？

5. 如何防治钻蛀性害虫？

6. 地下害虫的发生特点有哪些？

四、综合题

1. 识别50种本地常见园林植物害虫。

2. 编制校园园林植物害虫防治年历。

园林植物病害防治技术

【项目说明】

随着社会经济的发展，城市园林绿化工作取得前所未有的成绩，园林植物的生态效益、经济效益、观赏效益日益凸显。与此同时，城市园林植物病害的发生也出现了复杂化、危险化的趋势，对城市绿地和风景区危害较大。病害常常导致园林植物生长衰弱和死亡，影响植物的生长、发育、繁殖及其观赏价值，甚至使城市绿化树种、风景林等林木大片衰败或死亡，从而造成重大的经济损失。

园林植物病害种类很多，根据其危害部位的不同，主要可以分为叶部病害、枝干部病害、根部病害三大类。所以本项目按照发病部位的不同共分为3个任务完成：叶、花、果病害的防治技术，枝干病害的防治技术，根部病害的防治技术。介绍主要病害的症状识别、病原、发病规律及防治措施。

【学习内容】

掌握园林植物常发生的叶、花、果、枝干、根部病害的类型、症状、发生规律、发病条件及防治方法。

【教学目标】

通过对园林植物病害症状的观察，正确诊断病害。了解病害发生的环境条件和发生规律。掌握园林植物病害的防治措施。

【技能目标】

根据园林植物病害的典型症状，准确诊断园林植物常发生的病害，并能制订出合理有效的防治方案。

【完成项目所需材料及用具】

材料：叶部病害的盒装标本、浸渍标本、病原菌的玻片标本、新鲜的叶部病害标本、叶部病害挂图、幻灯片等。

用具：显微镜、镊子、无菌水、纱布、放大镜、挑针、刀片、载玻片、盖玻片等。

任务1 叶、花、果病害的防治技术

任务描述

在自然情况下，每种园林植物都会遭受各种各样病害的危害，尤其以园林植物叶、花、果病害种类为多。据报道，有60%～70%的园林植物病害属于叶、花、果病害。一般情况下，叶、花、果病害很少能引起园林植物的死亡，但叶片的斑驳、枯死、变形以及花的提前脱落等，却直接影响园林植物的观赏价值，尤其对观叶植物的影响更甚。叶部病害还常常导致园林植物提早落叶，减少植物光合作用产物的积累，削弱花木的生长势，并诱发其他病虫害的发生。

引起园林植物的叶、花、果病害的病原既有侵染性病原（寄生性种子植物除外），也有非侵染性病原，但大多数是由侵染性病原引起的。侵染性病原包括真菌、细菌、病毒、植原体、寄生性线虫等，其中以真菌为主。有些叶部病害（例如病毒引起的病害等）往往发病比较重，危害比较大。园林植物叶、花、果病害的症状类型很多，主要有灰霉、白粉、锈粉、煤污、斑点、毛毡、变形、变色等。园林叶、花、果病害的防治原则是集中清除侵染来源和喷药保护，这也是防治园林植物叶、花、果病害的主要措施，而改善园林植物生长环境是控制病害发生的根本措施。

任务咨询

一、白粉病的识别

（一）症状识别

1. 月季白粉病（见图5-1）

该病除在月季上普遍发生外，还可以发生于蔷薇、玫瑰、白玉兰等。引起白粉病的病菌侵害月季的叶片、嫩梢、花蕾及花梗等部位。感病初期，叶片上出现褪绿色斑，并逐渐扩大，之后着生一层白色粉末状物质，严重时可使叶片全部披上白粉层。嫩叶感病后，叶片皱缩，卷曲成畸形，有时变成紫红色；老叶感病后，叶面出现近圆形水渍状褪绿的黄斑，与健康组织无明显界限，植株严重受害时，叶片枯萎脱落，嫩梢及花梗受害部位略膨大，其顶部向地面弯曲。花蕾受侵染后不能开放或花冠畸形，受害部位的表面均匀布满白色粉层。反复侵染后的植株生长衰弱，开花不正常或不开花。此病严重影响植株生长、开花和观赏。

图5-1 月季白粉病

2. 瓜叶菊白粉病（见图 5-2）

引起瓜叶菊白粉病的病菌主要侵害叶片，其次侵染叶柄、花器和茎秆等部位。发病初期，叶片正面脉间出现小的白粉斑，背面发黄；3 天后扩展成直径为 5mm 的近圆形白粉斑，7 天后病斑联结成片，叶片上的白粉层厚实，整个植株都披满白粉层。之后叶片很快褪绿、枯黄，披满白粉层的花蕾不开放或花朵小且畸形，花芽常常枯死。发病后期，白色粉层变为灰白色，其上着生黑色的小点粒——闭囊壳。苗期是容易感病的时期，感病的植株生长停滞、矮化、枯黄、死亡。

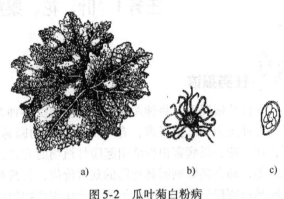

图 5-2　瓜叶菊白粉病
a）症状　b）闭囊壳　c）子囊孢子

（二）发病规律

1. 月季白粉病

引起月季白粉病的病菌主要以菌丝在寄生植物的病枝、病芽及病落叶上越冬。翌年春天，病菌随病芽萌发产生分生孢子。此类病菌生长适宜温度为 18～25℃。分生孢子借风力传播、侵染，在适宜条件下只需几天时间的潜育期。我国北方每年 5 月、6 月、9 月、10 月发病严重。温室栽培的月季终年均可发病，月季白粉病一般在温暖、干燥或潮湿的环境中易发病，而降雨则不利于病害的发生。施氮肥过多、土壤缺少钙或钾时，月季易发生此病。植株过密、通风透光不良、种植庭院内清洁卫生不佳、日常栽培管理差、浇水过多，则发病严重。月季品种不同，其抗病性差异显著，一般浅色花品种易感染白粉病，多花色品种抗病力强。

2. 瓜叶菊白粉病

瓜叶菊白粉病的病原菌以闭囊壳在病植株残体上越冬，成为初侵染源。条件适合时，病原菌随风传播，自表皮直接侵入，瓜叶菊长出 2～3 片真叶时即显出病症。该病的发生与温室中的温度和湿度关系密切，温度为 15～20℃时，有利于病害的发生；当室温在 7～10℃以下时，病害发生受抑制。另外，湿度较高（85%～95%）时有利于孢子的萌发和侵入，湿度较低（35%～65%）时有利于孢子的形成和释放。

（三）白粉病的防治

1）种植和选用抗病品种是防治白粉病的重要措施之一。尽可能地选择抗病品种，并且繁殖时不使用感病株上的枝条或种子。例如，种植月季时可选白金、女神、爱斯来拉达、金凤凰等抗白粉病的品种。

2）清除侵染来源秋季和冬季扫除枯枝落叶，生长季节修剪整枝，以及时除去病芽、病叶和病梢，减少侵染来源。

3）加强栽培管理提高园林植物的抗病性，适当增施磷肥、钾肥，合理使用氮肥；种植不要过密，适当疏伐，以利于植物通风透光；及时清除感病植株，摘除病叶，剪去病枝，是减少棚室花卉白粉病发生的有效措施；加强温室的温度及湿度管理，特别是在早春时期，保持较恒定的温度，防止温度的忽高忽低，有规律地通风换气，使湿度不至于过高，营造不利于白粉病发生的环境条件。

4）喷药防治可用50%甲基硫菌灵与50%福美双（1∶1）混合药剂600～700倍液喷洒盆土或苗床、土壤，达到杀菌效果。发芽前喷施3～4°Bé的石硫合剂（瓜叶菊上禁用）；生长季节，用25%三唑酮可湿性粉剂2000倍液、30%的氟硅唑800～1000倍液、80%代森锌可湿性粉剂500倍液、70%甲基托布津可湿性粉剂1000～1200倍液、50%退菌特800倍液或15%绿帝可湿性粉剂500～700倍液进行喷雾，每隔7～10天喷1次，喷药时先喷叶后喷枝干，连喷三四次，可有效地控制病害发生。在温室内可用45%百菌清烟剂熏烟，每667m²用药量为250g，也可将硫黄粉涂在取暖设备上任其挥发，此法能有效地防治月季白粉病（使用硫黄粉的适宜温度为15～30℃，最好夜间进行，以免白天人受害）。喷洒农药时应注意，整个植株均要喷到，药剂要交替使用，以免白粉菌产生抗药性。

二、锈病的识别

（一）症状识别

1. 玫瑰锈病（见图5-3）

玫瑰锈病的病原菌侵害植物嫩枝、叶片、花和果实，以叶和芽上的症状最明显。发病期间，被害叶片正面出现黄色小点，即病菌的性孢子器；叶片反面出现许多杏黄色粉状物，中部为橙色，边缘为浅黄色。空气潮湿时，叶片上会溢出浅黄色黏液，黏液干后，病组织逐渐变肥厚，正面凹陷，背面隆起，最后散发黄褐色粉末，此为锈孢子堆，直径为0.5～1.5mm。此后，叶片背面又逐渐形成直径为3～5mm的黄粉状多角形病斑，此为夏孢子堆。秋末，病斑又产生棕黑色粉状的冬孢子堆，嫩枝上的病斑略肿大。

图5-3　玫瑰锈病

2. 海棠锈病（见图5-4）

海棠锈病是各种海棠的常见病害，在我国各个省市均有发生，发病严重时，海棠叶片上病斑密布，叶片枯黄早落。该病原菌同时还会侵害桧柏、侧柏、龙柏、铺地柏等观赏树木，引起这些树木上的针叶及小枝枯死，影响园林景观的观赏效果。

海棠锈病病原菌主要侵害海棠叶片，也能侵害叶柄、嫩枝和果实。叶面最初出现黄绿色小点，扩大后呈橙黄色或橙红色有光泽的圆形小病斑，边缘有黄绿色晕圈。病斑上着生针头大小的橙黄色小点粒，后期变为黑色。病组织

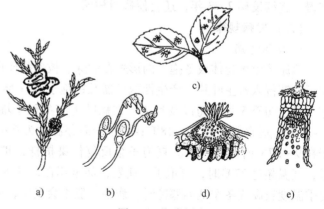

图5-4　海棠锈病
a）菌瘿　b）冬孢子萌发　c）海棠叶症状
d）性孢子器、锈孢子器（一）　e）性孢子器、锈孢子器（二）

肥厚，略向叶背隆起，其上有许多黄白色毛状物，最后病斑变成黑褐色，海棠枯死。感病海棠叶柄、果实上的病斑明显隆起，果实畸形，多呈纺锤形；嫩梢上的病斑凹陷，易从病部折断。

3. 菊花白锈病（见图5-5）

菊花白锈病病原菌主要侵害菊花叶片。发病初期，受害植株叶片在叶背上出现白色的细小斑点，此后逐渐扩大并在其上形成浅黄疙瘩状突起，即冬孢子堆。孢子堆逐渐增大，并由白色变为浅黄褐色，直径为2～5mm，每片叶片背面生有孢子堆2～140个。叶片正面病斑稍凹陷，浅黄色至黄绿色，有少数叶片的病斑上也生有小块的白色孢子堆。孢子堆的生长不受叶脉限制，病情严重时，孢子堆连成一片，造成叶片早期枯黄、脱落以致植株死亡。此类病原也危害叶鞘、茎和花，使花上产生坏死斑点，使茎上产生孢子堆。

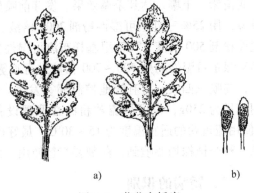

图 5-5　菊花白锈病
a）症状　b）冬孢子

4. 松针锈病（见图5-6）

松针锈病病原菌侵害云南松、飞马尾松、樟子松、华山松、油松、黑松、红松、湿地松、火炬松等，常引起苗木或幼树的针叶枯死。

针叶受害初期产生浅绿色斑点，后变为暗褐色点粒状疹疱，几乎等距排成一列，这是精子器。在疹疱的反面会产生橘黄色疱囊状锈子器。囊破后散出黄粉，即锈孢子。最后，在松针上残留白色膜状物，此为锈孢子器的包被。此类菌原菌使病叶萎黄早落，春旱时心梢生长变慢，连续发病2～3年，还会使病树枯死。

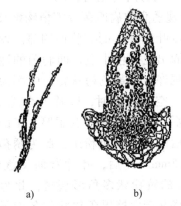

图 5-6　松针锈病
a）针叶上锈孢子器　b）锈孢子切面

（二）发病规律

1. 玫瑰锈病

病原菌以菌丝体或冬孢子的形式在病芽、枝条病斑内越冬，于翌年萌发形成担孢子。担孢子发芽侵入寄主叶片，产生性孢子器及锈孢子器（堆），锈孢子再侵染产生夏孢子堆。每年3月中旬至5月中旬以及秋末，在病叶上有冬孢子堆形成。据观测，冬孢子萌发温度为6～25℃，适宜温度为10～18℃；锈孢子萌芽温度为6～27℃，适宜温度为10～21℃；夏孢子在9～27℃时萌发率高。夏孢子会反复侵染植株，扩散蔓延，造成玫瑰锈病的流行。夏季，气温超过27℃时，夏孢子不萌发，甚至死亡；冬季温度过低，冬孢子也会死亡。所以，夏季温度较高或冬季低温寒冷时，病害一般不会发生；若在温暖、多雨、多雾的年份，夏孢子就会反复侵染，病害时常发生。

2. 海棠锈病

病原菌以菌丝体在针叶树寄主体内越冬，可存活多年。翌年3～4月冬孢子成熟，菌瘿吸水涨大、开裂，冬孢子形成的物候期是在柳树发芽、山桃开花的时候。当旬平均温度在

8.2℃以上，日平均温度在 10.6℃以上，又有适宜的降雨量时，冬孢子开始萌发，冬孢子萌发 5~6h 后即产生大量的担孢子。据报道，在四川贴梗海棠上该病的潜育期为 12~18 天，垂丝海棠上则为 14 天。此类病原菌在贴梗海棠上，于每年 3 月下旬产性孢子器和性孢子，4 月上旬产锈孢子器，4 月下旬产锈孢子。此类病原菌在北京地区的贴梗海棠上，于每年 4 月下旬产生橘黄色病斑，5 月上旬产性孢子器，5 月下旬产锈孢子器，6 月为发病高峰期。性孢子由风、雨和昆虫传播，2~3 周后锈孢子器出现，8~9 月锈孢子成熟，由风传播到桧柏等针叶树上，因该锈菌没有夏孢子，故生长季节没有再侵染现象。该病的发生、流行和气候条件密切相关。春季多雨且气温低，或早春干旱少雨则发病轻；春季多雨，气温偏高则发病重。例如北京地区，病害发生的迟早、轻重取决于每年 4 月中下旬和 5 月上旬的降雨量和次数。另外，若担孢子飞散高峰期与寄主大量展叶期相吻合，病害发生则重。

3. 菊花白锈病

病菌以冬孢子在带病植株枯叶上越冬，翌年春季散发产生厚垣孢子，随气流传播，浸染叶片。夏孢子萌发浸染温度为 16~27℃，低于 6℃ 或高于 31℃ 时不能浸染。叶片上的水膜是孢子萌发的必要条件。云南西双版纳冬季的温度为 10~25℃，该病在此时几乎无冬孢子越冬现象，即以适宜的夏孢子萌发浸染，发生危害。露地栽培的植物在阴天、多雨水天气时发病严重，大棚内湿度过大也易使植株感病，防治不及时蔓延危害迅速。

4. 松针锈病

引起松针锈病的黄檗鞘锈菌的冬孢子于每年 8 月下旬至 9 月上中旬萌发并产生担孢子，担孢子借风雨传播，落到油松针叶上，遇湿生芽管，由针叶气孔侵入，以菌丝体在针叶中越冬。翌年 4 月末开始产生性孢子器，5 月初产生锈孢子器，6 月初锈孢子成熟，由风传播到黄檗叶片上，萌发并侵入后先产生夏孢子堆，8 月中旬至 9 月上中旬产生冬孢子堆。病害的发生在坡顶比坡脚严重，迎风面比背风面严重，树冠下部比上部严重。油松和黄檗罗混交时病害严重。

（三）锈病的防治

1）加强管理在园林设计及定植时，避免海棠、苹果等与桧柏混栽，并加强栽培管理，提高植株抗病性。结合园圃清理及修剪，及时将病枝芽、病叶等集中烧毁，以减少病原菌。

2）清除侵染来源结合庭园清理和修剪，及时除去病枝、病叶、病芽并集中烧毁。

3）化学防治在休眠期喷洒 3°Bé 的石硫合剂可以杀死在芽内及病部越冬的菌丝体；生长季节喷洒 25% 三唑酮可湿性粉剂 1500~2000 倍液，或 12.5% 烯唑醇可湿性粉剂 3000~6000 倍液，或 65% 的代森锌可湿性粉剂 500 倍液，可起到较好的防治效果。

4）生物防治锈菌的夏孢子堆在不同时期常被枝孢霉属、单端孢属、交链孢属等真菌所侵染，以致夏孢子被消解，这类真菌在自然界中有减少锈菌侵染的作用，但其利用可能性尚有待研究。

三、炭疽病的识别

（一）症状识别

1. 兰花炭疽病

兰花炭疽病发病初期，叶尖出现红褐色病斑，病斑下延致使叶片成段枯死。叶片中部病斑呈椭圆形或圆形；叶缘病斑呈半圆形。叶脊染病时，病斑连成一线，形成条斑。叶基部染病时，病斑连成一片，可致叶片枯断。发病后期，病斑颜色变浅，中央偶有黄褐色轮纹，并散生小黑点，即病原菌子实体。病斑可以相互愈合成大斑，有时纵向破裂，致使叶片穿孔。病斑大小不一，直径在 1～20 mm 之间。在果实上发病，病斑形状不一，一般为黑褐色长条形。新叶、老叶在发病时间上有差异。一年中的上半年一般多为老叶发病，下半年多为新叶发病。

2. 君子兰炭疽病

该病病原菌主要侵染叶尖和叶边缘部位，病状特征与叶斑病相似。发病初期，感病部位为湿润状褐色病斑，有时出现粉红胶质黏液，即病原菌的分生孢子盘及分生孢子堆。病害发展扩散后，病斑呈半圆形或不规则的椭圆形，为红紫色或暗褐色，中央为浅褐色或灰白色，并稍有下陷，此后逐渐扩大，四周可见轮纹斑痕，为褐色，病斑逐渐萎缩干枯。病斑上散生着黑色颗粒状物，发病严重时导致整个叶片变黄枯萎。

3. 仙人掌炭疽病（见图 5-7）

仙人掌炭疽病是仙人掌类的常见病，发生较为普遍，主要分布在我国江苏、福建、安徽、湖北、广州、南京、银川、西宁等地区。此病原菌侵害仙人掌属（圆扇仙人掌属）、仙人球属（海胆仙人掌属）等植物，常出现茎节或球茎腐烂干枯症状。

被初侵染的仙人掌茎节或仙人球的球茎上，会出现水渍状、浅褐色、圆形或近圆形的病斑，后迅速扩展为不规则形病斑，并可遍及各部分，病部腐烂，并略凹陷，上面生有小黑点，略呈轮纹状排列。潮湿时，

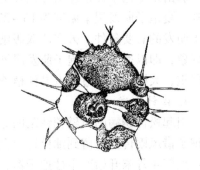

图 5-7　仙人掌炭疽病

病部表面出现粉红色的黏状孢子团，即为病菌的子实体。随着病斑的发展，可使整个茎节或球茎变褐腐烂。

4. 牡丹（芍药）炭疽病（见图 5-8）

牡丹（芍药）炭疽病在我国上海、南京、无锡、郑州、北京和西安等地均有发生，其中以西安地区的芍药受害最重。病害严重时常使病茎扭曲畸形，幼茎受侵染后则迅速枯萎死亡。炭疽病病原菌可侵害牡丹（芍药）的茎、叶、叶柄、芽鳞和花瓣等部位，对幼嫩的组织危害最大。茎被侵染后，初期出现浅红褐色、长圆形、略下陷的小斑，后扩大成大块不规则的斑，中央略呈浅灰色，边缘为浅红褐色，病茎歪扭弯曲，严重时会引起植株倒伏。幼茎被侵染后会快速枯萎死亡。叶被侵染后，初期病斑为长圆形小斑，略下陷，以后扩大为不规则的黑褐色大型病斑，后期病斑可形成穿孔。幼

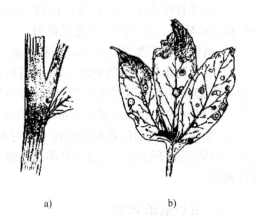

a)　　　　　　　　　　b)

图 5-8　牡丹（芍药）炭疽病
a) 症状　b) 叶部症状

叶受害后皱缩卷曲。芽鳞和花瓣受害后常发生芽枯和畸形花现象。遇潮湿天气，病部表面便出现粉红色略带黏性的分生孢子堆。

（二）发病规律

1. 兰花炭疽病

此病病原菌主要以菌丝体在病叶、病残体和枯萎的叶基苞片上越冬。分生孢子经过越冬，萌芽率大为降低。病菌借风、雨和昆虫传播。翌年春末、夏初天气潮湿多雨时，病菌开始侵染，植物有伤口和急风暴雨天气更易感病。温度为 $22\sim28℃$，相对湿度在 90% 以上，土壤 pH 在 $5.5\sim6$ 之间有利于病菌孢子萌发。老叶一般于每年 4 月开始发病，新叶则从 8 月开始发病。高温多雨季节发病严重。如果整株受害严重，幼芽刚萌发时也受侵染发病。兰圃中兰盆放置过密、杂草丛生、兰叶相互交错、相对湿度过高，病菌易再次侵染。当年不换盆、分盆，盆土黏重板结、透气性差，排水不良，会使病害加重。兰花受暴雨淋击或当头浇水易发病。兰花品种不同，抗病性也有差异。墨兰、建兰中含铁梗素比较抗病，春兰、寒兰不抗病，蕙兰适中。

2. 君子兰炭疽病

君子兰炭疽病病原菌以菌丝在寄主残体或土壤中越冬。翌年 4 月上旬老叶开始发病；$5\sim6$ 月，气温在 $22\sim28℃$ 时发展迅速，高温高湿的梅雨季节发病严重。分生孢子靠气流、风、雨、浇水等传播，多从植物伤口处侵入。夏季到来的时候气温渐高、雨量增加、土壤过湿，是最容易发生炭疽病的季节。施肥不当，特别是氮肥用量过多，或不施磷钾肥是发病的主要原因。植物浇水过多、放置过密，都容易发病。

3. 仙人掌炭疽病

此病病原菌以菌丝或分生孢子盘在病组织或病残体上越冬。翌年产生孢子，成为初侵染源。分生孢子借风、雨传播，主要通过伤口侵入危害。仙人掌类炭疽病在温度高、湿度大的条件下容易发生。初夏和初冬时节均可发生。此病在我国广州佛山一带较多，仙人球受害严重，并以黄色球类的品种较易感病。

4. 牡丹（芍药）炭疽病

此病病原菌以菌丝体在病叶、病茎上越冬。翌年越冬菌丝产生分生孢子盘和分生孢子。分生孢子借风、雨传播，再次侵染寄主。病害一般在每年 $5\sim6$ 月开始发生，若 $8\sim9$ 月多雨则发病严重。一般高温多雨的年份病害发生较多且严重。

（三）炭疽病的防治

1）清除病原菌秋季和早春彻底清除病茎和病叶残体，集中销毁；对苗木、插条进行消毒处理，减少侵染来源。

2）药剂防治药剂防治是控制此类病害的有效手段。目前常用的药剂有炭疽福美、退菌特、苯来特、代森锰锌、三环唑、百菌清、甲基托布津等。发病初期（每年 $5\sim6$ 月）可喷洒 70% 炭疽福美 500 倍液，或 65% 代森锌 500 倍液，或 50% 苯菌灵可湿性粉剂 1500 倍液，每隔 $10\sim15$ 天喷 1 次，连喷 2 次。

3）加强管理，注意更换新土，不重茬改善生态环境，避免环境过湿，浇水时应从底部渗灌，防止由于浇泼、水流飞溅而传播病害。温室中注意通风换气，避免在有雨露的环境条件下进行田间作业。提高植株的生长势，增强抗病能力，这是控制炭疽病根病的根本措施。

四、灰霉病的识别

灰霉病属真菌病害，病菌以菌核或孢子在土壤与病株残体上越冬，春季气温升高时产生分生孢子，随风雨传播。20～25℃温度及高湿条件下容易发病。梅雨、多雾露、封闭或通风不良的环境，发病较重；幼嫩组织感病重；连作容易发病。

（一）症状识别

1. 仙客来灰霉病（见图5-9）

该病病原菌主要侵害盆栽仙客来。此病多发生在温室中，一般在每年1～5月发生严重，常常发生于叶片、叶柄、花瓣和块茎部位。叶片受害后，侵害部位出现暗绿色水渍状斑点，之后病斑逐渐扩大，使整个叶片成褐色，之后干枯、脱落，发生严重时，叶片像被开水烫了似的萎蔫下垂。叶柄和花梗受害后成水渍状腐烂，之后下垂。花瓣感病后，出现水渍状病斑并褪色，花瓣凋谢；之后病斑增加，花瓣变为黑褐色且腐烂。块茎受害后，潮湿条件下形成软腐，干燥条件下形成干腐。发病部位潮湿时易产生灰色霉层。

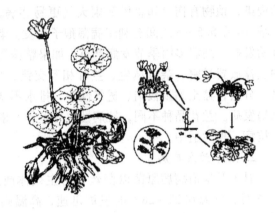

图5-9　仙客来灰霉病症状及侵染循环图

2. 蝴蝶兰灰霉病

蝴蝶兰灰霉病病原菌主要侵害花器、萼片、花瓣、花梗，有时也侵害叶片和茎。发病初期，花瓣、花萼受侵染后24h即可产生小型半透明水渍状斑，随后病斑变成褐色，有时病斑四周还有白色或浅粉红色的圈。每朵花上病斑的数量不一，但当花朵开始凋谢时，病斑增加很快，花瓣变为黑褐色且腐烂。湿度大时，腐烂的花朵上会长出绒毛状、鼠灰色的生长物，即病原菌的分生孢子梗和分生孢子。在早期，花梗和花茎感病后会出现水渍状小点，渐扩展成圆形至长椭圆形病斑，病斑为黑褐色，略下陷。病斑扩大至绕茎一周时，花朵即死。叶片感病后，叶尖焦枯。该病每年多在早春和秋冬季节出现2～3个发病高峰。严重时花上病斑累累，这对于"赏叶盛似赏花"或"专门赏花"用的兰花来说是毁灭性的灾难。气温高时，病害仅发生在较老的正在凋谢的花上。花开始衰老或已经衰弱时，多种兰花均可感染此病。

（二）发病规律

1. 仙客来灰霉病

低温高湿是诱发此病的关键因素。我国北方温室在每年12月至翌年2月期间，一般气温偏低、光照不足，夜间相对湿度在70%左右，白天在85%以上，这是诱发灰霉病的主要原因。一般温室内湿度低于65%时发病轻。温室白天高温且通风不当，夜间温度太低，而且夜间叶片、花瓣上形成水膜或水滴，棚膜滴水，叶面结露时间长，都有助于该病的流行与发生，因此，温室内温度忽高忽低时此病发病重。露天栽培时，在开花期遇连续阴雨天或盆土、土壤浇水过多，湿度大于80%，且持续时间长，灰霉病发病率则较高。管理不善也是该病发生的重要原因。例如，浇水过多、次数过多，会使盆土常处于饱和状态；而追肥过多、方法不当，造成肥害，则会引起块茎腐烂；温室或居室摆放密度过大，使植株接触并相互摩擦叶面而出现伤口或在松土、施肥等管理中造成植株伤口，也都会导致该病的发生。

2. 蝴蝶兰灰霉病

温暖、潮湿是蝴蝶兰灰霉病流行的主要环境因素。相对湿度在 90% 左右，温度在 18 ~ 25℃ 条件下该病最容易发生。空气湿度大时，病害发展迅速；反之，病害发展缓慢，灰霉少。此病还在软盆放置过密或排水不畅、通风不良的温室中发生严重。氮肥过多，植株组织嫩弱，则也会造成发病严重。在连续阴天低温之后，天气转晴且温度升高时，灰霉病易暴发。病害发生时成熟的分生孢子借气流、灌溉水、雨水、棚室滴水和田间操作等传播。病菌对花器及叶片致病力较强。植株健壮则不易被侵染。

（三）灰霉病的防治

1. 加强栽培管理

灰霉病病原菌主要在土中越冬，因此，无论是园栽还是盆栽，要求土壤必须是无病新土，并对盆土、花盆、种球进行消毒。为减少侵染来源，应随时清除病花、病叶等残体，对于凋谢花朵也应及时剪除。施足底肥，促进植物发育，增强植物抵抗力。尽量施用腐熟的有机肥，增施磷钾肥，注意控制氮肥用量，防止病原菌徒长，提高植物抗病性。发病初期及时摘除发病部位，不可直接堆在温室或放在垃圾堆上，应集中进行高温堆沤或深埋。加强盆花的栽培管理，注意通风透光，花盆之间应留有充足的空间。浇水要遵循"见干见湿"原则，盆土不宜过湿，防止积水。大田应注意植株间的通风透光，雨后应及时排水。

2. 药剂防治

用种球、种苗种植前，应先剔除病株，用 0.3% ~ 0.5% 的硫酸铜溶液浸泡 30min，水洗晾干后再种植。目前还没有防治灰霉病的特效药，应以预防为主，抓准时机进行药剂防治。可以叶面喷药，也可以熏蒸、喷粉尘。发病前期和发病初期，用 1：1：200 波尔多液喷洒，14 天喷 1 次。发病后应及时剪除病叶，并喷洒药剂进行防治。一般使用保护性杀菌剂，例如 50% 腐霉利 1000 ~ 2000 倍液、50% 多霉灵 1000 倍液、50% 多菌灵 500 ~ 800 倍液、65% 代森锌可湿性粉剂 500 ~ 800 倍液等，通常每隔 7 ~ 10 天喷 1 次。喷药应细致周到，用药时间最好在每天上午 9 时以后，并避免高温和阴雨天气用药。宜多种药剂交替使用，防止出现病菌抗药性。药剂熏蒸时可选用的药剂有 10% 腐霉利烟剂（每 667m² 的地用药 200 ~ 250g）、20% 百速烟剂（每 667m² 的地用药 250g）。熏烟 3 ~ 4h 后放风。熏蒸可以在阴雨天或浇水后进行，最好在傍晚封闭风口后进行，在空气湿度大而不适于喷洒药液时使用效果良好。喷粉尘时选用的药剂有 10% 灭克复合粉剂、5% 百菌清复合粉剂、6.5% 万霉灵粉尘剂、10% 杀霉灵粉尘剂、5% 灭霉灵粉尘剂，每 9 ~ 10 天喷施 1 次，连用或与其他方法交替使用 2 ~ 3 次。施用量为每 667m² 的地用药 1kg。要对准植株上方喷洒，喷后要封闭棚室，以防止粉尘受气流影响而飘散。选用喷粉尘防治病害时，最好在傍晚或阴雨天发病高峰期进行。

五、霜霉病的识别

（一）症状识别

1. 月季霜霉病（见图 5-10）

月季霜霉病病原菌主要侵染嫩枝嫩叶，并以嫩叶为主，表皮角质化的壮枝及功能叶不受侵害。被侵染后，叶片上先出现黄灰色或暗紫色的水渍状小病斑，呈点状分布，后扩展为灰褐色或紫褐色多角形斑，病斑部略有凹陷，其症状与药害症状很像。潮湿时病斑背面产生白色或灰色霉层，此时，枝条上小叶开始脱落，进而叶柄脱落，枝条由下而上落叶，最终形成光秆。花蕾较大的枝条，下部叶片已成为功能叶，则由中部嫩叶开始向上脱落。嫩枝受害的前期症状与叶片相似，后呈黄褐色微凹陷病斑，最终形成裂痕或干枯。

2. 紫罗兰霜霉病

紫罗兰霜霉病病原菌主要侵害叶片。植物感病初期，叶片正面产生浅绿色斑块；后期变为黄褐色至褐色的多角形病斑，叶片背面长出稀疏的灰白色的霜霉层。叶片萎蔫，植株枯萎。此类病原菌也侵染幼嫩的茎和叶，使植株矮化变形。

（二）发病规律

1. 月季霜霉病

该病以卵孢子随病叶残体在土壤或枝条裂痕中潜伏。卵孢子借风、水滴、雾滴传播到寄主上。孢子囊产生游动孢子，游动孢子由气孔侵入，潜育期为 7～12 天。温室内的植株，一般在秋天至翌年春天发病，昼夜温差大的地区全年都可发病。温度和湿度是影响病害发生和流行的重要因素。孢子低于 5℃ 或高于 27℃ 均不萌发，其萌发适宜温度为 10℃～15℃，侵入和扩展适宜温度为 15～20℃，并且要在空气相对湿度为 100%，叶片有水滴存在 3h 的条件下才能侵入。孢囊梗和孢子囊的产生以及游动孢子的萌发均需雨露，因此秋天至翌年春天这段时间，

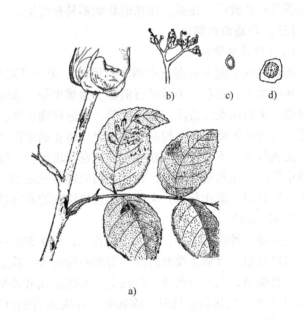

图 5-10　月季霜霉病
a) 症状　b) 孢囊梗　c) 卵孢子　d) 孢子囊

温室内低温、高湿、昼暖夜凉的环境有利于霜霉病的发生和流行。地势低洼、通风不良、肥水失调、光照不足、植株衰弱也有利于此类病害的发生。另外，植株含钙多抗病力强，一般老叶含钙多则抗病，而嫩叶含钙少则易感病。

2. 紫罗兰霜霉病

紫罗兰霜霉病在植株下层叶片上发病较多。栽植过密、通风透光不良或阴雨、潮湿天气则发病重。

（三）霜霉病的防治

1）农业防治。及时清除病残组织并烧毁。从无病株采种，精选种子。换土、轮作或进行土壤消毒。控制好温湿度，做好通风、透光及排湿工作。

2）药剂防治。在发病早期及时喷药防治，可供选择的药剂有 1∶2∶200 的波尔多液、25% 瑞毒霉可湿性粉剂 600～800 倍液、40% 三乙膦酸铝可湿性粉剂 200～300 倍液、40% 百菌清悬浮剂稀释 500～1200 倍液、72% 克露可湿性粉剂稀释 600～800 倍液、47% 加瑞农可湿性粉剂稀释 600～800 倍液、72.2% 霜霉威水剂稀释 600～1000 倍液、64% 杀毒矾可湿性粉剂稀释 300～500 倍液。

3）选用抗病品种。

六、病毒病的识别

（一）症状识别

1. 香石竹坏死病

感病植株中部叶片变为灰白色，形成浅黄色坏死斑驳状斑或不规则形状的条斑。下部叶片常表现为紫红色的条斑或条纹。之后，随着植株的生长，症状向上蔓延，最后导致叶子枯黄坏死。

2. 郁金香碎色病（见图5-11）

该病病原菌主要侵害花、叶，引起花、叶颜色的改变。但不同品种对该病的侵染反应不同。在浅色或白色郁金香品种上，其花瓣碎色症状并不明显；在红色和紫色品种上，花瓣变色较大，产生碎色花，花瓣上产生大小不等的斑驳状斑或条状斑；黑色花变为浅黑色。叶片被害后，出现浅绿色或灰白色条斑，有时出现花叶现象。

图 5-11　郁金香碎色病

3. 菊花矮化病

植株感病后的6~8个月出现症状，株形、叶片、花朵均变小，黄色、粉色和红色的色泽减退，感病植株一般提前开花。此病对菊花产量及品质影响很大。

4. 美人蕉花叶病（见图5-12）

该病侵染美人蕉的叶片及花器。发病初期，叶片上出现褪绿的小斑点，或出现花叶现象，或有黄绿色和深绿色相间的条纹。条纹部位逐渐变为褐色并坏死，叶片沿着坏死部位撕裂，破碎不堪。某些品种上出现花瓣杂色斑点或条纹，呈碎锦状。发病严重时，心叶畸形，内卷呈喇叭筒状，花穗抽不出或短小，花少且花小，植株显著矮化。

（二）发病规律

1. 香石竹坏死病

香石竹坏死病病毒主要通过汁液和

图 5-12　美人蕉花叶病

蚜虫传播。一般情况下，此类病毒难以用汁液接种，而在美国石竹上接种易成功，可以作为香石竹坏死病病毒的诊断依据。

2. 郁金香碎色病

郁金香碎色病病毒在病株鳞茎内越冬，成为次年初侵染来源。郁金香碎色病病毒通过蚜虫、汁液传播。此外，带病的上一年病株上所形成的子球也会感染病毒，即使种球栽植在消过毒的土壤中往往也会发病。一般栽培条件下，重瓣花易感病。

3. 菊花矮化病

菊花矮化病病毒主要通过汁液传播，嫁接、种子、菟丝子及操作工具也可以传播病毒。但蚜虫和其他昆虫不能传毒。此病毒除寄生菊花外，还侵害野菊、瓜叶菊、大丽花、百日草等。

4. 美人蕉花叶病

美人蕉花叶病病毒在发病的块茎内越冬。该病毒可以由汁液传播，也可以由棉蚜、桃蚜、玉米蚜、马铃薯长管蚜、百合新瘤蚜等做非持久性传播，还可由病块茎做远距离传播。美人蕉的不同品种对花叶病的抗性差异显著。大花美人蕉、粉叶美人蕉均为感病品种；红花美人蕉为抗病品种，其中的"大总统"品种对花叶病是免疫的。蚜虫虫口密度大、寄主植物种植密度大、枝叶相互摩擦均使植株发病严重。美人蕉与百合等毒源植物为邻以及杂草、野生寄主多，均加重病害的发生。挖掘块茎的工具不消毒，也容易造成有病块茎对健康块茎的感染。

（三）病毒病的防治

1）加强检疫，防止病苗及其他繁殖材料进入无病区；选用健康无病的插条、种球等作为繁殖材料；建立无病毒母本园，避免人为传播。对带毒的鳞茎可在45℃温水中浸泡1.5~3.0h。

2）采取茎尖组织培养脱毒法得到无毒种苗，从而减轻病毒病的发生。

3）在田间日常管理中，例如摘心、掰芽、整枝等过程中，要用3%~5%的磷酸三钠或热肥皂水对手和工具进行消毒。

4）定期喷施杀虫剂，防止昆虫传播病毒。

5）发现病株及时拔除并彻底销毁。

6）药剂防治。近几年来，随着科技的发展，研制出了几种对病毒病有效的药剂，例如病毒A、病毒特、吗啉胍（病毒灵）、83增抗剂、抗毒剂1号等，可根据实际情况选择使用。

七、叶斑病的识别

叶斑病是叶片组织受病菌的局部侵染，而形成的各种类型斑点的一类病害的总称。叶斑病又可分为黑斑病、褐斑病、圆斑病、角斑病、斑枯病、轮斑病等种类。在大多数这类病害的发病后期，病斑上往往产生各种小颗粒或霉层。叶斑病严重影响叶片的光合作用效果，导致叶片的提早脱落，影响植物的生长和观赏效果。

（一）菊花褐斑病

1. 分布与危害

菊花褐斑病又名菊花斑枯病，是菊花栽培品种上常见的重要病害。我国菊花产地均有发生，杭州、西安、广州、沈阳等地区发病严重。该病病原侵染菊花，削弱菊花植株的生长，减少切花的产量，降低菊花的观赏性，还侵染野菊、除虫菊等多种菊科植物。

2. 症状

褐斑病主要危害菊花的叶片。发病初期，叶片上出现淡黄色的褪绿斑，或紫褐色的小斑点，逐渐扩大成为圆形、椭圆形或不规则形的病斑，为褐色或黑褐色。发病后期，病斑中央组织变为灰白色，病斑边缘为黑褐色。病斑上散生着黑色的小点粒，即病原菌的分生孢子器。

3. 发病规律

病原菌以菌丝体和分生孢子器在病残体或土壤中的病残体上越冬，成为次年的初侵染来源。分生孢子器吸水涨发并溢出大量的分生孢子，分生孢子由风雨传播。分生孢子从气孔侵入，潜育期约20~30天。分生孢子潜育期长短与菊花品种的感病性、温度有关，温度高潜育期较短，抗病品种潜育期较长。病害发育适宜温度为24~28℃。褐斑病的发生期是每年4~11月，8~10月为发病盛期。秋雨连绵、种植密度或盆花摆放密度大、通风透光不良，均有利于病害的发生。连作或老根留种及多年栽培的菊花发病均比较严重。

（二）水仙大褐斑病

1. 分布与危害

水仙大褐斑病是世界性病害，在我国水仙栽培区发生普遍。水仙受害后，轻者叶片枯萎，重者降低鳞茎的成熟度，影响鳞茎质量。该病病原菌也可危害朱顶红、文殊兰、百支莲、君子兰等多种园林植物。

2. 症状

水仙大褐斑病病原菌浸染水仙的叶片和花梗。发病初期，叶尖出现水渍状斑点，之后扩大成褐色病斑，病斑向下扩展至叶片面积的1/3或更大面积。此病菌的再侵染多发生在花梗和叶片中。发病初期病斑为褐色，然后变为浅红褐色，病斑周围的组织变为黄色，病斑相互联结成长条状大斑。在潮湿情况下，病部密生黑褐色小点，即病菌的分生孢子器。

3. 病原菌

病原菌为水仙大褐斑病菌，属半知菌亚门，腔孢菌纲，球壳菌目，壳多隔孢属。

4. 发病规律

病菌以菌丝体或分生孢子在鳞茎表皮的上端或枯死的叶片上越冬或越夏。分生孢子由雨水传播，自伤口侵入植物体内，潜育期为5~7天。病菌生长适宜温度是20~26℃。若每年4~5月气温偏高、降雨多，则发病重。连作时发病也重。崇明水仙最易感病，黄水仙、青水仙、喇叭水仙等较抗病。

（三）芍药褐斑病

1. 分布与危害

芍药褐斑病又称为芍药红斑病，是芍药上的一种重要病害，在我国的四川、河北、河南、浙江、江苏、陕西、吉林、山东、山西、兰州、乌鲁木齐、上海、天津、北京、大连等地均有发生。该病病原菌也能侵害牡丹。该病害常引起叶片早枯，致使植株矮小、花小且少，严重的会造成植株死亡。

2. 症状（见图5-13）

病原菌主要侵害叶片，也能侵染枝条、花、果实。发病初期，叶背出现针尖大小的凹陷斑点，之后逐渐扩大成近圆形或不规则形的病斑，叶缘的病斑多为半圆形。叶片正面的病斑为暗红色或黄褐色，并有浅褐色不明显的轮纹。叶背的病斑一般为浅褐色（因品种而异）。发病严重时病斑联结成片，叶片皱缩、枯焦。在湿度大时，叶背的病斑上产生墨绿色的霉层，即为病菌的分生孢子梗和分生孢子。幼

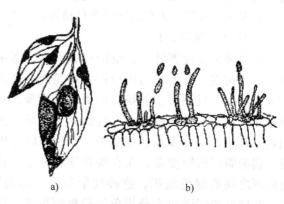

a)　　　　　　　　　　　　b)

图5-13 芍药褐斑病
a）症状 b）分生孢子及分生孢子梗

茎、枝条、叶柄上的病斑呈长椭圆形，红褐色。叶柄基部、枝干分叉处的病斑为黑褐色溃疡斑。病害在花上表现为紫红色的小斑点。

3. 发病规律

病原菌主要以菌丝体在病部或病株残体上越冬。翌年春天，在潮湿情况下产生分生孢子，借风和雨传播，一般从植物伤口侵入，也可从表皮细胞直接侵入。病原菌潜育期短，一般为6天左右，但病斑上子实体的形成时间很长，大约在病斑出现后90~120天时间才出现子实体，因此一般在一个生长季节只有一次再次侵染。该病的发生与春天降雨情况、立地条件、种植密度关系密切。春雨早、雨量适中，则发病早、危害重；土壤贫瘠、含沙量大，致使植物生长势弱，则发病重；种植过密、株丛过大，致使通风不良，则加重病害发生。

（四）丁香叶斑病

1. 分布与危害

丁香叶片上有多种叶斑病，常见的有丁香黑斑病、褐斑病、斑枯病，在我国的南京、杭州、青岛、济南、南昌、丹东、大连、武汉、长春、北京等地均有发生。叶斑病病原菌可使丁香叶片枯死、早落，植株生长不良。

2. 症状

发病初期，叶片两面散生有褪绿的斑，之后逐渐扩大成圆形、近圆形、多角形或不规则的病斑，为褐色或暗褐色，有轮纹但不明显，最后变成灰褐色，并且病斑上密生黑色霉点，即病菌的分生孢子梗和分生孢子。叶片上的病斑常为不规则多角形，为褐色，后期病斑中央变成灰褐色，边缘为深褐色。病斑背面着生暗灰色霉层，即病菌的分生孢子梗和分生孢子。发病严重时，病斑上也有少量霉层。

3. 发病规律

病原菌以菌丝体或分生孢子在病落叶上越冬，由风和雨传播。该病害在苗木上发病重。

（五）月季黑斑病

1. 分布与危害

月季黑斑病是月季上的一种重要病害，在我国各月季栽培地区均有发生。月季感病后，叶片枯黄、早落，导致月季第二次发叶，严重影响月季的生长，降低切花产量，影响观赏效果。该病病原菌也能侵害玫瑰、黄刺梅、金樱子等蔷薇属的多种植物。

2. 症状（见图5-14）

病原菌主要侵害叶片，也能侵害叶柄、嫩梢等部位。发病初期，叶片正面出现褐色小斑点，之后逐渐扩大成圆形、近圆形、不规则的黑紫色病斑，病斑边缘呈放射状，这是该病的特征性症状。病斑中央为灰白色，其上着生许多黑色小颗粒，即病菌的分生孢子盘。病斑周围组织变黄，在有些月季品种上黄色组织与病斑之间有绿色组织，这种现象称为"绿岛"。嫩梢、叶柄上的病斑初为紫褐色的长椭圆形斑，后变为黑色，且病斑稍隆起。花蕾上的病斑多为紫褐色的椭

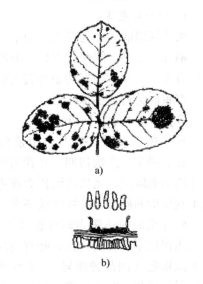

图5-14 月季黑斑病
a）被害叶片
b）分生孢子盘及分生孢子

圆形斑。

3. 发病规律

病原菌以菌丝体或分生孢子盘在芽鳞、叶痕及枯枝落叶上越冬。早春展叶期，产生分生孢子，通过雨水、喷灌水或昆虫传播。孢子萌发后直接穿透叶面表皮侵入，潜育期为 7~10天。不久即可产生大量的分生孢子，继续扩散蔓延，进行再侵染。在一个生长季节中有多次再侵染。该病在我国长江流域一带一年中有 5~6 月和 8~9 月两个发病高峰期，在我国北方地区只有 8~9 月一个发病高峰期。据观察，地势低洼积水处、通风透光不良、水肥不当、植株生长衰弱等都有利该病发生。多雨、多雾、露水重则发病严重。老叶较抗病，展开 6~14 天的新叶最易感病。月季的不同品种之间其抗病性存在较大的差异，一般浅黄色的品种易感病。

（六）叶斑病的防治

1. 加强栽培管理，控制病害的发生

适当控制栽植密度，及时修剪，株丛过大要进行分株移栽，以利于通风透光；改进灌水方式，采用滴灌或沟灌或沿盆沿浇水，避免喷灌，减少病菌的传播机会。实行轮作；及时更新盆土，防止病菌的积累。增施有机肥、磷肥、钾肥，适当控制氮肥，提高植株抗病能力。

2. 选种抗病品种和健壮苗木

园林植物特别是花卉的栽培品种很多，各栽培品种之间抗病性存在较大差异，故在园林植物配置上，选用抗性品种而避免种植感病品种，可减轻病害的发生。不同培育方式的苗木抗病性也存在差异，例如香石竹的组培苗比扦插苗抗病，选用组培苗可减轻叶枯病的发生。

3. 清除侵染来源

彻底清除病株残体及病死植株，并集中烧毁。芍药可在秋季割除地上部分并集中烧毁，以减轻来年病害的发生。每年进行一次花盆土消毒。植物休眠期在发病重的地块喷洒 3°Bé 的石硫合剂，或在早春展叶前喷洒 50% 多菌灵可湿性粉剂 600 倍液。

4. 药剂防治

（1）药剂喷雾　在发病初期可用下列药剂进行喷雾：70% 代森锰锌可湿性粉剂 500 倍液，或 75% 百菌清可湿性粉剂 600 倍液，或 50% 扑海因可湿性粉剂 1000 倍液，或 40% 灭菌丹、50% 克菌丹可湿性粉剂 400 倍液，或 64% 杀毒矾可湿性粉剂 400~500 倍液。每 667m² 的地块喷药液 50~60kg，每 7 天喷一次，连续喷 4~5 次。只要防治得早，坚持如期防治，喷得周到细致，即能取得明显的防治效果。

（2）试用烟熏剂（适用于温室、大棚）　定植前用硫黄烟熏、消毒。每 1000m² 的地块用硫黄粉 250g，并以锯末 500g 混合后，用红煤球点燃，密闭一夜。在生长期每亩可用 46% 百菌清烟熏剂 250g，在傍晚熏蒸。

（3）试用粉尘施药（适用于温室、大棚）　施 5% 百菌清复合粉剂，每 667m² 的地块用药量为 1kg，用丰收 5 型或丰收 10 型喷粉器喷撒。此种方法最好与喷雾防治轮换使用，每七八天喷一次，喷粉在日出前或落后进行，喷粉后封闭棚、室，使植株充分着药。

5. 加强检疫

对检疫性病害，要防治病害的蔓延，注意不要从疫区购进松类苗木，也不要向保护区出售松类苗木。

八、煤污病的识别

煤污病是园林植物上的常见病害。发病部位的黑色"煤烟层"是煤污病的典型特征。由于叶面布满了黑色"煤烟层"而使叶片的光合作用受到抑制，既削弱植物的生长势，又影响植物的观赏效果。

（一）分布与危害

煤污病在我国南方各省份的花木上普遍发生，常见的病原菌寄主有：山茶、米兰、扶桑、木本夜来香、白兰花、蔷薇、夹竹桃、木槿、桂花、玉兰、红背桂、含笑、紫薇、苏铁、金橘、橡皮树等。

（二）症状

病原菌主要侵害植物的叶片，也能侵害嫩枝和花器。病原菌的种类不同引起的花木煤污病的病状也略有差异，但黑色"煤烟层"是各种花木煤污病的典型特征。

（三）病原菌

引起花木煤污病的病原菌种类有多种。常见煤污病病原菌的有性阶段为子囊菌亚门、核菌纲、小煤炱菌目、小煤炱菌属的小煤炱菌和子囊菌亚门、腔菌纲、座囊菌目、煤炱菌属的煤炱菌，其无性阶段为半知菌亚门、丝孢菌纲、丛梗孢目、烟霉属的散播烟霉菌。煤污病病原菌常见的是无性阶段，其菌丝匍匐于叶面，分生孢子梗的颜色暗，分生孢子顶生或侧生，有纵横隔膜作砖状分隔，为暗褐色，常形成孢子链。

（四）发病规律

病原菌主要以菌丝、分生孢子或子囊孢子越冬。翌年温度和湿度适宜，叶片及枝条表面有植物的渗出物、蚜虫的蜜露、介壳虫的分泌物时，分生孢子和子囊孢子就可萌发并在其上生长发育。菌丝和分生孢子可由气流、蚜虫、介壳虫等传播，进行再次侵染。此类病原菌以昆虫的分泌物或植物的渗出物为营养，或以吸器直接从植物表皮细胞中吸取营养。

病害的严重程度与温度、湿度、立地条件及蚜虫、介壳虫的关系密切。温度适宜、湿度大，发病重；花木栽植过密、环境阴湿，发病重；蚜虫、介壳虫危害重时，发病重。

在露天栽培的情况下，一年中煤污病的发生有两次高峰，即每年 3~6 月和 9~12 月。在温室栽培的花木上，煤污病可整年发生。

（五）煤污病的防治

煤污病的防治是以及时防治蚜虫、介壳虫的危害为防治的重要措施。

1）加强管理，营造不利于煤污病发生的环境条件。注意花木栽植的密度，防止植物过密，适时修剪、整枝，改善通风及透光条件，降低林内湿度。

2）药剂防治，喷施杀虫剂防治蚜虫、介壳虫的危害。在植物休眠季节喷施 3~5°Bé 的石硫合剂以杀死越冬病菌；在发病季节喷施 0.3°Bé 的石硫合剂，有杀虫治病的效果。

九、叶畸形病的识别

叶畸形病主要是由子囊菌亚门的外子囊菌和担子菌亚门的外担子菌引起的。寄主受病菌侵害后组织增生，使叶片肿大、皱缩、加厚，使果实肿大、中空成囊状，引起落叶、落果，严重的可引起枝条枯死，影响观赏效果。

（一）桃缩叶病

1. 分布与危害

桃缩叶病在我国各地均有发生，以浙江地区发生较重。桃缩叶病病原菌除侵害桃树外，还侵害樱花、李、杏、梅等园林植物。发病后植物出现早期落叶、落花、落果现象，减少了当年新梢生长量，严重时树势衰退，容易受冻害。

2. 症状

病原菌主要侵害叶片，也能侵染嫩梢、花、果实。叶片感病后，一部分或全部呈波浪状皱缩卷曲，叶片呈黄色至紫红色，加厚，质地变脆。春末夏初，叶片正面出现一层灰白色粉层，即病菌的子实层，有时叶片背面也可见灰白色粉层。发病后期，病叶干枯脱落。病梢为灰绿色或黄色，节间短缩肿胀，其上着生成丛、卷曲的叶片，严重时病梢枯死。幼果发病初期，果皮上出现黄色或红色的斑点，稍隆起，病斑随果实长大而逐渐变为褐色，并龟裂，病果早落。

3. 发病规律

病原菌以厚壁芽孢子在树皮、芽鳞上越夏和越冬。翌年春天，成熟的子囊孢子或芽孢子随气流等传播到新芽上，自气孔或上、下表皮侵入。病原菌侵入后，在寄主表皮下或栅栏组织的细胞间隙中蔓延，刺激寄主组织细胞大量分裂，胞壁加厚，病叶肥厚皱缩、卷曲并变红。

早春时节，温度低、湿度大有利于病害的发生。早春桃芽膨大期或展叶期雨水多、湿度大，发病重；但早春温暖干旱时，发病轻。缩叶病发生的适宜温度为 $10 \sim 16℃$，但气温上升到 $21℃$ 时，病情减缓。此病于每年 $4 \sim 5$ 月为发病盛期，$6 \sim 7$ 月后发病停滞，无再次侵染。

（二）杜鹃饼病

1. 分布与危害

杜鹃饼病又称为叶肿病，为杜鹃花上的一种常见病，分布于我国江南地区及山东、辽宁等地。杜鹃饼病病原菌除了侵害杜鹃外，还侵害茶、石楠科植物，导致植物叶、果及梢畸形，影响园林植物观赏效果。

2. 症状

病原菌主要侵害植物叶片、嫩梢，也侵害花和果实。发病初期，叶片正面出现淡黄色、半透明的近圆形病斑，之后变为淡红色。随着病斑扩大，发病部位变为黄褐色并下陷，而叶背的相应位置则隆起成半球形，产生大小不一菌瘿，小的直径为 $3 \sim 10mm$，大的直径为 $23mm$ 左右，表面产生灰白色粉层，即病菌的子实层，待灰白色粉层脱落，菌瘿变成褐色至黑褐色。发病后期，病叶枯黄脱落。受害叶片大部分或整片加厚，如饼干状，故称为饼病。新梢受害，顶端出现肥厚的叶丛或形成瘤状物。花受害后变厚，形成瘿瘤状畸形花，表面生有灰白色粉状物。

3. 发病规律

病原菌以菌丝体在病叶组织内越冬，次年环境条件适宜时，产生担孢子，随风、雨吹送到杜鹃嫩叶上。如果叶片上水分充足，担孢子便可萌发侵入。脱落的担孢子萌发前形成中隔，变成双胞，发芽时各细胞长出一个芽管，当芽管侵入叶片组织后，在寄主组织内不断发展菌丝，经过 $7 \sim 17$ 天产生病斑，在我国浙江丽水地区于每年 4 月中旬产生病斑，5 月初可见子实层。杜鹃饼病在生长季节可多次重复侵染，不断蔓延，但其担孢子寿命很短，对日光抵抗力甚弱，一般几天后，便会失去萌发能力。因此病原菌以菌丝体形式在病组织内越冬和越夏，病组织内潜伏的菌丝是发病的来源。带菌苗木为远距离传播的重要来源。

杜鹃饼病是一种在低温高湿环境中发生的病害，荫蔽、日照少以及管理粗放的花圃或盆栽植株有利病害发生。其发生的适宜温度为 15～20℃，适宜相对湿度在 80% 以上。在一年中有两个发病高峰，即春末夏初和夏末秋初。高山杜鹃容易感病。

（三）叶畸形病的防治

1）清除侵染来源。生长季节发现病叶、病梢和病花后，要在灰白色子实层产生以前摘除植物病体并销毁，防止病害进一步传播蔓延。

2）加强栽培管理。提高植株抗病力，种植密度或花盆摆放不宜过密，使植株间有良好的通风透光条件。选择弱酸性且土质疏松的土壤栽培杜鹃，不要积水，促进植株生长，提高抗病能力。

3）药剂防治。在重病区，植株发芽展叶前，喷洒 3～5°Bé 的石硫合剂保护；发病期喷洒 0.5°Bé 的石硫合剂，或 65% 代森锌可湿性粉剂 400～600 倍液，或 1:0.5:100 的波尔多液，或 0.2%～0.5% 的硫酸铜液 3～5 次。

 任务实施

一、白粉病类观察

观察瓜叶菊白粉病、月季白粉病的症状。这类病害有一共同特点，即被害部位表面长出一层白色粉状物，并在其上面产生黄褐色斑，最后变为黑褐色的颗粒状小粒点，即病菌闭囊壳。

病原菌特征：用挑针挑取病叶上的白色粉状物和子实体制片，并置显微镜下观察。可见病原菌菌丝表生且分生孢子相似，在短的分生孢子梗上单生或串生分生孢子。而闭囊壳的附属丝不同，内部的子囊及子囊孢子有差异。注意镜检各种白粉病的附属丝、子囊、子囊孢子的特征，根据白粉菌目检索表鉴定出病原菌的种类。

二、锈病类观察

观察玫瑰锈病、菊花白锈病、松针锈病症状。这类病害的共同特征是被害部位产生锈状物。

病原特征：取玫瑰锈病、菊花白锈病、松针锈病的病叶切片，观察病原菌的特征。

三、炭疽病类观察

炭疽病的典型特征为病斑呈圆形或半圆形，叶缘、叶尖发生较普遍，边缘明显，红褐色至黑褐色稍隆起，病斑中央为灰褐色至灰白色，后期散生或轮生黑色小点，即分生孢子器。潮湿条件下，病部往往产生淡红色分生孢子堆。

四、灰霉病类观察

观察仙客来灰霉病或蝴蝶兰灰霉病症状。可见受害叶片初期出现水渍状斑点，之后逐渐扩大到全叶，使叶片变成褐色且腐烂。在潮湿条件下病部产生灰色霉层。

病原特征：取仙客来灰霉病病叶制片观察。可见病菌分生孢子梗直立丛生，具隔膜，顶端为树枝状分枝。小分枝末端膨大，上有小突起，分生孢子单生于小突起上，呈椭圆形或卵圆形，聚集成葡萄穗状。

五、霜霉病类观察

观察月季霜霉病、紫罗兰霜霉病等病害的症状。这类病害的共同特征是在叶片正面形成多角形或不规则的褐色坏死斑，在叶片背面产生白色疏松的霜霉层。

病原特征：挑取霉层镜检，识别孢囊梗及孢子囊的形态。

六、病毒病类观察

观察美人蕉花叶病、郁金香碎色病、菊花矮化病、香石竹坏死病毒病等病害症状。可见感病植株叶片褪色，呈花叶状，花瓣上有碎色杂纹或出现褪色花。有的株型、叶片、花朵均变小。

由于病毒个体微小，普通显微镜观察不到，要用电子显微镜才能观察。

七、叶斑病类观察

叶斑病种类很多，其病斑大小、颜色、形状各异，但共同特点是叶面上产生圆形或不规则形褐色至黑褐色的坏死斑，后期病部中央颜色变浅，并产生大量小黑点或霉层，即病菌的子实体。注意观察不同病害的症状差异。

病原特征：取材料切片镜检，注意识别分生孢子盘、分生孢子器、分生孢子梗及分生孢子形态。

八、煤污病类观察

观察紫薇、牡丹、柑橘以及山茶、米兰、桂花、菊花煤污病的病害症状，可见其叶面、枝梢上有黑色小霉斑，有的扩大连成片，有的布满整个叶面和嫩梢。

九、叶畸形病观察

观察桃缩叶病、杜鹃饼病的症状。此类病害特点是叶片感病后皱缩扭曲，病处肥大增厚且变形，质地变脆。病部会出现一层灰白色粉层，即病菌的子实体。

病原特征：挑取桃缩叶病的病叶上的病菌制片观察，可见子囊直接从菌丝上产生，裸露于寄主表皮外，排列成子实层。子囊呈圆筒形，无色，端部平截。子囊孢子多为8个，球形至卵形，无色。挑取杜鹃饼病病叶上病菌制片观察，可见菌丝体生长于寄主体内，担子突破寄主表皮而出，呈圆柱形或棍棒形，顶端生有3～5个小梗，担孢子无色，且为单胞。

 思考问题

1. 根据病害的症状正确诊断园林植物叶、花、果病害。

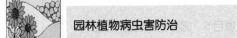

2. 根据叶、花、果病害的发生规律制订防治方案。

3. 列出园林植物叶、花、果病害的种类。

 **知识链接**

家庭花卉种养及病害防治

随着城市高层建筑的发展，人们大部分的时间是在室内活动。家庭居室内除了布置优美的家具及一些陈设外，如能把盆花、盆景及插花作为室内装饰，就更有独特风味，不但可给居室带来浓厚的生活气息，且能使人怡情悦目，心情舒畅。

一、家庭养花的环境布置

居住高层的居民种花时，可利用阳台或窗台也可在室内种植。如果无种植槽，则需专门安排一块地方养花，或自己做一个花盆架。花盆架可分几层，上层放喜光植物，下层放耐阴花卉。也可向阳台伸出一块板，用钢筋或角铁等固定牢靠，板的四周应设置挡板或围栏，防止花盆坠落。还可在阳台和檐口设几个铁钩，把花盆装入藤、竹或柳条编制的花篮内。此法利用空间，不占阳台使用面积，既起到立体绿化的效果，也很美观。对那些悬挂在阳台外的设施，一定要定期检查，确保安全。种植槽可用木板等自制，把花直接种于槽内。槽也可向外悬出去。在阳台上可搭一个小棚架，种植攀缘植物，既可遮挡夏季炎日照射，又可美化、绿化阳台。阳台上养花必须注意下面几点：一是光照，二是阳台的朝向。阳台上种植花木，要根据阳台的朝向，以及本地的气候条件、花卉品种的习性来决定。朝南阳台光照强，植物吸热多，蒸腾也大，宜栽喜阳耐旱花卉，例如多肉植物的仙人掌、仙人球、宝石花等，还有矮牵牛、旱金莲、半枝莲、夜来香、月季、石榴、六月雪、一串红、铁树等。朝北阳台包括走廊，因得不到直射阳光，不宜种植喜阳花卉，只能种喜阴及中性花卉，例如四季海棠、文竹、天门冬、吊竹梅、龟背、吊兰、常春藤等。

二、家庭养花的四季护理

（一）春季

春季花卉生长旺盛、蒸发量大、耗养多，因此水肥要充足，盆土干裂时要及时浇水，每7天或15天要施肥1次，浇水和施肥前要松土。过冬后的枯枝败叶要及时修剪，对一些藤本花卉要及时加支柱和绑扎，使枝叶分布均匀，透光通风。常绿花卉在发叶前换盆最易成活，要选择阴天换盆或上盆。虫害要及时消灭，特别是蚜虫发生时要彻底杀灭。春天是花卉繁殖的大好时节，夏秋季开花的花卉要及时播种，对球根花卉要及时栽种，多年生花卉应进行扦插。

（二）夏季

夏季因气温过高而水分蒸发比较快，要及时浇水，雨后要及时倒盆防止盆土积水。对一些喜温凉的花卉要放置在阴凉处，对夏眠的球根花卉要防止烂根。夏季花卉生长过旺，要及时修枝、抹芽、剪去过密的枝条。

（三）秋季

一些花木由于气温适宜和雨水多而生长旺盛，致使枝叶繁乱，要及时疏剪和抹芽。对于秋冬季开花结果的花卉，要注意施肥，盆土不干不浇水。夏秋季开花的花卉种子要及时采收，春季开花的要及时播种。每年11月后，要注意为一些喜热的花卉防寒。秋季易发生虫害，要注意通风剪枝，发现虫害要及时清除。

（四）冬季

一些喜热花木应放置在室温10℃以上的室内，注意通风和光照。许多花卉在冬季休眠。根部对水肥的吸收缓慢，不宜施肥，盆土不干不用浇水。对于冬季开花的花卉要注意施肥和浇水，球根花卉应从盆中取出并存放在沙土中过冬。

三、家庭养花中常见病害及防治

引起花卉发病的原因较多，主要是受到真菌、细菌、病毒、类菌质体、线虫、藻类、寄生性种子植物等有害生物的侵染及不良环境的影响所致。这些不同性质的原因引起的花卉病害，分别称为真菌病害、细菌病害、病毒病害、线虫病害及生理性病害。花卉病害中，以真菌性病害的发生为最普遍，分布广、危害大。近年来，病毒病和线虫病的危害日趋严重。

（一）真菌病害防治

白粉病、炭疽病、黑斑病、褐斑病、叶斑病、灰霉病等病害：一是深秋或早春清除枯枝落叶并及时剪除病枝、病叶且烧毁；二是发病前喷洒65%代森锌600倍液保护；三是合理施肥与浇水，注意通风透光；四是发病初期喷洒50%多菌灵或50%托布津500~600倍液，或75%百菌清600~800倍液。锈病：除可采用上述方法外，发病后可喷洒97%敌锈钠250~300倍液（加0.1%洗衣粉），或25%三唑酮1500~2500倍液。立枯病、根腐病：一是土壤消毒，用1%甲醛溶液处理土壤或将培养土放锅内蒸1h；二是浇水，要见干见湿，避免积水；三是发病初期用50%代森铵300~400倍液浇灌根际，每平方米用药液2~4kg。白绢病、菌核病：一是使用1%甲醛溶液或用70%五氯硝基苯处理土壤，每平方米约用五氯硝基苯5~8g，拌30倍细土并施入土中；二是选用无病种苗或栽植前用70%托布津500倍液浸泡10min。煤污病：发病后，用清水擦洗患病枝叶和喷洒50%多菌灵500~800倍液。

（二）病毒病害防治

防治病毒病害更需以预防为主，综合防治。适期喷洒40%乐果乳剂1000~1500倍液以消灭蚜虫、粉虱等传毒昆虫；发现病株及时拔除并烧毁，接触过病株的手和工具要用肥皂水洗净，以防人为的接触性传播。

（三）细菌病害防治

软腐病：一是盆栽最好每年换1次新的培养土；二是发病后及时用敌克松600~800倍液浇灌病株根际土壤。根癌病：一是栽种时选用无病菌苗木或用五氯硝基苯处理土壤；二是发病后立即切除病瘤，并用0.1%升汞水消毒。细菌性穿孔病：一是发病前喷65%代森锌600倍液预防；二是及时清除受害部位并烧毁；三是发病初期喷50%退菌特800~1000倍液。

（四）线虫病害防治

一是改善栽培条件，包括伏天翻晒几次土壤，可消灭大量病原线虫；清除病株、病残体及野生寄主；合理施肥、浇水，使植株生长健壮。二是土壤消毒，可将培养土用蒸笼蒸约2h。三是热水处理。把带病的用于繁殖的部位浸泡在热水中（水温50℃时，浸泡10min；水温 55℃时，浸泡 5min），可杀死线虫而不伤寄主。

任务2　枝干病害的防治技术

任务描述

不论是草本花卉的茎，还是木本花卉的枝条或主干，在生长过程中都会遭受各种病害的危害。虽然园林植物枝干病害种类不如叶、花、果病害的多，但其危害性很大，轻者引起枝枯，重者导致整株枯死，严重影响观赏效果和城市景观。例如，近年来在许多地方扩展蔓延的松材线虫病，导致大面积的松林枯死。主要行道树的日灼病日趋严重等，已成为制约城市绿化的主要因素。

引起园林植物枝干病害的病原包括侵染性病原（真菌、细菌、植原体、寄生性种子植物、线虫等）和一些非侵染性病原（如日灼、冻害等）。其中真菌仍然是主要的病原。园林植物枝干病害病状类型主要有：腐烂、溃疡、枝枯、肿瘤、丛枝、黄化、萎蔫、流脂流胶等。

防治原则：清除侵染来源，有些锈病需铲除转主寄主，病毒、植原体病害需消除媒介昆虫，这是减少和控制病害发生的重要手段；加强养护管理，提高园林植物的抗病力，这是防治弱寄生性病原物引起的病害和因环境不适引起的病害的有效手段；选育抗病品种，这是防治危险性茎干病害的良好途径。

任务咨询

一、腐烂、溃疡病类的识别

（一）杨树烂皮病

杨树烂皮病是常见园林植物枝干病和多发病，对杨属和柳、榆等树种危害极大。此病属于潜伏侵染性病害。当出现干旱、水涝、日灼、冻害等恶劣条件，以及苗木移植或强度修剪后不易恢复树木生机时，病害便迅速发生，轻者影响树木生长，出现放叶晚、叶片变小、枯枝、枯干等病状，重者造成树木成片死亡。

1. 症状识别（见图5-15）

病害发生在杨树、柳树等枝干皮部。发病初期，皮部出现不规则隆起，触之较软，剥皮后则有淡淡酒精味。隆起斑块渐渐失水，随之干缩下陷，甚至产生龟裂。剥皮观看时，可见皮下形成层腐烂，木质部表面出现褐色区。病皮不断扩大，以春、秋两季扩大速度最

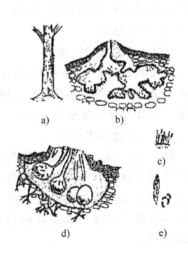

图 5-15　杨树烂皮病
a) 病株上的干腐和枯枝型症状
b) 分生孢子器
c) 分生孢子梗和分生孢子
d) 子囊壳　e) 子囊及子囊孢子

快，纵向发展较横向快。在下陷的病皮上，出现密集的小的黑色丘疹状物，是病原菌的分生孢子器座。遇雨或湿度过大时，由黑点顶端挤出乳白色浆状物，并逐渐变为橘黄色，即病原菌的孢子角。孢子角边挤边干，形成细长的卷须。分生孢子器座有时呈同心环状排列。干后，病皮极易剥离，可见皮层腐烂成乱麻样的纤维丝条。若病皮干一周，自此以上的枝干，便干枯形成枯枝。小枝发病时无明显溃疡斑，在粗皮部分发病时也无明显的溃疡斑，且无卷须状孢子角，但有琥珀色的分生孢子块。

2. 发病规律

病原菌在病皮中连年存活生长，每年 4 月形成分生孢子，5 月产生量最多。分生孢子角在雨后或潮湿天气下更多，借雨水溶开孢子角后，孢子借风、雨、昆虫、鸟类传播，从无伤的死皮侵入植株体内并定居潜育。在我国北方地区，自每年 3 月中旬开始发病，5 月是病害盛发期，7 月病势缓和，9 月停止发展。杨树烂皮病与冻害、日灼伤、虫害、盐害、旱害有相关性。在树种方面，银白杨、胡杨最抗病，小叶杨、加杨、钻天杨次之，青杨类最易感病。栽植用苗木过大、移植时根系受伤、移植次数过多、假植太久的大苗或幼树，在移植后不易恢复生机，因而易感病。在城乡绿化树木上，因整枝技术不佳、修剪过强、机械伤害多时，均有利于发病。在防护林和片林中，迎风面因常受风沙袭击，也易发病。由于密度过小或整枝过多、受光量过大而发生日灼伤时，也易发病。

（二）杨树溃疡病

杨树溃疡病自 1955 年首次在我国北京的德胜门苗圃发现以来，相继在我国的黑龙江、辽宁、天津、内蒙古、山东、山西、河北、河南、安徽、江苏、湖北、湖南、江西、陕西、甘肃、宁夏、贵州和西藏等 20 个省市和自治区发生。从分布的区域来看，以前仅在我国北方发生，但近年来随着杨树栽植面积的不断扩大，该病向我国南方扩展迅速。从分布的气候来看，从较寒冷的东北到华北地区，从内蒙古的风沙区到干旱、半干旱的西北地区，从温暖湿润的长江流域到高海拔西藏的"一江两河"流域，均有该病的发生。从寄主范围来看，以前仅发现其危害阔叶树，例如杨树（包括青杨类、白杨类、黑杨类及欧美杨等在内的 100 多个杨树种、杂交种和无性系）、柳树、刺槐、油桐、苹果、杏、梅、核桃、石榴、海棠等，但近年来发现此类病的病原菌也能危害针叶树，此病发展蔓延速度之快、危害之大，令人震惊，目前还有继续扩展蔓延之势。

1. 症状识别（见图 5-16）

杨树溃疡病是指枝干皮层局部坏死的一种病害，事实上杨树溃疡病包括引起枝干韧皮部坏死或腐烂的各种病害。通常的名称有溃疡病、腐烂病、枝枯病等。此类病的典型症状是在树干或枝条上先出现圆形或椭圆形的变色病斑，之后逐渐扩展，通常纵向扩展较快，病斑组织呈水渍状，或形成水泡，或有液体流出，具有臭味，失水后稍凹陷，病部出现病菌的子实体，内皮层和木质部变为褐色，最后当病斑环绕枝干

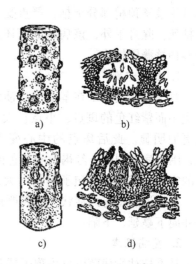

图 5-16 杨树溃疡病
a）树干上的水泡症状
b）分生孢子器及分生孢子
c）病害后期的溃疡斑
d）子囊腔、子囊及子囊孢子

后，病斑以上枝干枯死。溃疡病发生在小枝上时，常不表现出典型溃疡症状，小枝就迅速枯死，通称为枝枯型；当溃疡发生在树干上时，初期看不出任何症状，后期在粗厚的树皮裂缝中产生子实体和病斑，病斑环树干后，也可引起整株枯死。病斑的形成过程有以下两种类型：

（1）水泡型　在皮层表面形成一个约 1cm 大小的圆形水泡，泡内充满树液，破后有褐色带腥臭味的树液流出。水泡失水干瘪后形成一个圆形稍下陷的灰褐色枯斑。水泡型病斑只出现在幼树树干和光皮树种的枝干上。

（2）枯斑型　先是在树皮上出现数毫米大小的水浸状圆斑，稍隆起，手压有柔软感，以后干缩成微陷的黑褐色圆斑。

2. 发病规律

此类病的病原菌以菌丝体和未成熟的子实体在病组织内越冬。翌年 4 月开始发病，5 月下旬至 6 月形成第 1 个发病高峰，7~8 月气温增高时病势减缓，9 月出现第 2 个发病高峰，此时病菌来源于当年春季病斑形成的分生孢子，10 月以后病害停止发病。春季气温 10℃ 以上，相对湿度 60% 以上时，病害开始发生；24~28℃ 时最适宜发病。病菌从植株伤口或皮孔进入，潜育期约 30 天。从发病到形成分生孢子需要 2~3 个月。秋季，病斑上出现囊腔和子囊孢子。潜伏侵染是杨树溃疡病的主要特点，当树势衰弱时，有利于病害发生。当年在健壮树上发病的病斑，翌年有些可以自然愈合。同一株病树，阳面病斑多于阴面。

（三）月季枝枯病（见图 5-17）

月季枝枯病在世界各地栽培月季的地区普遍发生。我国于上海、南京、广州、长沙、郑州、西安、济南、大连、天津、南通等地区均有发生，以上海、广州、大连 3 个省市发生较严重。此病常引起月季枝条顶梢部分干枯，严重受害的植株甚至全株枯死。除月季外，该病病原菌还危害玫瑰、蔷薇等多种蔷薇属植物。

1. 症状识别

月季枝枯病限于在茎上发生溃疡斑，初在茎上产生小而紫红色的斑点，小点扩大，颜色加深，边缘更加明显。此后斑点的中心变为浅褐色至灰白

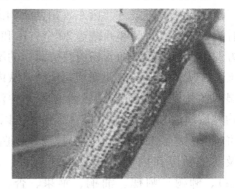

图 5-17　月季枝枯病症状

色，围绕病斑周围，红褐色和紫色的边缘与茎的绿色对比十分明显。病原菌的分生孢子呈微小的突起。随着分生孢子器的增大，其上的表皮出现了纵向裂缝，潮湿时涌出黑色的孢子堆，此为该病特有的症状。发病严重时，病斑迅速环绕枝条，病部以上部分萎缩枯死，且变黑并向下蔓延、下陷。

2. 发病规律

月季枝枯病病菌以分生孢子器和菌丝在植株病组织内越冬，为翌年初侵染来源。病原菌借风、雨传播，主要从植株伤口侵入，特别是修剪后的伤口或虫伤等，嫁接苗也可以从嫁接口侵入。

（四）竹枯梢病

竹枯梢病于我国安徽、江苏、上海、浙江、福建、江西等地均有分布。1959 年，此病

浙江东部沿海暴发成灾，1973 年蔓延全省，被害毛竹林达 50 余万亩。被害毛竹枝条、竹梢枯死，严重者成片竹林枯死。

1. 症状识别（见图 5-18）

　每年 7 月上中旬开始发病，先在当年新竹梢头或枝条分叉部位陆续出现浅褐色斑点，随气温升高，斑点扩展为大小不一的深褐色菱形斑，在病枝基部内侧形成较长的深褐色舌形斑。随后病斑扩展，病梢、病枝及以上部分相继枯死，竹叶枯落，被害严重者，整株枯死。由于竹株被害部位和发病程度不一，林间病竹出现枯枝、枯梢、枯株三种类型。剖开病竹，竹腔内部组织变褐，有白色菌丝体。翌年 4 月下旬至 5 月上中旬，在原发病部位的枝痕、枝基内侧、病节附近和节间长出纵裂或不规则开裂的疣状突起，5～6 月多雨潮湿天气，裂口处长出黑色且带细长毛的乳头状物，此为病原菌的有性子实体。偶见上述部位有散生圆形黑色小点状物，此为病原菌无性子实体。

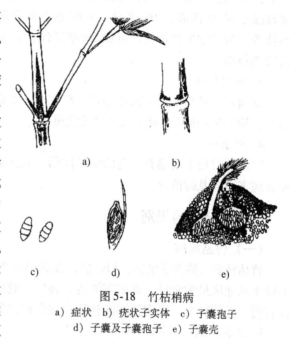

图 5-18　竹枯梢病
a）症状　b）疣状子实体　c）子囊孢子
d）子囊及子囊孢子　e）子囊壳

2. 发病规律

病原菌以菌丝体在病竹病部组织越冬，一般可存活 3 年，个别可达 5 年。病组织上的有性子实体于每年 4 月下旬开始发育，5 月上旬至 6 月上中旬成熟，在空气湿度饱和情况下溢出孢子，孢子随风、雨扩散传播，子囊孢子在水滴中萌发，适宜温度为 25～35℃。孢子萌发后可从竹株伤口侵入或直接侵入当年新竹，经 1～3 个月潜育期，于每年 7～9 月发病。林内 1～3 年生病竹数量及病枯枝存留数量是当年新竹发病的基本因素。竹林内前 2 年的病竹枯梢存在较多，每年 5 月中旬以前子实体成熟，则此病可能流行成灾。一般每年 4～5 月阴雨天多，有利于病原子实体发育和成熟；5 月中下旬至 6 月中旬阴雨天多，有利于病原孢子释放传播，可造成当年新竹的严重侵染；7～9 月连续高温干旱有利于加重当年发病的程度。

（五）腐烂、溃疡病的防治

1. 加强栽培管理

促进园林树木生长，增强树势，提高抗病力是防治此类病害的有效途径。园林花木移栽定植时，最好随起苗随移栽，避免假植时间过长。在起苗、假植、运输和定植过程中，应避免伤根和损伤干部皮层，定植后应及时灌水以促进苗木成活。可用塑料薄膜覆盖或用吸水剂保持土壤水分，保证苗木成活率，减少发病。

2. 刮病斑

对木本植物枝干溃疡进行外科治疗是植物病害防治中最近似医学外科技术的一类方法。此项工作在德国已成为一门行业，现已有上千名树木外科专业工作者。他们采用电子计算机层面 X 线照相技术检查树体的剖面，然后进行治疗，即切除病枝，或刮去溃疡斑块，用药剂保护，促进愈合。在中国应用最多的是苹果腐烂病的刮治工作，此方法可用于其他枝干溃疡病上。目前还只用直观法检查，刮除病部，范围可大于病部 0.5 ~ 1cm，并要及时彻底刮净。伤口保护可涂用下列各种药剂：2% 三唑酮糊浆、40% 福美砷可湿性粉剂 50 倍液、15% 氯硅酸水剂 30 倍液、10% 蒽油、3°Bé 的石硫合剂、腐必清乳油 5 倍液、5% 托布津、1% 退菌特等；为了增加渗透性，可加 2% 平平加；为了增加伤口愈合能力，还可增加 1% ~ 3% 腐植酸钠药剂。

3. 药剂防治

发病初期可用多菌灵或托布津 200 倍液、500mg（即 50 万单位）的内疗素、50% 代森锰锌、50% 843 康复剂或神农液涂抹病斑。

4. 白涂剂

白涂剂对枝干溃疡有一定的保护作用，但涂抹之前一定要清理树干，不然白涂料反而会掩盖病害不能及时治疗。

二、丛枝病的识别

（一）竹丛枝病

竹丛枝病又称为雀巢病、扫帚病，在我国河南、江苏、浙江、湖南、贵州等地均有发生，但以华东地区最为常见。寄主有淡竹、箬竹、刺竹、刚竹、哺鸡竹、苦竹、短穗竹。病竹生长衰弱，发笋减少，重病株逐渐枯死。在发病严生的竹林中，常发生整个竹林衰败现象。

1. 症状识别（见图 5-19）

病枝在健康新梢停止生长后继续伸长，病枝细长，叶形变小，顶端易死亡，产生大量分枝，以后逐年产生大量分枝，节间缩短，枝条越来越细，叶片呈鳞片状，细枝丛生呈鸟巢状。病株先从少数竹枝发病，数年内逐步发展到全部竹枝。每年 4 ~ 6 月在病枝顶端的叶鞘内产生白色米粒状物，是病菌子实体，9 ~ 10 月也可产生少量白色米粒状物；冬季，枝条上丛枝多时，引起枝条枯死。病重的植株生长衰弱，发笋少，且逐渐枯死。病竹常见有很多小枝密生，小枝顶端长着 1 ~ 2 张变小的病叶，很像扫帚丝。可采取持久和突击相结合的办法进行综合防治。

图 5-19　竹丛枝病症状

2. 发病规律

目前，人们对此类病原菌的传染途径，还不清楚，推测可能是接触传染。病害的发生是由个别竹枝发展至其他竹枝，由点扩展至片。有时从多年生的竹鞭上长出矮小而细弱的嫩竹。本病在老竹林及管理不良且生长细弱的竹林中容易发病。4 年生以上的竹子，或日照射强的竹林中的竹子，均易发病。

（二）泡桐丛枝病

泡桐丛枝病又名凤凰窝，在我国河北正定县，以及山东、河南、陕西、安徽、湖南、湖北、江苏、浙江、江西等地均有发生。

1. 症状识别（见图 5-20）

此类病原危害泡桐，使枝、叶、干、花、根部均可畸形。植株感病后，隐芽大量萌发，侧枝丛生，纤细，呈扫帚状。叶感病后，叶小、黄化，有时皱缩。幼苗感病后矮化。花瓣感病后变叶状，花柄或柱头生出小枝，花萼变薄，花托多裂，花蕾变形。病苗翌春发芽早，顶梢多枯死。根系为丛生状。该病发生在侧枝上，对树木的生长影响较小，如果发生在主干上则大大降低树木的高生长和粗生长。苗木被害后可于当年枯死。

2. 发病规律

此病可借嫁接传播，烟草盲蝽、茶翅蝽和南方菟丝子能传毒。病枝、叶浸出液以摩擦、注射等方法接种，均不发病。不同地理、立地条件及生态环境对该病的发生及蔓延关系密切。此病的发病有一定的地域性，高海拔地区往往较轻。种子育苗未见发病。实生苗根育苗代数越多发病越重。留根育苗和平茬育苗越久病越重。泡桐品种之间存在较大的发病差异。一般白花泡桐、川泡桐、台湾泡桐较抗病，楸叶泡桐、绒毛泡桐、兰考泡桐发病率较高。同一树种不同种源的发病率也有差异。

图 5-20　泡桐丛枝病症状

（三）丛枝病的防治

1. 选育抗病品种

培育无病苗木，严格用无病植株作为采种和采根母树，不留平茬苗和留根苗。尽可能采用种子繁殖，培育实生苗。

2. 加强管理

秋季当病害停止发生后，在树液向根部回流前，彻底修除病枝；春季当树液向上回升之前，对树枝进行环状剥皮，然后再去掉死枝，以防疤痕过大，可减轻发病率。

3. 药剂防治

将 10 ~ 20mg/mL 盐酸四环素和土霉素碱，2% 硼酸钠溶液或 5% 硼酸钠溶液 15 ~ 30mL 通过髓心注射或根吸等方法注入苗木髓心内，或向叶面喷洒药剂，均有明显的治疗效果。

三、枯黄萎病的识别

（一）香石竹枯萎病

枯萎病是香石竹发生普遍而严重的病害，在我国上海、天津、广州、杭州等地区均有发生。此类病的病原菌侵害香石竹、石竹、美国石竹等多种石竹属植物，引起植株枯萎死亡。

1. 症状识别（见图 5-21）

植株在生长发育的任何时期都可能受害。首先是植株嫩枝生长扭曲、畸形和生长停滞；幼株受侵染后迅速死亡，纵切病茎，可看到维管束中有暗褐色条纹，从横断面可见到明显的暗褐色环纹；根部受侵染后病害迅速向茎部蔓延，植株最终枯萎死亡。

2. 发病规律

病原菌在病株残体或土壤中存活，病株的根或茎的腐烂处在潮湿环境中长有子实体、孢子，这些子实体、孢子借气流或雨水、灌溉水的溅泼传播，通过根和茎基部或插条的伤口侵入，并进入维管束系统且逐渐向上蔓延扩展。病原菌可能定植在维管束系统而无症状表现。对寄主体内病原菌扩展的研究表明，在症状出现以前，维

图 5-21　香石竹枯萎病

管束内病原菌扩展是不快的，但从感病母株上获得的部分繁殖材料可能有隐匿寄生。因此，繁殖材料是病害传播的主要来源，被污染的土壤也是病原菌的来源之一。一般在春夏两季，土壤温度较高，阴雨连绵，在土壤积水的条件下，病害发生则严重。栽培中氮肥施用过多，以及偏酸性的土壤，均有利于病菌的生长和侵染，促进病害的发生和流行。我国广州地区枯萎病常于每年4~6月发生。

（二）郁金香基腐病

郁金香基腐病病原菌侵害植株的鳞茎，使鳞茎腐烂，还导致植株叶片早衰，有的叶片直立且逐渐变为特有的紫色。感病鳞茎长出的花瘦小，变形，甚至枯萎。该病害严重降低植株的观赏价值，使经济效益受损。

1. 症状识别

此类病多发生于植株开花期。病原菌主要侵害植物的球茎和根。病害多发生在球茎基部。在郁金香花凋谢时，田间即出现零星病株，叶片发黄、萎蔫，茎叶提早变红且枯黄，枝干基部腐烂，呈现疏松纤维状，根系少，极易拔出。感病种球则会流胶，淀粉组织分解腐烂。收获期新挖的病球，外层鳞片产生豆粒大小无色疱样突起，疱破后流胶、湿腐，种球由外向内腐烂。高温曝晒后，病球呈水渍状青灰色湿腐，或以鳞茎盘为初侵染点发生湿腐，并向周围扩展。腐烂组织有刺鼻的酒糟味。干燥后，病斑呈现灰白色石灰质样。种球储藏期主要表现为流胶，后呈现黄褐色干腐。若在温室内，感病的植株会提早枯萎死亡。

2. 发病规律

此类病原菌在感病种球和土壤中越冬。郁金香生长期和储藏期均可受害。每年6月是该病的发生高峰期，种球带菌是病害传播的主要途径，种球上的伤口和储藏期通风不良是病害流行的主要条件。其中，地下害虫危害严重、土壤阴湿黏重和施入未腐熟的有机肥是田间发病的主要条件。受到侵染的球茎常常产生乙烯，影响邻近的球茎或植株，使之易遭受病害的侵染。栽培中氮肥施用过多可加重该病的危害。病原菌以厚垣孢子在植株病组织及土壤中越冬，条件适宜时利用分生孢子进行侵染危害。高温高湿利于此类病害的发生。郁金香基腐病的发生还与球根遭受根螨危害有关。球根上的各种伤口利于病原菌的侵染。

（三）枯萎病的防治

1. 减少侵染源

菊花、香石竹、水仙等平时常用扦插繁殖，插条则成为病害的传播途径之一，应从无病枝上选取健康枝条、球茎、块茎用于繁殖。对这些繁殖材料，收藏时避免受伤，应剔除有病伤的球茎、块茎，挖掘后可晒几小时以促进伤口愈合，或者用苯来特等药剂浸种（水仙用1000~2000mL/L，浸10~30min）或拌种（以有效成分计，为1~2g/g，然后置于5~11℃干燥通风处保存。

2. 减少菌源

根据枯萎病的发生特点，发现病株应及时拔除，减少土壤中病菌积累，也不可用病残体堆肥，以免病菌返回土中。应实行轮作，更换无病土壤，必要时进行土壤处理（70%五氯硝基苯粉剂8~9g/m²；氯化苦60~120g/m²；1∶50甲醛溶液4~8g/m²；福美双1~2g/m²等）。对于一些基腐型病害还可用药土或药液施于根际（多菌灵或苯来特0.5~1g/m²）。播种前10~20天，可用杀线虫剂75%必速杀可湿性粉剂2~3g/m²，沟施或撒施，施后覆土，作为枯萎病的铲除剂。

3. 加强管理

适时播种，提前挖掘鳞茎，尽量避开高温期。注意防涝排水，控制土壤含水量。

4. 抗病品种

不同植物品种之间的发病存在着显著差异，特别是菊花、翠菊等品种。因此，利用抗病品种是可行的防治措施。

四、细菌性软腐病的识别

（一）仙客来细菌性软腐病

仙客来为报春花科，属半耐寒性球根花卉。仙客来细菌性腐烂病又称为软腐病，病原菌主要侵害芽和叶。此类病害可使大批半成品苗感病而死，造成严重的损失，是目前生产上最严重的病害。目前国内外还未找到比较有效的防治措施。

1. 症状识别

软腐病是仙客来的主要病害，也是一种毁灭性病害，植株各个部位都会受到侵染，但病害部位首先表现在叶柄和花梗上。病斑最初为白色或淡黄色，逐渐变为暗褐色。晴天时叶片退色变黄，逐渐干枯；阴天时叶柄和花梗软化，并很快萎蔫倒伏，逐渐蔓延到球茎；潮湿情况下，发病部位的外部组织膨胀，破裂腐烂且有臭味，内部组织呈黑褐色，触摸时又黏又软。

2. 发病规律

细菌在土中长期存活，还能借助水流、昆虫、病叶和健康叶之间的接触，或通过工具进行传播。植株本身如有伤口，病菌便从伤口侵入体内，几天后便可以发病。尤其在高温高湿的环境中，植株最易感染发病。

（二）马蹄莲细菌性软腐病

马蹄莲为天南星科，属多年生草本植物。马蹄莲细菌性软腐病造成田间和储藏期马蹄莲大量腐烂死亡。此类病原菌除危害马蹄莲外，还危害君子兰、仙客来、唐菖蒲、百合、郁金香、风信子、燕子花、大丽花、马蹄纹天竺葵、紫罗兰、龟背竹、水仙、黄水仙、蝴蝶兰、菊花、大滨菊、仙人掌等多科观赏植物。此类病在立陶宛、日本、波多黎各、德国、阿根廷、新西兰和中国均有发生。1999 年，在我国北京郊区发现马蹄莲细菌性软腐病，盆栽马蹄莲发病率为50％左右，并分离到病原菌且作了致病性测定，发病症状与自然发病症状完全一致。

1. 症状识别

马蹄莲全株各部位组织都能受害形成软腐，最初在受害部位出现水渍状的坏死，病部很快扩大，病组织开始软化、变色、凹陷或起皮，病斑边缘初有明显界限，随着病势的发展而界限逐渐模糊不清，然后软腐。叶片被害时，出现水渍状不规则病斑，并向四周扩大，导致叶片腐烂。地上部茎和叶片腐烂可造成植株倒伏；当地下块根受害时，叶片出现系统性黄化，随着病情的发展整株死亡。受害块根的外表可能完整，但内部已经腐烂分解成不透明或奶油色的混浊黏稠状液体。马蹄莲得软腐病时，如果没有另一种腐生细菌侵入，不会产生恶臭味。

2. 发病规律

种球带菌作远距离传播，病菌可依赖寄主植物或病残体在土壤中存活很长时间。此类病属于高温高湿病害，排水不良的土壤不但不利于植株生长而且有利于病害的发生；虽然干燥炎热气候抑制病程发展，但频繁的干湿变化也有利于病害的发展。5～37℃时，植株均可发病，最适宜的发病温度为22℃。高温和多雨季节，即使病菌浓度较低也可造成马蹄莲软腐病的严重发生。病菌经伤口和自然孔口（例如皮孔）侵入植株。除了种球带菌为最初侵染源外，田间采花、昆虫和储藏期造成的伤口都是病原菌的主要侵入位点。病原菌可通过雨、灌溉水、昆虫、真菌病害和工具等传播造成再侵染。

（三）蝴蝶兰软腐病

蝴蝶兰软腐病是华南蝴蝶兰栽培地区的主要病害之一，一年四季均可发病。连栋荫棚栽培，一般季节日发病株率为0.01%～0.1%；流行季节日发病株率可达0.3%～0.83%，并且很快形成毁灭性危害，严重影响了花农的生产效益，阻碍了蝴蝶兰这一世界名花的推广和开发。

1. 症状识别

病斑可发生于叶片任何部位，一般情况下叶柄基部较多。发生于叶片上的病斑，初为水渍状小点，后迅速扩大，呈椭圆形或圆形病斑，病斑向外扩展速度，平均每24h扩展5～10cm，2～3天后，全叶软腐溃烂。如不及时采取防治措施，病部可向其他叶片和根区蔓延，引起全株腐烂死亡。

2. 发病规律

病原物菌在土壤中广泛存在，可侵害多种植物，易从害虫、刃物及搬运时造成的伤口处侵入。蝴蝶兰软腐病一年四季均可发生，但在冬季，即所谓蝴蝶兰休眠季节，软腐病发生较轻，荫棚栽培蝴蝶兰软腐病每日发病株率为0.01%～0.02%，且在器官内扩展蔓延速度慢；每年3～4月后，蝴蝶兰进入生长季节，其发病速度明显加快。经系统调查（每周2次），每年4～6月每日平均新增发病株率分别为0.08%、0.17%、0.30%，特别是高温、闷热天气，若棚内通风效果不好，发病株率可增至0.83%，如不及时采取喷水降温、抽风通气等措施，软腐病流行势头会更加强劲。一般来说，红花品种、叶片蜡质层较厚的品种较抗病。栽培条件好，当年没有开过花、生长旺盛的植株较为抗病，幼苗期抗病性较好。

（四）细菌性软腐病的防治

1. 减少侵染源

及时剪除病枝或拔除病枝并销毁，彻底挖除腐烂的球茎。储藏期间发现有病球茎应及时剔除。

2. 加强管理

细菌性软腐病与土壤关系密切，应避免连作，一般种植间隔期为2～3年。温室盆栽的病土应更换，以及进行土壤消毒。病穴内可施用石灰或其他杀菌剂。当土壤中含有大量软腐病菌时，可用0.5%～1%甲醛溶液（$10g/m^2$）进行消毒再种植。灌溉水可将病菌带至全田引起全面发病，故采用高畦滴灌更好。控制土壤含水量，特别是在发病期间应注意排水，使根茎保持干燥，以免伤根、根茎，以及鳞茎发生腐烂。

3. 药剂防治

发病后每月喷1次或涂抹农用链霉素1000倍液，或用注射器注入有病的鳞茎，或喷洒0.2%的高锰酸钾，均有较好的治疗效果。用杀虫剂防治钻心虫，以减少植株伤口，降低发病率。

五、茎干线虫病的识别

（一）水仙茎线虫病

水仙茎线虫病是发生于水仙鳞茎的重要病害，发生普遍，寄主广泛。此类病的病原除侵害水仙外，还可侵害郁金香和唐菖蒲等花卉。水仙受害后，植株萎缩，鳞茎腐烂。

1. 症状识别（见图5-22）

水仙茎线虫病的病原主要侵染花茎和鳞茎。感病的鳞茎在鳞片间常常产生一圈或多圈褐色环斑，在夏季储藏中尤其严重，可使鳞茎部分或全部腐烂，在茎基衰老鳞片有时可见大量线虫。线虫感染的鳞茎，种植后叶片生长受阻，扭曲变形、肿大、皱缩，基部增厚，有时开裂，出现淡黄色或黄褐色的泡状斑点，叶片中间的泡状斑要比边缘的大，而边缘的泡斑通常于中心凹陷。花茎的症状与叶片相似。严重感染的鳞茎很少能长出叶片和花朵。

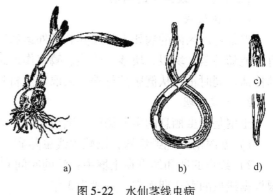

图5-22 水仙茎线虫病
a）水仙鳞茎被害状 b）雌线虫
c）雌虫头部放大 d）雌虫尾部

2. 病原

水仙茎线虫病是由线虫纲，垫刃目，垫刃科，茎线虫属的绒草茎线虫侵染引起的。

3. 发病规律

绒草茎线虫在鳞茎残体或土壤中可存在3～4年，在干旱条件下可存活20年。一只雌线虫能产200～500个卵，卵孵化后，主要侵染阶段是4龄幼虫，此阶段幼虫可以在环境恶劣情况下生存相当长一段时间。线虫从叶片和花茎的气孔侵入，向鳞茎扩展，有的线虫也可从鳞片进入，在此迅速发育。若纵切鳞茎，可见线虫蔓延踪迹。在适宜的温度条件下，一条线虫完整的生活周期约需19～25天，在水仙上一个生长季节的增殖，能使整个鳞茎迅速毁坏。水流、园艺操作、工具的污染、带病鳞茎均可传病。

（二）松枯萎病

松枯萎病是松树的一种毁灭性病害。该病在日本、韩国、美国、加拿大、墨西哥等国均有发生，但危害程度不一，其中以日本受害最重。此病于1982年在我国南京市中山陵首次被发现，在短短的十几年内，又相继在安徽、广东、山东、浙江等地区发现并流行成灾，导致大量松树枯死，对我国的松林资源、自然景观和生态环境造成严重破坏，而且有继续扩散蔓延之势。此病已被我国列入对内、对外的森林植物检疫对象。

1. 症状识别

松材线虫侵入树木后，外部症状的发展过程可分为四个阶段：

1）外观正常，树脂分泌减少或停止，蒸腾作用下降。

2）针叶开始变色，树脂分泌停止，通常能够观察到天牛或其他甲虫侵害和产卵的痕迹。

3）大部分针叶变为黄褐色，萎蔫，通常可见到甲虫的蛀屑。

4）针叶全部变为黄褐色，病树干枯死亡，但针叶不脱落。此时树体上一般有次期性害虫栖居。因松材线虫侵染而枯死的树木，由于青变菌的寄生，木质部往往呈现青灰色。

2. 发病规律

此类病的发生与流行与寄主树种、环境条件、媒介昆虫密切相关，在我国主要发生在黑松、赤松、马尾松上。经苗木接种试验发现，火炬松、海岸松、黄松、云南松、乔松、红松、樟子松也能感病，但在自然界尚未发生松树成片死亡的现象。低温能限制病害的发展，干旱可加速病害的流行。

（三）茎干线虫病的防治

1. 加强检疫

严禁将疫区内的病死木材及其制品外运和输入无病区。叶线虫、茎线虫与根结线虫，都有可能随种苗、块根、块茎、球茎、鳞茎作远距离传播，故在引种时要注意检查，防止线虫的传播。同时重视从健康的母株上采取繁殖材料，引种时还可进一步进行热水处理。

2. 土壤处理

土壤是线虫栖息的主要场所，围绕这一中心按下面方法进行操作：

1）及时清除烧毁病株，以减少线虫随病残体进入土壤。

2）线虫的卵和幼虫在土壤中存活的时间有限，故可用非寄主植物进行轮作，轮作的期限根据线虫的存活期而定，一般为3年。

3）万寿菊、菊花、蓖麻和猪屎豆等一类颉颃性植物对根结线虫有引诱作用。当2龄幼虫进入这些植物的根中，不形成巨型细胞，而是出现过敏性坏死反应，种植这类植物可以降低土壤中线虫的密度，起到防治作用。

4）土壤处理是防治植物线虫病的传统方法，杀线虫剂多是土壤消毒剂，对土传真菌病也有防治效果，常用的品种有：D—D混合剂；呋喃丹具有杀虫、杀螨、杀线虫作用，3%颗粒剂 $4g/m^2$，拌细土施于播种沟内或种植穴内；涕灭威也是颗粒杀线虫剂和杀虫剂。

3. 清除传播媒介

松褐天牛于每年5月为羽化始期和盛期，在这两个时期各喷1次0.5%杀螟松乳剂（每株用药2~3kg）；秋季（每年10月以前），当天牛幼虫尚未蛀入木质部以前，喷1%的杀螟松乳剂或油剂可杀死树皮下的天牛幼虫。

4. 熏蒸处理

对于松材线虫病，应对原木及板材进行化学或物理方法处理，用溴甲烷（40~60）g/m^3或硫酰氟熏蒸，或放入水中浸泡100天，可杀死80%的线虫。

5. 药剂防治

对庭院、公园、风景区及行道树等散生树种及古松名木，可用涕灭威、呋喃丹、丰索磷、灭线磷等内吸杀线虫剂进行根埋或注射树干。

六、枝干锈病类

锈病是花卉和景观绿化树木中较常见和严重的一类病害，世界均有分布，我国各地多有发生。锈病种类很多，在园林方面主要危害蔷薇科、豆科、百合科、禾本科、柏科和杨柳科等近百种花木。植株发病后，蒸腾和呼吸作用加速，光合作用减弱，生长势减弱，叶片提早发黄脱落，或枝干出现肿瘤、果实畸形等，降低产量和观赏价值，严重时甚至死苗，造成重大损失。

（一）竹竿锈病

竹竿锈病又称为竹褥病，在我国江苏、浙江、安徽、山东、湖南、湖北、河南、陕西、贵州、四川、广西等省区均有发生。近年来，此类病在我国江苏、浙江、安徽、云南等省迅速蔓延，病株率常达 50% 左右，严重者可达 90% 以上。竹竿被害部位变黑，材质发脆，影响工艺价值。发病严重的竹子容易整株死亡，不少竹林因此被毁坏。竹竿锈病病原主要侵害淡竹、刚竹、旱竹、哺鸡竹、箭竹、篌竹等 16 种以上的竹种。20 世纪 80 年代中期，在我国江苏省连云港市的毛竹上也发现了此病。

1. 症状识别（见图 5-23）

病害多发生在竹竿的中下部或近地面的竿基部，严重时也可发生在竹竿上部甚至小枝处。感病植株于每年春天的 2～3 月（有的则在上一年 9～10 月），在发病部位产生明显的椭圆形、长条形或不规则的紧密结合不易分离的橙黄色垫状物，即病菌的冬孢子堆，多生于近竹节处。每年 4 月下旬至 5 月，冬孢子堆遇雨吸水向外卷曲并脱落，在其下面露出，开始呈紫灰褐色，后变为黄褐色粉质层状的夏孢子堆。当夏孢子堆脱落后，发病部位具有黑褐色枯斑。病斑逐年扩展，当包围竹竿一周时，病竹即枯死。

2. 病原

病原菌属，担子菌亚门，冬孢纲，锈菌目，硬层锈菌（毡锈菌）属。

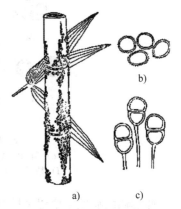

图 5-23　竹竿锈病
a）竹竿上的症状
b）病菌夏孢子　c）冬孢子

3. 发病规律

经多年观察，病竹上只产生夏孢子堆和冬孢子堆，未见性孢子、锈孢子阶段，也未发现它的转主寄主。病原菌以菌丝体或不成熟的冬孢子堆在病组织内越冬。菌丝体可在寄主体内存活多年。每年 9～10 月开始产生冬孢子堆，翌年 2～3 月则逐渐增多，4 月中下旬冬孢子堆脱落后即形成夏孢子堆，4 月下旬至 6 月下旬为夏孢子释放期，5 月至 6 月中旬是夏孢子飞散盛期。新竹放枝展叶时是大量夏孢子侵染的时期。夏孢子是本病的主要侵染源。夏孢子借风传播，通过伤口侵入老竹和当年新竹，有时也可自无伤表皮侵入新竹。经 7～9 个月的潜育期，病竹开始表现症状。病菌的冬孢子萌发后产生担孢子，然而担孢子却不能侵染竹竿和竹笋。

病害发生与地势、大气温度和竹种有一定的关系。凡地势低洼、通风不良、较阴湿的竹林发病重；反之则轻。一般当气温为 14～21℃，相对湿度为 78%～85% 时，病株率急剧上升，发病严重；若气温在 24℃ 以上，即使相对湿度达 80%，病害也不再蔓延。不同竹种的发病程度也有明显差异。在我国江苏、浙江、安徽等省，一般以淡竹、旱竹、白哺鸡竹、篌竹等易感病；毛竹、石竹、红壳竹、苦竹、刚竹、杜竹等较抗病；碧玉间黄金竹即使与感病的淡竹混栽一般也不发病，或偶见个别轻病株。

（二）松—芍药锈病

该病为松疱锈病的一种，是针松类的主要病害。我国的樟子松、油松、赤松、马尾松、云南松均有发生，以樟子松和马尾松发病较普遍。病害严重时，常引起枝干枯死。转主寄主为芍药属、马先蒿属、马鞭草属、小米草属等植物，在我国陕西省主要为阴行草属。

1. 症状识别（见图5-24）

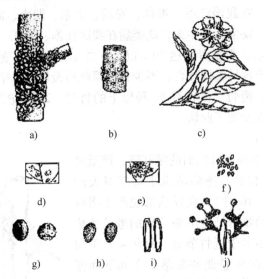

图 5-24　松—芍药锈病
a）松树主干上的锈孢子器　b）病树上的蜜滴
c）芍药叶背的冬孢子堆　d）夏孢子放大图　e）冬孢子放大图
f）精子　g）锈孢子　h）夏孢子　i）冬孢子　j）担子及担孢子

此类病的病原主要侵害松树的枝条和主干的皮部，但以侧枝发病最多。病枝略显肿胀，呈纺锤形，病部皮层变色，粗糙而开裂，严重时木质部外露，并流脂。春夏两季之间沿病皮开裂处伸出橘黄色疱状物，即病原菌的锈孢子器。锈孢子器成熟后破裂并散出黄粉状锈孢子。病部每年向纵横方向扩展，当病皮绕树干1周时，上部枝干即枯死。

2. 病原

病原菌为松芍药柱锈菌，属担子菌亚门，冬孢菌纲，锈菌目，柱锈属。

3. 发病规律

病原菌的冬孢子于每年7月中下旬在芍药叶背夏孢子堆附近形成，当年秋季成熟后，遇湿即可萌发产生担子和担孢子。担孢子借气流传播，萌发后由气孔侵入松树的针叶，菌丝逐渐向枝干皮部延伸，在韧皮部内发育多年产生菌丝。两三年以后皮部出现病状，且出现病状当年秋季病部产生蜜滴，其中混有性孢子。翌年春季产生疱状锈孢子器。以后年年产生蜜滴和锈孢子器。锈孢子于每年5月中旬至6月下旬大量成熟，借风传播，水平传播距离近30m，垂直传播距离5m。当其与芍药等转主寄主接触后，在有水膜的条件下萌发，并由气孔侵入叶片，6月中旬至8月上旬在叶背面产生夏孢子。在一个生长季节内，夏孢子可重复侵染芍药多次，潜育期为10～15天，初秋产生冬孢子柱。试验表明，越冬的夏孢子可有2.96%的萌发率，并能侵染芍药引起芍药发病。

每年4月气温高，且5～6月湿度较大时，有利于锈孢子和夏孢子的产生与成熟。在湿度较大的环境中，樟子松与芍药栽植的距离越近，发病越严重。

（三）枝干锈病的防治

1. 杜绝和减少病原菌

防治转主寄生的锈病：新建公园的景观植物配置时，将观赏植物与转主植物严格隔离，如海棠、苹果、梨等锈病与转主寄主柏树要相隔5000m；杜鹃与云杉、铁杉，紫菀等与二针松、三针松等都不能混植。如果已经混栽，最好彻底清除转主寄生，如难以清除，应加强转主寄生病害防治。在孢子将飞散时施药预防。为减少孢子飞入传病，将被传病的植物种在传病植物的上风口处，以减轻发病。

防治单主寄生的锈病：在秋末到翌年早春或植物休眠期，彻底清扫园内落叶、落果和枯枝等病虫潜伏的植物残体，生长季经常除去病枝叶集中处理，可减少病原菌。

2. 加强养护管理

改善植物生长环境，提高抗病力，建园前选择合适地段，做好土壤改良，增加土壤通透性，提高土地肥力，整理好园地灌排系统；选用健壮无病虫枝作插条、接穗等无性繁殖材料，严格除去病菌；控制种植密度，不宜过密；及时排除积水；科学施肥，多施腐熟有机肥和磷钾肥，不偏施氮肥；经常修剪整枝，除病虫弱枝，使园内通风透光良好；设施栽培时要加强通风换气，以降低棚室内湿度。

3. 药剂防治

（1）冬季施药　秋末到翌年植物萌芽前，在清扫田园及剪病枝后再施药预防，可喷2～5°Bé石硫合剂，或45%结晶石硫合剂100～150倍液，或五氯酚钠200～300倍液，或五氯酚钠加石硫合剂混合液。石硫合剂混合液配置时，先将五氯酚钠加200～300倍水稀释，再慢慢倒入石硫合剂液，边倒边充分搅拌，调成2～3°Bé药液，不能将五氯酚钠粉不加水稀释就加入石硫合剂中，以免产生沉淀。防治转主寄生柏树上的锈病，应在每年早春，即3月上中旬喷药1～2次，杀死越冬病原菌的冬孢子。

（2）生长季施药　在花木发病初期喷波美度0.2～0.3°石硫合剂，45%结晶石硫合剂300～500倍液，或70%代森锰锌可湿性粉剂500倍液，或500倍80%大生M-45，或70%甲基托布津1000倍液，或25%三唑酮1500倍液。防治锈病较新的药剂还有12.5%烯唑醇3000～4000倍液，25%富力库1000～1500倍液，25%丙环唑1000～4000倍液，25%邻酰胺1000倍液，10%苯醚甲环唑3000～5000倍液，25%氟硅唑（福星）5000～8000倍液。

（3）严格检疫　许多树木的枝干锈病是检疫对象，应从无病区引入苗木，从无病母株上采集插枝等无性繁殖材料。

（4）选育抗病品种　不同花木种类和品种之间的抗锈病能力存在明显差异。因此，选育抗锈病花木品种，是防治锈病经济有效的途径。

七、茎干寄生性种子植物病害的识别

寄生性种子植物病害是园林植物上的一类较常见病害，是由菟丝子科和桑寄生科植物寄生园林植物引起的，寄生性种子植物从寄生植物上吸取水分、矿物质、有机物供自身生长发育需要，从而导致园林植物生长衰弱，严重的可导致植物死亡。

（一）菟丝子病害

1. 分布与危害

菟丝子病害在我国各地均有分布，主要侵害一串红、金鱼草、菊花、扶桑、榆叶梅、玫瑰、珍珠梅、紫丁香、台湾相思树、千年桐、木麻黄、小叶女贞、人面果、洋紫荆等多种园林植物，危害轻者使植株生长不良，重者导致园林植物死亡，严重影响观赏效果。

2. 症状识别

菟丝子为全寄生种子植物。它以茎缠绕在寄主植物的茎干，并以吸器伸入寄主茎干或枝干内与其导管和筛管相连接，吸取全部养分。因而导致被害植物生长不良，通常表现为植株矮小、黄化，甚至植株死亡。

3. 病原

菟丝子又名无根藤、金丝藤，园林植物上常见的有4种：

1）中国菟丝子：茎纤细，呈丝状，直径约为1mm，橙黄色；花为淡黄色，头状花序；花萼呈杯状，长约1.5mm；花冠呈钟形，白色，稍长于花萼，短五裂；蒴果近球形，内有种子2~4枚；种子呈卵圆形，长约1mm，淡褐色，表面粗糙。

2）日本菟丝子：茎粗壮，直径为2mm，分枝多，黄白色，并有突起的紫斑；在尖端及以下3节上有退化的鳞片状叶；花萼呈碗状，有瘤状红紫色斑点；花冠呈管状，白色，长3~5mm，5裂；蒴果呈卵圆形，内有种子1~2枚；种子为浅绿至浅红色，表面光滑。

3）田间菟丝子：茎呈丝状且有分枝，淡黄色，光滑；花序呈球形；花萼呈碗状，长2~2.5mm，黄色，背部有小的瘤状突起；花冠呈坛状，白色，长于花萼，深5裂；蒴果近球形，顶端微凹；种子呈椭圆形，褐色。

4）单柱菟丝子：茎较粗，直径为2mm，分枝众多，略带红色，并有紫色瘤状突起；穗状花序，花萼呈半圆形，5裂几乎达到基部，背部有紫红色的瘤状突起；花冠呈坛状，长3~3.5mm，紫红色；蒴果呈卵圆形，长约4mm；种子呈圆形，直径为3~3.5mm，暗棕色，表面光滑。

4. 发病规律

菟丝子以成熟种子脱落在土壤中或混杂在草本花卉种子中休眠越冬，也有以藤茎在被害寄主上越冬的。以藤茎越冬的菟丝子，翌年春温度和湿度适宜时即可继续生长攀缠危害。越冬后的种子于翌年春末初夏，温度和湿度适宜时在土中萌发，长出淡黄色细丝状的幼苗。随后不断生长，藤茎上端部分作旋转向四周伸出，当碰到寄主时，便紧贴在寄主上并缠绕，不久在其与寄主的接触处形成吸盘，并伸入寄主体内吸取水分和养料。此后茎基部逐渐腐烂或干枯，藤茎上部与土壤脱离，靠吸盘从寄主体内获得水分、养料，不断分枝并生长且缠绕植物，开花结果，繁殖蔓延危害。

夏秋两季是菟丝子生长高峰期，每年11月开花结果。菟丝子的繁殖方法有种子繁殖和藤茎繁殖两种。靠鸟类传播种子，或成熟种子脱落于土壤中，再经人为耕作进一步扩散；另一种传播方式是借寄主树冠之间的接触由藤茎缠绕蔓延到邻近的寄主上，或人为将藤茎扯断后无意地抛落在寄主的树冠上。

（二）桑寄生

1. 分布与危害

桑寄生科植物多分布于热带、亚热带地区，我国在西南、华南地区最常见，通常侵害山茶、悬铃木、水杉、石榴、木兰、蔷薇、榆、山毛榉及杨柳科等园林植物，导致生长势衰弱，严重时全株枯死。

2. 症状识别

桑寄生科的植物为常绿小灌木，它寄生在树木的枝干上并非常明显，尤以冬季寄主植物落叶后更为明显。由于寄生物夺走寄主的部分无机盐类和水分，并对寄主产生毒害作用，因而，导致受害园林植物叶片变小，提早落叶，发芽晚，不开花或延迟开花，果实易落或不结果。植物枝干受害处最初略为肿大，以后逐渐形成瘤，木质部纹理也受到破坏，严重时枝条或全株枯死。

3. 病原

园林植物上的桑寄生科植物主要有桑寄生属和槲寄生属。桑寄生属植物树高 1m 左右，茎为褐色；叶对生、轮生或互生，全缘；花两性，花瓣分离或下部合生成管状；果实为浆果状的核果。槲寄生属植物，枝为绿色；叶对生，常退化成鳞片状；花单性异株，极小，单生或丛生于叶腋内或枝节上，雄花被坚实；雌花子房下位，1 室，柱头无柄或近无柄，垫状；果实为肉质，果皮有黏胶质。我国有 14 种左右的桑寄生科植物，常见的有槲寄生和无叶枫寄生。

4. 发病规律

桑寄生科植物以植株在寄主枝干上越冬，每年产生大量的种子传播危害。鸟类是传播桑寄生的主要媒介。小鸟取食桑寄生浆果后，种子被鸟从嘴中吐出或随粪便排出后落在树枝上，靠外皮的黏性物质黏附在树皮上，在适宜的温度和光线下种子萌发，萌发时胚芽背光生长，接触到枝干即在先端形成不规则吸盘，以吸盘上产生的吸根自伤口或无伤体表侵入寄主组织，与寄主植物导管相连，从中吸取水分和无机盐。从种子萌发到寄生关系的建立需 10 ~20 天。与此同时，胚芽发育长出茎叶。如有根出条则沿着寄主枝干延伸，每隔一定距离便形成一吸根钻入寄主组织定植，并产生新的植株。

（三）寄生性种子植物的防治

1. 园林技术防治

在菟丝子种子萌发期前进行深翻，将种子深埋在 3cm 以下的土壤中，使其难以萌芽出土。经常巡查，一旦发现病株，应及时清除。在种子成熟前，结合修剪，剪除有种子植物寄生的枝条，注意清除要彻底，并集中销毁。严禁随手乱扔菟丝子的藤茎。

2. 药剂防治

对有菟丝子发生较普遍的园地，一般于每年 5 ~10 月，酌情喷药 1 ~2 次。有效的药剂有：10% 草甘膦水剂 400 ~600 倍液并加入 0.3% ~0.5% 硫酸铵，或 48% 地乐胺乳油 600 ~800 倍液并加入 0.3% ~0.5% 硫酸铵。国外报道，防治桑寄生可用氯化苯氨基醋酸、2·4－D 和硫酸铜。

 任务实施

一、枝干腐烂、溃疡病观察

观察月季枝枯病、竹枯梢病、杨树烂皮病、杨树溃疡病的症状。比较其病斑形状、颜色、边缘及病菌子实体形态的差异。此类病的主要特征是病部为水渍状，病斑组织软化，皮层腐烂，失水后产生下陷，病部开裂。发病后期，病斑上产生许多小粒点，即病菌子实体。

二、丛枝病观察

观察竹丛枝病、泡桐丛枝病等植株病害标本。可见其典型症状为叶变小而革质化，腋芽萌发，节间缩短，形成丛枝，花器返祖，花变叶且变绿色，生长发育受阻，整个植株矮化等。

三、枯黄萎病观察

观察香石竹枯萎病症状特征。在显微镜下观察石竹尖镰孢的特点。

四、枝干锈病观察

观察竹竿锈病、松—芍药锈病的症状特点。可见这类病害部位大多出现大量锈色、橙色、黄色甚至白色的病斑，以后表皮破裂露出铁锈色孢子堆，有的产生肿瘤。认真观察不同锈病的症状，及其在转主寄主上的特征。用显微镜观察上述锈病病原菌形态，比较其各类孢子的差异。

 思考问题

1. 枝干病害的病原都在什么地方越冬？
2. 如何通过控制环境条件来预防枝干病害的发生？
3. 如何根据枝干病害的典型症状进行诊断？
4. 枝干病害的综合防治措施有哪些？

 **知识链接**

园林植物枝干病害的综合防治方案

一、园林植物茎秆病害的防治原则

1）清除侵染来源、铲除转主寄主、消除昆虫媒介是减少和控制病害发生的重要手段。

2）加强养护管理，提高园林植物的抗病力，是防治弱寄生性病原物引起的病害和环境不适引起的病害的有效手段。

3）选育抗病品种是防治危险性茎秆病害的良好途径。

二、秆锈病类的防治措施

1）清除转主寄主，不与转主寄主植物混栽，是防治秆锈病的有效途径。

2）加强检疫，禁止将疫区的苗木、幼树运往无病区，防止松疱锈病的扩散蔓延。

3）及时、合理地修除病枝，及时清除病株，减少侵染来源。

4）药剂防治。用松焦油原液、70%百菌清乳剂300倍液直接涂于发病部位；对于幼林，用65%代森锰锌可湿性粉剂500倍液、或25%三唑酮500倍液喷雾。

三、丛枝病类的防治措施

1）加强检疫，防治危险性病害的传播。

2）栽植抗病品种或选用培育无毒苗、实生苗。

3）及时剪除病枝，挖除病株，减轻病害的发生。

4）防治刺吸式口器昆虫（例如蟌、叶蝉等），可喷洒50%马拉硫磷乳油1000倍液或10%安绿宝乳油1500倍液、40%速扑杀乳油1500倍液，减少病害传播。

5）喷药防治。植原体引起的丛枝病可用四环素、土霉素、金霉素、氯霉素 4000 倍液喷雾。真菌引起的丛枝病可在发病初期直接喷 50% 多菌灵或 25% 三唑酮的 500 倍液进行防治，每周喷 1 次，连喷 3 次，防治效果很明显。

四、枯黄萎病类的防治措施

1）加强检疫，防治危险性病害的扩散与蔓延。

2）加强对传病昆虫的防治是防止松材线虫扩散蔓延的有效手段。

3）清除侵染来源。

4）药剂防治。防治香石竹枯萎病可在发病初期用 50% 多菌灵可湿性粉剂 800~1000 倍液，或 50% 苯来特 500~1000 倍液，灌注根部土壤，每隔 10 天一次，连灌 2~3 次。

防治松材线虫病可在树木被侵染前用丰索磷、克线磷、氧化乐果、涕灭威等进行树干注射或根部土壤处理。

任务 3　根部病害的防治技术

任务描述

虽然园林植物的根部病害是园林植物各类病害中种类最少的，但其危害性却很大，常常是毁灭性的。染病的幼苗几天即可枯死，幼树在一个生长季节即可枯萎，大树延续几年后也可枯死。根部病害主要破坏植物的根系，影响水分、矿物质、养分的输送，往往引起植株的死亡，而且由于病害是在地下发展的，初期不容易被发觉，等到地上部分表现出明显症状时，病害往往已经发展到严重阶段，植株也已经无法挽救了。

园林植物根部病害的症状类型可分为：根部及根茎部皮层腐烂，并产生特征性的白色菌丝、菌核、菌索；根部和根茎部肿瘤；病菌从根部侵入并在输导组织定植而导致植株枯萎；根部或干基腐朽并可见大型子实体等。根部病害发生后的地上部分往往表现出叶色发黄、放叶迟缓、叶形变小、提早落叶、植株矮化等症状。引起园林植物根部病害的病原，一类是非侵染性病原，例如土壤积水、酸碱度不适、土壤板结、施肥不当等；另一类是侵染性病原，例如真菌、细菌、寄生线虫等。

园林植物根部病害的防治原则：严格实施检疫措施、土壤消毒、病根清除和植前处理，这些都是减少病原侵染来源的重要措施；加强栽培管理，促进植物健康生长，提高植株抗病力，对抵抗土壤习居菌引起的病害有十分重要的意义；开展以菌治病工作，探索根部病害防治的新途径。

任务咨询

一、苗木猝倒病

（一）分布与危害

猝倒病是世界各国苗圃中最常见的病害，主要发生于针叶树和阔叶树幼苗上，其中以松杉类针叶树苗最易感病。此病发病率可达 30% ~ 60%，严重时有的达 70% ~ 90%。

（二）症状类型（见图 5-25）

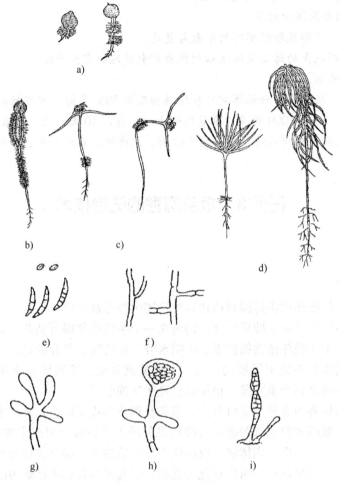

图 5-25　苗木猝倒病

a）种芽腐烂　b）茎叶腐烂　c）幼苗猝倒　d）苗木立枯　e）镰刀菌
f）菌丝　g）游离孢子囊　h）游动孢子　i）交链孢菌

1. 种芽腐烂型

种芽还未出土或刚露出土，即被病菌侵染死亡。种芽腐烂型病害可引起种芽腐烂，造成地上缺苗断垄，也称为种腐或芽腐。

2. 猝倒型

幼苗出土后，嫩茎尚未木质化，病菌自茎基部侵入，产生褐色斑点，受侵部位呈现水状腐烂，幼苗迅速倒状，此时嫩叶仍呈绿色。随后病部向两端扩展，根部相继腐烂，然后全苗干枯。猝倒型病害多发生于每年 4 月中旬至 5 月中旬的多雨时期，是最严重的一种根部病害类型。

3. 立枯型

幼苗木质化后，土壤病菌较多或环境对病菌有利，病菌从根部侵入，引起苗根染病腐烂，茎叶枯黄，但死苗仍直立不倒，而易拔起，故称为立枯病。

4. 叶枯型

幼苗出土后，在阴雨连绵、苗木又过于密集、苗丛内光照不足情况下，苗床低凹处的苗木下部叶片染病腐烂枯死，在枯死的茎叶上，常有灰白色蛛网状的菌丝体，造成苗木成簇死亡。叶枯病也称为苗腐或顶腐。

（三）病原

苗木猝倒病的病原有非侵染性病原和侵染性病原两类。非侵染性病原包括以下因素：圃地积水，造成根系窒息；土壤干旱，表土板结；地表温度过高灼伤根茎。侵染性病原主要是真菌中的腐霉菌、丝核菌和镰刀菌。偶尔也可由交链孢菌和多生孢菌引起此类病害。

（四）发病规律

腐霉菌、丝核菌、镰刀菌都有较强的腐生习性，平时能在土壤的植物残体上腐生。它们分别以卵孢子、厚垣孢子和菌核渡过不良环境，一旦遇到合适的寄主和潮湿的环境，便侵染危害。腐霉菌和丝核菌的生长温度为 4～28℃，腐霉菌在土壤温度 12～23℃ 时危害严重。丝核菌生长适宜温度为 24～28℃，但温度稍低时危害严重。镰刀菌的生长适宜温度为 10～32℃，以土壤温度 20～30℃ 时危害严重。引起苗木猝倒病的病原菌腐生性很强，可以在土壤中长期存活，所以土壤带菌是最重要的侵染来源。病原菌可借雨水、灌溉水传播，在适宜条件下进行再侵染。发病严重的原因，一般与以下因素有关：

1）前作是感病植物，病株残体多，病菌繁殖快，苗木容易发生病害。

2）无论是整地、作床或播种，如果在雨天进行，因土壤潮湿、板结，不利于种子生长，种芽容易腐烂。

3）圃地粗糙、床面不平，不利于苗木生长，从而苗木生长纤弱，抗病力差，病害容易发生。

4）若施用未经充分腐熟的有机肥料，肥料在圃地腐熟过程中易烧苗，且常混有病菌。

5）播种晚，致使幼苗出土较晚，出土后如果遇阴雨和湿度大的环境条件，有利于病菌生长，再加上苗茎幼小，抗病力差，病害容易发生。

6）揭草过晚。若种子质量差，种子发芽势弱，幼苗出土不齐，不能及时揭除覆草，致使苗生长弱，抗病力差，容易发病。

7）苗木过密，会使苗间湿度大，有利于病菌的蔓延和病害的发生。

8）天气干旱，苗木缺水或地表温度过高，根茎烫伤，有利于病害发生。

（五）防治措施

1. 综合防治

猝倒病的防治应采取以栽培技术为主的综合治理措施，培育壮苗，提高苗木抗病性。不选用瓜菜地和土质黏重、排水不良的地块作为圃地。精选种子，适时播种。推广高床育苗及营养钵育苗，加强苗期管理。

2. 土壤消毒

土壤消毒可用溴甲烷进行熏蒸处理，用药量为 $50g/m^2$。消毒时一定要在密闭的小拱棚内进行，熏蒸 2～3 天，揭开薄膜通风 14 天以上。该法不仅可以杀死土壤中的各种病菌，而且对地下害虫、杂草种子也有很好的防治效果。用 72.2% 霜霉威水剂 400～600 倍液浇灌苗床、土壤，以防治腐霉病及疫病，用量为 $3L/m^2$，间隔 15 天用药 1 次。此外，还可选用以五氯硝基苯为主的混合药剂处理土壤，例如五氯硝基苯与代森锰锌或敌磺钠（比例3∶1），4~6g/m²，以药土沟施；或用2%~3%硫酸亚铁浇灌土壤。种子消毒用0.5%高锰酸钾溶液（60℃）浸泡2h。

3. 幼苗处理

幼苗出土后，可喷洒1∶1∶200倍波尔多液，每隔10~15天喷洒1次。

二、苗木白绢病

（一）分布与危害

白绢病又称为菌核性根腐病，在我国长江以南各省均有发生。园林植物上常见的寄主有水仙、郁金香、香石竹、菊、芍药、牡丹、凤仙花、吊兰、福禄考、一品红、油桐、泡桐、茶、柑橘、葡萄、松树和乌桕等。白绢病一般发生在苗木上，植物受害后轻者生长衰弱，重者死亡。

（二）症状（见图5-26）

各种感病植物的症状大致相似。症状主要发生于植物的根、茎基部。初发生时，病部皮层变褐，逐渐向四周扩展，并在病部产生白色绢丝状菌丝，菌丝作扇形扩展，蔓延至附近的土表上，之后在病苗的基部表面或土表的菌丝层上形成油菜子状的茶褐色菌核。苗木受害后，茎基部及根部皮层腐烂，植物的水分和养分输送被阻断，叶片变黄枯萎，全株死亡。

（三）发生规律

病菌以菌丝与菌核在病株残体、杂草上或土壤中越冬，菌核可在土壤中存活5~6年。在适宜条件下，由菌核产生菌丝进行侵染。病菌可由病苗、病土和水流传播。病菌直接侵入或从伤口侵入植物体内。病害于每年6月上旬开始发生，7~8月为发病盛期，9月基本停止扩张。病菌在18~28℃及高湿条件下，从菌核萌发至新菌核仅需8~9天。土壤疏松湿润、株丛过密有利于发病；连作地发病严重；在酸性至中性pH在5~7之间土壤中病害发生多，而在碱性土壤中发病则少；土壤黏重板结的圃地，发病率高。

图5-26　苗木白绢病
a）健康油菜菌　b）感病油菜菌
c）担子和担孢子　d）病原菌的担子层
e）病苗根部放大图（示菌核）

（四）防治措施

1）选好圃地。要求圃地不积水，透水性良好，不连作，前作不是茄科等最易感病的植物。加强管理，及时松土、除草，并增施氮肥和有机肥，以促进苗木生长健壮，增强抗病能力。

2）外科治疗。用刀将根颈部病斑彻底刮除，并用401抗菌素50倍液或1%硫酸铜溶液消毒，再涂波尔多浆等保护剂，然后覆盖新土。

3）土壤消毒，即用70%五氯硝基苯或80%敌菌丹粉，可预防苗期发病；苗木消毒，可用70%甲基硫菌灵或多菌灵800～1000倍液、2%的石灰水、0.5%硫酸铜溶液浸10～30min；发病初期，用1%硫酸铜溶液或用10mL萎锈灵或25mL/L氧化萎锈灵浇灌苗根，可防止病害蔓延。

三、根结线虫病

（一）分布与危害

根结线虫病在我国南北各省都有发生。常见的寄主有石竹、柳、月季、海棠、桂花、仙人掌、仙客来、凤仙花、菊花、栀子、马蹄莲、唐菖蒲、凤尾兰、百日草等苗木。感病后，病株生长缓慢、停滞，严重时苗木凋萎枯死。

（二）症状（见图5-27）

被害植株的侧根和支根产生许多大小不等的瘤状物，初期表面光滑，淡黄色；后期粗糙，质软。剖视可见瘤内有白色透明的小粒状物，即根瘤线虫的雌成虫。病株根系吸收机能减弱，生长衰弱，叶小，发黄，易脱落或枯萎，有时会发生枝枯，严重的整株枯死。

（三）发病规律

病土是最主要的侵染来源。根结线虫的传播主要依靠种苗、肥料、工具、水流以及线虫本身的移动。在病土内越冬的幼虫，可直接侵入寄主的幼根，刺激寄主中柱组织，形成巨型细胞，并形成根结。越冬时，卵孵化为幼虫，入侵寄主。幼虫几经蜕皮发育为成虫，雌雄交配产卵或孤雌生殖产卵，在适宜条件下孵化为幼虫再行侵染。线虫生存的重要因素是土壤温度和湿度，温度超过40℃或低于5℃时，根结线虫会缩短其活动时间或失去侵染能力。当土壤干燥时，卵和幼虫即死亡。

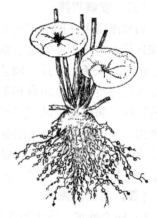

图5-27　仙客来根结线虫危害症状

（四）防治措施

1）加强植物检疫，防止根结线虫扩散。

2）轮作。有根结线虫发生的圃地，应避免连作感病寄主，应与杉、松、柏等不感病的树种轮作2～3年。圃地深翻或浸水2个月可减轻病情。

3）药剂防治。利用溴甲烷处理土壤；将3%呋喃丹（克百威）颗粒剂或15%涕灭威（铁灭克）颗粒剂分别按4～6g/m² 及1.2～2.6g/m² 的用量拌细土，施于播种沟或种植穴内；也可用10%苯线磷颗粒剂处理土壤，具体用量为30～60kg/hm²。

4）盆土药剂处理。将5%苯线磷按土重的0.1%与土壤充分混匀，进行消毒；也可将5%苯线磷或10%丙线磷施入花盆中。该药可在植物生长季节使用，不会产生药害。

5）盆土物理处理。炒土或蒸土40min，注意加温不要超过80℃，以免土壤变劣；或在夏季高温季节进行太阳曝晒，即在水泥地上将土壤摊成薄层，白天曝晒，晚上收集后用塑料膜覆盖，反复曝晒2周，其间要防水浸，避免污染。

四、根癌病

（一）分布与危害

根癌病又称为冠瘿病、根瘤病，在我国广泛发生。寄主范围广，病菌除侵害樱花外，还侵害石竹、天竺葵、桃、月季、菊花、大丽菊、蔷薇、梅、夹竹桃、柳、核桃、花柏、南洋杉、银杏和罗汉松等。

（二）症状（见图5-28）

该病主要发生在根茎部，也可发生在主根、侧根以及地上部的主干与侧枝上。发病初期，病部膨大呈球形的瘤状物，幼瘤初为白色，质地柔软，表面光滑，之后肿瘤逐渐增大，质地变硬，褐色或黑褐色，表面粗糙龟裂。不同寄主的肿瘤的大小、形状各异，草本植物上的肿瘤小，木本植物及肉质根的肿瘤大。由于根系受到破坏，轻者造成植株生长缓慢，叶色不正，严重者引起全株枯死。

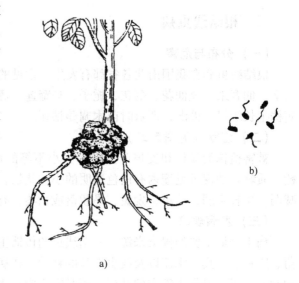

图5-28　樱花根癌病
a）症状　b）病原菌

（三）发病规律

病原细菌可在感病寄主肿瘤内或土壤病株残体上生活1年以上。病菌可由灌溉水、雨水、采条、嫁接、园艺工具和地下害虫等进行传播。远距离传播靠病苗和种条的运输。病原细菌通过各种伤口侵入寄主体内，侵入后刺激寄主细胞加速分裂，产生大量分生组织，从而形成肿瘤。从病菌侵入到症状出现，需经数周或1年以上时间。碱性、湿度大的沙壤土发病率较高；连作有利于病害发生；嫁接时切接比芽接发病率高；苗木根部伤口多时发病重。

（四）防治措施

1）病土处理。病土须经热力或药剂处理后方可使用，或用溴甲烷进行消毒。病区应实施2年以上的轮作。

2）病苗处理。病苗须经药液处理后方可栽植，可选用500～2000mg/kg链霉素浸泡30min或在1%硫酸铜溶液中浸泡5min。发病植株可用70%402抗菌剂乳油300～400倍液浇灌，或切除肿瘤后用500～2000mg/kg链霉素或500～1000mg/kg土霉素涂抹伤口。

3）外科治疗。对于初起病株，用刀切除病瘤，然后用石灰乳或波尔多液涂抹伤口，或用甲冰碘液（甲醇50份、冰醋酸25份、碘片12份），或用二硝基邻甲酚钠20份、木醇80份混合涂瘤，这些方法可使病瘤消除。

4）加强检疫，禁止病株进入无病地区。

五、纹羽病

（一）苗木紫纹羽病

1. 分布与危害

花木紫纹羽病又称为紫色根腐病，是园林植物、树木、果树、农作物上的常见病害。我国东北各省、河北、河南、安徽、江苏、浙江、广东、四川、云南等地均有发生。松、杉、柏、刺槐、杨、柳、栎、漆树、橡胶树、芒果等都易受害。苗木受害后，病害发展很快，常导致苗木枯死；大树发病后，生长衰弱，个别严重的植物会因根茎腐烂而死亡。

2. 症状（见图5-29）

病株从小根开始发病，逐渐蔓延至侧根及主根，甚至到树干基部。一般表现为皮层腐烂，易与木质部剥离，病根及干基部表面有紫色网状菌丝层或菌丝束，有的形成一层质地较厚的毛绒状紫褐色菌膜，如膏药状贴在干基处，夏天在上面形成一层很薄的白粉状孢子层。在病根表面菌丝层中有时还有紫色球状的菌核。病株地上部分表现为：顶梢不发芽，叶形变小、发黄、皱缩卷曲，枝条干枯，最后全株死亡。

图5-29　苗木紫纹羽病

3. 病原

病原菌为紫卷担子菌，属担子菌亚门，层菌纲，银耳目，卷担子菌属。子实体膜质，紫色或紫红色。

4. 发病规律

病原菌利用它在病根上的菌丝体和菌核潜伏在土壤内。菌核有抵抗不良环境条件的能力，能在土壤中长期存活，待环境条件适宜时，萌发菌丝体。菌丝体集结成束能在土内或土表延伸，接触到健康林木的根后就直接侵入。病害也可以通过病根、健根的相互接触而蔓延。担孢子在病害传播中不起重要作用。此病于每年4月开始发病，6～8月为发病盛期，有明显的发病中心。地势低洼及排水不良的地方容易发病，但在我国北京市的香山公园较干旱的山坡侧柏干基部也有发现。

（二）花木白纹羽病

1. 分布与危害

花木白纹羽病在我国辽宁、河北、山东、江苏、浙江、安徽、贵州、陕西、湖北、江西、四川、云南、海南等省均有发生。此类病的病原寄主有栎、栗、榆、槭、云杉、冷杉、落叶松、银杏、苹果、梨、泡桐、垂柳、腊梅、雪松、五针松、大叶黄杨、芍药、风信子、马铃薯、蚕豆、大豆、芋等。此病常引起根部腐烂，造成整株枯死。

2. 症状

病菌侵害根部，最初为须根腐烂，后扩展到侧根和主根。被害部位的表层缠绕有白色或灰白色的丝网状物，即根状菌索。近土表的根际处布满白色蛛网状的菌丝膜，有时形成小黑点，即病菌的子囊壳。栓皮呈鞘状套于根外，烂根有蘑菇味。植株地上部分的叶片逐渐枯黄、凋萎，最后全株枯死。

3. 发病规律

病菌以菌核和菌索在土壤中或病株残体上越冬。病害主要通过病根、健根的接触和根状菌索的延伸扩散蔓延。病菌的孢子在病害传播上作用不是很大。当菌丝体接触到寄主植物时，即从根部表面皮孔侵入。一般先侵害小侧根，后在皮层下蔓延至大侧根，破坏皮层下的木质细胞，但深层组织不受侵害。根部死亡后，菌丝穿出皮层，在表面缠结成白色或灰褐色菌索，之后形成黑色菌核，有时也形成子囊壳及分生孢子。菌索可蔓延到根皮土壤中或铺展在树干基部土表。此病一般于每年3月中下旬开始发病，6～8月为发病盛期，10月以后停止发病。病害发生的轻重与土壤条件的好坏有密切关系。土质黏重、排水不良、低洼积水地，发病重；土壤疏松、排水良好的地，发病极少。高温有利于病害的发生。

（三）防治措施

1）不在有病地建园。

2）在病区或病树外围挖1m深的沟，隔离或阻断病菌的传播。

3）不用刺槐作防护林。如果用其作防护林，则要挖根隔离，以防病菌随根系传入果园。

4）应及时排出低洼地积水，增施有机肥，改良土壤，整形修剪，加强对其他病虫害的防治，增强树体抗病力。

5）选用无病苗木，并对苗木进行消毒处理。可以用50%甲基硫菌灵或50%多菌灵可湿性粉剂800～1000倍液，或用0.5%～1%的硫酸铜溶液浸苗10～20min。

6）对于发病较轻的植株，可扒开根部土壤，找出发病的部位，并仔细清除病根，然后用50%的代森铵水剂400～500倍液或1%硫酸铜溶液进行伤口消毒，然后涂波尔多液。

六、根腐、根朽病

（一）杜鹃疫霉根腐病

1. 分布与危害

杜鹃疫霉根腐病在国外发生较普遍，美国、英国、日本等国家均有报道。该病寄主范围广，约有900种以上，其中许多是园林植物，例如杜鹃属、马醉木属、紫杉属的植物，以及日本山茶、雪松、山月桂、白松、桧柏等。此病通常削弱寄主植物的生长势，严重的全株枯萎。

2. 症状

病菌侵染杜鹃的根系或根茎部。植株感病后期，营养根先出现坏死，地上部分生长不良，展叶比正常植株迟，叶片变小、无光泽、发黄，老叶早衰脱落；发枝数少，新梢纤细短小，比健株明显瘦小；主根和根茎受侵染后均出现褐色腐烂现象，表皮常常剥离脱落，叶片凋萎下垂，全株枯死。

3. 发病规律

病菌以厚垣孢子、卵孢子在病株残体上或土壤中越冬，无寄主时休眠体长期存活。据美国报道，厚垣孢子能在土中存活84～365天。病菌由水流、病土、病苗传播。土壤温度为15～28℃时均可发病，22℃时最适于发病。土壤湿度的高低是病害发生轻重的关键，土壤水势为0Pa左右时孢子囊最易形成，土壤排水不良或淹水均能加重该病发生。不同杜鹃品种间抗病性差异显著，樟疫霉最容易侵染2～3年生以下的苗木及移植的植株。病株残体多、连作的苗圃地发病重。

（二）花木根朽病

1. 分布与危害

根朽病是一种著名的根部病害，可侵害200多种针叶、阔叶树种，樱花、牡丹、芍药、杜鹃、香石竹等也被侵害。此病导致根系或根茎部分腐朽，严重的全株死亡。

2. 症状

病菌侵染根部或根茎部，引起皮层腐烂和木质部腐朽。针叶树被害后，在根茎部产生大量流脂，皮层和木质部间有白色扇形的菌膜；在病根皮层内、病根表面及病根附近的土壤内，可见深褐色或黑色扁圆形的根状菌；秋季在濒死或已死亡的病株干茎和周围地面，常出现成丛的蜜环菌的子实体。杜鹃被害的初期症状表现为皮层的湿腐，具有浓重的蘑菇味；黑色菌索包裹着根部；紧靠土表的松散树皮下有白色菌扇；形成蘑菇。杜鹃被害后期，根系及根茎腐烂，最后整株枯死。

3. 发病规律

蜜环菌腐生能力强，可以广泛存在于土壤或树木残桩上。成熟的担孢子可随气流传播侵染带伤的衰弱木。菌索可在表土内扩展延伸，当接触到健根时，可以以机械、化学的方法直接侵入根内或通过根部表面的伤口侵入。植株生长衰弱、有伤口存在、土壤黏重、排水不良，都有利于病害的发生。

（三）根腐、根朽病的防治措施

1）加强栽培管理提高植株抗病力，选栽抗病品种。注意前作，防止连作；改良土壤，加强水肥管理，增施有机肥，促进根系生长；开好排水沟，雨季及时排涝，降低环境相对湿度；在病树、健树之间开沟，沟深1m，宽40cm，以防止病害蔓延。

2）病树治疗。当植株地上部初现异常症状，例如枯萎或叶小发黄时，应及时挖土检查，并采取相应措施。先将根茎部病斑彻底刮除，并采取相应措施，用抗菌剂402的50倍液或1.9%的硫酸铜液进行伤口消毒，然后涂保护剂；如果是根朽病，则应切除霉烂根。刮下、切除的病根组织均应带出园外销毁。病根周围土壤掘出，换上无病新土。病根周围灌注500～1000倍的70%的甲基托布津药液，或50%多菌灵可湿性粉剂500～1000倍液，或50%的代森锰锌200～400倍液，或甲醛溶液（福尔马林）400倍液、或2°Bé石硫合剂，也可使用草本灰。病株周围土壤用二硫化碳浇灌处理，既消毒了土壤又促进绿色木霉菌的大量繁殖，以抑制蜜环菌的发生。病树处理及施药时期要避开夏季高温多雨季节，处理后加施腐熟后的人粪尿或尿素，尽快恢复树势。

3）挖除重病株和病土消毒。应将病情严重及枯死的植株及早挖除，并做好土壤消毒工作。可于病穴土壤灌浇40%甲醛100倍液，每株（大树）30～50kg。

4）加强检疫，防止危险性病害的扩散、蔓延。

5）生物防治。施用木霉菌制剂或5406抗生菌肥料覆盖根系以促进植株健康生长。

 任务实施

一、根腐病观察

（一）苗木猝倒病症状观察

观察种芽腐烂型、猝倒型、立枯型、叶枯型病的病状，掌握其生长不同时期的症状。用显微镜观察腐霉菌、丝核菌、镰刀菌的玻片标本，了解这些病菌的形态。

（二）苗木白绢病症状及病原观察

观察花木白绢病的症状。可见根茎部皮层变褐坏死，病部及周围根际土壤表面产生白色绢丝状菌丝体，并出现菜子状小菌核。显微镜观察病原菌，可见菌丝体为白色，菌核呈球形或近球形，表面为茶褐色，内部为灰白色。

（三）苗木紫纹羽病症状及病原观察

植物被害后，根部表面产生紫红色丝网状物或紫红色绒布状菌丝膜，有的可见细小的紫红色菌核。病根皮层腐烂，极易剥落。病株顶梢不抽芽，叶形短小，叶发黄皱缩卷曲，枝条干枯，全株枯萎。显微镜观察病原菌特点。可见子实体为膜质，紫色或紫红色，子实层向上，光滑。担孢子为单细胞型，肾形，无色。

（四）花木白纹羽病症状及病原观察

被害部位的表层缠绕有白色或灰白色的丝网状物，即根状菌索。近土表根际处布满白色蛛网状的菌丝膜，有时形成小黑点，即病菌的子囊壳。栓皮呈鞘状套于根外，烂根有蘑菇味。植株地上部分的叶片逐渐枯黄、凋萎，最后全株枯死。

（五）杜鹃疫霉根腐病病状及病原观察

感病植株叶片变小，无光泽，发黄，老叶早衰脱落；发枝数少，新梢纤细短小；主根和根茎受侵染后均出现褐色腐烂现象，表皮常常剥离脱落，叶片凋萎下垂，全株枯死。观察樟疫霉的孢子囊的特点。

（六）花木根朽病症状及病原观察

皮层和木质部间有白色扇形的菌膜；在病根皮层内、病根表面及病根附近的土壤内，可见深褐色或黑色扁圆形的根状菌。秋季，在濒死或已死亡的病株干茎和周围地面，常出现成丛的蜜环菌的子实体。

二、根瘤病观察

（一）根结线虫病症状及病原观察

观察仙客来根结线虫病特征。可见被害嫩根产生许多大小不等的瘤状物，剖开可见瘤内有白色透明的小粒状物，即根瘤线虫的雌成虫。病株叶小、发黄、易脱落或枯萎。

根结线虫特征观察。可见雌雄异形，雌虫为乳白色，头尖腹圆，呈梨形；雄虫呈蠕虫形，细长，尾短而钝圆，有两根弯刺状的交合刺。

（二）根癌病症状及病原观察

观察根癌病症状特征。可见病部膨大呈球形的瘤状物。幼瘤为白色，质地柔软，表面光滑，之后瘤状物逐渐增大，质地变硬，为褐色或黑褐色，表面粗糙、龟裂。由于根系受到破坏，重者引起全株死亡，轻者造成植株生长缓慢、叶色不正。

病原菌观察。可见菌体呈短杆状，长为 $1.2 \sim 5 \mu m$，宽为 $0.6 \sim 1 \mu m$，有 $1 \sim 3$ 根极生鞭毛。革兰氏染色为阴性反应，在液体培养基上形成较厚的白色或浅黄色的菌膜；在固体培养基上的菌落圆而小，稍突起且半透明。

 思考问题

1. 根部病害对植物有哪些影响？
2. 根部病害的地下和地上症状各有哪些特点？

3. 根部病害的发生条件是什么样的？

4. 如何正确诊断并防治根部病害？

 **知识链接**

园林树木的冻害防护

冻害是树木因受低温伤害而使细胞和组织受伤，甚至死亡的现象。冻害主要分为霜冻冻害和越冬冻害两类。危害绿化树木的冻害主要是霜冻冻害，下面详细介绍此类冻害。

（一）冻害的表现

1. 芽的表现

花芽是抗寒能力较弱的器官，花芽冻害多发生在初春时期，顶花芽抗寒力较弱。花芽受冻后，内部变褐，初期只见到芽鳞松散，后期芽不萌发，干缩枯死。

2. 枝条的表现

枝条的冻害与其成熟度有关。成熟的枝条在休眠期以形成层最抗寒，皮层次之，而木质部、髓部最不抗寒。所以冻害发生后，髓部、木质部先变色，严重时韧皮部才受伤，如果形成层变色则表明枝条失去了恢复能力。在生长期则相反，形成层抗寒力最差。幼树在秋季水多时贪青徒长，枝条不充实，易受冻害。特别是成熟不足的先端枝条对严寒敏感，常先发生冻害，轻者髓部变色，重者枝条脱水干缩甚至被冻死。

多年生枝条发生冻害，常表现为树皮局部冻伤，受冻部分最初稍变色下陷，不易被发现。如果用刀切开，会发现皮部变褐，以后逐渐干枯死亡，皮部裂开变褐并脱落，但如果形成层未受冻则还可以恢复。

3. 枝杈和基角

枝杈或主枝基角部分进入休眠期较晚，输导组织发育不好，易受冻害。枝杈冻害的表现是皮层或形成层变褐，而后干枯凹陷，有的树皮成块冻坏，有的顺着主干垂直冻裂形成劈枝。主枝与树干的夹角越小则冻害越严重。

4. 主干

主干受冻后形成纵裂，一般称为"冻裂"。此时，树皮成块状脱离木质部，或沿裂缝向外侧卷折。

5. 根茎和根系

在一年中根茎停止生长最迟，进入休眠最晚，而开始活动和解除休眠又最早，因此在温度骤然下降的情况下，根茎未经过很好的抗寒锻炼，且近地表处温度变化剧烈，容易引起根茎的冻害。根茎受冻后，树皮先变色后干枯，对植株危害大。

根系无休眠期，所以根系较地下部分耐寒力差。须根活力在越冬期间明显降低，耐寒力较生长季稍强。根系受冻后，皮层与木质部分离。一般粗根系较细根系耐寒力强，近地面的粗根由于地温低而易受冻；新栽的树或幼树因根系小而易受冻害，而大树则相对抗寒。

（二）冻害的预防

1. 宏观预防

（1）贯彻适地适树的原则　因地制宜地种植抗寒力强的树种、品种和砧木。选小气候条件较好的地方种植抗寒力低的边缘树种，可以大大减少越冬防寒措施，同时注意栽植防护林和设置风障，改善小气候条件，预防和减轻冻害。

（2）加强栽培管理　提高抗寒性及加强栽培管理（尤其重视后期管理）有助于树体内营养物质的储备。经验证明，春季加强肥水供应、合理运用排灌和施肥技术，可以促进新梢生长和叶片增大，提高光合效率，增加营养物质积累，保证树体健壮。秋季控制灌水、及时排涝、适量施用磷钾肥、勤锄深耕，可促使枝条及早结束生长，有利于组织充实，延长营养物质的积累时间，从而能使植株更好地进行抗寒锻炼。

此外，夏季适时摘心（可促进枝条成熟）、冬季修剪（可减少蒸腾面积）、人工落叶等均对预防冻害有良好效果。同时在整个生长期必须加强对病虫的防治。

（3）加强树体保护　对树体的保护措施很多，一般的树木采用浇"冻水"和灌"春水"防治冻害。为了保护容易受冻的种类，可采用全株培土防冻，例如月季、葡萄等；还可采用根茎培土（高30cm）、涂白、主干包草、搭风障、北面培月牙形土埂等方法。主要的防治措施应在冬季低温到来之前完成，以免低温来得早，造成冻害。

2. 微观预防

（1）熏烟法　半夜2时左右在上风处点燃草堆或化学药剂，利用烟雾防霜。这种方法简便经济，效果较好。

（2）灌水法　土壤灌水后可使田块温度提高2~3℃，并能维持2~3夜。

（3）覆盖法　用稻草、草木灰、尼龙薄膜覆盖田块，减少地面热量散失。

（三）冻害的补救措施

受冻后树木的养护极为重要，因为受冻树木的输导组织受树脂状物质的淤塞，树木根的吸收、输导及叶的蒸腾、光合作用以及植株的生长等也均受到破坏。为此，应尽快恢复输导系统，治愈伤口，缓和缺水现象，促进休眠芽萌发和叶片迅速增大，促使受冻树木快速恢复生长状态。受冻后的树，一般均表现为生长不良，因此首先要加强管理，保证前期的水肥供应，也可以早期追肥和根外追肥的方法补给养分，以尽量使树体恢复生长。

在树体管理上，对受冻害树体要晚剪和轻剪，给予枝条一定的恢复时期，对明显受冻枯死部分可及时剪除，以利于伤口愈合。对于一时看不准受冻部分的，待发芽后再剪。对受冻造成的伤口要及时喷涂白剂预防日灼，同时做好防治病虫害和保叶工作。

学习小结

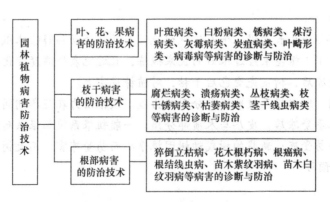

达 标 检 测

一、选择题

1. 以下病害中由植原体引起的有（　　　）。

A. 竹丛枝病　　　　B. 枫杨丛枝病　　　　C. 泡桐丛枝病　　　　D. 翠菊黄化病

2. 以下锈病中已发现转主寄主（　　　）。

A. 玫瑰锈病　　　　B. 松瘤锈病　　　　C. 海棠锈病　　　　D. 松疱锈病

E. 竹竿锈病

3. 以下园林病害中由担子菌引起的病害有（　　　）。

A. 花木根癌病　　　B. 竹竿锈病　　　　C. 桃缩叶病　　　　D. 杜鹃饼病

E. 花木白纹羽病　　　　　　　　F. 花木紫纹羽病

4. 以下病害中由线虫引起的病害有（　　　）。

A. 花木根癌病　　　B. 花木根结线虫病　　C. 松萎蔫病　　　　D. 香石竹枯萎病

5. 以下病害中由细菌引起的病害有（　　　）。

A. 柑橘溃疡病　　　B. 花木根癌病　　　C. 杜鹃疫霉根腐病　　D. 香石竹蚀环病

6. 引起园林植物白粉病的常见病原菌是（　　　）。

A. 白粉菌属　　　　B. 单囊壳属　　　　C. 内丝白粉菌属　　　D. 叉丝壳属

E. 叉丝单囊壳属

7. 园林植物叶锈病中常见的病原菌有（　　　）。

A. 柄锈属　　　　　B. 单胞锈属　　　　C. 多胞锈属　　　　D. 胶锈属

E. 柱锈属

二、判断题

1. 炭疽病的潜伏期较短，一般为 3~7 天。（　　　）

2. 茎心淋雨或浇水时不慎灌入茎心，是君子兰细菌性软腐病发生的主要诱因。（　　　）

3. 大部分溃疡病的病菌为兼性寄生菌，经常在寄主的外皮或枯枝上营腐生生活，当有利于病害发生的条件出现时，即侵染危害。（　　　）

4. 冬季低温冻伤根茎是银杏茎腐病发生的诱因。（　　　）

5. 毛竹枯梢病病菌以子囊壳在林内历年老竹病组织内越冬。（　　　）

6. 圆柏叶枯病在同一针叶上常多处产生病斑，形成绿色、黄色、褐色相间的斑纹。（　　　）

7. 松疱锈病的担孢子借风传播，落到松树上萌发产生芽管，大多数由气孔、少数直接侵入松树树干皮层。（　　　）

8. 植原体引起的丛枝病可用四环素、土霉素、金霉素、氯霉素等药剂防。（　　　）

9. 在我国传播松材线虫的主要媒介是松纵坑切梢小蠹。（　　　）

10. 石竹尖镰孢菌是专一引起香石竹维管束病害的病原。（　　　）

11. 秋季，在因花木白绢病而濒死或已死亡的病株干茎和周围地面，常出现成丛的蜜环菌的子实体。（　　　）

三、简答题

1. 园林叶、花、果病害侵染循环的主要特点是什么？

2. 叶斑病类的防治措施有哪些?

3. 园林植物茎干病害的侵染循环的特点有哪些?

4. 园林植物茎干病害的防治原则有哪些?

5. 园林植物根部病害的发生特点有哪些?

6. 简述苗木猝倒病和立枯病的症状特点及防治措施。

7. 简述苗木白绢病的发病规律。

8. 简述根结线虫病的发病规律。

9. 简述海棠锈病的发病规律。

10. 简述月季枝枯病的症状特点。

11. 试述松材线虫病的症状特点。

12. 试述开展植物病害防治的工作思路。

草坪病虫草害和外来生物防治技术

【项目说明】

杂草一般是指非有意栽培的植物。杂草除极少数种类来源于草坪种子的携带，大多是指农田中的杂草。杂草是园林生产大敌，草坪一年中的养护费用及养护工作，大部分用来防除杂草。在草坪栽培过程中，防除杂草是一项不可替代的重要工作。普及草坪化学除草技术，适应城市园林建设发展和草坪科学管理的需要，也逐渐成为当今草坪经营管理中的重要技术之一。

外来生物入侵在全球范围内不断加剧，给生物多样性和人们的生产生活带来了极大危害，成为世界性难题。外来植物入侵，不仅在经济上给我国造成了惊人的直接损失，同时在环境方面，由于它们破坏了生态系统平衡，使生物多样性丧失，甚至是物种的灭绝，常常导致重大的环境、经济、健康和社会问题，严重影响到人类的生活。

本项目共分为 5 个任务来完成：园林杂草识别技术，园林杂草防除技术，草坪害虫防治技术，草坪病害防治技术，园林外来生物防治技术。

【学习内容】

掌握草坪常发生的病、虫、草害和外来入侵生物的种类、形态特征、生物学特性、发生规律和防治方法。

【教学目标】

通过对草坪的病、虫、杂草和外来生物的形态观察、生物学特性的了解，能正确识别园林杂草和外来入侵生物。

【技能目标】

能准确识别草坪常出现的病、虫、杂草和外来生物；能制订出合理有效的防治方案。

【完成项目所需材料及用具】

材料： 当地常发生的草坪虫害、病害及草害的实物或干制标本和浸渍标本，昆虫形态挂图，PPT 等。

用具： 放大镜、解剖镜、解剖针、镊子、剪刀等用具。

任务1 园林杂草识别技术

 任务描述

杂草种类多，形态各异，加之有些杂草具有拟态性，更增加了杂草识别的困难。为此，简要了解园林杂草的分类，是认识杂草和防除杂草的前提。我们能否根据杂草形态、生物学特性、生态学特性对杂草进行分类识别呢？

了解园林杂草的危害特点，对采取有效的控制措施具有重要的指导意义。掌握杂草的防除技术是决定草坪建植成败的关键，尤其是新建植的草坪，如不及时防除杂草，将会严重影响草坪的质量，甚至导致建植的失败。本任务的重点是要对草坪杂草的危害特点及其从建植到收获整个生育期的识别技术进行学习。

 **任务咨询**

一、草坪、园林园圃常见杂草

1. 一年生早熟禾

一年生早熟禾是禾本科一年生杂草。在潮湿的土壤中生长良好。秆丛生、直立，基部稍向外倾斜。叶舌呈圆形，膜质。叶片光滑柔软，顶端呈船形，边缘稍粗糙。圆锥花序开展，呈塔形，小穗有柄且为绿色，有花3~5朵。外稃呈卵圆形，先端钝，边缘为膜质。5脉明显，脉下部均有柔毛。内稃等长或稍短于外稃。颖果呈纺锤形（见图6-1）。

2. 牛筋草

牛筋草又叫蟋蟀草，禾本科一年生晚春杂草。茎扁平直立，高10~60cm，韧性大。叶光滑，叶脉明显。根呈须状，发达，入土深，很难拔除。穗状花序2~7个，呈指状排列于秆顶，有时1~2枚生于花序下面。小穗无柄，外稃无芒。颖果呈三角状的卵形，有明显波状皱纹（见图6-2）。

图6-1 一年生早熟禾

图6-2 牛筋草

3. 马唐

马唐，别名万根草、鸡爪草、抓根草，多生于河畔、田间、田边、荒野湿地、宅旁草地及草坪等处。马唐为禾本科一年生杂草，春末和夏季萌发，春天土温变暖后，在整个生长期都可以发芽。在每次灌溉和下雨之后便可发芽，需要不断防治。在草坪中竞争力很强，而且有扩展生长的习性，使草坪草的覆盖面积变小。马唐株高 10～60cm，茎多分枝，秆基部倾斜或横卧，着土后节易生不定根。叶片呈条状披针形，叶鞘无毛或少毛，叶舌为膜质。花序由 2～8 个细长的穗集成指状，小穗呈披针形，长 5～15cm，宽 3～12cm（见图6-3）。

图6-3 马唐

4. 野稗

野稗，别名稗子、稗草、水稗子，原产欧洲，我国各地均有分布，多生长于湿润肥沃处，为世界十大恶性杂草之一。野稗属禾本科一年生杂草。水田、旱田、园田都有生长，也生于路旁、田边、荒地、隙地。其适应性极强，既耐干旱，又耐盐碱，喜温湿，能抗寒。野稗繁殖力惊人，一株稗有种子数千粒，最多可结 1 万多粒。种子边成熟，边脱落，体轻有芒，借风或水流传播。种子发芽深度为 2～5cm，深层不发芽的种子，能保持发芽力 10 年以上。苗期为每年 4～5 月，花果期 7～10 月。在低修剪的草坪中，野稗可以在地面上平躺而且以半圆形向外扩展。圆锥花序，近似塔形，长 6～10cm；小穗呈卵形，长约 5mm，密集在穗轴一侧。颖果呈卵形，长约 16mm，米黄色（见图6-4）。

5. 空心莲子草

空心莲子草又名水花生，一年生杂草。茎基部匍匐，上部上升且中空，有分枝。叶对生，椭圆形或倒卵状披针形，长 2.5～5cm，宽 7～20mm，顶端圆钝，有芒尖，基部渐狭，上面有贴生毛，边缘有绒毛。头状花序，单生于叶腋。总梗长 1～4cm（见图6-5）。

图6-4 野稗

图6-5 空心莲子草

6. 狗尾草

狗尾草，别名青狗尾草、谷莠子、狗毛草，禾本科一年生杂草。出苗深度 2～6cm，适宜的发芽温度为 15～30℃。植株直立，茎高 20～120cm。叶鞘呈圆筒状，边缘有细毛，叶为淡绿色，有绒毛状叶舌、叶耳，叶鞘与叶片交界处有 1 个圆形紫色带。秆直立或基部呈屈膝

状，上升，有分枝。穗状花序排列成狗尾状，穗呈圆锥形，稍向一方弯垂。小穗基部刚毛粗糙，绿色或略带紫色。颖果呈长圆形，扁平（见图6-6）。

7. 小旋花

小旋花，别名常春藤打碗花、打碗花、兔耳草，旋花科一年生杂草。茎蔓生，缠绕或匍匐分枝，茎呈白色。叶互生，有柄；叶片呈戟形，先端钝尖，基部具有4个对生叉状的侧裂片。花腋生，具有长梗，有2片卵圆形的苞片，紧包在花萼的外面，宿生。花冠为浅粉红色，漏斗状。蒴果呈卵形，黄褐色。种子光滑，卵圆形，呈黑褐色（见图6-7）。

8. 反枝苋

反枝苋，别名西风谷、苋菜、野苋菜、红枝苋。苋科一年生杂草。株高80～100cm。茎直立，稍有钝棱，密生短柔毛。叶互生，有柄，叶片呈倒卵状或卵状，披针形，先端钝尖，叶脉明显隆起。花簇多刺毛，集成稠密的顶生和腋生的圆锥花序，苞片干膜质。胞果扁，小球形，淡绿色。种子呈倒卵圆形，表面光滑，为黑色且有光泽（见图6-8）。

图6-6　狗尾草

图6-7　小旋花

图6-8　反枝苋

9. 香附子

香附子，别名回头青，莎草科多年生杂草。匍匐根状茎较长，有椭圆形的块茎。有香味，坚硬，褐色。秆呈锐三棱形，平滑。叶较多而短于秆，鞘棕色。叶状苞片2～3枚，比花序长。聚伞花序，有3～10个辐射枝。小穗呈条形，小穗轴有白色透明的翅。鳞片呈覆瓦状排列。花药为暗红色，花柱长，柱头有3个，伸出鳞片之外。小坚果呈椭圆倒卵形，有三棱。香附子于夏季、秋季间开花，茎从叶丛中抽出。以种子、根茎及果核繁殖，主要为无性繁殖，能迅速繁殖形成群体（见图6-9）。

10. 藜

藜，别名灰菜，灰条菜，藜科一年生早春杂草。茎光滑，直立，有棱，带绿色或紫红色条纹，多分枝，株高60～120cm。叶互生，长3～6cm，有细长柄，叶形有卵形、菱形或

图6-9　香附子

三角形，先端尖，基部宽且呈楔形，边缘具有波状齿。藜幼时全体被白粉。花顶生或腋生，多花聚成团伞花簇。胞果呈扁圆形，花被宿存。种子为黑色，肾形，无光泽（见图6-10）。

11. 刺儿菜

刺儿菜，别名刺蓟、小蓟，菊科多年生杂草。茎直立，上部具分枝，株高30～50cm。叶互生，无柄，叶缘有硬刺，正反面均有丝状毛，叶片呈披针形。头状花序，鲜紫色，单生于顶端，苞片数层，由内向外渐短。花为两性或雌性，两种花不生于同一株上。生两性花的花序短，生雄花的花序长。果期冠毛与花冠近等长。瘦果呈长卵形，褐色，具白色或褐色冠毛（见图6-11）。

12. 马齿苋

马齿苋，别名马杓菜、长寿菜、马齿菜、马须菜，马齿苋科一年生杂草。马齿苋有储藏湿气的能力，故能在常热和干燥的天气里茂盛生长，在温暖、潮湿肥沃土壤上生长良好，在新建草坪上竞争力很强。茎为肉质，匍匐型，较光泽，无毛，紫红色，由基部四散分枝。叶呈倒卵形，光滑，上表面为深绿色，下表面为淡绿色。花小，黄色，3～8朵腋生，花瓣5片，花腋簇生，无梗。蒴果呈圆锥形，盖裂。种子极多，肾状，黑色，直径不到1mm，能在土壤中休眠许多年（见图6-12）。

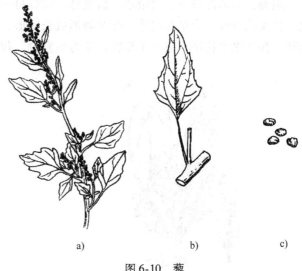

图6-10 藜
a）植株上部 b）部分茎叶 c）果实

图6-11 刺儿菜

图6-12 马齿苋

13. 山苦荬

山苦荬，别名苦荬菜、苦麻子、苦菜、奶浆草，菊科多年生杂草。株高20～40cm，直立或下部稍斜。茎自基部多分枝，全株具有白色的乳汁。叶片狭长且呈披针形，羽裂或具浅齿，裂片呈线状，幼时常带紫色。茎叶互生，无柄，全缘具齿牙。头状花序，排列成稀疏的伞房状的圆锥花丛；花为黄色或白色。瘦果为棕色，有条棱，冠毛为白色（见图6-13）。

14. 地锦

地锦，别名红丝草、奶疳草、血见愁，大戟科一年生夏季杂草。茎匍匐伏卧，较细，红色，多叉状分枝，全草有白汁。叶呈卵形或长卵形，全缘或微具细齿，叶背为紫色，下有小托叶。杯状聚伞花序，单生于枝腋，花为淡紫色。蒴果呈扁圆形，三棱状（见图6-14）。

图6-13　山苦荬

图6-14　地锦

15. 繁缕

繁缕，别名鹅肠草、乱眼子草，石竹科一年生杂草。分枝匍匐茎一侧有绒毛，向外扩展生长能力强。株高10~30cm。茎细，淡绿色或紫色，基部多分枝，下部节上生根，茎上有1行短柔毛，其余部分无毛。叶对生，叶片呈长卵形，顶端锐尖，茎上部的叶无柄，下部叶有长柄。花有细长梗，下垂，花瓣微带紫色。蒴果呈卵形。种子为黑色，表面有钝瘤（见图6-15）。

16. 车前

车前，别名车前子，车前科，车前属，须根杂草。株高10~40cm，具有粗壮根茎和大量须根。根叶簇生，有长柄，伏地呈莲座状。叶片呈椭圆形，肉质肥厚，先端钝圆或微尖，基部微呈心形，全缘具粗钝齿。花茎有数条，小花数多，密集于花穗上部呈长穗状。花冠为白色或微带紫色，子房呈卵形。蒴果呈卵形，果盖呈帽状，成熟时横裂。种子呈长卵形，黑褐色（见图6-16）。

17. 独行菜

独行菜，别名辣椒根、辣根菜、芝麻盐，十字花科，独行菜属，一年生或两年生草本，春秋两季都可以萌发。株高5~30cm。主根为白色，幼时有辣味。茎直立，多分枝，有被头状腺毛。基生叶呈狭匙形，羽状浅裂；茎为叶披针形或条形，有疏齿或全缘。总状花序顶生，萼片呈舟状，花瓣退化。短角果呈近圆形，扁平，先端凹缺。种子呈卵形，平滑，棕红色（见图6-17）。

18. 苣荬菜

苣荬菜，别名苦麻菜、曲麻菜，菊科，多年生根蘖杂草。全草有白色乳汁。茎直立，高40~90cm。具有横走根。叶呈长圆状披针形，有稀疏的缺刻或浅羽裂，基部渐狭成柄。茎生叶无柄，基部呈耳状。头状花序，全为舌状花，黄色；冠毛为白色（见图6-18）。

图 6-15 繁缕

图 6-16 车前

图 6-17 独行菜

图 6-18 苣荬菜

19. 荠菜

荠菜，别名荠、吉吉菜，十字花科，荠属，一年生或两年生草本，春秋两季都可以萌发。全株稍被毛。株高10～50cm，茎直立，单一或下部分枝。基部生叶且呈莲座状，平铺地面，大羽状分裂，裂片有锯齿，有柄；茎生叶不分裂，呈披针形，抱茎，边缘有缺刻或锯齿。总状花序顶生或腋生。花为白色，有长梗。短角果呈倒三角形，扁平，先端微凹。种子有2室，每室种子多数。种子呈椭圆形，表面有细微的疣状突起（见图9-19）。

20. 蒲公英

蒲公英，别名婆婆丁，菊科，蒲公英属，多年生直根杂草。株高10～40cm，全草有白色乳汁。根肥厚，肉质，圆锥形。叶莲呈座状且平展，长圆状倒披针形或倒披针形，总苞片上部有鸡冠状突起，全为舌状花组成，黄色。瘦果有长6～8mm的喙；冠毛为白色（见图9-20）。

图 6-19　荠菜

图 6-20　蒲公英

二、杂草区系构成

园林植物园圃、草坪内的杂草有三种类型：一年生杂草、两年生杂草和多年生杂草。不同地区的杂草种类不同，不同生态小环境的杂草种类不同，不同季节的杂草主要种类也不同。

（一）不同地区杂草的主要种类不同

我国幅员辽阔，南北地区气候差别较大，杂草的主要种类也不同。

1. 北方地区杂草的主要种类

一年生早熟禾、野稗、金色狗尾草、马唐、异型莎草、马齿苋、蒲公英、野菊花、山苦荬、藜、反枝苋、车前、刺儿菜、委陵菜、堇菜、荠菜等。

2. 南方地区杂草的主要种类

升马唐、马齿苋、蒲公英、多头苦菜、雀稗、皱叶狗尾草、香附子、繁缕、阔叶锦葵、土荆芥、刺苋、阔叶车前、苍耳、酢浆草、野牛蓬草等。

（二）不同的生态小环境杂草种类不同

在草坪中，新建植草坪与已成坪草坪由于生态环境、管理方式等方面的差异，主要杂草的种类也会有所不同。北方地区新建植草坪杂草的优势种群：藜、苋菜、马唐、野稗、莎草和马齿苋等；已成坪草坪的主要杂草种类是：马唐、狗尾草、蒲公英、山苦荬、苋菜、车前、委陵菜及荠菜等。

地势低洼、容易积水的园圃以异型莎草、空心莲子草、香附子、野菊花等居多；地势高且干燥的园圃则以马唐、狗尾草、蒲公英、堇菜、苦菜、马齿苋等居多。

（三）不同季节杂草优势种群不同

不同的杂草由于其生物学特性不同，其种子萌发、根茎生长的最适温度不同，因而形成了不同季节杂草种群的差异。一般春季杂草主要有野菊花、荠菜、蒲公英、附地菜及田旋花等；夏季杂草主要有野稗、藜、苋、马齿苋、牛筋草、马唐、莎草、山苦荬等；秋季杂草主要有马唐、狗尾草、蒲公英、堇菜、委陵菜、车前等。

 **任务实施**

一、杂草现场调查与识别

4~6人一组，在教师指导下对供试草坪杂草进行调查。

每年春、夏、秋、冬四个季节（具体时间因地而宜），组织学生到草坪现场，进行草坪杂草的一般情况调查，通常观察记载的项目及内容如下：

（一）草坪状况调查

草坪状况调查包括草坪类型（冷季型或暖季型）、草坪中草的品种、草坪的建植时间（新建植或已成坪的草坪）、草坪的管理情况（精细管理或粗放管理）以及草坪的面积、长势、地势等内容。

（二）杂草基本情况调查

杂草基本情况调查包括杂草的类型（夏季一年生杂草、冬季一年生杂草、两年生或多年生杂草；禾本科杂草、莎草或阔叶杂草）、发生面积、危害程度、主要杂草的种类等。

（三）防除情况调查

防除情况调查包括防除方法（化学防除、人工拔除、机械除草或生物颉颃作用除草等）、除草剂的应用情况（使用的品种、浓度、次数，用药时间、防除效果）等内容。此项内容需向草坪管理人员咨询并结合现场观察来进行。

现场调查时，应以学生为主体，可全班集体活动，也可分组进行，由任课教师带队，进行深入细致的调查、记载并采集标本。

二、室内鉴定

对于被害特征明显、现场容易识别的杂草种类可以当场鉴定确认。难以识别或新出现的病虫种类，则需带进实验室，在教师的指导下，查阅有关资料，完成进一步的调查鉴定工作。

三、写出调查报告

列表描述被调查草坪的草坪杂草种类构成、发生程度、危害季节以及防除的基本情况（见表6-1）。

表6-1 草坪杂草危害调查表

杂草名称	所属科	发生程度	主要危害季节	防除情况

注：1）草坪品种：
2）调查时间：　年　月　日

思考问题

1. 草坪杂草的危害有哪些?
2. 我国目前草坪杂草的防治主要以人工拔除为主, 你是如何看待这种现象的?
3. 谈谈你在草坪建植与养护管理过程中的感受、经验或教训, 以及在建坪和养护过程中是如何防止杂草严重入侵的。
4. 冬季一年生、夏季一年生和多年生杂草的区别是什么?
5. 为什么正确的草坪养护计划会降低杂草的竞争力?
6. 单子叶和双子叶杂草有什么区别?

 **知识链接**

一、杂草对草坪的危害

1) 与草坪争水、肥等。杂草适应性强, 根系庞大, 耗费水、肥能力极强。据河南省农业科学院于 2004～2005 年在郑州的测定, 每平方米草坪于 5～7 月的耗水量约为 54kg, 而藜和猪殃殃在密植的情况下, 每平方米在同期的耗水量分别约为 72kg 和 103kg。

2) 侵占地上和地下空间, 影响草坪光合作用。杂草种子数量远远高于草坪草的播种量, 杂草的生长速度也远高于草坪草的生长速度, 再加上杂草出苗早, 很容易形成草荒, 毁掉草坪。

3) 杂草是部分植物病害、虫害的中间寄主, 例如蚜虫、飞虱均可以通过杂草传播病毒病。

4) 响草坪的品质和观赏效果。在杂草生长季节, 杂草比草坪草生长迅速, 使得草坪看起来参差不齐。在霜降来临后, 杂草先行死亡, 草坪出现大片斑秃, 并一直延续到翌年, 成为新杂草生长的有利空间。

5) 鬼针草的种子容易刺入人的衣服, 较难拔掉; 若刺入皮肤, 则容易使伤口处发炎。苣荬菜、泽漆的茎内含有丰富的白色汁液, 碰断茎后, 白色汁液一旦沾到衣服上则很难清洗。蒺藜的种子也容易刺伤人的皮肤。一些人对豚草(破布草)的花粉过敏, 患者会出现哮喘、鼻炎、类似荨麻疹等症状。苍耳的种子、毛茛的茎被牲畜误食后容易使牲畜中毒等。

二、杂草的发生特点

1. 产生大量种子

杂草能产生大量种子繁衍后代, 例如马唐、绿狗尾、灰绿藜、马齿苋在上海地区一年可产生 2～3 代。一株马唐、马齿苋就可以产生 2 万～30 万粒种子; 一株异型莎草、藜、地肤、小飞蓬可产生几万至几十万粒种子。如果没有很好地防除草坪杂草, 让杂草开花繁殖, 必将留下数亿甚至数十亿粒种子, 那么 3～5 年将很难除尽。

2. 繁殖方式复杂多样

有些杂草不但能产生大量种子, 还具有无性繁殖能力。无性繁殖的形式主要有根蘖繁殖、根茎繁殖、匍匐茎繁殖、块茎繁殖、须根繁殖、球茎繁殖等。进行根蘖繁殖的有苣荬菜、小蓟、大蓟、田旋花等；进行根茎繁殖的有狗牙根、牛毛毡、眼子菜等；进行匍匐茎繁殖的有狗牙根、双穗雀稗等；进行块茎繁殖的有水莎草、香附子等；进行须根繁殖的有狼尾草、碱茅等；进行球茎繁殖的有野慈姑等；另外，眼子菜还可以通过鸡爪芽进行繁殖。

3. 传播方式多样

杂草种子易脱落，且具有易于传播的结构或附属物，借助风、水、人、畜、机械等外力可以传播很远，分布很广。

4. 休眠性

种子具有休眠性，且休眠顺序、时间不一致。

5. 种子寿命长

根据报道，野燕麦、看麦娘、蒲公英、冰草、牛筋草的种子可存活5年；金狗尾、荠菜、狼尾草、苋菜、繁缕的种子可存活10年以上；狗尾草、蓼、马齿苋、龙葵、红花羊蹄角、车前、蓟的种子可存活30年以上；反枝苋、豚草、独行菜等杂草的种子可存活40年以上。

6. 杂草出苗、成熟不整齐

大部分杂草出苗不整齐，例如荠菜、小藜、繁缕、婆婆纳等，除每年最冷的1~2月和最热的7~8月外，其余时间都能出苗、开花；看麦娘、牛繁缕、大巢菜等在我国上海的郊区于9月至翌年2~3月都能出苗，早出苗于3月中旬开花，晚出苗要到5月下旬才能陆续开花，先后延续两个多月；马唐、绿狗尾、马齿苋、牛筋草在我国上海地区每年从4月中旬开始出苗，一直延续到9月，早出苗于6月下旬开花结果，晚出苗与其先后相差4个月才开花结果。即使同株杂草上开花也不整齐，禾本科杂草看麦娘、早熟禾等，穗顶端先开花，随后由上往下逐渐开花，种子成熟相差约1个月。牛繁缕、大巢菜属无限花序，于每年4月中旬开花，边开花边结果可延续3~4个月。另外，种子的成熟期不一致，导致其休眠期、萌发期也不一致，这给杂草的防除带来了很大困难。

7. 杂草的竞争力强，适应性广，抗逆性强

杂草吸收光能、水肥能力强，生长速度快，竞争力强，耐干旱的能力也很强。

三、我国草坪杂草发生规律

1）北方草坪杂草发生有两个高峰期：第一个高峰期是每年4月上旬至5月上旬，以抱茎苦荬菜、荠菜、蒲公英为主；第二个高峰期是5月下旬至6月下旬，以狗尾草、马唐、扁蓄、旋复花、紫花地丁、黄花蒿为主。

2）南方地区草坪杂草发生种类当中以一年生禾本科杂草居多，其次是菊科，再次是莎草科。南方气候温暖、潮湿，杂草种子常年可以萌芽。

3）过渡地区气候因素比较温和，禾本科杂草和阔叶杂草都能适应，一年四季均有发生，草坪杂草共计162种，隶属于37科，其中大约80种左右为危害性杂草。

任务2　园林杂草防除技术

任务描述

在园林植物维护的各项工作中，防除杂草的工作量最大。据调查，目前全国草坪草害问题日趋严重。不少地方的草坪已经斑斑驳驳不成样子，有些草坪甚至整个荒废，既造成大量浪费，也破坏城市形象。许多地方的草坪由于管理不善，造成杂草危害严重，降低了草坪的美观和观赏性，引起草坪质量的下降或草坪退化。因此，要提高草坪的科学管理水平，保护草坪的质量，对除草的研究迫在眉睫。

园林杂草在我国乃至整个世界都是阻碍园林绿化发展的一大难题，目前，园林杂草的防除在我国仍以物理防除为主。物理防除杂草费工费时，成本又高，解决这一问题的有效途径是化学除草，但国内关于化学除草的研究与应用都处于起步阶段，其药害或防效不高等问题十分普遍。为了获得高质量的园林绿化效果，我们既要借鉴国外的先进经验，更应立足于我们自己的实际，力求摸索出一套经济有效的防除园林杂草的方法。除上述使用物理和化学方法防除杂草外，我们应在引种时选择具有优良的抗逆性、繁殖快、分蘖力强的草坪种子，以此在与杂草的竞争中处于优势地位，对杂草生长产生抑制作用。本任务的主要内容是在调查草坪常见杂草的种类、优势种及危害情况后，依据调查结果制订相应的防治措施，提高草坪的科学管理水平。

**任务咨询**

一、草坪杂草的防除技术

草坪杂草的防除方法很多，依照作用原理可分为人工拔除、生物防治和化学防治。从理论上讲，生物防除是杂草防除的最佳方法，即对草坪施行合理的水肥管理，以促进草坪的生长，增强与杂草的竞争能力，并通过科学的修剪，抑制杂草的生长，以达到预防为主，综合治理的目的。

（一）人工拔除

人工拔除杂草的方法在我国的草坪建植与养护管理中被普遍采用，其特点是见效比较快，但不适合大面积作业，且在拔除过程中会松动土壤，给杂草的继续萌发制造条件，促使杂草分蘖，另外也会对草坪造成一定的损伤。

人工拔除最好选择在晴天进行。在拔除前在草坪上用线绳等划定出工作区，工作区宽度不宜过大，以 0.5～1.0m 为宜。另外，还要调配好人员，安排好工作区域，避免疏漏和重复。

（二）生物防治

生物防治是新建植草坪防治杂草的一种有效途径，主要通过加大草坪播种量，或播种时混入先锋草种，或通过对目标草坪的强化施肥来实现。

1. 加大播种量，促进草坪植物形成优势种群

在新建植草坪时加大播种量，造成草坪植物的种群优势，达到与杂草竞争水、肥、光的目的。通过与其他杂草防除方法，如人工拔除及化学除草相结合，使草坪迅速郁闭成坪。由于杂草种子在土壤中的分布存在一定的位差，可以使那些处于土壤稍深层的杂草种子因缺乏光照而不能萌发。

2. 混配先锋草种，抑制杂草生长

先锋草种，例如多年生黑麦草及高羊茅，草种出苗快，一般6～7天即可出苗，且出苗后的前期生长速度比一般杂草旺盛，因此，可以在建植草坪时与其他草坪品种进行混播。绝大部分杂草均为喜光植物，种子萌发需要充足的光照，而早熟禾等冷季型草坪植物均为耐阴植物，种子萌发对光的要求不严格。由于先锋草种的快速生长，照射到地表的太阳光减少，这样就抑制了杂草种子的萌发及生长，而冷季型早熟禾等草坪植物种子萌发和生长不受影响，从而达到防治杂草的目的。但先锋草种的播种量最好不要超过整个草坪播种量的10%～20%，否则，也会抑制其他草坪植物的成长。

3. 对目标草种强化施肥，促进草坪的郁闭

目标草坪植物如早熟禾等达到分蘖期以后，先采取人工拔除、化学除草等方法防除已出土的杂草；在新的杂草未长出之前，采取叶面施肥等方法，对草坪植物集中施肥，促进草坪底墒部位的快速生长及郁闭成坪，以达到抑制杂草的目的。喷施的肥料以促进植株地上部分生长的氮肥为主，可适当加入植物生长调节剂、氨基酸及微量元素。

（三）合理修剪，抑制杂草

合理修剪可以促进草坪植物的生长，调节草坪的绿期及减轻病虫害的发生。同时，适当修剪还可以抑制杂草的生长。大多数植物的分蘖力很强，耐强修剪，而大多数的杂草，尤其是阔叶杂草则再生能力差，不耐修剪。

（四）化学防治

禾本科草坪中阔叶杂草的化学防治已经具有相当长的历史，最早使用的化学除草剂是2，4-D。此后陆续开发了苯氧羧酸和苯甲酸等类型的除草剂。目前生产上应用的主要有2，4-D、二甲四氯、麦草畏、溴苯腈和使它隆等。

由于禾本科草坪植物与单子叶杂草的形态结构和生物学特性极其相似，故采用化学除草剂防治此类杂草有一定的困难，需要将时差、位差选择性与除草剂除草机理相结合。目前化学防治主要以芽前除草剂为主，近几年又陆续开发了芽后除草剂，并在草坪管理的应用中取得了较好效果。

二、草坪专用除草剂简介

（一）除草剂分类

除草剂种类很多，可从其作用方式、在体内运转情况等方面进行分类。

1. 按作用方式分类

（1）选择型除草剂（Selective Herbicide）　这类除草剂只能杀死某些植物，对另一些植物则无伤害，且对杂草具有选择能力。例如2，4-D丁酯只杀阔叶杂草，莠去津、西玛津只杀一年生杂草。

（2）灭生型除草剂（Non-selective Herbicide）　这类除草剂对一切植物都有杀灭作用，对任何植物均无选择能力，例如百草枯、草甘膦。此类除草剂主要在植物栽植前或者在播种后出苗前使用。灭生型除草剂除可用于草坪，也可以在休闲地、道路上使用。

2. **按除草剂在植物体内运转情况分类**

（1）触杀型除草剂（Contact Herbicide）　此类除草剂的特点是指在接触植物后，只伤害接触部位，起到局部触杀的作用，不能在植物体内传导。药剂接触部位受害或死亡，未接触部位不受伤害。这类药剂虽然见效快，但起不到斩草除根的作用。使用此类除草剂时必须喷洒均匀、周到，这样才能收到良好效果。例如敌稗、杂草焚、百草枯、除草醚等。

（2）内吸传导型除草剂（Systemic Hericide）　这类除草剂的特点是被茎、叶或根吸收后通过传导而被杀。药剂作用较缓慢，一般需要15～30天。但除草效果好，能起根治作用。例如2，4-D丁酯、稀禾啶、吡氟禾草灵、草甘膦、莠去津等。

内吸传导型除草剂有3种类型：

1）能同时被根、茎、叶吸收的除草剂，例如2，4-D丁酯。这类药剂可作叶面处理，也可做土壤处理。

2）主要被叶片吸收，然后随光合作用产物运输到根、茎及其他叶片的除草剂。这类药剂主要作茎、叶处理，例如茅草枯、草甘膦、甲砷钠等。

3）主要通过土壤被根系吸收，然后随茎内蒸腾上升，移动到叶片，产生毒杀作用的除草剂。这类药剂主要做土壤处理，例如莠去津、敌草隆等。

（二）除草剂的选择性

由于草坪植被的特殊性，目前所有除草剂中只有约10%的除草剂可用于草坪除草。除了用非选择性除草剂进行局部处理或草坪重建以外，草坪除草剂必须在草坪群落内能有效地控制杂草而不伤害草坪植物。尽管某些除草剂在草坪上可以应用，但对特殊的草坪品种来说，由于草坪植物抗性差，使用的限制性很大。因此正确选择除草剂是草坪化学除草的关键。

使用除草剂的目的是消灭杂草，保护苗木。除草剂除草保苗是人们利用了除草剂的选择性，并采用了一定的人为技术的结果。归纳起来有3个方面，即生物原因、非生物原因和技术方面原因。

1. **生物原因形成的选择性**

（1）生态上的选择　利用植物外部形态上的不同获得选择性。例如单子叶植物和双子叶植物，外部形态上差别很大，造成双子叶植物容易被伤害。

（2）生理生化上的选择　不同植物对同一种除草剂的反应往往不同。有的植物体内，由于具有某种酶类，可以将某种有毒物质转化为无毒物质，因而不会产生毒害，这种解毒作用或钝化作用可以被利用。例如西玛津可杀死一年生杂草，不伤害针叶树。

2. **非生物原因形成的选择性**

（1）时差选择　有些除草剂残效期较短，但药效发挥迅速。利用这一特点，在播种前或播种后苗前施药，可将已出土的杂草杀死，而不危害种子及以后幼苗的生长。

（2）位差选择　利用植物根系深浅不同及地上部分的高低差异进行化学除草，此为位差选择。一般情况下，园林苗木根系分布较深，杂草根系则分布较浅，并且大都分布在土壤表层。因此，把除草剂施于土壤表层，可以达到杀草保苗的目的。地上部高低差异也同样会获得选择性。例如百草枯，对植物的光合作用具有强烈的抑制作用，入土失效，对根无效，对地上部无叶绿素的枝干部分也不起作用，因而可用于观赏树木、苗圃等区域的除草。

（3）量差选择　利用苗木与杂草耐药能力上的差异获得的选择性。一般木本植物根深叶茂，植株高大，抗药力强；杂草则组织幼嫩，抗药能力差，如果用药量得当，也可获得杀草保苗的效果。

3. 采用适当的技术措施获得选择性

（1）采用定向喷雾措施保护苗木　例如，采用伞状喷雾器，只向杂草喷药，注意避开苗木。

（2）在已经移栽的苗木上，采用遮盖措施进行保护　这样做可避免药剂接触苗木或其他栽培植物。苗木对除草剂之所以有抗性，主要是上述某些选择性作用的结果。然而这些抗性是有条件的，条件变了，苗木也可能受到伤害。

（三）除草剂的使用方法

除草剂剂型有水剂、乳油、颗粒剂、粉剂等。水剂、乳油主要用于叶面喷雾处理，颗粒剂主要用于土壤处理，粉剂应用较少。

1. 叶面处理

叶面处理是将除草剂溶液直接喷洒在植物体表面上，通过植物体的吸收起到杀灭的作用。这种方法可以在播种前或播种后苗前应用，也可以在出苗之后进行处理，但苗期叶面处理必须选择对苗木安全的除草剂。如果是灭生型除草剂，必须有保护板或保护罩之类的设施将苗木保护起来，避免苗木接触药剂。叶面处理时，雾滴越细，附着在杂草上的药剂越多，杀草效果越好。但是雾滴过细，易随风飘散或悬浮在空气中。对有蜡质层的杂草，药液不易在杂草叶面附着，此时可以加入少量黏着剂，以增加药剂附着能力，提高灭草效果。喷药时应选择晴朗无风的天气进行，喷药后如遇下雨应考虑重新喷药。

2. 土壤处理

土壤处理是将除草剂通过不同的方法施到土壤中，使一定厚度的土壤含毒，并通过杂草的种子、幼苗等吸收而杀死杂草。土壤处理多采用选择性不强的除草剂，但在苗木生长期则必须用选择性强的除草剂，以防苗木受害。土壤处理应注意两个问题：一是要考虑药剂的淋溶。在有机质含量少、沙性强、降水量多的情况下，药剂会淋溶到土壤的深层，使苗木受害，此时施药量应适当降低。二是土壤处理要注意除草剂的残效期。除草剂种类不同，残效期也不同。除草剂的残效期少则几天，例如五氯酚钠残效期为 3 ~ 7 天，除草醚残效期为20 ~ 30 天；多则数月至 1 年以上，例如西玛津残效期可达 1 ~ 2 年。对于残效期短的除草剂，可集中于杂草萌发旺盛期使用；对于残效期长的，应考虑后茬植物的安全问题。

（四）环境条件对除草效果的影响

除草剂的除草效果与环境条件关系密切，主要与气象因子和土壤因子有关。

1. 温度

一般情况下，除草效果随温度升高而加快。气温高于15℃时，效果较好，用药量也省；气温低于15℃时，除草效果缓慢，有的15天才达到除草高峰。

2. 光照

有些除草剂在有光照的条件下效果好，例如利用除草醚除草，晴天比阴天效果快10倍，所以喷药应选择晴天进行。

3. 天气

晴天无风时喷药效果好，以上午9时至下午4时喷药最好。大风、有露水的早晨不宜喷药，因为风大容易造成药物飘散；有雾、有露水的早晨会使药剂浓度降低，影响喷药效果。

4. 土壤条件

土壤的性质以及干湿状况，影响用药量及除草效果。一般来讲，沙质土、贫瘠土比肥沃土及黏土用药量少，除草效果也不及肥沃土壤。这是因为沙土及贫瘠土对药剂吸附力差，药剂容易随水下渗，用药过大时，容易对苗木产生药害。土壤干燥，杂草生长缓慢，组织老化，抗药性强，杂草不易被灭杀；土壤湿润，杂草生长快，组织幼嫩，角质层薄，抗药力弱，容易被消灭。此外，空气干燥，杂草气孔容易关闭，也会影响除草效果。

综上所述，为了充分发挥除草效果，应在晴天无风、气温较高的条件下施药。

（五）常用的除草剂种类

1）20%二甲四氯钠盐水剂50~100mL/667m²，用于草坪建种前后的茎叶处理，可杀灭已出土的阔叶杂草。气温高、杂草小时用低限量；气温低、杂草大时宜用上限量。对马蹄金或豆科植物草坪禁用。

2）25%恶草灵乳油60~200mL/667m²，用于狗牙根及多年生黑麦草草坪的土壤处理，但不适用于高羊茅和剪股颖草坪。

3）（10%绿磺隆可湿粉8~10g+10%甲磺隆可湿粉的混合药剂，5~6g）/667m²，可用于黑麦草、高羊茅以及狗牙根草坪的土壤处理。

4）48%氟乐灵乳油100~150mL/667m²，或48%拉索乳油200~400mL/667m²，或50%乙草胺乳油80~200mL/667m²，用于豆科类植物草坪。喷药后即拌土、镇压，然后建植草坪，能防治多种禾本科杂草。

5）35%精吡氟禾草灵乳油50~80mL/667m²，或10%禾草克乳油50~100mL/667m²，或12.5%盖草能乳油40~60mL/667m²，用于植物的茎叶处理，可防治阔叶植物草坪（例如马蹄金、豆科的三叶草等）中一年生和多年生禾本科杂草。

6）48%苯达松水剂100~200mL/667m²，可防治禾本科草坪中的阔叶杂草。

7）坪安1号是禾本科草坪中莎草、阔叶杂草的克星。坪安1号的特点：

① 杀草谱广。本品能高效防除绝大多数一年生和多年生双子叶杂草和莎草科杂草，例如藜、马齿苋、车前、荠菜、猪殃殃、反枝苋、田旋花、繁缕、婆婆纳、播娘蒿、柳叶刺蓼、酸模叶蓼、扁蓄、小蓟、苣荬菜、苍耳、大巢菜、地肤、鸭跖草及多种莎草科杂草。

② 高效。杂草在用药后1~2天表现中毒症状，7~10天死亡，很难产生抗药性，综合防效高达90%以上。对莎草科杂草一年施药2~3次有彻底根除的效果。

③ 可连续使用，间隔期10天，对草坪高度安全。

适用草坪：所有禾本科草坪，且在三叶一心后使用。三叶一心前对草坪有抑制作用，甚至对草坪有害。

使用适期：杂草3~7叶为最佳施药期，7叶以上酌情增药。

（六）不宜在花卉苗圃中使用的除草剂

除草剂与杀虫、杀菌剂不同，它是在高等植物中通过时差、位差、植物形态差异等表现选择性的。花卉苗圃种植的苗木种类繁多，栽培方式也多样，有许多除草剂不宜在花圃应用。

1. 防除阔叶杂草的除草剂

防除阔叶杂草的除草剂包括2甲4氯、2，4-D、苯达松、麦草畏、使它隆、虎威、克莠灵、好事达等，其中2甲4氯、2，4-D由于环境污染的原因，已在欧洲许多国家被禁用。2，4-D的飘散污染，已造成大面积蔬菜、棉花、高尔夫球场的树木发生严重药害。2，4-D的问题是容器污染，凡盛过2，4-D的喷雾器，即使洗干净后用来喷其他农药，也会对花卉苗木产生伤害。

2. 长残效除草剂

长残效除草剂包括磺酰脲类除草剂，例如绿磺隆、甲磺隆、苄磺隆、吡嘧磺隆、苯磺隆、豆磺隆、胺苯磺隆、烟嘧磺隆等；咪唑啉酮类的普杀特等；杂环类的快杀稗、异噁草松等。这类除草剂在土壤中的残效期太长，在用过这类除草剂的苗圃中，2~3年以后生长的花卉苗木都可能受到伤害。

3. 对土壤有毒化作用的除草剂

对土壤有毒化作用的除草剂包括酰胺类、脲类、均三氮苯类的一些除草剂，例如甲草胺、乙草胺、伏草胺、赛克津、西玛津、莠去津、扑草净等。这些除草剂会造成土壤结构恶化、板结，影响苗木的根系发育。

4. 毒性高或致癌的除草剂

除草剂中有两个品种的毒性很高，一是五氯酚钠，二是百草枯。这两种除草剂在苗圃中绝对禁用。另外，拉索对动物有致癌作用，也不宜在苗圃应用。最近报道，氟乐灵因致癌在欧洲被禁用。

5. 有异味的除草剂

2甲4氯的气味对人有刺激作用，对苗木会产生药害，不宜在苗圃应用。取代脲类的除草剂，例如绿麦隆、异丙隆等也有异味，加之是内吸传导的除草剂，会降低花卉苗木的品质，也不宜在花卉苗圃中应用。

6. 灭生性除草剂

灭生性除草剂有草甘膦（农达）、百草枯（克无踪）等，虽然有些苗木对低剂量草甘膦有一定耐药性，但有时草甘膦对苗木的伤害是难以从直观上明确的，而且有时这种伤害是缓慢的。再加上喷草甘膦时，药剂难免会有飘散，会造成对周围敏感花卉苗木的伤害。

三、怎样用好除草剂

化学除草剂既能防除杂草，也会伤害作物，而人们使用除草剂的目的是防除杂草，保护作物，提高作物的产量和质量。所以要利用除草剂的长处，克服其不足，这就涉及一个怎样用好除草剂的问题。

（一）对症下药

要想做到对症下药，首先要弄清楚防除田块中有些什么杂草，隶属于什么类型；其次，要了解所选用的除草剂的性质，是属于土壤处理剂还是茎叶处理剂。

（二）适量用药

用好除草剂的标准就是以最少的药量达到最好的防除杂草的效果和对环境影响最小，即高效、安全、经济、友好。所以，使用除草剂时，必须按照其使用说明，准确称量，均匀喷洒。如用药量过多，不仅浪费药物，而且极易对作物造成伤害，虽防除了杂草，却达不到增产的目的。相反，若用药量不足，防除杂草的效果较差、不彻底，甚至最终造成草荒，同样也达不到增产的目的。

（三）适时用药

使用除草剂除了用药量要准确外，还必须注意用药的时间。任何一种除草剂只有在杂草的防除适期内使用，才能取得最好的防除效果。一些以杀芽为主的除草剂，例如敌草胺、乙草胺等，其用药时间最迟不能超过杂草二叶期，否则除草效果明显下降。相反，一些茎叶除草剂，例如草甘膦，用药的最佳时间应在杂草的生长旺盛期，如果用药过早，则一部分杂草还未出苗，药剂对这部分杂草就没有防除效果。所以根据除草剂的性质和杂草的发生时期，以及杂草和作物的生育期，选定合适的用药期，是用好除草剂的关键条件之一。

（四）了解环境

要用好除草剂，还必须注意环境因素，例如光、温度、降雨、土壤性质等对药效的影响，这是个不可忽视的重要因素。因为杂草、除草剂、环境这三者之间是相互依赖、相互制约的。

（五）掌握方法

除草剂的使用不是随心所欲的，它们都有严格的条件限制。所以只有当人们的操作与其要求的条件相符合时，才能取得满意的除草效果，并保证对作物不造成伤害。因此，掌握施药条件和方法，是用好除草剂的一个重要环节。例如，在小白菜田内使用20%敌草胺乳油时，浇足底水就是用好敌草胺的关键。在茭白田中使用苄黄隆时，施药条件是田间必须保持浅水层并保水3～5天。如果这个条件不能满足，就无法取得理想的防除效果，更谈不上增产增收。使用除草剂的方法主要有茎叶处理和土壤处理两种；茎叶处理一般采用喷雾的方法；土壤处理可以采用喷雾法，也可采用毒土（肥、砂）撒施方法。采用喷雾法施药时，必须选择晴天无风或微风进行，以免药液随风飘散而降低药效或药液飘到邻近的作物上造成药害。采用毒土法时要注意毒土的配制，要求拌毒土的泥细而潮。土块太大不能与药物拌和均匀；土块太干不能粘住药物，撒施时也容易随风飘散。

（六）合理混用

杂草的发生不会是单一的，通常情况下是禾本科杂草、莎草科杂草和阔叶杂草的混生物，这样就减少了人们选择除草剂的余地。因为能兼除三类杂草的除草剂品种是相当有限的。解决这一问题的有效途径便是除草剂的混用。除草剂的混用不仅能扩大除草剂的杀草范围，提高除草效果，而且还能减少用药次数，降低农药成本和劳动强度，甚至达到一次施药即能控制作物整个生育期中杂草的危害。在生产上，人们除了可从商店里购买混配剂外，还可现混现用。现混现用的显著优点是使用灵活，可根据杂草的种类和发生程度随时改变配方，还可以把工艺上不能加工成定型混剂的单剂进行混合使用。

（七）加强管理

农业措施的优劣也密切关系到除草剂使用的质量，例如土壤处理类除草剂药效的好坏和喷药前整地质量的关系很大。如果土块大，喷药不均匀，则大土块的背面及土块内喷不到药，待土块分散后，未喷到药的土块上就会长出杂草，从而影响除草效果。又如，一般土壤处理类除草剂施用后会在土壤表面形成药膜，杀死杂草幼芽或幼苗，如果施药后立即中耕，翻动土层打破药膜，就会使药效下降。而有些除草剂，例如氟乐灵等施药后却要求耙地，把药剂拌入土中以减少挥发和光解损失，有利于药效的提高。

任务实施

一、人工除草

组织学生到已成坪的老草坪或新建植的草坪现场，利用小锄、铲子等进行人工除草，此方案可结合劳动课等实施。比较不同草坪类型及不同杂草种类的除草难易，总结该方案的优缺点及适合状态。

二、修剪除草

结合草坪修剪，利用各种剪草机械进行剪除，通过观察、比较，总结出适于该方案铲除的杂草种类及适宜状态。

三、利用生物颉颃作用抑制杂草

通过加大草坪草的播种量、混配先锋草种、对目标草种强化施肥（生长促进剂）等措施，促进草坪草生长，抑制杂草生长。通过设置不同的对比试验，总结出不同状况下，对杂草的抑制差异。

四、化学除草

1）在杂草萌芽前，用莠去津、地散磷、二甲戊乐灵（施田补）、西玛津、萘氧丙草胺（大惠利）、地乐安、坪安1号、坪安4号、坪安5号等，进行除草实验，验证上述除草剂的特点，掌握该类除草剂的使用方法及注意事项。

2）在杂草萌芽后，使用精唑禾草灵（骠马）、灭草灵、2，4-D丁酯、克阔乐、苯达松、坪安2号、坪安3号等，进行除草实验，验证上述除草剂特点，掌握该类除草剂的使用方法及注意事项。

思考问题

1. 除草剂分哪几类？其除草原理是什么？
2. 什么是选择型除草剂和灭生型除草剂？如何应用？
3. 如何对一年生、多年生单子叶杂草和双子叶杂草进行化学防除？
4. 简述草坪杂草综合防除的原理及方法。

知识链接

一、春季草坪杂草化学防除措施需注意的事项

（一）选择最佳施药时间

在春季，草坪的化学防除措施应当把握"除早、除小"的原则。杂草株龄越大，抗药

性就越强，就要增加药量，这样既增加了防治成本，也容易对草坪产生药害。在正常年份，草坪杂草出苗90%左右时，杂草幼苗组织幼嫩、抗药性弱，易被杀死。在日平均气温10℃以上时，用除草剂推荐用药量的下限，便能取得95%以上的防除效果。

（二）严格掌握用药量

由于杂草和草坪草都是植物，要保证除草剂杀死杂草又不伤草坪草，因除草剂的选择性有限，所以要严格掌握用药量，决不能因为草不死，而盲目加大用药量。

（三）注意施药时的温度

温度直接影响除草剂的药效。例如2甲4氯、2，4-D丁酯在10℃以下施药，药效极差；10℃以上时施药，药效才好。除草剂快灭灵、巨星的最终效果虽然受温度影响不大，但在低温下10～20天后才表现出除草效果。所有除草剂都应在晴天且气温较高时施药，这样才能充分发挥药效。

（四）保证适宜湿度

不论是苗前土壤施药还是生长期叶面施药，土壤湿度均是影响药效的重要因素。苗前施药，若表土层湿度大，易形成严密的药土封杀层，且杂草种子发芽出土快，因此防效高。生长期施药，若土壤潮湿、杂草生长旺盛，利于杂草对除草药剂的吸收和在体内运转，因此药效发挥快，除草效果好。

（五）提高施药技术

施用除草剂一定要施药均匀，既不能重喷，也不能漏喷。如果相邻地块是除草剂的敏感植物，则要采取隔离措施，切记有风时不能喷药，以免危害相邻的敏感作物。喷过药的喷雾器要用漂白粉冲洗几遍后再往其他植物上使用。施用除草剂的喷雾器最好是专用的，以免伤害其他作物。

另外，有机质含量高的土壤颗粒细，对除草剂的吸附量大，而且土壤微生物数量多，活动旺盛，药剂易被降解，可适当加大用药量；而沙壤土的颗粒粗，对药剂的吸附量小，药剂分子在土壤颗粒间多为游离状态，活性强，容易发生药害，用药量可适当减少。多数除草剂在碱性土壤中稳定，不易降解，因此残效期更长，容易对后茬苗木产生药害，在这类土壤上施药时应尽量提前，并谨慎使用。

关于化学除草操作，大体要做到五看施药：一看草坪苗株大小，二看杂草叶龄大小，三看天气是否晴朗，四看土壤湿润干燥，五看土质沙性黏性谁强。

二、化学除草剂除草的劣势和当前使用的几个误区

化学除草省工省时，成本低且效率高，后期杂草发生量少，这是人工拔草所不能比的。但是我们也应当看到，化学除草不是万能的。

（一）草坪除草剂的劣势

1. 施药时期有限

杂草越小，施药的效果越好；杂草越大，灭杂草的难度也越大。马唐分蘖在3支左右，不定根扎下以前，加大药量，有较好的杀灭作用。但当马唐的匍匐枝不定根扎下去后，要消灭它就难了，一般用量只能使其根系萎缩，增加用药量既增加成本又对草坪不安全。

2. 灭草不彻底

在杂草的品种上，灭阔叶草易于灭禾本科杂草，灭小草易于灭大草。最好的效果也只是一次杀死90%左右的杂草，而要想杀死剩下的杂草，则必须多次补药或者人工拔除。

3. 对禾本科杂草效果不佳

我们所见到的草坪大多是禾本科草坪，一旦生长禾本科杂草，当前大多数草坪除草剂（坪安5号除外）往往无能为力，或者只能抑制其生长，而不能将其杀死。

4. 大多不能用于新播草坪除草

这些除草剂的一个共同特点是在草坪3叶以前禁止使用。实际情况是草坪长至3叶期至少要20天左右的时间，而杂草这时已进入分蘖期，错过了最佳的化除施药期。这样，在杂草与草坪草间形成了一个非常大的个体差异，使草坪草原来的抗药优势因弱小而变得不明显，这就很难把握既保住草坪草又杀死杂草的药量。而且杂草危害越来越重，草坪草的竞争力会越来越弱，因此可能形成被动的局面。

（二）当前使用草坪除草剂的几个误区

1. 使用化学除草就可以不用人工除草

任何事物都不是万能的，即便是一个很有效的草坪除草剂，也不可能包揽草坪中所有的杂草防除，因为每个产品都有自己的缺陷。有经验的草坪管理者在除草时往往遵循一个原则，就是"除早、除小、除了"。杂草对每一种除草剂都有一个敏感期，一旦过了杂草的敏感期，单纯用药并不能解决问题，反而增加了管理成本，也增加了对草坪的不安全性。

2. 修剪后打药除草效果好

有的草坪管理人员在使用除草剂进行除草的时候，发现修剪后马上进行施药除草效果特别明显，并津津乐道奉为至宝，殊不知这样做需要对除草对象有所区分，否则就有危险性。在禾本科草坪中防除阔叶杂草，修剪草坪后施药，阔叶杂草对除草剂抗性降低，而草坪对除草剂的反应不明显；在禾本科草坪中防除禾本科杂草，如果修剪草坪后施药，就有可能造成药害。以坪安5号为例，该除草剂中含有草坪解毒剂，喷施后草坪草能解除除草剂的毒性，禾本科杂草不能解毒而死亡。但修剪后，草坪草的解毒性会降低，如果是在夏季高温高湿天气，一旦修剪超过草坪营养体的1/3，就会导致草坪草急剧衰弱枯黄或因伤口感染而降低草坪草对除草剂的解毒功能，这时候就很容易出现药害。

3. 茎叶处理和封闭处理要兼顾

茎叶处理除草剂对杂草出苗后有效，而对尚未出土的杂草无效。土壤封闭处理除草剂在杂草出苗后喷雾无效，只能用于防除尚未出土的杂草。大多除草剂功能较单一，国内有一些企业对几种不同作用方式、不同杀草谱的除草剂进行复配，使除草剂的功能既可作为苗前土壤处理除草剂，又可防除苗后早期杂草。但是在专业的草坪除草剂领域中，并不全是这样，茎叶处理效果突出的，封闭效果必然不好；相反，封闭效果突出的，茎叶处理效果也不会好。

任务3　草坪害虫防治技术

任务描述

草坪是一个小的生物群落，栖息了多种有害昆虫，严重影响草坪质量。害虫在草坪上主要是采食草坪草，传播疾病，给植物带来危害。同时草坪作为一类特殊的植物产品，一旦发生虫害，其观赏价值将会部分或全部丧失，在经济效益、园林效果及生态效应等方面将会大打折扣。那么，草坪上常发生的害虫都有哪些呢？怎样才能防止这些害虫对草坪的破坏和危害呢？

随着我国草坪的大面积发展及管理强度的增加，草坪害虫成了影响草坪质量的重要因素之一，能否控制好草坪害虫，是草坪养护管理成败的关键。由于草坪害虫的成因复杂，影响因素众多，以及生态系统复杂和草坪生长的特殊性，使得草坪害虫不仅种类多、数量大、危害重，而且虫害传播蔓延快，发生规律复杂，有的种类甚至几年连续发生，给防治工作带来了难度。所以草坪建植与养护管理过程中必须实行害虫的综合治理，即坚持"预防为主，综合治理"的原则，以加强草种检疫、选择抗虫品种、完善养护管理等生态调控措施为主，同时注重机械物理防治、生物防治、化学药剂防治的有机结合，协调草坪—害虫—环境所组成的生态系统的关系，建设生态草坪，走可持续控制之路。

 任务咨询

一、黏虫

（一）分布与危害

黏虫是世界性分布的、对禾本科植物危害极大的害虫，在我国分布也较广。该虫幼虫危害性较大，是一种暴食性害虫，大量发生时常把叶片吃光，甚至将整片地吃得光秃。此虫能危害黑麦草、早熟禾、翦股颖和高羊茅等多种草坪草。

（二）形态特征

成虫体长 15～17mm，体色为灰褐色至暗褐色。前翅为灰褐色或黄褐色。环形斑与肾形斑均为黄色，在肾形斑下方有 1 个小白点，其两侧各有 1 个小黑点。后翅基部淡褐色并向端部逐渐加深。老熟幼虫体长约 38mm，圆筒形，体色多变，可由黄褐色变至黑褐色。头部为淡黄褐色，有"八"字形黑褐色纹，胸腹部背面有 5 条白、灰、红、褐色的纵纹。

（三）发生规律

黏虫一年发生多代，在我国东北地区每年发生 2～3 代，在华南地区每年发生 7～8 代，并有随季风进行长距离南北迁飞的习性。成虫有较强的趋化性和趋光性。幼虫共 6 龄，1～2 龄幼虫白天潜藏在植物心叶中及叶鞘中，高龄幼虫白天潜伏于表土层或植物茎基处，夜间出来取食植物叶片。黏虫有假死性，虫口密度大时可群集迁移危害。黏虫喜欢较凉爽、潮湿、郁闭的环境，高温干旱对其不利。黏虫 1～2 龄幼虫只啃食叶肉，被害部位呈现半透明的小斑点；3～4 龄时，幼虫把叶片咬成缺刻；5～6 龄的暴食期，幼虫可把叶片吃光，虫口密度大时能把整块草地吃光。

（四）防治方法

1）清除草坪周围杂草或于清晨在草丛中捕杀幼虫。

2）利用灯光诱杀成虫，或利用成虫的趋化性，用糖醋液诱杀。糖醋液的配制为：糖、酒、醋、水按 2∶1∶2∶2 的比例混合，加入少量锌硫磷即可。

3）初孵幼虫期要及时喷药，喷洒 40.7% 毒死蜱乳油 1000～2000 倍液、50% 锌硫磷乳油 1000 倍液；或用每克菌粉含 100 亿活孢子的杀螟杆菌菌粉或青虫菌菌粉 2000～3000 倍液喷雾。

二、草地螟

（一）分布与危害

草地螟在我国北方普遍发生。此虫食性广，可危害多种草坪禾草。初孵幼虫取食幼叶的叶肉，残留表皮，并喜在植株上结网躲藏，在草坪上称为"草皮网虫"。3 龄后的幼虫食量大增，可将叶片吃成残刻、孔洞，使草坪失去应有的色泽、质地、密度和均匀性，甚至造成草坪光秃，降低了观赏和使用价值。

（二）形态特征

成虫体较细长，长 9～12mm，全身为灰褐色。前翅为灰褐色至暗褐色，中央稍近前缘有 1 个近似长方形的淡黄色或淡褐色斑；翅外缘为黄白色，并有 1 串淡黄色小点组成的条纹；后翅为黄褐色或灰色，沿外缘有 2 条平行的黑色波状纹。老熟幼虫体长为 16～25mm；头部为黑色，有明显的白斑。前胸盾片为黑色，有 3 条黄色纵纹；胸腹部为黄褐色或灰绿色，有明显的暗色纵带间黄色波状纹。体上毛瘤显著，外围有 2 个同心黄色环。

（三）发生规律

草地螟一年发生 2～4 代。成虫昼伏夜出，趋光性很强，有群集性和远距离迁飞的习性。幼虫发生期在每年的 6～9 月。幼虫活泼、性暴烈、稍被触动即可跳跃，高龄幼虫有群集和迁移习性。幼虫的适宜发育温度为 25～30℃，高温多雨年份有利于其发生。

（四）防治方法

1）人工防治。利用成虫白天不远飞的习性，用拉网法捕捉。

2）药剂防治。用 50% 锌硫磷乳油 100 倍液，或用每克菌粉含 100 亿活孢子的杀螟杆菌菌粉或青虫菌菌粉 2000～3000 倍液喷雾。

三、稻纵卷叶螟

（一）分布与危害

稻纵卷叶螟在我国各省、自治区均有分布，是以危害禾本科草坪叶片为主的主要迁飞性害虫，也危害水稻、玉米、小麦、谷子、甘蔗及多种禾本科杂草。自 20 世纪 70 年代以来，稻纵卷叶螟引起的虫害在全国各地大发生的频率明显增加。

（二）形态特征

雌蛾体长 8～9mm，体翅为黄褐色，前翅前缘为暗褐色，外缘有暗褐色宽带，内、外横线斜贯翅面，中横线很短。雄蛾体略小，前翅前缘中部有黑褐色毛丛围成的鳞片堆，中间微凹陷。卵呈椭圆形且扁平，长约 1mm，表面有细网纹。初产时为乳白色，渐变为淡黄色。老熟幼虫体长 14～19mm，淡黄绿色，头壳为淡褐，前胸背板近后缘处有黑纹，中、后胸背板各有 8 个毛片，前面有 6 个，后面有 2 个，毛片周围有黑褐色纹。腹部第 1～8 节各有 6 个毛片，前面有 4 个，后面有 2 个。蛹长 9～11mm，细长，呈纺锤形，末端尖，棕褐色，翅、足及触角末端均达第 4 腹节后缘。

（三）发生规律

稻纵卷叶螟在我国从北到南均有发生，一年可发生 1～11 代。此虫在我国东半部地区的越冬北界为1月平均4℃等温线，相当于北纬30°，此线以北地区，任何虫态都不能越冬。此虫飞翔力强，多在嫩绿的上部叶片上产卵，多散产，一般每只雌螟产卵30～50粒，多者400余粒。初孵幼虫先爬入心叶、嫩叶内啃食叶肉，多数在2龄开始于离叶尖3～5cm处卷叶，3龄后将叶片纵卷呈筒状，一般一叶包一虫，在水稻上偶有4～5龄幼虫将多张叶缀连成包。幼虫活泼，遇惊跳跃后退，吐丝下坠脱逃，末龄幼虫多在植株基部的枯黄叶片或叶鞘内侧吐丝结茧化蛹。此虫主要天敌有赤眼蜂、绒茧蜂、蜘蛛、瓢虫、白僵菌等。

（四）防治方法

1）生物防治。在产卵期释放赤眼蜂，30万头/hm^2；或在卵孵化期用Bt乳剂3000mL/hm^2，兑水750L并均匀喷雾。

2）化学防治。用50%杀螟松乳油1000倍液，或50%甲胺磷乳油1500倍液，或25%杀虫双水剂500倍液均匀喷雾。

四、蝗虫

蝗虫属直翅目，蝗总科。危害草坪的蝗虫种类较多，主要有土蝗、稻蝗、菱蝗、中华蚱蜢、短额负蝗、蒙古疣蝗、笨蝗和东亚飞蝗等。蝗虫食性杂，可取食多种植物，但较嗜好禾本科和莎草本植物，喜食草坪禾草。成虫和蝗蝻取食叶片和嫩茎，大发生时可将寄主吃成光杆或全部吃光。下面以东亚飞蝗和短额负蝗为例讲述。

（一）分布与危害

1. 东亚飞蝗

东亚飞蝗，在我国北起河北、山西、陕西，南至福建、广东、海南、广西、云南，东达沿海各省，西至四川、甘肃南部地区均有分布。成虫、若虫咬食植物的叶片和茎，大发生时成群迁飞，把成片的植株吃成光杆。中国史籍中的蝗灾，主要是东亚飞蝗引起的，先后发生过800多次。

2. 短额负蝗

短额负蝗，又名小尖头蚂蚱，在我国各省均有分布，可危害大部分草本花卉。成虫、若虫咬食植物的叶片和茎，大发生时成群迁飞。

（二）形态特征

1. 东亚飞蝗

雄成虫体长33～48mm，雌成虫体长39～52mm，有群居型、散居型和中间型三种类型，体为灰黄褐色（群居型）或头、胸、后足带有绿色（散居型）。面平直，触角呈丝状，前胸背板中隆线发达，沿中线两侧有黑色带纹。前翅为浅褐色，有暗色斑点，翅长超过后足股节2倍以上（群居型）或不到2倍（散居型）。第5龄蝗体长26～40mm，触角22～23节，翅节长达第4腹节或第5腹节，群居型幼虫体长且为红褐色，散居型幼虫的体色较浅，绿色植物多的地方则体色为绿色。

2. 短额负蝗

成虫体长21～32mm，体色多变，从浅绿色到褐色和浅黄色都有，并杂有黑色小斑。头部呈锥形。前翅为绿色，后翅基部为红色，末端部为绿色且呈长圆筒形，端部钝圆，长4.5～5.0mm。若虫体色为淡绿色，带有白色斑点。触角末节膨大，颜色较其他节要深。复眼为黄色。前、中足有紫红色斑点。

（三）发生规律

1. 东亚飞蝗

东亚飞蝗在我国北京以北地区一年发生一代，在黄淮流域一年发生两代，南部地区发生3~4代。全国各地的东亚飞蝗均以卵在土中越冬。黄淮流域第一代夏蝗于每年5月中下旬孵化，6月中下旬至7月上旬羽化为成虫。第二代于每年7月中下旬至8月上旬孵化，8月下旬至9月上旬羽化为成虫。卵多产在草原、河滩及湖河沿岸荒地，1~2龄蝗蝻群集在植株上，2龄以上在光裸地及浅草地群集。密度大时形成群居型飞蝗，群居型蝗蝻和成虫有结队迁移或成群迁飞的习性。

2. 短额负蝗

短额负蝗一年发生两代，以卵越冬。每年5月上旬开始孵化，6月上旬为孵化盛期。每年7月上旬，第一代成虫开始产卵，7月中下旬为产卵盛期。第二代若虫于每年7月下旬开始孵化，8月上中旬为孵化盛期。每年10下旬至11月上旬为产卵盛期，成虫产下越冬卵。成虫、若虫大量发生时，常将叶片食光，仅留秃枝。初孵若虫有群集危害习性，2龄后分散危害。

（四）防治方法

1）药剂喷洒。发生量较多时可采用药剂喷洒防治，常用的药剂有3.5%甲敌粉剂、4%敌马粉剂，$30kg/hm^2$；40.7%毒死蜱乳油1000~2000倍液。

2）毒饵防治。用麦麸100份、水100份、50%锌硫磷乳油0.15份混合拌匀，$22.5kg/hm^2$；也可用鲜草100份切碎后加水30份并拌入50%锌硫磷乳油0.15份，$112.5kg/hm^2$。药剂要随配随撒，不能过夜。阴雨、大风、温度过高或过低时不宜使用。

 任务实施

一、咀嚼式口器食叶害虫的形态及危害状识别

肉眼识别黏虫、斜纹夜蛾、草地螟、蝗虫、蜗牛、蛞蝓等害虫的形态及危害状，该类害虫将叶片咬成缺刻或孔洞，严重时将叶片吃光。对照挂图或结合现场识别咀嚼式口器食叶害虫的危害状。

二、刺吸式口器害虫的形态及危害状识别

肉眼识别蚜虫、叶蝉、飞虱、盲蝽、叶螨等害虫的形态及危害状，该类害虫危害时不出现叶片缺刻或孔洞现象，但能使得叶片正面出现失绿小斑点，危害严重时叶片黄化或出现煤污层。对照挂图或结合现场识别刺吸式口器害虫的危害状。

三、地下害虫的形态及危害状识别

肉眼识别蝼蛄、蛴螬、金针虫、地老虎等害虫的形态及危害状，并对照挂图或结合现场识别地下害虫的危害状。

四、线虫的形态及危害状识别

肉眼识别线虫的形态及危害状，并对照挂图或结合现场识别线虫的危害状。

 思考问题

1. 简述黏虫的发生规律与防治方法。
2. 简述蝗虫的发生规律与防治方法。
3. 草坪害虫的发生受哪些因素影响？
4. 简述草坪害虫的分类、危害方式及危害状。
5. 影响草坪害虫发生的环境条件有哪些？

 **知识链接**

草坪害虫的综合防治方案

一、草坪害虫的发生特点

1）草坪与农作物大田、一般林地相比，既有相同点，也有不同之处。相同点：在"空旷草坪"的情况下，三者皆表现为栽培面积都比较大，种类不多甚至品种单一，一个区域内可能只有少数几种害虫危害，能形成较大的"气候"。不同之处：在"疏林草坪"（也包括稀树草坪、林下草坪、花草坪、庭园草坪、花坛草坪）的情况下，草坪与后两者相比，则表现为植物种类较多，一般栽培面积不大且分散交错种植，尽管在多数情况下害虫危害不严重，但因寄主种类多，因而害虫种类也相应增多。

2）草坪系统往往直接或间接与蔬菜、果树、农作物大田以及其他园林植物相连接，因而除了其本身特有的害虫之外，还有许多来自蔬菜、果树、农作物及其他园林植物上的害虫，而这些害虫有的长期落户，有的则互相转主危害或越夏越冬，因而害虫种类多，造成的危害严重。

3）在草坪生态系统中，人为的干预更甚，因而害虫发生的类别要比农田系统及一般林地系统复杂得多。草坪草为多年生草本植物，无法通过轮作而消灭或减轻某些害虫的发生，使得蝼蛄、蛴螬等地下害虫等引起的虫害逐年加重。

二、草坪害虫的防治措施

（一）草种检疫

目前我国绝大部分冷季型草种是从国外调入，传入危险性害虫的风险很大，因而必须加强草种检疫。草坪草的检疫性害虫有谷斑皮蠹、日本金龟子、黑森瘿蚊等。

（二）建植措施

1）选用抗虫草种、品种，例如多年生黑麦草品种为近来培育的抗虫新品种。选用抗虫品种从长远观点看，其优点是将害虫造成的危害人为降低，减少杀虫剂的使用。随着我国转基因技术的不断发展，大批的抗虫草坪草品种将会不断问世。

2）利用带有内生真菌的草坪草种和品种。内生真菌主要寄生在羊茅属和黑麦草属植物体内，可产生对植食性害虫有毒性的生物碱，这些生物碱主要分布在茎、叶、种子内，带内生真菌的草坪草对食叶害虫有抗性，但对地下害虫效果较差。

3）适地适草。应根据当地的生态特点选择最适草种（品种），否则草坪草生长不良，抗逆性差，也容易受到害虫的侵袭。

（三）养护措施

1）合理修剪可以直接降低害虫的数量，但修剪时也会通过剪草机携带传播害虫。因而应根据天气、虫害发生情况等来确定修剪时间，一般以晴天、虫害未发生或虽发生但已用药时修剪为佳。

蚜虫身体柔嫩，且喜欢危害草坪草的嫩梢，当蚜虫大发生时，可结合修剪，连同蚜虫一同剪除，同时在剪草的过程中也能将蚜虫的大部分个体揉搓而死。在麦秆蝇、瑞典秆蝇、稻小潜叶蝇所造成的危害较重时，可将有虫的茎叶剪除，并集中烧毁。对于在叶部产卵的害虫，修剪还有利于降低虫口密度。

2）合理适时的灌溉，可促进草坪健康生长，避免因过干或过湿而对草坪产生胁迫，从而提高草坪的抗虫能力。对灌溉水的水质应进行定期化验，避免因水质变化而恶化草坪的生长环境。

3）施肥时要考虑到氮、磷、钾的平衡，既要促进草坪健康生长又要防止草坪徒长，同时还应防止因施用化肥不当引起土壤酸碱度的大幅度变化。合理施肥能改善草坪的健康状况并可提高草坪的抗虫能力。

4）由于枯草层可为多种害虫提供越冬场所，并影响草坪的通气性与透水性，降低草坪草活力及抗性，因而应及时清除。一般枯草层的厚度不应超过$1.5 \sim 2cm$。

（四）生物防治

1）利用草坪或其周围区域的天敌（例如草蛉、瓢虫、寄生蜂、寄生蝇、蜘蛛、蛙类、鸟类等）来消灭害虫。效果不太理想时可采用人工招引或释放的办法，即通过释放商品化的天敌昆虫，例如食蚜瘿蚊、中华草蛉、七星瓢虫、智利小植绥螨等来达到控制害虫的目的。

2）能使昆虫染病的病原微生物有真菌、细菌、病毒、立克次氏体、原生动物及线虫等。目前生产上应用较多的是真菌、细菌、病毒。常见药剂有苏云金杆菌、白僵菌、核多角体病毒（病毒制剂）、斯氏线虫、微孢子虫等。

3）利用昆虫性外激素治虫，其方法有3种：一是诱杀法，即利用性引诱剂配以黏胶、毒液等将雄蛾诱来杀死。二是迷向法，即在成虫发生期，在草坪上喷洒适量的性引诱剂，让其弥漫在大气中，使雄蛾无法辨认雌蛾，从而干扰正常的交尾活动。三是绝育法，即将性诱剂与绝育剂配合，用性引诱剂把雄蛾诱来，使其接触绝育剂后仍返回原地，带有绝育剂的雄蛾与雌蛾交配后就会产下不正常的卵，起到灭绝后代的作用。

4）某些微生物在代谢过程中能够产生杀虫的活性物质，称为杀虫素。近几年大批量生产并取得显著成效的杀虫素有阿维菌素（杀虫、杀螨剂）、浏阳霉素（杀螨剂）等。该类药剂杀虫效力高，不污染环境，对人畜无害。

5）常见的植物性杀虫剂品种有烟碱、苦参碱、藜芦碱、茼蒿素、苦皮藤素、楝素等，这些杀虫剂可有效控制蚜虫、叶蝉以及鳞翅目害虫的数量。

任务4 草坪病害防治技术

任务描述

由于草坪不仅能绿化、美化环境，而且能净化空气，调节空气湿度，维持生态平衡和保持水土，各大城市的公园和企事业单位都在建设和扩大绿地面积。然而，由于草坪科研滞后等原因，目前大部分草坪建造方法粗放，养护管理技术落后，通常在铺设的当年就相继出现斑秃、杂草、病虫危害及退化现象。因此，草坪有害生物防治成为当前制约草坪发展的主要因素之一。

由于草坪有害生物的危害，不仅严重降低了草坪的实用价值和观赏价值，而且导致草坪早衰和毁坏。因此，经济简便、安全有效地控制病虫害的发生发展，遵循以草坪生态系统为基础的原则，调整和控制生态系中的各个因素，使有害生物的危害降低到最小限度，从而保证草坪的优质美观，收到最佳的经济、生态、社会效益，这对于保护和巩固已有成果和促进草坪业的进一步发展具有十分重要的意义。

草坪病害发生的原因与其他植物病害的一样，由生物因素和非生物因素引起。已知草坪草病害有50多种，其中侵染性病害中以真菌病原物所致的病害为主，主要有褐斑病、腐霉枯萎病、镰孢菌枯萎病、锈病、白粉病和叶斑（叶枯）病等。

任务咨询

一、草坪草褐斑病

（一）分布与危害

草坪草褐斑病广泛分布于世界各地，可以侵染所有草坪草，例如草地早熟禾、高羊茅、多年生黑麦草、翦股颖、结缕草、野牛草和狗牙根等250余种禾草，以冷季型草坪受害最重。

（二）症状

发病初期，受害叶片或叶鞘常出现梭形、长条形或不规则病斑，病斑内部呈青灰色的水渍状，边缘为红褐色，之后病斑变为褐色甚至整叶出现水浸状腐烂，严重时病菌侵入茎秆。条件适宜时有"烟圈"出现。在病叶鞘、茎基部有菌核形成，初期为白色，菌核形成以后变成黑褐色，易脱落。另外，该病在冰凉的春季和秋季还可以引起黄斑症状（也称为冷季型或冬季型褐斑）。褐斑病的症状随草种类型、不同品种组合、不同立地环境和养护管理水平、不同气象条件以及病原菌的不同株系等影响变化很大。

（三）发病规律

褐斑病主要是由立枯丝核杆菌引起的一种真菌病害。丝核杆菌以菌核形成或在草坪草残体上以菌丝形式度过不良的环境条件。由于丝核杆菌是一种寄生能力较弱的菌，所以对处于良好生长环境中的草坪草，只能发生轻微的侵染，不会造成严重的损害。只有当草坪草生长在高温条件且生长停止时，才有利于病菌的侵染及病害的发展。

丝核杆菌是土壤习居菌，主要以土壤传播。枯草层较厚的老草坪，菌源量大，发病重。建坪时填入垃圾土、生土，土质黏重，地面不平整，低洼潮湿，排水不良；田间郁蔽，小气候湿度高；偏施氮肥，植株旺长，组织柔嫩；冻害；灌水不当等因素都有利于病害的发生。此病全年都可发生，但以高温、高湿、多雨、炎热的夏季危害最重。

（四）防治措施

1）建坪时禁止填入垃圾土、生土，土质黏重时掺入沙质土；定期修剪，及时清除枯草层和病残体，减少菌源量。

2）加强草坪管理，平衡施肥，增施磷肥、钾肥，避免偏施氮肥。避免漫灌和积水，避免傍晚灌水。改善草坪通风透光条件，降低湿度。及时修剪，夏季剪草不要过低。

3）选育和种植耐病草种（品种）。

4）药剂防治。用三唑酮、三唑醇等杀菌剂拌种，用量为种子质量的 0.2% ~ 0.3%。发病草坪在春季及早喷洒 12.5% 烯唑醇超微可湿性粉剂 2500 倍液、25% 丙环唑（敌力脱）乳油 1000 倍液。

二、草坪草腐霉枯萎病

（一）分布与危害

腐霉枯萎病又称为油斑病、絮状疫病，是一种毁灭性病害。在全国各地普遍发生，是草坪上的主要病害。所有草坪草都会感染此病，其中冷季型草坪受害最重，例如早熟禾、草地早熟禾、匍匐翦股颖、高羊茅、细叶羊茅、粗茎早熟禾、多年生黑麦草、意大利黑麦草；暖季型草坪有狗牙根、红顶草等。

（二）症状

腐霉枯萎病主要造成芽腐、苗腐、幼苗猝倒、整株腐烂死亡。尤其在高温高湿季节，此病对草坪的破坏最大。此病常会使草坪突然出现直径 2 ~ 5cm 的圆形黄褐色枯草斑。清晨有露水时，病叶呈水渍状，暗绿色，变软、黏滑，连在一起，有油腻感，故得名为油斑病。当湿度很高时，尤其是在雨后的清晨或晚上，腐烂叶片成簇趴在地上且出现一层绒毛状的白色菌丝层，在枯草病区的外缘也能看到白色或紫色的菌丝体。

（三）发病规律

腐霉枯萎病是由腐霉属真菌引起的病害。此菌能在冷湿环境中侵染危害，也能在天气炎热时猖獗流行。当高温高湿时，它能在一夜之间毁坏大面积的草皮。此病主要有两个发病高峰阶段：一个是在苗期，尤其是秋播的苗期（每年8月中旬至9月上旬）；另一个是在夜间最低温度在20℃以上，空气相对湿度高于90%，且持续14h以上时，腐霉枯萎病就可以大发生。在高氮肥下生长茂盛稠密的草坪最敏感，受害尤为严重；碱性土壤比酸性土壤发病重。

（四）防治措施

1）改善草坪立地条件。建植前要平整土地，黏重土壤或含沙量高的土壤需要改良；要有排水设施，避免雨后积水，以降低水位。

2）加强草坪管理。及时清除枯草层，但高温季节有露水时不修剪，以避免病菌传播。平衡施肥，避免施用过量氮肥，增施磷肥和有机肥。合理灌溉，要求土壤见干见湿；无论采用喷灌、滴灌还是用皮管灌水，一定要灌透；尽量减少灌水次数，降低草坪小气候的相对湿度。

3）种植耐病品种。提倡不同草种或不同品种混合建植，例如高羊茅、黑麦草、早熟禾按不同比例混合种植。

4）药剂防治。用0.2%灭酶灵药剂拌种是防治烂种和幼苗猝倒的简单易行、有效的方法。高温高湿季节可选择800～1000倍（具体浓度按药剂说明）甲霜灵、三乙膦酸铝、甲霜灵锰锌、霜霉威（普力克）等药剂，进行及时防治以控制病害。

三、草坪草镰孢菌枯萎病

（一）分布与危害

草镰孢菌枯萎病在我国各地草坪中均有发生，可侵染多种草坪禾草，例如早熟禾、羊茅、翦股颖等。

（二）症状

草镰孢菌枯萎病主要引起烂芽、苗腐、根腐、茎基腐、叶斑和叶腐、匍匐茎和根状茎腐烂等一系列复杂症状。草坪上枯萎斑呈圆形或不规则，直径2～30cm。当环境高湿时，病部有白色至粉红色的菌丝体和大量的分生孢子团。老草坪枯草斑常呈"蛙眼"状，多在夏季湿度过高或过低时出现。在寒冷多湿季节，此病病菌还可与雪腐病捷氏霉病菌并发，引起雪腐病或叶枯病，造成叶片枯萎，或枯草出现斑块，或草坪中出现弥散的枯萎株。

（三）发病规律

此病病原菌为镰孢菌（Fusarium spp.）。冬季低温时，病菌以菌丝潜藏在植物基部组织中越冬，春季随气温回升，病菌迅速扩展，导致植株茎基部及根系腐烂。高温、土壤含水量过高或过低则发病重。

（四）防治措施

1）种植抗病、耐病草种或品种。草种间的抗病性差异明显。例如，翦股颖的抗病性强于草地早熟禾，羊茅的抗病性比草地早熟禾与剪股颖的都差，故提倡草地早熟禾与羊茅混播。

2）用种子质量的0.2%～0.3%的灭霉灵、代森锰锌或甲基硫菌灵等药剂进行拌种。

3）加强养护管理，提倡"重施秋肥、轻施春肥、增施有机肥和磷钾肥"，并控制氮肥用量。减少灌溉次数，控制灌水量，保证干湿均匀，及时清除枯草层。

4）在根茎腐症状未发生前施用70%甲基硫菌灵可湿性粉剂800～1000倍液，用药量为500g/m^2。

四、草坪草锈病

（一）分布与危害

草坪草锈病分布广、危害重，几乎每种禾草上都有一种或数种锈病，其中以狗牙根、结缕草、多年生黑麦草、高羊茅和草地早熟禾受害最重。

（二）症状

草坪草锈病病原主要侵害叶片、叶鞘或茎秆，在感染部位生成黄色至铁锈色的夏孢子堆和黑色冬孢子堆。禾草感染锈病后叶绿素被破坏，光合作用降低，呼吸作用失调，蒸腾作用增强，大量失水使叶片变黄枯死，草坪稀疏、瘦弱，景观被破坏。

（三）发病规律

此病是由锈菌引起的一种真菌病害。病原菌可能以菌丝体或冬孢子在病株上越冬。我国北京地区的细叶结缕草感病后，于每年5～6月叶片出现褪绿色病斑，发病缓慢，9～10月发病严重，草叶枯黄。每年9月下旬至10月上旬，病原菌产生冬孢子堆。此病在我国广州地区发病较早，每年3月发病，4～6月及秋末发病较重。病原菌生长发育的适宜温度为17～22℃，而空气相对湿度在80%以上有利于其侵入寄主体内。光照不足、土壤板结、土质贫瘠、偏施氮肥的草坪发病重；病残体多的草坪发病重。

（四）防治措施

1）加强养护管理。生长季节多施磷肥、钾肥，适量施用氮肥。合理灌水，降低湿度。发病后适时剪草，减少菌源数量。适当减少草坪周围的树木和灌木，保证通风透光。

2）药剂防治。发病初期喷洒25%三唑酮可湿性粉剂1500倍液，灭菌率可达93%以上；或用70%甲基硫菌灵可湿性粉剂1000倍液，防治效果也良好；或用12.5%烯唑醇（速保利）超微可湿性粉剂稀释3000～4000倍液、25%丙环唑（敌力脱）乳油2500～5000倍液、40%氟硅唑（福星）乳油稀释8000～10000倍液、10%苯醚甲环唑（世高）水分散粒剂稀释6000～8000倍液喷雾。

五、草坪草白粉病

（一）分布与危害

白粉病广泛分布于世界各地，为草坪禾草的常见病害。此病病原可侵染狗芽根、草地早熟禾、细叶羊茅、匍匐翦股颖和鸭茅等多种禾草，其中以草地早熟禾、细羊茅和狗芽根发病最重。

（二）症状

白粉病病原主要侵染叶片和叶鞘，也侵害茎秆和穗。受害叶片开始出现1～2mm大小的病斑，以正面较多；之后逐渐扩大呈近圆形、椭圆形绒絮状霉斑，初为白色，后变灰白色至灰褐色；后期，病斑上有黑色的小粒点。随着病情发展，叶片变黄，早枯死亡。草坪呈灰色，像是被撒了一层面粉。

（三）发病规律

此病是由白粉菌引起的真菌病害。环境的温度、湿度与白粉病发生程度有密切关系，15～20℃为发病的适宜温度，25℃以上时病害发展受抑制。空气相对湿度较高有利于分生孢子萌发和侵入，但雨水太多又不利于其生成和传播。南方春季降雨较多，如果在发病关键时期连续降雨，不利于白粉病的发生和流行；但在北方地区，常年春季降雨较少，因而春季降雨量较多且分布均匀时，有利于白粉病发生。水肥管理不当、荫蔽、通风不良等都是诱发此类病害发生的重要因素。

（四）防治措施

1）种植抗病草种并合理布局。

2）加强养护管理，适时修剪，注意通风透光。减少氮肥，增施磷钾肥。合理灌溉，勿过干过湿等。

3）化学防治。发病初期喷施15%三唑酮（粉锈宁）可湿性粉剂1500～2000倍液、25%丙环唑（敌力脱）乳油2500～5000倍液、40%氟硅唑（福星）乳油8000～10000倍液、45% 噻菌灵（特克多）悬浮液 300 ~ 800 倍液。

六、草坪草叶斑（叶枯）病

叶斑（叶枯）病是草坪草上的另一类主要病害，常造成叶片大面积枯死，影响草坪景观。常见的病害有：德氏霉叶枯病、弯孢霉叶枯病、尾孢叶斑病等。下面以德氏霉叶枯病和尾孢叶斑病为例说明。

（一）德氏霉叶枯病

1. 分布与危害

德氏霉属真菌寄生于多种禾本科草坪植物上，其引起的草坪病害属于世界性草坪病害。

2. 症状

此病病原侵染草坪植物后，使草坪植物出现叶斑和叶枯现象，同时也侵害芽、根、根状茎和根茎等部位，产生种腐、芽腐、苗枯、根腐和茎基腐等复杂症状。在适宜条件下，病情发展迅速，造成草坪早衰，出现枯草斑和枯草区。

3. 发病规律

该病害由德氏霉叶枯病菌引起，主要侵染草地早熟禾、羊茅和多年生黑麦草等。德氏霉叶枯病病原菌来自种子和土壤，病原菌主要以菌丝体潜伏在种皮内或以分生孢子附着在种子表面。在草坪种子萌发、出苗过程中，由于病原菌的侵染造成植物出现烂芽、烂根、苗腐等复杂症状。病苗产生大量分生孢子，经气流、水流、工具传播，种子是最初侵染源，且能引起广泛的传播，因此，加强种子检疫十分关键。

4. 防治措施

1）加强草坪的养护管理。早春以烧草等方式清除病残体和清理枯草层。叶面定期喷施 1% ~ 2% 的磷酸二氢钾溶液，提高植株的抗病性。加强水分管理，防止草坪长期积水。

2）化学防治。用种子质量的 0.2% ~ 0.3% 的 15% 三唑酮或 50% 福美双可湿性粉剂拌种可以预防病害的发生。发病初期，叶面喷洒 15% 三唑酮可湿性粉剂 1000 倍液、70% 代森锰锌可湿性粉剂 800 倍液、70% 甲基硫菌灵可湿性粉剂 1500 倍液、75% 百菌清 800 倍液，每隔 10 天喷 1 次，每次发病高峰期防治 2 ~ 3 次，可收到明显的防治效果。

（二）尾孢叶斑病

1. 分布与危害

尾孢叶斑病广泛分布于世界各地，其病原主要侵害狗牙根、钝叶草、翦股颖和高羊茅等禾本科草坪。

2. 症状

发病初期，叶片及叶鞘上出现褐色至紫褐色的椭圆形或不规则的病斑，病斑沿叶脉平行伸长，大小为 1mm × 4mm。病斑中央为黄褐色或灰白色，潮湿时有大量灰白色的霉层（即大量分生孢子）产生。发病严重时，叶片枯黄甚至死亡，草坪稀疏。

3. 发病规律

此病是由半知菌（尾孢属）引起的一种真菌病害。病菌以分生孢子和休眠菌丝体在病叶及病残体上越冬。在生长季节，病菌只有在叶面湿润状态下才能萌发侵染。分生孢子借风、雨传播，引起再侵染。

4. 防治措施

此类病的防治措施可参考德氏霉叶枯病的防治措施。

七、线虫

线虫危害的方式更接近于害虫，尤其是地下害虫。但由于其个体较小，肉眼一般不容易发现，而且在其危害草坪草的过程中，存在着明显的病理程序变化，因而它是一类性质较为特殊的病害。

不同草坪草（变种或品种）的抗线虫的能力是不同的。有时草坪会受到线虫的严重危害。通常在热带、亚热带气候条件下的沙质土壤的草坪容易受到线虫的危害，其他情况下线虫危害不明显。

（一）危害特点

线虫以其口针刺穿寄主的表皮组织，吸收营养物质，同时将食道分泌的酶和有毒物质注入植物体内，帮助线虫消化植物的营养以利其吸食，这样就破坏了植物的生理机能，干扰植物的新陈代谢，例如有的刺激寄主细胞体积变大或数量增多，形成肿瘤和畸形；有的抑制植物顶端分生组织分裂；有的溶解植物中胶层或细胞壁，使细胞解离、坏死和崩溃。因而草坪线虫病的症状通常表现为地上部分茎叶组织卷曲、坏死；地下部分根系组织肿瘤、畸形或腐烂。由于根部受害，地上部分的长势变差，耐旱、耐热能力变弱，常表现为植株矮小，且发病开始时的叶片呈淡绿色，之后逐渐变黄，似严重缺肥缺水状。被害后形成的草坪枯斑直径小的为5~6cm，大的可达150~160cm。线虫在一般情况下不直接导致草坪植物死亡，但可严重影响草坪生长。受影响的草坪生长停滞、褪绿，在胁迫环境下发生萎蔫，且容易受到其他病害侵染。通常情况下，只有当线虫的数量达到一定程度时才会发生损害。被侵害的草坪对浇水和施肥不能正常的反应。

（二）防治措施

1）适时松土，及时清除枯草层。

2）使用无线虫的种子、无性繁殖材料（草皮、匍匐茎等）、土壤（包括覆盖的表土等）建植新草坪。

3）加强肥水管理，增施磷肥、钾肥，多次、少量的灌水能较好地控制线虫危害。

4）药剂防治。在被害草坪上，每间隔30cm挖穴，穴深15cm，每穴注入阿维菌素类药剂（例如1%螨虫清2000倍液，1.8%阿巴丁3000倍液）混合934增产剂100倍液2~3mL。药液使用之前，松土或清除枯草层，可提高防治效果。

线虫清又称为淡紫拟青霉，是一种活体真菌杀线虫剂，其所含的有效菌为淡紫拟青霉菌，能防治孢囊线虫、根结线虫等多种寄生线虫，对人、畜、天敌及环境安全。

八、病毒病害

目前已知有24种病毒能够侵染草坪草，对草坪危害严重，例如钝叶草（也称为奥古斯丁草）衰退病（SAD）病毒。我国在这方面的研究较少。此类病的症状主要表现在叶片均匀或不均匀褪绿，出现黄化、斑驳、叶条斑，还可以观察到植株出现不同程度的矮化，死蘖枯叶，甚至整株死亡等。

种植抗病品种并混播是防治病毒病的根本措施，治虫防病是防治虫传病毒病的有效方法。科学的养护管理能有效地减轻病害。例如，避免干旱胁迫、平衡施肥、防治真菌病害等措施均有利于减少病毒病的危害。灌水可以减轻线虫传播的病毒病害。

九、细菌病害

目前已知有细菌所致草坪草病害的数量较少，其中最主要的是细菌性萎蔫病。此类病害的病原菌能在很多禾草上寄生。

细菌性草坪病害的主要症状表现为叶片出现小黄斑并愈合成长条斑，叶片变成黄褐色至深褐色；或出现散乱、大型、深绿色的水渍状病斑，病斑迅速干枯死亡；或出现细小的水渍状病斑，病斑不断扩大，变成灰绿色，然后变成黄褐色或白色不规则长条斑或斑块，使整片叶死亡。环境潮湿时还会从病斑处渗出菌脓。

高尔夫球场匍匐翦股颖草坪上的细菌性萎蔫并首先出现直径大约1cm的红色至铜色小枯草斑块，随着草株的大量死亡，病斑变大，在适宜条件下短期内就可毁掉整个草坪。病害主要在春秋两季的潮湿而凉爽（或温暖）的时期发生，开始时叶片呈现蓝绿色的枯萎状，病叶皱缩，后逐渐变成红褐色或紫色，最后叶片死亡。最先死亡的草坪上出现细小的直径为1cm的斑块，然后渐渐出现不规则状的大面积死亡。

种植抗病品种及混播是防治细菌性萎蔫病的关键措施。匍匐翦股颖和狗牙根较易感病。精心管理、合理施肥、注意排水、适度剪草、避免频繁地表面覆沙等措施都可减轻病害。抗生素，例如土霉素、链霉素等对细菌性萎蔫病有一定的防治效果。

任务实施

一、观看所有草坪草病害的挂图及幻灯片

二、以下列病害为代表，辨别其病状特点及病原形态

1. 草坪草白粉病

辨析草坪草白粉病的危害状。同时用挑针挑取白粉及小黑点，制片并镜检分生孢子、闭囊壳及附属丝。用挑针轻轻挤压盖玻片，注意观察挤压出来的子囊及子囊孢子。

2. 草坪草锈病

辨析草坪草锈病的危害状。切片镜检草坪草锈病的夏孢子及冬孢子堆。注意辨识其形态。冬孢子双孢、有柄、壁厚；夏孢子单胞、无柄、壁薄。

3. 草坪草褐斑病

辨析草坪草褐斑病的危害状。用挑针挑取菌丝镜检，观察菌丝的分枝处是否呈直角，并用放大镜观察菌核的外部形态。该病害主要结合发病现场及资料图片进行观察识别。

4. 草坪草腐霉枯萎病

辨析草坪草腐霉枯萎病危害状。用挑针挑取菌丝镜检，观察菌丝有无隔膜，能否见到姜瓣状的孢子囊，该病害主要结合发病现场及资料图片进行观察识别。

5. 草坪草镰刀菌枯萎病

辨析草坪草镰刀菌枯萎病的危害状。用挑针挑取粉红色的霉层镜检，观察其孢子是否为

镰刀形。该病害也可结合发病现场及资料图片进行观察识别。

6. 草坪草德氏霉叶枯病

辨析该病害的危害状。用挑针挑取霉层镜检，观察其分生孢子是否为长棍棒形，多分隔。该病害也可结合发病现场及资料图片进行观察识别。

7. 草坪草细菌病害

辨析该病害的危害状。切取病部及健康部位交界处的组织进行镜检，观察菌脓现象。

8. 草坪草病毒病害

此类病害症状主要表现在叶片均匀或不均匀褪绿，出现黄化、斑驳、叶条斑，还可以观察到植株不同程度的矮化，死蘖枯叶，甚至整株死亡等。观察钝叶草（也叫奥古斯丁草）衰退病（SAD）的症状特点。

三、将观察结果填入表6-2

表6-2 观察结果记载表

编号	病害名称	发病部位	病状类型	病症类型

思考问题

1. 简述草坪病害有哪几大类，应如何判断。
2. 什么是草坪病害？草坪病害发生的原因有哪些？
3. 草坪病害的发生受哪些因素的影响？

草坪病害的发生与可持续控制策略

随着我国草坪面积的不断增加，草坪病害的防治也显得越来越重要，一种草坪疾病的流行，可导致草坪局部或大部分面积的衰败直至死亡，使整个草坪遭到毁灭。由于草坪病害的成因复杂，影响因素众多，再加上生态系统的复杂性以及草坪生长的特殊性，给草坪病害防治工作带来了难度。在草坪建植与养护管理过程中必须实行病害的综合治理，即加强草种检疫、选择抗病草种、完善养护管理，注重物理防治、生物防治、化学药剂防治的有机结合，协调草坪、病害、环境所组成的生态系统的关系，建设生态草坪，走可持续控制之路。

一、草坪病害的发生特点

草坪与农作物大田、林地相比，相同点是在"空旷草坪"的情况下，三者均表现为栽培面积较大，种类不多甚至品种单一，一个区域内可能只有少数几种病害流行，就能形成较大的"气候"。草坪也有与农作物大田、林地不同的方面。草坪生态系统是一个特殊、多变且以人为核心的生态系统，在草坪系统的附近往往人口密集，因而更易遭受人为的破坏（如践踏等），以及工业"三废"和汽车尾气的污染，同时草坪在养护管理上（尤其是肥水管理）没有农作物那样精细，有些单位甚至利用废水浇灌，使得草坪草长势衰弱，因而，病害的发生更为频繁、严重。

草坪与农作物大田相比，用于建植草坪的绿地在土壤结构及土壤肥力上无法与大田土壤相提并论（尽管有时换土或施用一些肥料）；草坪日常管理中的修剪措施，会给病原菌的侵染提供良好的机会，因而会使得侵染性病害的发生更为频繁；同时，草坪草为多年生草本植物，不能像农作物那样通过轮作而消灭或减轻某些病害的发生，这使得镰刀菌枯萎病、褐斑病等逐年加重。

目前我国建植的大部分草种（尤其是冷季型草种）由国外引进，在气候适应性上比自己培育或当地的"土著"草种（例如日本结缕草为山东半岛地区的乡土草种，在当地种植长势尤为突出）稍逊一筹，加之我国地域广阔，生态环境复杂多样，目前尚缺乏科学、系统的草坪草种的生态区域分布详细资料，无法根据当地的具体生态条件（温度、水分、土壤 pH 值、土壤养分等）进行理想化的选择，因而在抵御病害方面也不够理想。

二、草坪病害的可持续控制策略

（一）草种检疫

目前我国 90% 以上的冷季型草种从国外调入，传入危险性病害的风险很大，因而必须加强草种检疫。与草坪草有关的检疫性病害有：禾草腥黑穗病、翦股颖粒线虫病、小麦矮腥黑穗病、小麦印度腥黑穗病等。

（二）建植措施

1. 选用抗病草种

选用抗病草种是综合防治技术体系的核心和基础，是防治草坪病害最经济有效的方法。草坪草的不同草种对不同病害的抗性的差异很大。因此，建植草坪需在兼顾坪用性状的前提下注意选择抗病草种。

2. 利用带有内生真菌的品种

据报道，内生真菌是指那些寄生在草坪禾草体内，而草坪禾草不表现任何病害症状的一类真菌。内生真菌主要在羊茅属（Festuca）和黑麦草属（Lolium）植物体内，可以提高草坪草的抗逆、抗虫、抗线虫、耐践踏等能力。

3. 混合播种

混合播种是根据草坪的使用目的、环境条件以及养护水平选择两种或更多的草种（或同一草种中的不同品种）混合播种，组建一个多元群体的草坪植物群落。其优势在于混合群体比单播群体具有更广泛的遗传背景，因而具有更强的适应性。由于混合群体具有多种抗病性，可以减少病原物数量、加大感病个体间的距离、降低病害传播效能；又有可能产生诱导抗性或交互保护作用，所以能够有效地抑制病害。例如，美国加州采用多年生黑麦草与肯塔基草地早熟禾混播建立草坪，成功地控制了由大刀镰孢等真菌引致的镰孢枯萎病，连续 3 年测定的结果显示，其发病率显著低于单播草坪。另外一个例子是紫羊茅与翦股颖混播防治全蚀病，翦股颖中的许多种类对全蚀病都十分敏感，用紫羊茅与翦股颖混播，形成耐病性较强的草坪植物群落，从而有效地控制了病害，此项措施在美国一些地方已成为防治全蚀病的常用技术。

（三）养护措施

1. 合理修剪

合理修剪可以促进草坪植物的生长、调节草坪的绿期并直接减少病原物的数量，但修剪造成的伤口又有利于病原菌的侵入，并且还可以通过剪草机传播病害。因此，应根据天气、病害发生情况等来确定修剪时间，一般以晴天、病害未发生或虽发生但已用药时修剪为佳。此外，还应根据草坪草的品种特性来确定修剪的高度与频率。修剪应掌握"1/3"高度的原则，修剪过低，会加重某些病害的发展；留茬过高或修剪不及时会增加草坪冠层的湿度，形成不利的小气候条件，加重褐斑病、腐霉枯萎病等病害的流行。

2. 合理灌溉

每次灌水量以水分达到地表以下15～20cm深为宜。灌水量过大，土壤中的空间充满水分，草坪草根系的细胞呼吸受到伤害，严重时可使草坪草窒息而死亡，根系功能受到影响。而对在沙地或沙壤土上建植的草坪，易造成大量N、P、K养分淋溶损失，容易发生缺肥等病害。大量的土壤水分会在土表、草坪根系及茎基部形成的水膜，利于一些引发根腐、苗腐的病原真菌，例如腐霉等的传播。大量的土壤水分还造成草坪草群落内小气候的相对湿度过高，给茎、叶部病害的流行创造条件。

任务5　园林外来生物防治技术

任务描述

外来生物是指从自然分布地区（本国的其他地区或其他国家）通过有意或无意的人类活动而被引入，在当地的自然或半自然的生态系统中形成了自我再生能力，给当地生态系统或景观造成明显的损害或影响的物种。

本任务就是要通过了解常见外来入侵生物的分布与危害，掌握其生活习性，以做好园林植物外来入侵病虫害的防治，达到经济、生态和社会效益的统一。外来物种对生态环境的入侵，会造成生物多样性丧失或被削弱，引发本土生态灾难。我国常见的外来生物有松突圆蚧、美国白蛾、松材线虫、菊花白锈病病原菌、蔗扁蛾、美洲斑潜蝇、椰心叶甲、薇甘菊和紫茎泽兰等。

任务咨询

一、松突圆蚧

（一）分布与危害

松突圆蚧属同翅目，盾蚧科，分布于我国广东、香港、澳门、福建和台湾，危害马尾松、湿地松、火炬松、黑松、加勒比松和南亚松等松属植物。它以成虫、若虫刺吸枝梢和针叶的汁液，导致被害处变色发黑、缢缩或腐烂，使针叶枯黄脱落，新抽的枝条变短变黄。

（二）形态特征

雄虫的介壳长椭圆形，前端稍宽，后端略狭，有白色蜕皮壳 1 个，位于介壳前端的中央位置。雄成虫体色为橘黄色，触角呈丝状；足 3 对，发达；翅 1 对，后翅退化为平衡棒；交尾器发达，长而稍弯曲。雌虫的介壳呈圆形或椭圆形，隆起，白色或浅灰黄色，有蜕皮壳 2 个。雌成虫体宽且呈梨形，为浅黄色，口器发达。

（三）发生规律

松突圆蚧在我国广东省一年发生五代，世代重叠，无明显的越冬阶段。此虫主要以雌虫在松树叶鞘包被的老针叶茎部吸食汁液危害，其次是在刚抽的嫩梢基部、新鲜球果的果鳞和新长针叶柔嫩的中下部危害。在叶鞘上部的针叶、嫩梢和球果里多为雄虫。

松突圆蚧为卵胎生，产卵与孵化几乎同时进行。雌成虫寿命长。初孵若虫有向上或来往迅速爬行一段时间的习性，找到适宜的场所后，即营固定寄生。若虫固定寄生 1h 后即开始泌蜡，24～36h 后蜡壳可完全盖住虫体。产卵前期是雌虫大量取食阶段，对寄主造成严重危害。雌成虫产卵期长而卵期短，全年呈现世代重叠现象，每年 3～6 月是虫口密度最大、危害最严重的时期。

此类介壳虫通过若虫爬行或借助风力作近距离扩散，也随苗木、接穗、新鲜球果、原木、盆景等的调运作远距离传播。

（四）防治措施

1）严格检疫。疫区内的松枝、松针、球果严禁外运，一律就地作炭材处理。

2）药剂防治。用松脂柴油乳剂 3～4 倍稀释液喷雾，可取得比较好的防治效果。

3）生物防治。释放其天敌花角蚜小蜂。

二、美国白蛾

（一）分布与危害

美国白蛾，又名秋幕毛虫，属鳞翅目，灯蛾科。此虫在国外分布于加拿大、墨西哥、匈牙利、美国、前南斯拉夫、捷克、斯洛伐克、波兰、保加利亚、法国、罗马尼亚、奥地利、前苏联、意大利、日本、朝鲜和韩国，在国内分布于辽宁、天津、河北、山东、上海和陕西。此虫危害桑树、臭椿、山楂、苹果、梨、樱桃、白蜡、榆树、柳、杏、泡桐、葡萄、杨树、香椿、李、槐树和桃树等 200 多种植物。美国白蛾以幼虫在寄主植物上吐丝作网幕，取食叶片，是一种杂食性害虫。

（二）形态特征

雌蛾体长 9～15mm，雄蛾体长 9～14mm。雌成虫触角呈锯齿状，雄成虫触角呈双栉齿状。雌蛾前翅为纯白色，雄蛾多数前翅散生有几个或多个黑褐色斑点。卵呈球形，初期为浅绿色，孵化前为褐色。幼虫体色变化很大，老熟幼虫体长 28～35mm，根据头部色泽的不同可为红头型和黑头型两类。蛹呈纺锤形，暗红褐色。茧为褐色或暗红色，由稀疏的丝混杂幼虫体毛组成。

（三）发现规律

美国白蛾在我国一年发生两代，以蛹越冬，翌年 5～6 月羽化成为成虫。卵产于叶背，呈块状，一个卵块有 500～600 粒卵。幼虫孵化后几小时即可吐丝拉网，3～4 龄时网幕直径达 1m 以上，有的高达 3m。幼虫共 7 龄，每年 6～7 月为第一代幼虫危害盛期，8～9 月为第二代幼虫危害盛期，9月上旬开始陆续化蛹越冬。美国白蛾幼虫耐饥饿能力强，远距离传播主要靠5龄以后的幼虫和蛹，随交通工具、包装材料等传播。

（四）防治措施

1）加强植物检疫。对来自疫区的苗木、接穗及其他植物产品以及包装物、交通工具等必须严格检疫。

2）发现疫情时，及时摘除卵块、尚未分散的网幕以及蛹、茧等。如果幼虫已经分散，可喷施40%锌硫磷乳油、40.7%乐斯本乳油1000倍液，或20%氰戊菊酯乳油4000倍液。

3）对带虫原木进行熏蒸处理。用溴甲烷20g/m³熏蒸24h，或用56%磷化铝片剂15g/m³熏蒸72h。

4）在疫区或疫情发生区，要尽快查清发病范围，并进行封锁和除治。

5）生物防治。可利用其天敌白蛾周氏啮小蜂防治。

三、椰心叶甲

（一）分布与危害

椰心叶甲，又名椰子红胸叶虫、椰棕扁叶甲，属于鞘翅目，叶甲科。近年，此虫在我国海南、广东、台湾等地出现，危害棕榈科植物。

（二）形态特征

成虫体长约8～10mm，体形稍扁。头部、复眼、触角均呈黑褐色，前胸背面为橙黄色，鞘翅为蓝黑色具有金属光泽，其上有由小刻点组成的纵纹数条。腹面为黑褐色，足为黄色。老熟幼虫长8～9mm，体扁且呈黄白色，头部为黄褐色，尾突明显且呈钳状。

（三）发生规律

此虫每年发生3～6代，世代重叠。成虫和幼虫均群栖，潜藏在未展开的心叶内或心叶间，啃噬叶肉，留下表皮及大量虫粪。受害心叶呈现失水青枯现象，新叶抽出伸展后为枯黄状，严重危害时顶部几张叶片均呈火燎焦枯状，不久树势衰败至整株枯死。成虫羽化后约12天发育成熟。雌虫产卵约100粒左右。成虫、幼虫喜欢危害3～6年生的棕榈科植物。

（四）防治措施

1）加强植物检疫。

2）化学防治。

① 用45%椰甲清粉剂挂包法：用棉纱布制成70mm×40mm小袋包装，每袋质量为10g，每棵树上在未展开的叶基部放置两个药包，用棉纱线固定。挂药包2个月后仍维持一定的药剂量，防治持续期长达4个月，防效达90%以上，用药后3个月，受害植株可重新长出新叶。

② 选用10%氯氰菊酯乳油并混合48%毒死蜱（乐斯本）乳油稀释1000倍液或2.5%溴氰菊酯乳油3000倍液进行喷雾，重点喷树的心叶，要喷至全株湿透滴水，每隔7～10天喷1次，连续2～3次，可达到较好的防治效果。

四、蔗扁蛾

（一）分布与危害

蔗扁蛾是巴西木的一种世界性害虫，属于鳞翅目，辉蛾科。此虫在我国南方各省均有发生，近年来迅速向北方蔓延，在北京地区有时被害率高达80%以上。蔗扁蛾主要危害巴西木、鹤望兰、袖珍椰子、鹅掌柴、棕竹、一品红、凤梨和百合等近 50 种观赏植物。

（二）形态特征

成虫为黄褐色，体长 7.5 ~ 9mm。前翅呈披针形，深褐色，中室端部上方及后缘 1/2 处各有 1 块黑斑点。后足胫节具有长毛。幼虫为乳黄色，近透明，老熟幼虫体长约 30mm。蛹为暗红褐色，长 10mm。

（三）发生规律

蔗扁蛾在我国北京地区一年发生 3 ~ 4 代，以幼虫在温室盆栽花卉根部附近土壤中越冬。翌年春天，幼虫上树蛀干危害。3 年以上巴西木段受害重，严重时 1m 长的木段上有幼虫 50 多只，幼虫在皮层内蛀食，可将皮层及部分木质部蛀空，仅剩外表皮，皮下充满粪屑，表皮上有排粪通气孔，以排出粪屑。生长季节，幼虫常在树干顶部或树干四周表皮内化蛹，羽化后的蛹壳仍矗立其上，极易识别。

（四）防治措施

1）加强检疫。对从南方调运到北方的巴西木应加强检疫，以减少该虫传播与蔓延。

2）药剂防治。在越冬季节撒毒土可取得显著效果。用 90% 敌百虫粉剂与砂土混匀，两者比例为 1 : 200，共喷 2 ~ 3 次，效果明显；或浇灌 50% 锌硫磷乳油 1000 倍液。花卉生长季节可喷施 10% 吡虫啉乳油 2000 倍液或 20% 菊杀乳油 2000 倍液，每 10 ~ 15 天喷 1 次。对新巴西木木桩，可用 20% 速灭杀丁乳油 2500 倍液浸泡 5min，以达到预防效果。

五、杨树花叶病毒病

（一）分布与危害

杨树花叶病毒病于 1935 年在欧洲首次被发现，目前已成为世界性病害。此病病毒不仅侵染美洲黑杨及细齿杨，也侵染意大利各无性系杨树，已成为当前各国杨树中的主要病害。我国于 1979 年首次在北京发现该病，至 1981 年，在山东、河南、河北、湖南和湖北等省的栽培区均有发生。有的地区发生严重，例如湖北省潜江县苗圃，1 年生杨树花叶病危害株率达 100%，病情指数达 0.75。该病为系统侵染性病害。此病病毒侵染形成层、韧皮部和木质部，使木材结构异常，生长量下降 30%。

（二）症状识别

发病初期，植株下部叶片出现点状褪绿，常聚集为不规则少量橘黄色斑点。叶片从下部到中上部出现的明显症状为：边缘褪色发焦，透明，叶片上小支脉出现橘黄色线纹或叶面布有橘黄色斑点；主脉和侧脉出现紫红色坏死斑，叶片皱缩、变厚、变硬、变小，甚至畸形；叶柄上发现紫红色或黑色坏死斑点，叶柄基部周围隆起。顶梢或嫩茎皮层常破裂，发病严重的植株枝条变形，分枝处产生枯枝，树木明显生长不良。

（三）发生规律

带毒植株是病毒主要的越冬场所和初侵染源，再侵染源是当年发病植株。此类病毒主要由蚜虫传播。在苗圃中，病叶从春天到秋均能发病，新梢增多的季节是发病高峰期。

（四）防治措施

1）加强检疫。加强管理、加强检疫预测预报、控制苗木蚜虫危害、消除病株是防治杨树花叶病的重要手段。

2）控制苗木蚜虫危害，及时消除病株。在苗木培育阶段，要严格控制蚜虫，减少传毒媒介，减轻病害程度，避免苗木带毒而造成大面积扩散。发现带毒病株要及时清除，集中销毁，减少毒源；清除杂草，减少蚜虫栖息场所，减少传毒媒介的密度。在集中培育苗木的地区，采用银灰色塑料膜或用无毒高脂膜乳剂 200 倍液，以防治蚜虫。如果遇蚜虫大发生，可用 50% 抗蚜威可湿性粉剂 4000 ~ 5000 倍液、25% 西维因可湿性粉剂 800 倍液，或选择其他高效、低毒的药剂喷雾，杀灭蚜虫。

 任务实施

一、外来生物调查

1. 入侵生物发生、危害调查

调查记录当地外来入侵生物的寄主植物种类，包括草皮、乔木、灌木等。

2. 入侵生物来源调查

调查了解并记录外来生物的传入地、传入时间、传入途径及方式等。

3. 防治措施调查

调查记录入侵地现行的防治措施，包括人工的、机械的、药剂的、替代的、生物防治等措施和防治效果。

二、外来入侵生物的识别与鉴定

1. 仔细观察当地入侵生物标本，了解其危害情况和发生特点。
2. 在放大镜下观察外来昆虫的形态特征。

 思考问题

1. 什么是生物入侵现象？
2. 目前我国危害严重的外来入侵物种主要有哪些？
3. 简述美国白蛾、松突圆蚧、椰心叶甲的发生规律？
4. 简述杨树花叶病毒病的症状特点？

 知识链接

一、我国外来入侵物种概况

我国的外来入侵物种表现为以下几个方面：一是涉及面广。全国 34 个省市及自治区均发现入侵物种，除少数偏僻的保护区外，或多或少都能找到入侵物种。二是涉及的生态系统多。几乎所有的生态系统，即森林、农业区、水域、湿地、草地、城市居民区等都可以见到外来入侵物种，其中以低海拔地区及热带岛屿生态系统的受损程度最为严重。三是涉及的物种类型多。脊椎动物、无脊椎动及高、低等植物，小到细菌、病毒都能够找到例证。

我国是世界上物种特别丰富的国家之一。已知有陆生脊椎动物 2554 种、鱼类 3862 种，高等植物 30000 种，包括昆虫在内的无脊椎动物、低等植物和真菌、细菌、放线菌种类更为繁多。在我国如此丰富的生物种类中，究竟有多少属于外来入侵物种，目前还没有很具体的报道。自 20 世纪 80 年代以来，随着外来入侵动、植物的危害日益猖獗，我国加紧了防治工作。对外来害虫松材线虫、松突圆蚧、美国白蛾、稻水象甲和美洲斑潜蝇以及外来有害植物水葫芦、水花生、豚草和紫茎泽兰采取了一系列有效的防治方法并取得了不同程度的效果。但由于目前国家针对外来入侵物种没有制订具体的预防、控制和管理条例，各地在防治这些入侵物种时缺乏必要的技术指导和协调，虽然投入了大量的人力和资金，但有的防治并不理想。已传入的入侵物种继续扩散危害，新的危害性入侵物种不断出现并构成潜在威胁。

二、外来入侵物种的影响

外来入侵物种有别于普通外来种的最大的特征是它对本地生态系统产生"侵入"后果，入侵物种往往对生态系统的结构和功能产生较大的不良影响，危及本地物种特别是珍稀濒危物种的生存，造成生物多样性的丧失。有的入侵物种还给本地经济、社会带来了巨大危害。从生态角度来看，外来物种一般是不利于本地生态系统稳定的；但从经济和社会作用来看，一些外来物种虽然产生了不良的生态后果，但确实具有一定的经济价值。有的外来物种在刚刚引入时是有益的，但大肆扩散蔓延后变得有害；有的外来物种在某一些地区有益，但在别的地区有害。因此，在评价外来种的利弊时，既要有时间性和空间性，又要有生态性和社会经济性。

（一）破坏景观的自然性和完整性

凤眼莲原产南美，1901 年作为花卉引入中国，20 世纪五六十年代曾作为猪饲料"水葫芦"推广，此后大量逸生。在昆明滇池，1994 年该种的覆盖面积约达 $10km^2$，不但破坏当地的水生植被，堵塞水上交通，给当地的渔业和旅游业造成很大的损失，还严重损害当地水生生态系统。

（二）竞争、占据本地物种生态位置，使本地物种失去生存空间

在我国广东，薇甘菊往往大片覆盖香蕉、荔枝、龙眼、野生橘及一些灌木和乔木，使这些植物难以进行正常的光合作用而死亡；在上海郊区，北美一枝黄花通过根和种子两种方式繁殖，有超强的繁殖能力，往往形成单一优势群落，占据空间，致使其他植物难以生存。20世纪 60 年代，滇池草海中曾有 16 种高等植物，但随着水葫芦大肆"疯长"，使大多数本地水生植物，例如海菜花等失去生存空间而死亡，到 20 世纪 90 年代，草海只剩下 3 种高等植物。

（三）与当地物种竞争食物或直接杀死当地物种，影响本地物种生存

外来害虫取食为害本地植物，造成植物种类和数量下降，同时与本地植食性昆虫竞争食物与生存空间，又致使本地昆虫的多样性降低，并由此带来捕食性动物和寄生性动物种类和数量的变化，从而改变了生态系统的结构和功能。

（四）危害植物多样性

入侵物种中的一些恶性杂草，例如飞机草、薇甘菊、紫茎泽兰、豚草、小白酒草和反枝苋等可分泌有化感作用的化合物抑制其他植物发芽和生长，排挤本土植物并阻碍植被的自然恢复。原产日本的松突圆蚧于 20 世纪 80 年代初入侵我国南部，据广东省森林病虫害防治与检疫总站统计，截至 2002 年，广东省有虫面积达 $111.58hm^2$，发生危害面积为 $31.88hm^2$，受害枯死或濒死已更新改造的马尾松林达 18 万 hm^2，还侵害一些狭域分布的松属植物，例

如南亚松。原产北美的美国白蛾于1979年侵入我国，仅辽宁省的虫害发生区就有100多种本地植物受到危害。

（五）影响遗传多样性

随着外来生物不断入侵，残存的次生植被常被入侵物种分割、包围和渗透，使本土生物种群进一步破碎化。有些入侵物种可与同属近缘种，甚至不同属的种杂交。入侵物种与本地物种的基因交流可能导致后者的遗传侵蚀。

（六）对经济的影响

外来入侵物种可带来直接和间接的经济危害。据估计，每年我国几种主要外来入侵物种造成的经济损失达570多亿人民币。

<h2 align="center">学习小结</h2>

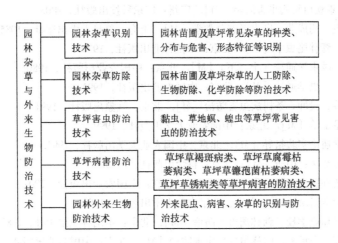

<h2 align="center">达标检测</h2>

一、填空

1. 从草坪杂草防除的角度，人们又常将草坪杂草分为_____、_____、_____三个类型。

2. 草坪杂草常见的防治措施有_____、_____、_____等。

3. 根据除草剂对杂草的作用范围，可以分为_____和_____两类。

4. 根据植物对除草剂的吸收状况，可分为_____和_____。

二、简答题

1. 草坪杂草的危害有哪些？

2. 我国目前草坪杂草主要防除方法有哪些。

3. 谈谈外来生物对当地特种的影响有哪些。

4. 草坪杂草的种类有哪些？

5. 谈谈外来生物入侵对当地生态的影响有哪些。

参 考 文 献

[1] 管致和. 植物保护概论 [M]. 北京：中国农业大学出版社，1995.

[2] 李孟楼. 森林昆虫学通论 [M]. 北京：中国林业出版社，2002.

[3] 李剑书，张宝棣，甘廉生. 南方果树病虫害原色图谱 [M]. 北京：金盾出版社，1996.

[4] 李成德. 森林昆虫学 [M]. 北京：中国林业出版社，2004.

[5] 李清西，钱学聪. 植物保护 [M]. 北京：中国农业出版社，2002.

[6] 李翠芳，张玉峰. 杨树枯叶蛾的形态特征和生物学特性 [J]. 沈阳农业大学学报，1996，27 (4).

[7] 牟吉元，柳晶莹. 普通昆虫学 [M]. 北京：中国农业出版社，1996.

[8] 欧阳秩，吴帮承. 观赏植物病害 [M]. 北京：中国农业出版社，1996.

[9] 芩炳沽，苏星. 景观植物病虫害防治 [M]. 广州：广东科技出版社，2003.

[10] 忻介六，杨庆爽，胡成业. 昆虫形态分类学 [M]. 上海：复旦大学出版社，1985.

[11] 北京林业大学. 森林昆虫学 [M]. 北京：中国林业出版社，1979.

[12] 北京农业大学. 昆虫学通论（上、下） [M]. 北京：中国农业出版社，1980.

[13] 北京农业大学. 昆虫学通论 [M]. 北京：中国农业出版社，1991.

[14] 陈宗懋，陈雪芬，殷坤. 茶树病虫害防治 [M]. 北京：气象出版社，1991.

[15] 彩万志. 普通昆虫学 [M]. 北京：中国农业大学出版社，1999.

[16] 陈合明. 昆虫学通论实验指导 [M]. 北京：中国农业大学出版社，1991.

[17] 蔡邦华. 昆虫分类学：中册 [M]. 北京：科学出版社，1973.

[18] 丁梦然. 园林花卉病虫害防治彩色图谱 [M]. 北京：中国农业出版社，2001.

[19] 江世宏. 昆虫标本名录 [M]. 北京：北京农业大学出版社，1993.

[20] 黑龙江省牡丹江林业学校. 森林病虫害防治 [M]. 北京：中国林业出版社，1985.

[21] 黄少彬，孙丹萍，朱承美. 园林植物病虫害防治 [M]. 北京：中国林业出版社，2000.

[22] 黄其林，田立新，杨莲芳. 农业昆虫鉴定 [M]. 上海：上海科学技术出版社，1984.

[23] 郝素琴. 荔枝栽培 [M]. 北京：气象出版社，1990.

[24] 黄可训，等. 果树昆虫学 [M]. 北京：中国农业出版社，1981.

[25] 胡金林. 中国农林蜘蛛 [M]. 天津：天津科学技术出版社，1984.

[26] 韩召军. 植物保护学通论 [M]. 北京：高等教育出版社，2001.

[27] 萧刚柔. 中国森林昆虫 [M]. 2 版. 北京：中国林业出版社，1992.

[28] 徐明慧. 园林植物病虫害防治 [M]. 北京：中国林业出版社，1993.

[29] 夏希纳，丁梦然. 园林观赏树木病虫害无公害防治 [M]. 北京：中国农业出版社，2004.

[30] 西北农学院植物保护系. 农业昆虫学试验研究方法 [M]. 上海：上海科学技术出版社，1981.

[31] 首都绿化委员会办公室. 绿化树木病虫鼠害 [M]. 北京：中国林业出版社，1999.

[32] 上海市园林学校. 园林植物保护学 [M]. 北京：中国林业出版社，1990.

[33] 王瑞灿，孙企农. 园林花卉病虫害防治手册 [M]. 上海：上海科学技术出版社，1999.

[34] 吴福桢，等. 中国农业百科全书 昆虫卷 [M]. 北京：中国农业出版社，1990.

[35] 王琳瑶，张广学. 昆虫标本技术 [M]. 北京：科学出版社，1983.

[36] 王霞，田立荣，王连伊. 白杨叶甲生物学特性及防治 [J]. 内蒙古林业科技，2004 (4).

[37] 王宏，张士平，金伟. 东亚飞蝗发生规律及治理策略 [J]. 河南农业科学，2006 (6)：69-70.

[38] 覃榜彰，莫钊志，蔡肖群. 龙眼优质丰产图说 [M]. 北京：中国林业出版社，2001.

[39] 朱俊庆. 茶树害虫 [M]. 北京：中国农业科技出版社，1999.

［40］郑进，孙丹萍．园林植物病虫害防治［M］．北京：中国科学技术出版社，2003．

［41］郑乐怡，归鸿．昆虫分类［M］．南京：南京师范大学出版社，1999．

［42］周尧．周尧昆虫图集［M］．郑州：河南科学技术出版社，2001．

［43］张维球．农业昆虫学［M］．北京：中国农业出版社，1983．

［44］张随榜．园林植物保护［M］．北京：中国农业出版社，2001．

［45］中国林业科学研究院．中国森林昆虫［M］．北京：中国林业出版社，1983．

［46］袁锋．昆虫分类学［M］．北京：中国农业出版社，1996．

［47］杨辅安，黄有政，汪园林．短额负蝗生物学特性的观察［J］．昆虫知识，1996，33（5）．

［48］袁雨，吕龙石，金大勇．长白山区柑橘凤蝶生物和生态学特性的研究［J］．2001，21（3）：19-22．

［49］袁锋，等．陕西省烟田昆虫区系调查与分类体系［J］．1997，25（2）：27-36．

［50］邓国荣，杨皇红．龙眼荔枝病虫害综合防治图册［M］．南宁：广西科学技术出版社，1998．

［51］戴漩颖，陈息林，浦冠勤．桑褐刺蛾的发生与防治［J］．江苏蚕业，2004（3）．

［52］董守莲，何成云，朱林科．杨白潜叶蛾观察初报［J］．青海农林科技，1997（1）．

［53］费显伟．园艺植物病虫害防治［M］．北京：高等教育出版社，2005．

［54］方志刚，王义平，周凯，等．桑褐刺蛾的生物学特性及防治［J］．浙江林学院学报，2001，18（2）．

［55］金波，刘春．花卉病虫害防治彩色图说［M］．北京：中国农业出版社，1998．

［56］蒋书楠．中国天牛幼虫［M］．重庆：重庆出版社，1989．

［57］江世宏，王书永．中国经济叩甲图志［M］．北京：中国农业出版社，1999．